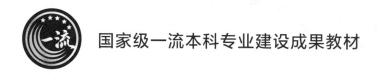

国家级一流本科专业建设成果教材

化学制药工艺学

汪艺宁　主编

张辉云　孙国香　副主编

第二版

U0230984

化学工业出版社

·北京·

内容简介

《化学制药工艺学》（第二版）以化学制药为教学内容，以有机合成化学为基础，结合了与制药工业相关的法律法规和行业发展的新理论、新实例，配套40个视频微课，对化学制药工艺进行了较详细、全面的阐述。

全书主要分为两个部分，第一部分为第一章~第八章，第二部分为第九章~第十三章。第一部分中，绪论作为第一章，主要介绍了世界医药行业和我国医药行业发展概况，以及化学制药工艺学的相关研究内容和法律法规；第二章~第五章中，主要针对化学制药工艺研究时需要注意和掌握的一些基本概念、规律和要点进行了阐述；第六章介绍了化学制药工艺中的部分"危险工艺"，以加强读者对化学药物生产安全的重视和正确应对；第七章介绍了作为化学药物中一类重要和特殊的药物——手性药物及其相应的工艺开发方法；第八章结合制药工业理念的发展，介绍了"质量源于设计"的药物研发理念。第二部分内容主要摘选了部分具有代表性的化学药物，包括氯霉素、奥美拉唑、紫杉醇、头孢菌素类抗生素以及地塞米松，并对其生产工艺的开发进行了详细的描述，以加深读者对第一部分内容的认知和理解。

《化学制药工艺学》（第二版）反映了化学制药行业的发展方向，基础理论知识丰富、应用参考价值高，适用于高等院校制药工程、化学工程与工艺等专业本科生教材，也可作为医药科研、生产等相关领域技术人员的参考资料。

图书在版编目（CIP）数据

化学制药工艺学/汪艺宁主编；张辉云，孙国香副主

编. —2版. —北京：化学工业出版社，2023.11

国家级一流本科专业建设成果教材

ISBN 978-7-122-44171-3

Ⅰ.①化… Ⅱ.①汪…②张…③孙… Ⅲ.①药物-

生产工艺-高等学校-教材 Ⅳ.①TQ460.6

中国国家版本馆CIP数据核字（2023）第173491号

责任编辑：杜进祥 马泽林 孙凤英 装帧设计：韩 飞
责任校对：田睿涵

出版发行：化学工业出版社（北京市东城区青年湖南街13号 邮政编码100011）
印 装：大厂聚鑫印刷有限责任公司
787mm×1092mm 1/16 印张17½ 字数428千字 2024年2月北京第2版第1次印刷

购书咨询：010-64518888 售后服务：010-64518899
网 址：http://www.cip.com.cn
凡购买本书，如有缺损质量问题，本社销售中心负责调换。

定 价：49.00元 版权所有 违者必究

▶ 前 言

本书第一版自 2018 年 9 月出版以来，受到广大兄弟院校师生和社会读者的欢迎，我们在此表示由衷感谢！随着制药工业的发展，本书第一版中的内容逐渐显现出一些不足与缺陷。同时，我们也逐渐收到读者提出的一些合理化建议和意见。有鉴于此，我们于 2022 年夏天开始着手第二版的修订工作。

相比于第一版，本书在架构上进行了延续。结合制药工业的发展，我们主要对各章节内容进行了修订，使其得到进一步充实与完善。主要修订内容包括：（1）按照思政教育的要求，在每一章结尾增加了"阅读材料"部分。结合章节内容，"阅读材料"介绍了我国科研工作者在药物开发过程中所经历的艰辛历程和不屈精神（如第一章"民生领域的'两弹一星'——埃克替尼"、第九章"不平凡之路——氯霉素的开发历程"、第十三章"黄鸣龙——中国甾体激素药物工业奠基人"等），以及制药工业的一些新发展动态（如第二章"药物合成智能设计"、第四章"工业 4.0 时代，制药工厂日渐迈向智能化"、第五章"发展绿色制药，践行'绿水青山就是金山银山'"等）。（2）根据国家各部门最新发布的法律法规、规章制度，我们对各章节中所涉及的相关内容进行了修订（如第一章第四节、第五章第一节和第三节等），以帮助读者了解化学制药工艺开发相关的政策动态。（3）根据读者对第一版提出的合理化建议和意见，以及对于化学制药工艺的进一步理解，我们对第一版其他不合理或者不完善的内容进行了修正，在此不再一一赘述。

本书是盐城工学院制药工程专业国家级一流本科专业建设成果教材。第二版由盐城工学院汪艺宁主编，张辉云、孙国香副主编。全书由汪艺宁负责制订修订大纲、统稿、校对和定稿。在编写过程中，参考了有关书籍、政府文件、期刊文献和新闻报道等资料，并得到了2021 年度盐城工学院自编教材出版基金项目的资助，在此一并表示衷心感谢！

希望本书能发挥"培根铸魂、启智增慧"的作用。由于编者水平有限，书中难免存在不妥以及不完善之处，敬请专家、同行和读者批评指正。

编者
2023 年 2 月于盐城

▶ 第一版前言

制药工程是化学、药学、生物学和工程学等交叉融合的一门新兴学科，制药工艺是其中一个重要的研究方向，旨在解决如何按照相关法律法规对药品的生产进行工艺开发、控制、实施以及相应"三废"处理等规范化操作。

当前，化学制药仍是世界制药工业的主要领域。为适应我国高等工科类院校制药工程、化学工程等专业的教学需求，同时为进一步满足我国制药行业对高层次人才的需求，我们特编写了《化学制药工艺学》一书。本书以化学制药为教学内容，以有机合成化学为基础，结合了与制药工业相关的法律法规和行业发展的新理论、新实例，对化学制药工艺进行了较详细、全面的阐述。

本书共分十三章，前八章主要针对化学制药工艺研究过程中一些基本内容、基本规律以及注意要点进行了阐述，分别为绪论、化学药物工艺路线的设计与选择、化学药物的工艺路线研究与优化、中试放大与生产工艺规程、化学制药与环境保护、化学制药中的"危险工艺"、化学手性制药工艺和质量源于设计（QbD）；后五章摘选了部分具有代表性的化学药物，包括氯霉素、奥美拉唑、紫杉醇、头孢菌素类抗生素以及地塞米松，并对其生产工艺的开发进行了详细的描述，以加深读者对前面内容的认知和理解。

本书由盐城工学院孙国香、汪艺宁两位参与一线教学的教师负责编写，具体分工为：孙国香（第一章、第九章～第十三章），汪艺宁（第二章～第八章）。全书由孙国香负责制定编写大纲、统稿、校对和定稿。

在编写过程中，编者参考了有关书籍、政府文件、期刊文献和新闻报道等资料，并得到了盐城工学院教材出版基金的资助，在此一并表示衷心感谢！

由于编者水平有限，书中难免存在不妥以及不完善之处，敬请专家、同行和读者批评指正。

编者
2018 年 3 月于盐城

▶ 目 录

第三章　化学制药工艺路线的研究与优化　　42

第四章　中试放大与生产规程　　70

第五章　化学制药与环境保护　　　　　　　　88

第十三章　地塞米松生产工艺　　　245

视频微课

（建议在 wifi 环境下扫码观看）

第一章

绪 论

📌 **本章学习要求**

1. 了解：我国及世界医药行业的现状和发展趋势。
2. 熟悉：化学制药工艺研究中相关法律法规。
3. 掌握：化学制药工艺学的研究内容和研究过程。

　　药物是对疾病具有预防、治疗、缓解和诊断作用，或用以调节机体生理功能的一种物质。作为一种特殊商品，其可分为化学药、植物药（如我国中药）和生物制品。

　　随着人们物质文化生活水平的不断提高，人们对于生命和健康的渴望越来越强烈，对于生活质量的追求也愈加迫切。目前，诸如肿瘤、心血管疾病等直接威胁人类寿命的严重疾病尚未找到有显著疗效的治疗药物；糖尿病、关节炎等虽不直接威胁人类寿命，但严重影响生活质量的常见病可减轻症状却无法治愈。此外，随着人类社会和自然环境的持续变化，一些新型疾病（如肆虐全球的新型冠状病毒，以下称新冠病毒）的出现，迫切需要人类不断提高新药研发和生产能力。而制药工业则是以药物的研究与开发为基础，以包括原料药和制剂在内的药物生产和销售为核心的重要产业。其中，化学制药工业居于主体地位。

第一节　世界医药行业的发展现状及趋势

一、世界医药行业的发展现状

　　作为全球最具发展前景的高新技术行业之一，医药行业一直保持着较快的增长态势。随着世界经济的发展、人口总量的增加、社会老龄化程度的提高以及居民保健意识的增强，全球对药品的需求强劲。目前，美国、欧洲、日本等发达国家和地区市场居于全球药品消费主导地位，年均增长速度为 $2\%\sim5\%$。而新兴医药市场则以每年 $7\%\sim10\%$ 的速度增长，成为拉动全球药品消费增长的主要力量。

　　全球医药市场于 20 世纪 50 年代开始加速发展，70 年代增速达到顶峰，平均年增长率达到 13.8%，80 年代为 8.5%。90 年代之后，虽然世界经济增速开始放缓，但医药市场始终保持着良好的发展势头。根据国际权威医药咨询机构艾昆纬（IQVIA Inc.）统计，全球医药市场于 2002 年首次突破 4000 亿美元，2010 年接近 9000 亿美元，2020 年达到约 1.3 万亿美元。近年来，由于受专利药到期、医疗预算削减等影响，全球医药市场的增速有所减缓。但 2021 年至 2026 年，预计全球医药销售额仍将保持 3%～6% 的增速，2026 年的全球市场规模可达到约 1.8 万亿美元。经过多年的快速增长，世界医药行业呈现如下特征：

（1）与其他行业相比，医药行业受世界经济的影响较小。

近年来，世界 GDP 的年均增速在 2%～3% 左右，而医药市场的增长速率远高于此。由于药品需求弹性较小，因此医药市场受宏观经济的影响较小。此外，随着新冠病毒感染疫情的暴发，对于疫苗和相关治疗药物的需求在一定程度上增加了全球的医疗开支。

（2）发达国家医药市场为主体，新兴医药市场快速增长。

根据 2021 年艾昆纬（IQVIA Inc.）统计数据显示，以北美、欧盟、日本为代表的发达国家和地区的医药市场规模为 10504 亿美元，而新兴医药市场规模为 3542 亿美元。2026 年，发达国家医药市场规模预计可达到 12400 亿～12700 亿美元，新兴医药市场规模可达到 4700 亿～5000 亿美元。

2017～2021 年间，发达国家医药市场年平均增长率为 4.3%，预计 2022～2026 年平均增长率仍小于 5%。但是，新兴医药市场在 2017～2021 年平均增长率高达 7.8%，预计 2022～2026 年间的平均增长率可继续保持在 5%～8% 之间，远高于发达国家医药市场增速。

（3）产品更新换代速度较快。

由于长期使用一种药品会产生抗性，从而要求药品不断更新换代。如头孢类抗生素自 20 世纪 60 年代问世以来，目前已发展到第五代。另外，随着科学技术水平的提高，新的疾病不断被诊断和发现，也要求治疗的药品发展跟上其步伐。如新冠病毒感染疫情暴发之后，为了有效遏制其蔓延，人类需要在短时间内研制出用于预防的疫苗和治疗的药物。

（4）药物的研发费用大，对医药企业影响巨大。

医药属于知识和技术密集型行业，研发费用通常占总销售额的 10%～20%，比其他行业都高。据统计，在 20 世纪下半叶开发一款新药的平均成本在 10 亿美元左右，而过去 10 年间开发每款新药的成本已猛增至 20 亿美元或更高，即使发达国家的制药企业也很难承受如此高昂的新药开发成本。同时，一个新药品种的研发不仅费用高，而且周期长，并存在巨大的风险，不少新药品种的研发进展到Ⅲ期临床时由于难以克服的毒副作用而宣告失败，导致所花费的人力、物力、财力和时间付诸东流，造成企业巨大的损失。例如，美国辉瑞（Pfizer）公司曾花费数十亿美元和 10 多年时间用于研制抗阿尔茨海默氏病（老年痴呆症）新药，但最终无一成功。但如果企业一旦开发成功一种有特效的药物，即所谓的"重磅炸弹"药物（即年销售额超过 10 亿美元的药物），会极大改变企业发展前景。企业不仅可以享有专利保护期内所带来的巨大收益，在一些国家还会享有新药的行政保护，以确保企业的收益。如瑞典阿斯特拉（Astra）公司开发出具有里程碑意义的治疗消化性胃溃疡药物——奥美拉唑（Omeprazole）后，从一家小型公司迅速成长为国际知名医药企业。

除了新药品种的研制，许多医药企业也会对一些已上市的药物品种进行仿制，并进行大量的投入，其原因主要在于：首先，规避已上市的药物品种的专利保护；其次，确保所仿制的药物与原研药物具有一致的疗效；最后，争取时间，抢在其他仿制企业之前完成仿制药品注册所需的一切材料。因此，虽然进行已上市药物品种的仿制所需时间、费用等不如研制新药高昂，但仍需投入相当的人力、物力、财力成本，而一旦企业仿制的药物品种能够先于其他仿制企业上市，将极大地有利于企业占领该药物品种的市场，并持续获得稳定的回报。

二、世界医药行业的发展趋势

医药行业是按国际标准划分的 15 类国际化产业之一，被称为"永不衰落的朝阳产业"。

（1）医药行业成为国际竞争的战略制高点之一。

医药行业是关系国计民生的重要行业。加速医药产业的发展，尤其是创新药物的研发已成为各国的战略需求。例如在新冠病毒感染疫情影响下，世界各国通过加大研发投入力度、完善关联产业制度等措施，纷纷把相关疫苗和治疗药物的研发及产业化作为一项国家战略。同时，新冠病毒感染疫情的暴发使世界多国出现了药品及医疗物资短缺的问题，从而致使多国计划将原料药生产迁回本土，通过实现在本国恢复完整的产业链，以摆脱对从其他国家进口原料药的依赖。

（2）化学药物仍是市场主体，但生物技术药物发展迅猛。

从美国食品药品监督管理局（FDA）审批的新药技术分类来看，新小分子实体（New Chemical Entities，NCE）代表的化学药历年都在 50% 以上，依然占据主体地位。但是，以基因工程、细胞工程、酶工程、发酵工程为代表的现代生物技术近 20 年来发展迅猛，相应的单克隆抗体、重组蛋白、疫苗及基因和细胞治疗药物等生物制品在医药市场的占比节节攀升。根据相关统计数据显示，全球生物药市场规模从 2015 年的 2048 亿美元增长为 2019 年的 2864 亿美元，2015～2019 年的年复合增长率为 8.7%，而全球化学药市场同期年复合增长率仅为 3.6%。预计到 2024 年，全球生物药市场规模会达到 4567 亿美元，2019～2024 年的年复合增长率为 9.8%，到 2030 年的市场将会扩大至 6651 亿美元。

与化学药相比，生物药具有更高功效及安全性，且副作用及毒性较小。由于其具有结构多样性，能够与靶标选择性结合及与蛋白质及其他分子进行更好的相互作用，生物药可用于治疗多种缺乏可用疗法的医学病症。近几年来，技术方面的突破也会加速生物技术在制药领域的应用和新药的研发。在这样的背景下，全球制药巨头都瞄准了生物制药这一新兴的领域，争相开发生物医药市场。

（3）原研药专利集中到期，仿制药行业快速发展。

近年来，原研药品市场进入了专利集中到期的高峰。据统计，2013～2030 年间，全球药品共有 1666 个化合物专利到期，其中包括艾伯维（AbbVie）公司的阿达木单抗（修美乐，Humira）、默沙东（MSD）公司的帕博丽珠单抗（可瑞达，Keytruda）、百时美施贵宝（BMS）公司的来那度胺（Revlimid）等不少"重磅"或"超重磅炸弹"药物。其中2014～2021 年最为集中，年均有超过百种化合物专利到期，平均每年到期原研药物销售额在 40 亿～50 亿美元。

原研药关键专利的大量到期直接刺激了医药企业仿制药的生产，从而促进仿制药行业快速发展。一般来说，原研药具有疗效好、市场规模大、价格昂贵的特点。原研药在专利期间，由厂商自主定价，定价机制考虑到高额的研发成本，价格较高，大多数家庭无法承担高额的费用。原研药到期后，质量与疗效一致的仿制药上市，价格却显著低于原研药。以中国市场普遍的行情来看，首仿药的价格是原研药的 70% 左右，随后上市的仿制药还需继续降价来争夺市场。相比原研药，仿制药能够以更便宜的价格满足更多患者的需求，从而提高了药品的可及性，并降低公众医疗和社保体系的支出。

（4）多样化的研发模式逐步形成与发展。

伴随着全球大量药品专利到期，仿制药逐渐挤压专利药市场。专利药企业为了巩固市场地位，维持利润增长，不断加大新药的研发投入。同时，世界各国药品管理法规日趋完善，对药品研发的监管日益严格，药品安全性得到提升的同时也极大地延长了新药研发周期，增加了研发成本。对于大型制药企业而言，为了降低药品高昂的研发成本，缩短研发时间，逐渐将原有的内部研发转变为多样化的研发模式，包括：内部研发、合作研发、专利转让和外部研发服务等。

跨国制药企业利用其组织性好，人力和财力充足等优点，保留了药物的大规模后期临床开发等研究，而把高风险的早期研发环节剥离给小型制药企业。因此，药品研发外包需求逐步扩大，研发外包（Contract Research Organization，CRO）行业得以快速发展。从2019～2023年，全球药物研发外包潜力从39.5%增长到49.3%。比重不断提高。近年来，全球上市的多款重磅新药是大型跨国药企从小型制药企业采购，甚至是采用收购小型制药企业而来，如修美乐（Humira）、索非布韦（Sovaldi）、欧狄沃（Opdivo）等。此外，由于发达国家人力成本和环保费用高，导致跨国制药企业逐步将部分临床用药、中间体制造、原料药生产、制剂生产以及包装转移到中国、印度等技术基础较好的国家或地区，交给专业的医药生产外包服务企业（Contract Manufacture Organization，CMO）进行生产。而伴随CMO市场趋于成熟，定制研发生产（Contract Development Manufacture Organization，CDMO）、产研结合（CRO+CMO/CDMO）等多种商业模式得以快速发展。

（5）并购浪潮风起云涌，资源整合加速推进。

通过上百年的发展，发达国家的巨型制药企业逐渐增多，它们通过兼并，壮大其经济实力和开发研究能力，占领市场，力求进入最佳规模。如美国的医药巨头辉瑞（Pfizer）公司在其发展历史中，不断上演着大型的企业并购。20世纪末，辉瑞（Pfizer）斥资近千亿美元收购华纳兰博特（Warner-Lambert），第一次成为全球最大的制药企业。在随后的10年内，它又分别以600亿美元和680亿美元收购了法玛西亚（Pharmacia）和惠氏（Wyeth），巩固了它在行业中的头名状元地位。在收购和兼并的同时，大企业也通过剥离一些非核心产业，以集中资金和人力资源于核心业务。如2012年，辉瑞（Pfizer）公司将旗下营养品业务出售给雀巢（Nestlé），2013年又将原动物保健业务部门独立成为一家新公司，名为Zoetis，这也成为辉瑞（Pfizer）专注于其核心生物制药优势的长期战略的重要一步。2017～2020年，医药领域每年至少有一笔超级并购（交易额不少于300亿美元）发生，且不乏金额超过600亿美元的交易，如百时美施贵宝（BMS）公司于2019年以740亿美元收购了赛尔基因（Celegene）公司。

此外，由于不少跨国药企巨头将面临新一轮的"专利悬崖"，旗下多款畅销药品将陆续失去专利保护。要填补重磅产品的销售缺口，出手并购无疑是跨国药企倾向的选择之一。

（6）药品知识产权保护日趋全球化和严密化。

制药企业的发展更多依靠发明创造和专利保护，这是制药工业突出的课题，加强药品的知识产权保护是制药企业获取市场利益的关键措施和手段。因此，各大制药企业都非常重视对自身研发产品的知识产权保护，其保护范围不仅局限于本国，而且面向世界范围，以期其产品能覆盖国际市场。不仅如此，各大制药企业通过申请化合物、晶型、工艺、制剂等一系列相关专利形成专利延伸，从而拓展专利内容覆盖范围来延长和扩大产品的保护时间和范围，以期获得更多利润。

第二节 我国医药行业的发展现状及趋势

一、我国医药行业的发展现状

按照国民经济行业分类，我国医药行业（即医药制造业）为八个子行业的总和，包括：化学药品原料药制造、化学药品制剂制造、中药饮片加工、中成药生产、兽用药品制造、生物药品制品制造、卫生材料及医药用品制造、药用辅料及包装材料制造。改革开放以来，随着我国生活水平的不断提高，国内老龄化的不断加重，人们对医疗保健的需求不断增长，医药行业越来越受到公众和政府的关注。目前，我国的医药行业已形成比较完备的医药工业体系和医药流通网络，根据国家药品监督管理局（NMPA）统计，截至2021年9月底，有效期内《药品生产许可证》共7354个（含中药饮片、医用气体等），其中原料药和制剂生产企业4587家，特殊药品生产企业216家。全国共有《药品经营许可证》持证企业60.65万家。其中，批发企业1.34万家，零售连锁总部6658家，零售连锁门店33.53万家，单体药店25.12万家。基本满足了14亿人民防病、治病、康复保健以及应对抗洪、抗震、突发疫情的需要。

根据《国务院关于加快培育和发展战略性新兴产业的决定》（国发〔2010〕32号）的要求，医药作为生物产业的一部分，被国家列为九大战略性新兴产业之一，凸显了医药行业在我国国民经济中的重要地位。据统计，"十三五"期间，我国规模以上医药工业增加值年均增长9.5%，高出工业整体增速4.2个百分点，占全部工业增加值的比重从3.0%提高至3.9%；规模以上企业营业收入、利润总额年均增长9.9%和13.8%，增速居各工业行业前列。2021年是我国"十四五"发展规划的开局之年，受新冠病毒感染疫情的持续影响，人民对健康的重视程度不断提高，对相关医药产品的需求逐步扩大，医药行业的发展进一步加快。根据国家统计局数据，2021年医药行业增加值比2020年增长24.8%，增速比规模以上工业高15.2个百分点，比2020年加快18.9个百分点。实现营业收入3.3万亿元人民币，比2020年增长19.1%，比2019年增长26.4%；实现利润总额7.0千亿元人民币，比2020年增长68.7%，比2019年增长102.7%；实现出口交货值比2020年增长46.6%，比2019年增长115.7%。

受到新冠病毒感染疫情的影响、国家政策的引导以及市场的驱动，虽然我国医药行业其他子行业近两年发展加快，但化学制药工业在我国医药市场中仍占主导地位。我国药品市场依旧保持着以化学制药为主、中药制药为辅、生物制药为补充的格局。2020年度，入围工信部医药工业百强榜的企业中，化学制药企业有56家，中成药企业有21家，生物制品企业有7家，卫材及医疗器械企业有4家。在药品生产方面，我国是全球最大的化学原料药生产国和出口国之一，可生产1500多种化学原料药产品，产能在200万～300万吨，大约占世界产量的30%，抗生素、维生素、解热镇痛药物等传统优势品种市场份额较大，他汀类、普利类、沙坦类等特色原料药已成为新的出口优势产品，具有国际市场主导权的品种日益增多。在药品注册申请方面，根据国家药品监督管理局药品审评中心的数据，2021年受理的需技术审评的注册申请共9231件。其中，化学药注册申请为6788件，占比73.53%；生物制品注册申请1999件；中药注册申请444件（图1-1）。

经过多年的发展，我国医药行业取得了长足的进步，但也面临以下一些主要问题：

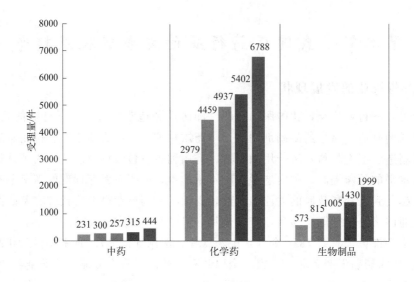

图 1-1　2017～2021 年需技术审评的各药品类型注册申请受理量

（1）我国药品生产企业存在"一小二多三低"的现象。

"一小"指大多数生产企业规模小。纵观近年发布的"工信部中国医药工业百强榜"，自从 2014 年百强企业整体主营业务收入首次突破 6000 亿元以来，从 2015 年到 2020 年，入围年度医药工业百强榜单的企业营业总收入从 6131.0 亿元升至 9012.1 亿元，增幅为 47.0％。2020 年，百强企业中有 26 家企业进入了百亿俱乐部，该数据与 2015 年相比多了 10 家。但是，与跨国制药企业相比，我国制药企业无论是规模和利润仍然存在非常大的差距。2020 年，根据福布斯全球企业排名，美国强生（Johnson & Johnson）年销售额达到 826 亿美元，利润 147 亿美元，以 4271 亿美元的市值位列榜单第 34 位，领跑医药行业。而我国药企在该榜单中排名最高的是位列 459 位的复星国际，其 2020 年销售额为 198 亿美元，利润 12 亿美元，总市值为 121 亿美元。"二多"指企业数量多，产品重复多。根据国家统计局数据，2020 年我国规模以上医药制造业工业企业数量为 8170 家，为美国的 1.5～2.0 倍、英国的 10 倍以上、日本的 4～5 倍。大部分企业名牌产品少，品种雷同现象普遍。"三低"指大部分生产企业产品技术含量低，新药研究开发能力低，管理能力及经济效益低。

（2）我国医药企业研发投入少，创新能力不足。

我国医药企业与国外跨国药企规模的巨大差距同样体现在研发投入和新药开发能力上。2020 年，罗氏制药（Roche）取代辉瑞（Pfizer）成为全球处方药销售额排名第一的公司，其年度研发经费投入达到了惊人的 113 亿美元。同时，诺华制药（Novartis）、强生（Johnson & Johnson）、默沙东（Merck）和辉瑞（Pfizer）等公司的年度研发经费均超过 80 亿美元。而根据国家统计局数据，我国医药行业在 2020 年的研发总支出为 784.6 亿元人民币，研发经费投入强度为 3.13％。巨大的研发投入差距也影响着企业的创新能力。目前，我国医药企业现阶段的研究仍以"Me-too"、"Me-better"药物为主，真正的自主创新药研发大多还停留在Ⅰ期临床，且Ⅲ期临床表现乏力。出口的主要是原料药和低价低档仿制药，在国际市场中处于低端领域。"仿创结合、以仿为主"是我国制药业目前主要的药品开发方式。

（3）我国医药企业的制剂开发能力亟待提高。

我国已是国际上的原料药生产大国，但对药物制剂技术开发研究不够，制剂水平低、质量不高，难以进入国际市场。2021 年，我国医药类产品进出口额达到 2625 亿美元。其中，化学原料药出口额 417.7 亿美元，进口额为 92.2 亿美元；化学制剂出口额为 60.1 亿美元，进口额为 238.2 亿美元。由此可见，我国医药行业主要通过出口高污染、附加值低的原料药参与国际分工，而在医药附加值比较高的制剂药产业，进口远大于出口。

二、我国医药行业的发展趋势

我国人口基数大，随着我国人均寿命的不断延长，人口老龄化的不断加剧，人口的自然增长成为促进我国医药市场扩大的基本因素，而随着人民生活水平的不断提高，人们对于健康和生命的重视愈加强烈，进一步决定了我国的医药行业将继续成为关系国计民生的一个重要支柱。

（1）仿制为主，仿创结合，创新能力持续增长。

虽然我国的医药行业已经取得了快速的发展和长足的进步，但与国际跨国药企相比，规模小、技术水平不高。医药是一个技术密集型产业，具有高投入、长周期、高风险、高收益等特点，我国医药企业的现状决定了难以做到以新药、专利药创制为主要发展路径，而在今后较长一段时间内，仍将维持以仿制为主、创新与仿制并存的状况。

2008～2020 年，国家实施了"重大新药创制"科技重大专项，旨在提高本土新药研发的综合能力和整体水平，也展示了政府推动我国由医药大国向医药强国转变的决心。据统计，专项实施期间共支持了 3000 多项课题，中央财政投入 233 亿元，加上企业投入、地方政府的支持，取得了丰硕成果。2008～2018 年，我国诞生了 41 个 I 类新药，其中 2018 年新增 10 个。2019 年我国新增 12 个 I 类新药，2020 年新增 15 个。2020 年，我国对全球医药研发的贡献实现了从第三梯队"跟跑"到第二梯队"并跑"的历史性跨越。以研发过程中的产品数量衡量为例，我国对全球贡献占比从 2015 年的约 4% 跃至约 14%，稳居第二梯队之首，仅次于美国；以全球首发上市新药数量衡量为例，我国在全球排名前三，占比 6%，对比 2007～2015 年的 2.5% 占比有显著提高。

（2）我国医药行业进行产业结构调整、资源整合势在必行。

长期以来，我国的医药行业存在企业多、规模小、效益低、产品低端重复等顽疾，医药产业市场集中度较低，市场结构分散，制药企业低端竞争激烈，从而导致我国整个医药行业盈利能力较弱，制约了行业的发展。因此，对我国医药行业进行产业结构调整、资源整合势在必行。

从国家政策上看，通过设立"重大新药创制"等一批重点扶持基础研究领域和关键项目的科技政策，国家开始对优秀企业和项目进行有针对性的重点投入，逐步改变了过去"撒胡椒面"式的平均主义和无侧重的分散式做法。同时，国家制定和完善了一系列法律法规，如卫生部于 2011 年颁布的新版《药品生产质量管理规范（2010 年修订）》、十三届全国人大常委会于 2019 年审议通过并施行的新版《中华人民共和国药品管理法》、国家市场监督管理总局于 2020 年发布并开始实施的新版《药品注册管理办法》等，涵盖了医药研发、临床试验申报、新药注册、药品生产和经营、药品质量标准、药品定价等各个环节，进一步完善了药品监管体系，加强了监管力度。同时，国家通过实施药品上市许可持有人制度，开展仿制药质量和疗效一致性评价，推进药品的"4+7"带量采购等措施，将一批不符合监管要求、技术水平不高的小型医药企业逐步淘汰，有力促进了我国医药行业内部的资源整合和健康发展。

此外，受行业经济的影响、产业政策的规范，通过市场竞争的优胜劣汰，不少中小企业的发展举步维艰，而一些优势企业通过联合、兼并、重组等方式扩大经营规模、提高技术实力、丰富原有产品线，完成产业链布局，逐步成为具有一定国际竞争力的医药集团。

（3）我国的医药企业在国内快速发展的同时，加快迈向国际化。

2022年，工业和信息化部等九部门联合发布了《"十四五"医药工业发展规划》，明确提出"国际化发展全面提速"，要"培育一批世界知名品牌；形成一批研发生产全球化布局、国际销售比重高的大型制药公司。"

医药行业是研发全球化程度最高的产业之一，国外许多成功的制药企业都是通过在全球各地设立研发分支机构进行技术寻求，获取新技术，增强研发能力。我国的制药企业如果要进一步加快发展，需要走出国门，积极开展国际合作，追踪世界先进的药物研发技术，掌握新药研发的最新动态，通过研发全球化进行技术突破。如今，恒瑞医药、华海药业、昆药集团等国内知名药企已走出国门，相继在海外设立了研发机构，借助海外的技术创新环境，助力企业在创新药物研究的发展。

在技术国际化的同时，我国药企走向国际化更重要的标志是高端产品的国际化。目前，我国创新药在欧美上市的案例并不多，业界最常提到的就是百济神州于2019年11月通过美国食品药品监督管理局（FDA）批准上市的泽布替尼，随后其陆续在中国、加拿大、澳大利亚、俄罗斯、欧盟等多个国家和地区获批上市，商业化足迹已遍布全球44个市场。这是首款获得FDA批准的中国本土原研抗癌药，实现了中国抗癌新药出海"零的突破"。此外，随着近年来原料药对出口增长推动作用的减弱，以及国内相关政策的倒逼，促使我国医药企业进行产业结构调整和整合，从以原料药起家转向提高制剂等中高端产品的研发与出口，从而来增强企业的实力和国际竞争力。2012～2015年，我国制药企业每年在美国获批的简略新药申请（Abbreviated New Drug Application，ANDA）文号数量一直维持在11到13个不等，涉及的公司则仅有五六家。2016年，则有22个ANDA正式批文，涉及8家企业。2017年，由中国制药企业在美申报成功的正式ANDA批文是31个，共涉及8家企业。在国内仿制药开展质量和疗效的一致性评价之后，中国仿制药企业兴起了一股ANDA潮，在2018年拿下80个ANDA批文，迎来全面的爆发期。2019年，中国企业在美国获批的ANDA数量相比2018年略有下滑，共计76个ANDA批文。2020年相对于2019年数量大幅提升，共获得95个ANDA批文，创历史新高。位于第一梯队中的复星医药、人福医药、健友收获了十多个批文，同时出现了不少新申报的企业，第二、三梯队的规模不断壮大。

此外，资本的国际化也是我国医药企业走向世界的重要手段。国外知名药企的发展，很大程度上是借助并购，尤其是跨国并购实现的。通过并购，企业收入、利润率、每股收益等指标可以得到优化，规模、实力也可以实现跨越式增长。目前，虽然规模和金额与跨国药企的并购差距很大，越来越多的国内药企开始选择海外并购来实现企业的全球化战略布局。如2016年初，三诺生物以2.73亿美元完成对医疗器械公司Trividia Health Inc的收购，人福医药以5.29亿美元收购Epic Pharma.LLC100％的股权；4月，绿叶医疗集团以6.88亿美元收购澳大利亚第三大私立医院集团Healthe Care。2017年，复星医药以10.9亿美元收购印度Gland Pharma公司74％的股份，帮助其开拓生物医药全球市场，成为迄今中国制药企业交易金额最大的海外并购案。

第三节 化学制药工艺学研究内容及过程

一、化学制药工艺学的研究内容

当前，虽然生物制药随着现代生物技术的进步发展迅速，但化学制药在全球制药领域依然占据着主体地位。化学制药工艺学是化学合成类药物研发和生产过程中的重要组成部分，它主要是针对化学类药物从合成的研究、设计到采用最经济、最有效、最安全、最清洁的生产途径进行产业化的系统研究，也是研究工艺原理和工业生产过程，制定生产工艺规程，实现化学制药生产过程最优化的一门学科。化学制药包括化学原料药（Active Pharmaceutical Ingredient，API）和化学药物制剂的制造，本书将主要讲解化学原料药的制药工艺学。

化学制药工业是一个知识密集、理工兼备的高科技行业，随着新药的研发和已有药物的合成及生产工艺的不断优化，化学制药工艺学成为在化学制药行业从业人员必备的基础。化学制药工艺学综合了有机化学、分析化学、物理化学、药物化学、精细化工等多门类学科。同时，由于化学药品不同于普通化学品，化学药物除了具有普通化学品的特性和特质外，它的生产和品质还受到许多相关法律法规的限制和规定，如《药品管理法》《新药审批办法》《药品生产质量管理规范》《中华人民共和国药典》等。因此，在化学制药工艺研究的过程中，必须参照相关的法律法规予以实施。

二、化学制药工艺学的研究途径

从化学药物的合成、设计到生产工艺研究的角度，化学制药工艺学的研究过程可分为实验室工艺研究、中试放大研究及工业生产工艺研究。

实验室工艺研究（又称小试工艺研究或小试）包括：化学药物合成路线的选择、合成工艺条件的确定、设备与材质的要求、安全防护的要求、"三废"的防治与处理、原辅材料消耗及成本估算等。本阶段研究要求通过对化学药物合成过程中所涉及的各反应单元进行实验室工艺研究，找出符合生产条件的合成方法，并对各步反应单元实现收率及合成条件的最优化，同时完成各反应条件数据的采集、整理、归纳，为下一步中试放大研究打好基础。

中试放大研究（又称中试放大或中试）是连接化学药物实验室研究和产业化生产的重要环节，其目的是验证、复审和完善实验室工艺研究所得到的工艺路线和工艺条件，及研究选定的工业化生产设备的结构、材质、安装和车间布置等，为正式生产提供更加可靠的数据。在实验室工艺研究过程中，许多影响化学药物最终工业化生产的重要因素难以体现，如反应体系的热交换、反应设备的影响等，而这些因素在中试放大研究阶段都能得到充分体现。国家药品监督管理局药品审评中心颁布的《化学药物原料药制备和结构确证研究技术指导原则》中明确指出："在工艺优化和放大过程中，中试规模的工艺在药物技术评价中具有非常重要的意义，是评价原料药制备工艺可行性、真实性的关键，是质量研究的基础。药物研发者应特别重视原料药的中试研究，中试规模工艺的设备、流程应与工业化生产一致。"

工业生产工艺研究是中试放大研究的升级，它是结合实际的各种生产条件，对化学药物实际生产过程中工艺的不断完善，从而实现对药物最经济、最有效、最安全、最清洁的生产。

第四节　化学制药工艺研究中相关法律法规

化学药品不同于普通的化学品，其研究、注册、生产和品质保证必须遵照国家相关的法律法规的规定与限制进行，因此在进行化学制药工艺研究的过程中，对药品相关的法律法规进行了解和掌握就显得尤为必要。从 20 世纪 80 年代至今，经过近 40 余年的法治建设，我国已经建立了一个由法律、行政法规、部门规章以及其他规范性文件构成的相对完整的药品管理法律体系。

制药工艺
研究中相关
的法律法规

1984 年 9 月 20 日，第六届全国人民代表大会常务委员会第七次会议通过了我国首部药品管理法律，即《中华人民共和国药品管理法》，于 1985 年 7 月 1 日起施行。2001 年，《中华人民共和国药品管理法》经第九届全国人民代表大会常务委员会第二十次会议进行了第一次修订，并分别于 2013 年和 2015 年经第十二届全国人民代表大会常务委员会会议进行了两次修正。2019 年，第十三届全国人民代表大会常务委员会第十二次会议对该法进行了第二次修订，成为我国医药法治建设的重要成果。《中华人民共和国药品管理法》是我国药品领域的基本法律，对药品生产企业管理、药品经营企业管理、医疗机构的药剂管理、药品管理、药品包装管理、药品价格和广告管理、药品监督、法律责任等进行了原则性的规定。

2002 年 9 月 15 日，国务院颁布实施了《中华人民共和国药品管理法实施条例》，并分别于 2016 年和 2019 年进行了两次修订。该条例对《中华人民共和国药品管理法》的规定进行了详细、具体的解释和补充，成为药品管理法律体系中最重要的行政法规。此外，与药品相关的行政法规还包括：1993 年 1 月 1 日实施的《中药品种保护条例》、1988 年 12 月 27 日施行的《医疗用毒性药品管理办法》、1989 年 1 月 13 日施行的《放射性药品管理办法》、2003 年 10 月 1 日施行的《中医药条例》、2005 年 11 月 1 日施行的《麻醉药品和精神药品管理条例》等。

部门规章是我国药品监督管理法律体系最重要的组成部分，数量较多，调整面广，对整个医药产业影响深远。此外，国家行政机关为履行药品管理职能而制定行政法规和规章以外的行政规范性文件，实际是对药品领域具有普遍约束力的准立法行为。这些规范性文件数量众多，种类庞杂，但时效性较强，常因专门事项完成或阶段性工作结束而失效或废止，故本节不予详述。下面将重点介绍与药物研究、注册、生产和品质保证密切相关的部分法律法规、部门规章及相关规范性文件。

一、药物研究管理规定

1. 《关于开展仿制药质量和疗效一致性评价的意见》

我国是仿制药大国，过去的药品审评标准没有强制要求仿制药与原研药质量和疗效一致，所以有些药品在疗效上与原研药存在一定差距。为了提升我国仿制药质量和制药行业的整体发展水平，保障国产仿制药在质量和疗效上与原研药一致，在临床上实现与原研药相互替代，保证公众用药安全有效，国务院办公厅于 2016 年 2 月印发了《关于开展仿制药质量和疗效一致性评价的意见》。文件要求"化学药品新注册分类实施前批准上市的仿制药，凡未按照与原研药品质量和疗效一致原则审批的，均须开展一致性评价"。

仿制药是具有与原研药品相同的活性成分、剂型、规格、适应证、给药途径和用法用量的药品。但由于仿制药辅料质量缺陷、杂质风险控制意识不足以及仿制的参比对象选取不科学等原因，导致药品"仿制"不出同样的疗效。而在一致性评价过程中，仿制药生产企业必须"首选原研药品，也可以选用国际公认的同种药品"为对照，全面深入地开展处方、有效成分、晶型、辅料、杂质、包材等方面的科学研究，进行质量攻关、工艺改进和技术提升，"原则上应采用体内生物等效性试验的方法进行一致性评价"。"通过一致性评价的药品品种，由药品监督管理局向社会公布。药品生产企业可在药品说明书、标签中予以标注；开展药品上市许可持有人制度试点区域的企业，可以申报作为该品种药品的上市许可持有人，委托其他药品生产企业生产，并承担上市后的相关法律责任。通过一致性评价的药品品种，在医保支付方面予以适当支持，医疗机构应优先采购并在临床中优先选用。同品种药品通过一致性评价的生产企业达到 3 家以上的，在药品集中采购等方面不再选用未通过一致性评价的品种。通过一致性评价药品生产企业的技术改造，在符合有关条件的情况下，可以申请中央基建投资、产业基金等资金支持。"

2.《药物非临床研究质量管理规范》

药物的非临床安全性评价研究，"指为评价药物安全性，在实验室条件下用实验系统进行的试验，包括安全药理学试验、单次给药毒性试验、重复给药毒性试验、生殖毒性试验、遗传毒性试验、致癌性试验、局部毒性试验、免疫原性试验、依赖性试验、毒代动力学试验以及与评价药物安全性有关的其他试验。""为保证药物非临床安全性评价研究的质量，保障公众用药安全"，针对"为申请药品注册而进行的药物非临床安全性评价研究"，药物非临床安全性评价研究机构必须依据《药物非临床研究质量管理规范》进行药物非临床研究质量管理规范（Good Laboratory Practice，GLP）认证。2023 年 1 月，国家药品监督管理局发布《药物非临床研究质量管理规范认证管理办法》（2023 年第 15 号），并于 2023 年 7 月 1 日起施行。

1999 年，国家食品药品监督管理局颁布了试行版《药品非临床研究质量管理规范》（局令第 14 号），并于 2003 年修订为《药物非临床研究质量管理规范》（局令第 2 号）。2017 年 7 月，国家食品药品监督管理总局公布了新版《药物非临床研究质量管理规范》（总局令第 34 号），并于 2017 年 9 月 1 日起施行。

3.《药物临床试验质量管理规范》

药品在正式上市前，必须依据《药物临床试验质量管理规范》（Good Clinical Practice，GCP），通过临床研究来证明其在人体中的安全性和有效性。"药物临床试验质量管理规范是药物临床试验全过程的质量标准，包括方案设计、组织实施、检查、稽查、记录、分析、总结和报告。"2003 年，国家食品药品监督管理局正式颁布实施《药物临床试验质量管理规范》（局令第 3 号）。2020 年 4 月，国家药品监督管理局会同国家卫生健康委员会共同组织修订了该规范，并自 2020 年 7 月 1 日起施行。

"临床试验，指以人体（患者或健康受试者）为对象的试验，意在发现或验证某种试验药物的临床医学、药理学以及其他药效学作用、不良反应，或者试验药物的吸收、分布、代谢和排泄，以确定药物的疗效与安全性的系统性试验。"

二、药品注册管理规定

《中华人民共和国药品管理法》第二十四条规定："在中国境内上市的药品，应当经国务院药品监督管理部门批准，取得药品注册证书。""药品注册是指药品注册申请人（以下简称申请人）依照法定程序和相关要求提出药物临床试验、药品上市许可、再注册等申请以及补充申请，药品监督管理部门基于法律法规和现有科学认知进行安全性、有效性和质量可控性等审查，决定是否同意其申请的活动。"药品注册管理的核心文件是由国家药品监督管理局发布的《药品注册管理办法》。

《药品注册管理办法》是"为规范药品注册行为，保证药品的安全、有效和质量可控"而制定，其内容涵盖了"在中华人民共和国境内以药品上市为目的，从事药品研制、注册及监督管理活动"。目前，《药品注册管理办法》共颁布了四版。2002年10月，国家药品监督管理局颁布了试行版《药品注册管理办法》（局令第35号），废止了1999年4月22日发布的《新药审批办法》《新生物制品审批办法》《新药保护和技术转让的规定》《仿制药品审批办法》和《进口药品管理办法》，实现了药品注册管理法律的统一。随后，《药品注册管理办法》分别于2005年（局令第17号）和2007年（局令第28号）进行了修订。2020年1月，国家市场监督管理总局公布了新修订的《药品注册管理办法》（总局令第27号），并于2020年7月1日起施行。

三、药品生产管理规定

1.《药品生产质量管理规范》

《药品生产质量管理规范》（以下简称药品GMP）是药品生产和质量管理的基本准则。我国自1988年第一次颁布药品GMP至今已有30多年，其间经历1992年、1998年、2010年三次修订，实现了所有原料药和制剂均在符合药品GMP的条件下生产的目标。2010版药品GMP共14章、313条，其主要特点在于：①加强了药品生产质量管理体系建设，大幅提高对企业质量管理软件方面的要求；②全面强化了从业人员的素质要求；③细化了操作规程、生产记录等文件管理规定，增加了指导性和可操作性；④进一步完善了药品安全保障措施。2010版药品GMP的实施，有利于促进医药行业资源向优势企业集中，淘汰落后生产力；有利于调整医药经济结构，以促进产业升级；有利于培育具有国际竞争力的企业，加快医药产品进入国际市场。

2019年11月，国家药品监督管理局发布公告（2019年第103号），自当年12月1日起，取消药品GMP认证，不再受理GMP认证申请，不再发放药品GMP证书。取消GMP认证发证后，药品生产质量管理规范仍然是药品生产活动的基本遵循和监督管理的依据，药品监管部门将切实加强上市后的动态监管，由五年一次的认证检查，改为随时对GMP执行情况进行检查，监督企业的合规性，对企业持续符合GMP要求提出了更高的要求。

2.《药品生产监督管理办法》

2004年8月，国家食品药品监督管理局发布了《药品生产监督管理办法》，其目的为加强药品生产监督管理，规范药品生产活动。2017年11月，国家食品药品监督管理总局局务会议对其进行了修正。2020年1月，新版《药品生产监督管理办法》由国家市场监督管理总局公布，并自2020年7月1日起施行。

按照新版《药品管理法》要求，新修订的《药品生产监督管理办法》主要从以下四个方面落实药品生产环节：①全面规范生产许可管理。明确药品生产的基本条件，规定了药品生产许可申报资料提交、许可受理、审查发证程序和要求，规范了药品生产许可证的有关管理要求。②全面加强生产管理。明确要求从事药品生产活动，应当遵守药品生产质量管理规范等技术要求，按照国家药品标准、经药品监管部门核准的药品注册标准和生产工艺进行生产，保证生产全过程持续符合法定要求。③全面加强监督检查。按照属地监管原则，省级药品监管部门负责对本行政区域内的药品上市许可持有人、制剂、化学原料药、中药饮片生产企业的监管。对原料、辅料、直接接触药品的包装材料和容器等供应商、生产企业开展日常监督检查，必要时开展延伸检查。建立药品安全信用档案，依法向社会公布并及时更新，可以按照国家规定实施联合惩戒。④全面落实最严厉的处罚。坚持利剑高悬，严厉打击违法违规行为。进一步细化《药品管理法》有关处罚条款的具体情形。对违反《药品生产监督管理办法》有关规定的情形，增设了相应的罚则条款，保证违法情形能够依法处罚。

四、药品质量管理规定

《中华人民共和国药品管理法》第二十八条规定："药品应当符合国家药品标准"，"国务院药品监督管理部门颁布的《中华人民共和国药典》和药品标准为国家药品标准。"

1953 年，我国颁布了第一部《中华人民共和国药典》（以下简称《中国药典》），至今共修订出版了 11 版。2020 年 7 月 2 日，国家药品监督管理局、国家卫生健康委员会发布公告，正式颁布 2020 年版药典，并于 2020 年 12 月 30 日起正式实施。2020 年版《中国药典》共收载品种 5911 种，其中，新增 319 种，修订 3177 种，不再收载 10 种，品种调整合并 4 种。一部中药收载 2711 种，其中新增 117 种、修订 452 种。二部化学药收载 2712 种，其中新增 117 种、修订 2387 种。三部生物制品收载 153 种，其中新增 2 种、修订 126 种；新增生物制品通则 2 个、总论 4 个。四部收载通用技术要求 361 个，其中制剂通则 38 个（修订 35 个）、检测方法及其他通则 281 个（新增 35 个、修订 51 个）、指导原则 42 个（新增 12 个、修订 12 个）；药用辅料收载 335 种，其中新增 65 种、修订 212 种。

2020 版《中国药典》主要有以下变化：①收载品种适度增加，进一步稳步提高药典收载品种数量。②基本完成国家药品标准清理工作，其中涉及化学药 6263 个品种、中成药 9585 个品种、饮片药材 1252 个品种、中药提取物 9 个品种、生物制品 373 个品种，为完善标准提高和淘汰机制奠定了基础。③以实施"两法两条例"为契机，全面完善了药典标准体系，贯彻药品质量全程管理的理念，提高了横向覆盖中药、化学药、生物制品、原料药、药用辅料、药包材以及标准物质的质量控制技术要求，完善了纵向涵盖药典凡例、制剂通则、检验方法以及指导原则的制修订，加强了涉及药品研发、生产、质控、流通和使用等环节的通用技术要求体系的建设。④强化了《中国药典》的规范性，药典各部之间更加协调统一。建立、完善了统一规范的药品、药用辅料和药包材通用名称命名原则，加强了通用技术要求与品种标准内容的统一。⑤加强药典通用技术要求，重点完善了药品安全性和有效性的控制要求，实现了"中药标准继续主导国际标准制定，化学药、药用辅料标准基本达到或接近国际标准水平，生物制品标准紧跟科技发展前沿，与国际先进水平基本保持一致"的总目标。⑥加强了药典机构间的国际交流与合作，促进了与药典的协调统一，扩大了《中国药典》的国际影响力。

📚 阅读材料

民生领域的"两弹一星"——埃克替尼

埃克替尼（商品名：凯美纳）是我国第一款拥有完全自主知识产权的小分子靶向抗癌药

物，由王印祥博士领衔的团队历经 10 年自主研发而成，于 2011 年上市。盐酸埃克替尼以表皮生长因子受体激酶为靶标，可用于具有 EGFR 基因敏感突变的非小细胞肺癌（NSCLC）的治疗。

2001 年，伊马替尼（格列卫）作为第一个靶向抗肿瘤药物上市，标志着肿瘤分子靶向治疗的开端。随后，阿斯利康（AstraZeneca）和罗氏制药（Roche）相继上市了吉非替尼（易瑞沙）和厄洛替尼（特罗凯），用于非小细胞肺癌（NSCLC）患者的一线治疗。与此同时，以王印祥博士为首的三位科研人员在国外对吉非替尼（易瑞沙，1-1）和厄洛替尼（特罗凯，1-2）的分子结构进行了研究（如图 1-2 所示），发现二者仅针对喹唑啉 6-位和 7-位碳原子所结合的开链多醚结构，而未对环醚结构进行专利保护。经过化合物设计、合成、筛选等一系列基础工作，三位科研人员最终发现了埃克替尼（图 1-3，1-3）。

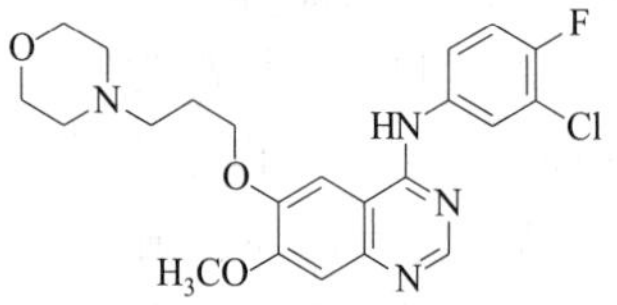

吉非替尼，1-1 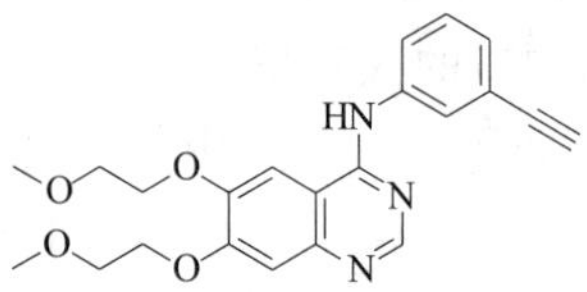　　　　　　厄洛替尼，1-2

图 1-2　吉非替尼（易瑞沙）和厄洛替尼（特罗凯）的分子结构

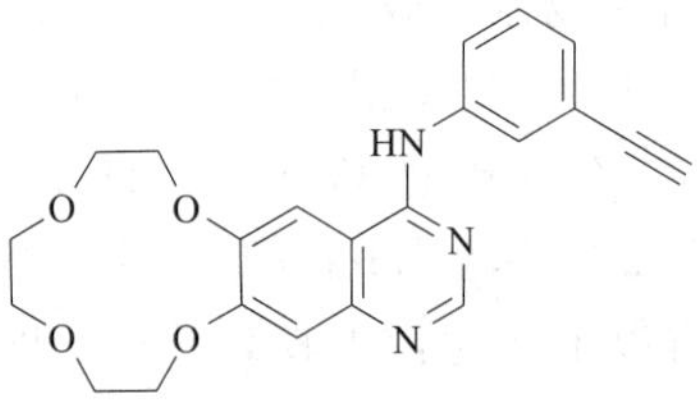

埃克替尼，1-3

图 1-3　埃克替尼的分子结构式

2002 年，王印祥博士等人回国后便开始了艰苦的埃克替尼临床前研究，并于 2003 年注册成立了浙江贝达药业有限公司。2005 年，贝达药业正式向国家药品监督管理局提交埃克替尼新药临床研究申请，并在 7 个月后获得批准。为了将Ⅰ期临床试验做到最好，王印祥博士找到国内进行抗肿瘤药物临床试验最权威的北京协和医院来主持。但当时的贝达药业尚不知名，而北京协和医院由于课题应接不暇，一般只接国内外知名药企的项目。王博士硬是凭着一股做科研的执着精神，天天到医院相关负责人的办公室门口蹲守，并凭借自身深厚的专业知识终于说服协和医院破例接下了贝达的项目。2008 年，埃克替尼在北京协和医院完成临床Ⅰ期临床试验，并上报国家药品监督管理局申请临床Ⅱ/Ⅲ期试验批文。为了将临床试验做扎实，贝达药业当时决定采用已上市的吉非替尼（易瑞沙）做 1:1 随机双盲对照试验。当时的贝达或许并未意识到，这一试验方案日后将被总结为："全球第一个激酶抑制剂（TKI）互为对照的注册Ⅲ期临床试验"。这样的方案设计使得试验结果更加有说服力，但无疑将带来巨大的经济压力。因为，当时吉非替尼（易瑞沙）在国内售价 550 元/天用药，一个病人 4~5 个月的疗程，完整的Ⅲ期临床试验结束后，仅用于购买对照药品的花费就在 2500 万元人民币左右。而当时正值经济危机，贝达药业的资金链也很紧张。即便如此，王博士仍然坚持与吉非替尼（易瑞沙）做 1:1 对比的试验方案。2009 年 1 月，埃克替尼的Ⅲ

期临床试验正式启动，国内绝大多数知名肿瘤医院都参与了这一试验。同时，贝达药业聘请了国内知名的临床 CRO 公司负责Ⅲ期临床试验，自己也成立了医学部全程参与。甚至为了确保试验质量，王博士和当时公司的另一位高管亲自当起了临床监查员（CRA），亲自负责全国十几家医院的临床督查。2010 年 4 月，盐酸埃克替尼Ⅲ期临床试验顺利完成。最后采取的是对 27 家参与试验医院的数据进行现场统计并统一评判，这就保证了数据评判标准的一致性。2010 年 5 月，试验结果揭盲，非常理想。2011 年 4 月，埃克替尼正式获得国家药品监督管理局的生产批文，并于同年 8 月正式上市销售，商品名为"凯美纳"。

埃克替尼（凯美纳）的成功上市创造了数项第一：全球第一个以激酶抑制剂（TKI）互为对照的注册Ⅲ期临床试验；亚洲第一个激酶抑制剂（TKI）靶向抗肿瘤药；中国第一个有自主知识产权的小分子抗肿瘤药；在中国第一次采用进口专利药做头对头双盲对照的Ⅲ期临床试验。埃克替尼（凯美纳）在中国及全世界肿瘤界均引起了极大关注，有力提振了我国医药产业界自主创新的热情和信心，被时任卫生部部长的陈竺院士誉为我国民生领域的"两弹一星"。

思考题

1. 自 2012 年击败辉瑞的立普妥，艾伯维的修美乐在全球"药王"宝座上蝉联了 10 年之久，上市以来累计销售额超过 2000 亿美元。随着 2023 年关键市场的专利到期，修美乐从 2023 年 1 月起在美国遭遇第一批仿制药竞争。为何许多医药企业除了新药研发，也会将资金用于对一些已上市的药品大量投入进行仿制？

2. 2022 年，工业和信息化部等九部门联合发布了《"十四五"医药工业发展规划》。其中，对于化学药技术提出"重点开发可实现更高效率、更优质量、绿色安全的原料药创新工艺"。根据你的理解，我国的制药工业应如何实现这样的目标？

3. 什么是"化学制药工艺学"？化学制药工艺研究内容是什么？其研究途径主要可分为哪些阶段？

4. 什么是原料药？我国为何要推进原料药的质量和疗效一致性评价工作？

5. 我国现行的《药品注册管理办法》中，如何对药品进行分类？

6. 我国为何要取消药品 GMP 认证？取消后，药品监管部门将如何进行药品生产监管？

参考文献

[1] 孙国香，汪艺宁.化学制药工艺学.北京：化学工业出版社，2018.

[2] The IQVIA Institute. The Global Use of Medicines 2022. 2021.

[3] 国家药品监督管理局药品审评中心.2021年度药品审评报告.北京：国家药品监督管理局药品审评中心，2022.

[4] 国家药品监督管理局综合和规划财务司.药品监督管理统计报告（2021年第三季度）.北京：国家药品监督管理局，2022.

[5] 中国医药企业管理协会.2021年医药工业发展和运行情况.北京：中国医药企业管理协会，2022.

[6] Christel M. 2022 Pharm Exec Top 50 Companies. Pharmaceutical Executive, 2022, 42（6）：20-25.

[7] 工业和信息化部.关于印发"十四五"医药工业发展规划的通知.北京：工业和信息化部，2021.

[8] 工业和信息化部消费品工业司.《"十四五"医药工业发展规划》解读.北京：工业和信息化部，2022.

[9] 汤涵，苗采烈，林凡钰，等.中国医药工业发展现状浅析与未来挑战.中国医药工业杂志，2021，52（11）：1534-1544.

化学制药工艺路线的设计与选择

 本章学习要求

1. 了解：化学制药工艺路线的研究目的及过程。
2. 熟悉：化学制药工艺路线的选择与评价方法。
3. 掌握：化学制药工艺路线的设计方法。

第一节　概述

本书所涉及的化学药物主要是指化学原料药（API），其本质是具有不同结构的化合物分子，其中绝大部分属于有机化合物。按照原料的来源不同，化学药物的合成过程通常可分为两种：第一种是"全合成"（total synthesis），即利用各类普通的化工原料，通过一步或多步合成得到目标分子；第二种是"半合成"（semi-synthesis），即利用自然界已有的化合物分子，通过化学或物理的方式进行修饰或改造，从而得到目标分子。化学药物的合成路线通常会存在多种途径，每条合成途径可由若干合成工序组成，而每个合成工序又包含若干化学反应单元。通常将具有工业生产价值的合成途径称为该药物的合成工艺路线。

化学制药工艺
研究的目的
与过程

一、化学制药工艺路线研究的目的

化学制药工艺路线研究所针对的对象主要是已申请临床研究或已上市的药物，它们化学结构明确，具有潜在或现实的工业生产价值。对于前者，由于其未上市，用量通常不大，对其工艺路线的研究主要是关注产品的化学合成可能性、产品的质量、产品中杂质的研究等，其规模也主要是限于实验室或中试规模。因此，化学制药工艺研究更多的是针对已经上市的化学药物，其意义在于：

（1）许多具有生物活性或药用价值的天然药物，通常在动植物体内含量很低，为了满足社会的需求，需要通过全合成或半合成的方式进行人工合成。如抗癌药物紫杉醇是以红豆杉为原料的天然提取物，其在红豆杉树皮中的含量最高，也仅为 0.009% 左右。因此，依靠天然提取获得紫杉醇的方式不仅难以满足社会的需求，也不利于红豆杉的树种保护。为了解决这一难题，人们开始探索采用半合成的方式制备紫杉醇，最终解决了紫杉醇工业化生产中原料来源的问题。

（2）由于药物的特殊性，刚上市的新药通常都在化合物专利保护下。而在新药的化合物专利权期即将结束之际，各制药企业为了尽快进入并占领市场，需要对该药物进行已有合成工艺专利保护之外的工艺开发，从而实现药物合法仿制。

（3）对正常生产的药物，由于生产条件或法律法规的变化，或为了进一步提高药品的质量，需要对已有的工艺路线进行改进与革新。

二、化学制药工艺路线研究的过程

（1）对于化学制药工艺路线的设计，首先应对其和相似化合物进行国内外文献资料的调查与论证，尤其是对于相关的合成工艺专利要进行详尽的检索，并结合当代合成化学的发展，设计出一条或多条技术合理、步骤适当、理论可行的合成工艺路线。

（2）对于化学制药工艺路线的选择，则需要进一步将企业的生产现实性考虑在内，从设计的合成路线中优选一条或几条进行实际研究，并通过优化使其成为生产工艺路线，并最终实现工业化生产。由于企业的生产不同于实验室研究，制药企业进行药物生产的最终目的是实现企业的利益最大化和可持续发展。因此，化学制药工艺路线的选择不仅要体现技术的先进性，更要体现经济的合理性，如工艺路线中尽量选择品种少、能稳定供应、价格低廉的原材料，尽量避免使用有毒、易燃易爆的原材料、中间体或产品易纯化，尽量使用已有各种原辅设备，"三废"问题较易解决等。

（3）由于化学药物不同于普通化学品，其直接关系到人类的生命与健康。因此，化学药物的合成工艺设计与选择还必须结合与药物研发、生产、质量相关的各类法律法规，保证所采用的工艺具有重复性、稳定性、可控性，所生产的药物能够满足所有的质量规范要求。

本章将就化学制药工艺路线的设计与选择分别进行讨论。

第二节 化学制药工艺路线的设计

化学制药工艺研究的起点是合成路线设计，其所针对的对象主要是已申请临床研究或已上市的药物。针对前者，由于已申请临床研究的化合物分子通常属于新结构分子，研究者需要通过文献检索对其合成路线进行全新设计；对于后者，研究者一般倾向于在已报道工艺路线的基础上，结合企业自身条件进行优化设计，这样可以降低技术开发难度、缩短研发周期、更好地确保药品质量，从而最大限度地规避开发风险。

虽然化学药物不同于普通有机化合物，但大部分化学药物的本质仍是有机化合物，因此相应的合成工艺路线设计与普通有机合成路线设计有许多类似之处。

"逆合成分析法"（retrosynthetic analysis）是化学制药工艺路线设计的主要手段。从分析药物分子的化学结构入手，分清结构的主体和分支、核心骨架和官能团，根据药物分子中各片段的结合情况，通过逆向推导的分析方式，找出各结合片段；同时，根据各官能团的活性特点，还需考虑各片段的结合顺序、官能团的保护与去保护等；若为手性药物，还需考虑手性中心的构建方法等。此外，在药物发展的过程中，常常有多种药物名称相近、结构相近、治疗领域相近，故人们根据其名称或结构中相同的部分而将其命名为"某某类"药物，如用于抗菌的"沙星类"药物、血管紧张素转化酶抑制剂"普利类"药物、用于降压的"沙坦类"药物等。在对此类结构相近的药物分子进行合成路线设计时，可模拟类似化合物的合成方法进行设计，即从初步的合成设想开始，通过文献调研，改进他人尚不完善的概念和方法来进行药物工艺路线设计，这种方法被称为"模拟类推法"。以下将重点对"逆合成分析法"和"模拟类推法"进行介绍。

一、逆合成分析法

（一）基本介绍

逆合成分析法又称倒推法、追溯求源法，是一种可逆向的逻辑思维方法，于20世纪60年代由哈佛大学 E. J. Corey 教授在总结前人和自己成功经验的基础上提出。逆合成分析法的基本思路是从剖析目标化学药物分子的化学结构入手，通过逆推法把一个化学药物分子的合成问题由繁到简地逐级分解成若干简单的合成问题。即根据分子中各原子间连接方式（化学键）的特征，逆向切断、连接、消除、重排和官能团形成与转换等，将目标分子转化成一些稍小的中间体；再以这些中间体作为新的目标分子，将其切断成更小的中间体；依次类推，直到找到可以方便购得的起始材料为止（如图2-1所示）。逆合成分析法的分析思路与真正的合成路线正好相反，是化学制药工艺路线设计最基础、应用最广泛的方法。

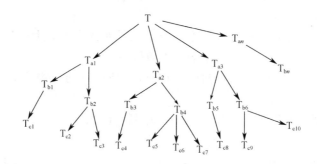

图 2-1　逆合成分析法中的分析树

在逆合成分析法中，合成子（synthon）、合成等效试剂（synthetic equivalent reagents）和切断（disconnection）是三个主要的概念。按照 Corey 的定义，"合成子"是指可以通过已知或合理的操作连接成（有机）分子的结构单元。合成子可分为受电子合成子（acceptor synthon，以 a 代表）、供电子合成子（donor synthon，以 d 代表）、自由基合成子（以 r 代表）和中性分子合成子（以 e 代表）。合成子是一个人为的、概念化名词，可能是实际存在的，也可能是一个实际不存在的、抽象化的东西，此时必须用与之相应的化合物或能够起合成子作用的化合物，这些化合物统称为"合成等效试剂"（表2-1）。"切断"是人为将化学分子中化学键断裂，从而把目标分子骨架拆分为两个或两个以上的合成子，以此来简化目标分子的一种转化方法，通常是在双箭头上加注"dis"表示，目标分子切断后的碎片便成了各种合成子或合成等效试剂。

表 2-1　部分常见合成子及相应的合成等效试剂

合成子	合成等效试剂
R^+	RX(X＝X—,—OCOR,—OTs,—ONO$_2$ 等离去基团)
R^+C＝O	RCOX
R^+CHOH	RCHO
H_2^+COH	H_2C＝O
R^-	RM(M＝Li,MgBr,Cu 等)
$^-C_6H_5$	C_6H_6,C_6H_5MgBr
$^-CH_2COCH_3$	CH_3COCH_2COOEt
$^-CH_2COOH$	$CH_2(COOEt)_2$

（二）基本策略

药物分子的合成路线设计是比较困难的，即使面对结构不太复杂的药物分子，在对其进行逆合成分析时包含有多种骨架与官能团的变化，这样就产生了一个问题：在进行逆合成分析时应该如何考虑，从而能简捷高效地找到这些变化？在逆合成分析中，简化目标药物分子最有效的手段是切断，不同的切断方式和切断顺序都将导致不同的合成路线。究竟怎样切断，切断成何种合成子，则要根据化合物的结构、可能形成此键的化学反应以及合成路线的可行性来决定。一个合理的切断应以相应的合成反应为依据，否则，这种切断就不是有效切断。掌握一些切断技巧将有利于设计出高效、合理的合成工艺路线。

1. 仔细剖析目标分子的结构，找出其骨架可能的构造方式

骨架形成和官能团的引入是设计合成路线的最基本的两个过程，其中骨架的形成是设计合成路线的核心。大部分化学药物分子的本质是有机分子，骨架是每一个有机分子结构组成方式，而化合物的性质主要是由分子的官能团所决定。在解决骨架与官能团都有变化的合成问题时，应优先考虑骨架的形成，这是因为官能团是附着于骨架上的，骨架建立不起来，官能团就没有根基。但是，骨架的形成又离不开官能团的作用，因为化学键形成的位置通常在官能团所在或受官能团影响的部位上。因此，要形成新的化学键，前体分子必须要有成键反应所要求的官能团。考虑骨架的形成时，要研究目标分子的骨架由哪些较小碎片的骨架通过成键反应形成，较小碎片的骨架又由更小碎片的骨架通过成键反应形成。依次类推，直到得到最小碎片的骨架，也就是应该使用的原料骨架。

研究目标分子的骨架结构，首先应分清母体与侧链、基本骨架与官能团，进而分析这些结构以何种方式和位置相连接。其次，应考虑分子的基本骨架的组合方式、形成方法。如基本骨架是芳香环，可采用苯或者苯的同系物或衍生物为原料；如基本骨架为杂环化合物，可考虑采用天然来源的杂环化合物为原料，如吡啶、噻吩等，或通过前体化合物的关环反应制备。此外，如果药物分子骨架中含有手性中心，还需考虑手性中心的构建，如可采用不对称合成的方式直接获得，或采用手性拆分的方式进行建立。

布洛芬（Ibuprofen，**2-1**）是一种常见的解热镇痛药物。在对其结构进行分析时，可以发现该分子的主要骨架为苯环，苯环上含有异丁基与 α-甲基乙酸基团。此外，虽然该分子存在一个手性中心，但布洛芬并非一种手性药物，因此无需进行手性中心的构建。由于苯环结构大量存在于天然芳香族化合物，因此无需通过关环反应制备。综上分析，可以推断布洛芬分子最小的结构骨架可以为苯（**2-2**）、异丁基和 α-甲基乙酸片段，而异丁基和 α-甲基乙酸片段可分别以 2-甲基丙酰氯（**2-3**）和乙酰氯（**2-4**）为原料，通过傅-克酰化反应（Friedel-

Crafts acylation）依次引入苯环（图 2-2）。

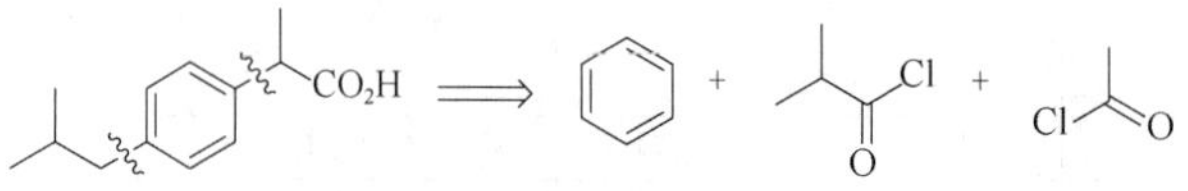

图 2-2 布洛芬分子结构的逆合成分析

2. 围绕目标分子的官能团处进行切断

官能团是决定有机化合物的化学性质的原子或原子团。常见的官能团有碳-碳双键、碳-碳三键、羟基、羧基、醚键、羰基等。官能团对有机物的性质起决定作用，同样也对药物分子的效用起决定性作用。因此，药物分子结构的建立，就是在构建药物分子骨架的基础上对各类官能基团的引入、转化、消除或保护。在药物分子的化学结构中，官能团常常是活跃的部分，在逆合成分析过程中，人们常常采用官能团互变（Functional Group Interconversion，FGI）、官能团引入（Functional Group Addition，FGA）和官能团消除（Functional Group Removal，FGR）等方式协助切断。"官能团互变"是指将复杂官能团转化为简易官能团，以致简化官能团的拆分，以此来简化合成；"官能团引入"是在合成设计中，引入活化基团，以此来简化合成；"官能团消除"相当于官能团的分拆。

度洛西汀（Duloxetine，**2-5**）是礼来（Eli Lilly）公司开发的一个 5-羟色胺和去甲肾上腺素再摄取抑制剂。在进行分子结构分析时，可以发现其核心骨架可以是噻吩环和萘环，且这两个骨架天然来源丰富，故无需另外构建。此外，度洛西汀（**2-5**）分子中的官能团包括甲氨基和手性醚键，因此，在对其进行逆合成分析切断时，重点是围绕这两个官能团的引入。对于醚键，可以将其切断为（*S*）-3-甲基氨基-1-(2-噻吩基)-1-丙醇（**2-6**）和 1-卤代萘（**2-7**）。后者是一种化学工业品，而（*S*）-3-甲基氨基-1-(2-噻吩基)-1-丙醇（**2-6**）可以通过官能团互变将其互变为相应的噻吩基酮（**2-8**），其手性中心的构建，可通过酮（**2-8**）羰基的不对称还原，或酮（**2-8**）羰基还原成外消旋醇后进行手性拆分实现。对于甲氨基的引入，发现其位于噻吩基酮（**2-8**）的羰基 β-碳原子位，通过类似于官能团引入的方式，可以向噻吩基酮（**2-8**）的甲氨基添加一个甲基使其转变为二甲基氨基，便可借助曼尼希（Mannich）反应将噻吩基酮（**2-8**）切断成为 2-乙酰噻吩（**2-10**）、多聚甲醛（**2-11**）和二甲基胺盐酸盐（**2-12**）（图 2-3）。

3. 优先选择在杂原子处进行目标分子切断

由于原子电负性的差异，碳原子与杂原子形成的键通常是极性共价键，一般可由亲电体和亲核体之间的反应形成，对分子框架的建立及官能团的引入可起指导作用。因此，当目标分子中有杂原子时，可优先选用这一策略。在药物分子中，碳-氮、碳-硫、碳-氧等碳-杂键的部位通常是该分子的拆键部位，亦即分子的连接部位。

奥美拉唑（Omeprazole，**2-13**）是第一个上市的质子泵抑制剂，可用于治疗消化性溃疡和胃食管反流病等疾病。进行分子骨架分析时，可以发现其结构主要是由苯并咪唑片段 **A** 和吡啶片段 **B** 组成，二者经亚硫酰基连接而成（如图 2-4 所示）。由于亚硫酰基可通过将硫醚的硫原子氧化获得，因此苯并咪唑片段 **A** 和吡啶片段 **B** 可视作通过硫醚的硫原子相连。在进行逆合成分析切断时，如按 a 处切断，奥美拉唑分子可分解为受电子合成子 2-氯-5-甲

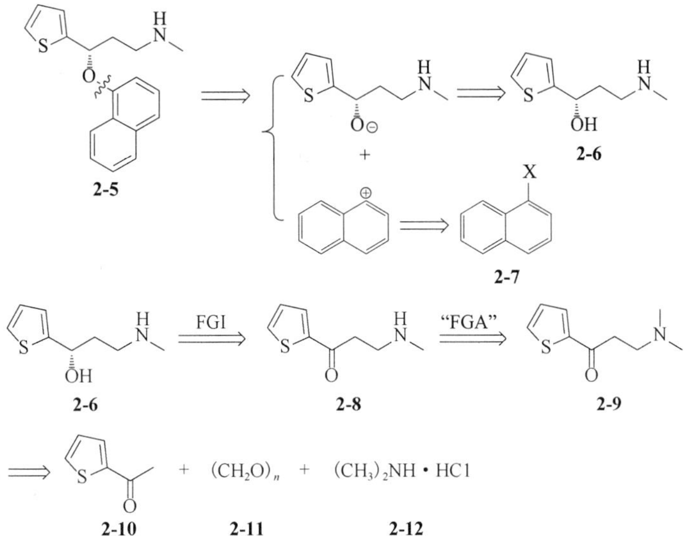

图 2-3　度洛西汀分子结构的逆合成分析

氧基苯并咪唑（**2-14**）和供电子合成子 4-甲氧基-3,5-二甲基-2-吡啶基甲硫醇（**2-15**）；按 b 处切断，奥美拉唑分子可分解为供电子合成子 5-甲氧基-1H-苯并咪唑-2-硫醇（**2-16**）和受电子合成子 2-氯甲基-3,5-二甲基-4-甲氧基吡啶（**2-17**）；按 c 处切断，奥美拉唑分子可分解为供电子合成子甲基亚磺酰基甲氧苯并咪唑碱金属盐（**2-18**）和受电子合成子 4-甲氧基-3,5-二甲基吡啶（**2-19**）（图 2-4）。相对于前两种切断方式，按 c 处切断时，甲基亚磺酰基甲氧苯并咪唑碱金属盐（**2-18**）的制备十分困难，操作条件也比较苛刻。因此研究人员在设计其合成工艺路线时，通常会选择 a 或者 b 处进行碳-硫键切断，而不会选择 c 处进行碳-碳键切断。关于奥美拉唑（**2-13**）的生产工艺，本书将在第十章做进一步讲解。

4. 合理利用分子对称性或潜在对称性简化药物分子的合成路线设计

分子对称性是指分子常常因含有若干相同原子或基团而具有的某种对称性。具有分子对称性的分子经过某种对称操作后，与未经操作的原有分子无法分辨。

某些药物或其中间体分子具有结构对称性或潜在对称性，在对这些分子进行逆合成分析时，可巧妙利用其对称性或潜在对称性，选择合适的化学键进行切断，从而设计出简捷、高效的合成路线。利用这一策略进行分子合成设计最经典的例子是托品酮（Tropinone，**2-20**）的全合成。托品酮最先是由德国化学家 Willstatter 于 1902 年完成全合成。全过程以环庚酮为原料，通过十五步反应得到托品酮，总收率为 0.75%。这一成功，在当时是在实验室全合成复杂天然产物的重要事件之一，标志着多步全合成的诞生。1917 年，英国化学家 Robinson 利用托品酮的结构对称性，创造性地采用曼尼希（Mannich）反应，仅通过三步反应就合成了托品酮（**2-20**，图 2-5）。此后，人们在此基础上通过改进，可将托品酮（**2-20**）的收率提高至 90% 以上。

对于具有结构对称性的分子，通常可采用"双分子拼合法"或"对称性双重缩合法"进行逆合成分析切断。对于前者，其通常适用于两个完全相同的亚结构单元所组成的分子。若目标分子为直线结构，则切断位置应在两个亚结构单元相连的化学键。如对骨骼肌松弛药——肌安松（Paramyon，**2-24**）进行逆合成切断时，拆分位置应选择分子骨架的对称中

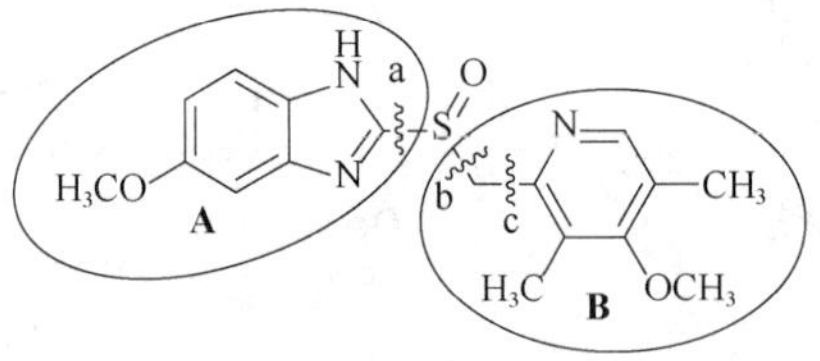

2-13

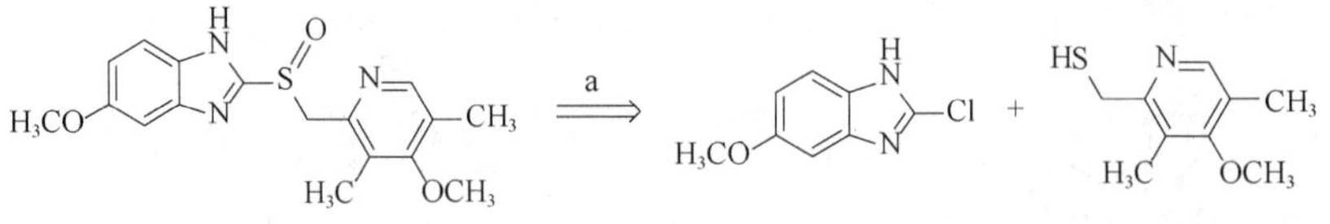

2-13   2-14   2-15

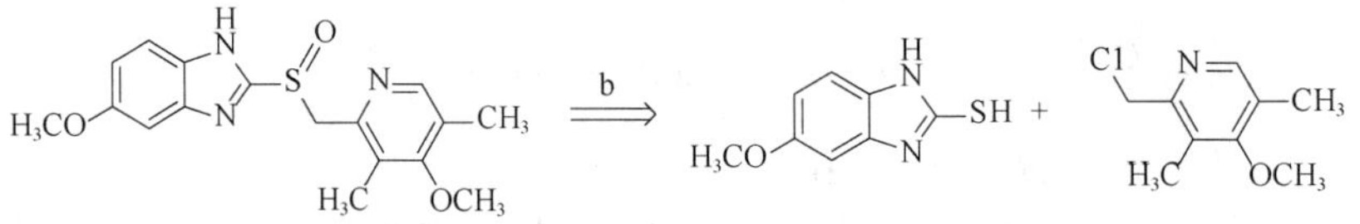

2-13   2-16   2-17

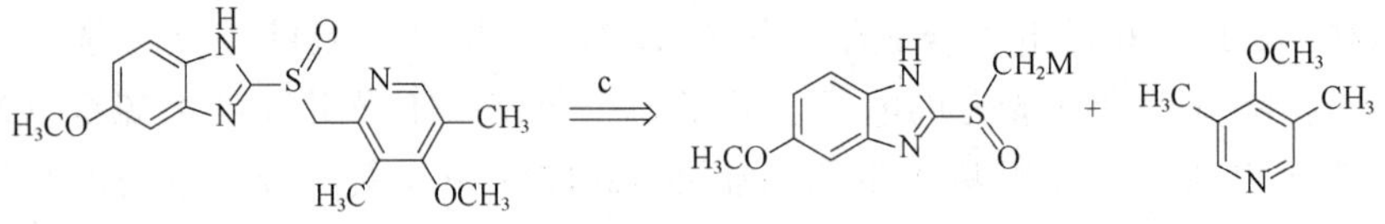

2-13   2-18   2-19

图 2-4 奥美拉唑分子结构的逆合成分析

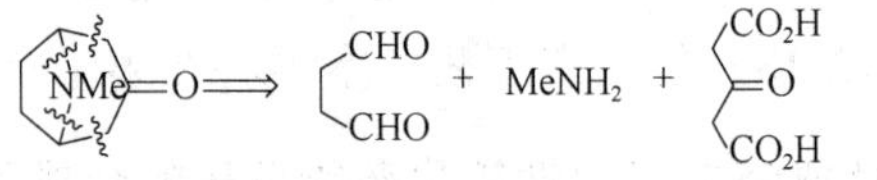

2-20   2-21   2-22   2-23

图 2-5 托品酮的逆合成分析

心（图 2-6）；若目标分子为头尾相连的环状结构，则切断位置应在两个头尾相连的化学键。如番木瓜碱（Carpaine，2-29）便可根据其环状对称性将首尾两个羧酸酯基切断（图 2-7）。"对称性双重缩合法"多用于合成具有对称平面的分子。对于具有直线结构的分子，其切断的化学键应选择在具有对称平面的分子片段与同其相连的两个相同分子片段之间。如姜黄素（Curcumin，2-31）分子便具有对称平面的直线型结构，在对其进行逆合成分析切断时，所拆开的化学键便是在具有对称平面的 2,4-戊二酮（2-32）与 4-羟基-3-甲氧基苯甲醛（2-33）通过醛酮缩合所形成的碳-碳双键（图 2-8）；对于环状结构的分子，则其切断位置为两个双官能团结构片段的连接处，再逆推至两个不同的对称双官能团化合物。如（—）-鹰爪豆碱[（—）-Sparteine，2-34]虽然是一种天然提取物，但根据其具有的对称平面性质进行逆合成分析，可以设计出简单易行的全合成路线（图 2-9）。在中心亚甲基上通过官能团引入添加羰基后，在两侧对称地利用逆 Mannich 切断，将分子高度简化。这样得到三种基本原料：丙酮（2-38）、哌啶（2-39）和多聚甲醛（2-11），其合成方法均是经典的标准反应。

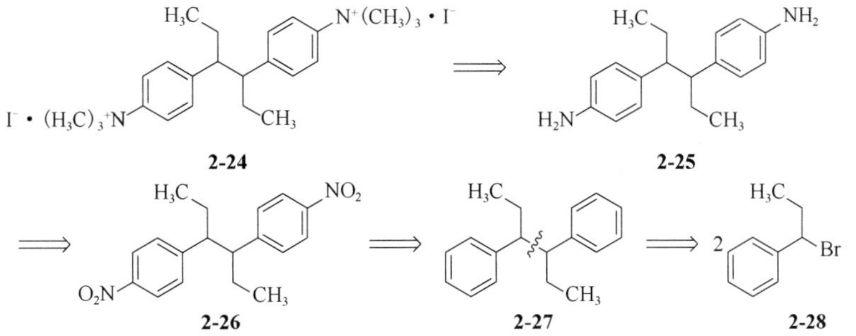

图 2-6　肌安松分子结构的逆合成分析

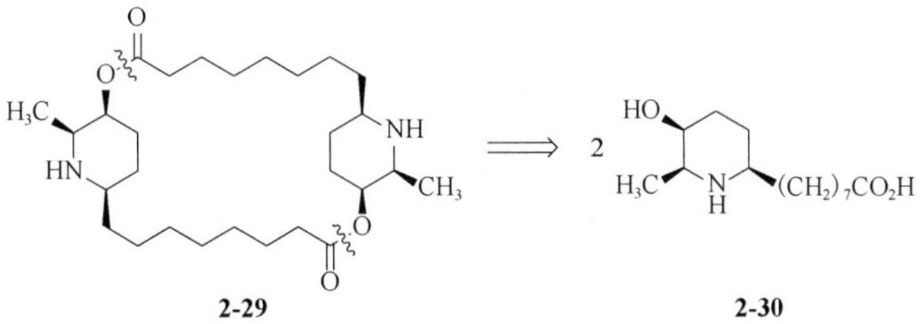

图 2-7　番木瓜碱分子结构的逆合成分析

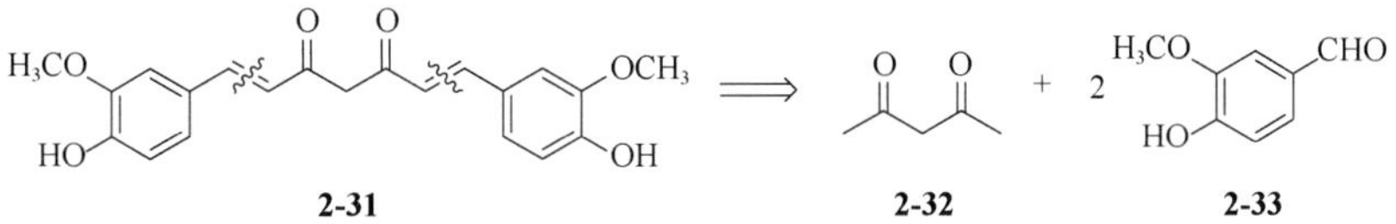

图 2-8　姜黄素分子结构的逆合成分析

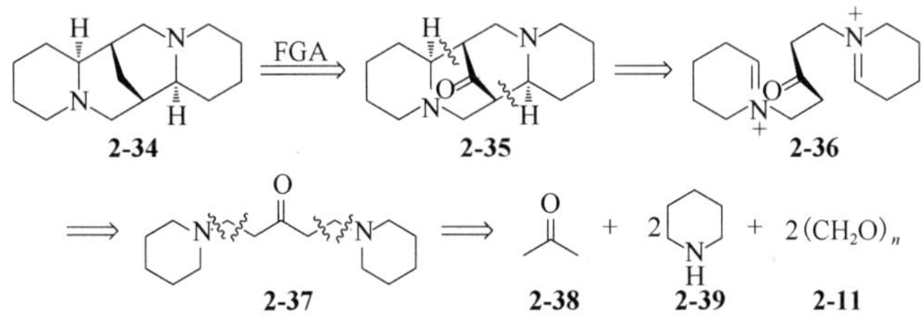

图 2-9　（一)-鹰爪豆碱分子结构的逆合成分析

　　此外，某些目标分子本身虽没有对称性，但具有潜在对称性，经过一定的逆合成转化后可以得到一个对称的分子或一条对称的合成路线，同样可以简化合成设计。氯法齐明（Clofazimine，**2-40**）是一种二线治疗麻风病的药物，其分子结构并没有明显的对称性，但如果将吩嗪环切断，可以发现氯法齐明分子可以由两分子的 *N*-对氯苯基邻苯二胺（**2-42**）通过关环组成（图 2-10）。

　　但是，对于一些具有分子对称性的药物分子，不能简单地套用上述对称分析方式，而应该根据目标分子的特点，设计出更合理的路线。氟康唑（Fluconazole，**2-43**）是一种治疗真菌感染的药物，其分子结构中具有对称平面，可采用"对称性双重缩合法"进行切断为叔醇

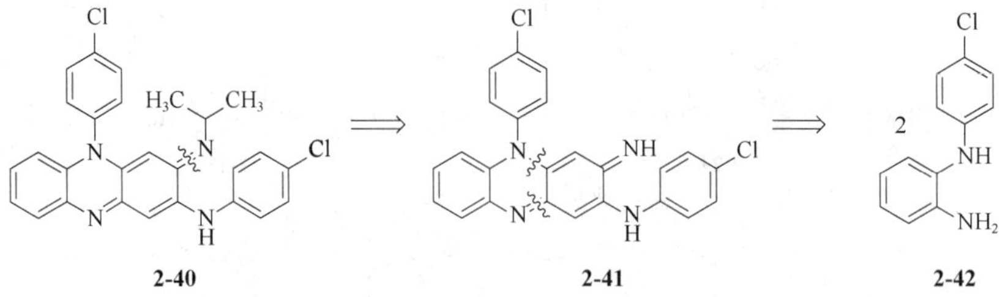

图 2-10　氯法齐明分子结构的逆合成分析

衍生物（**2-44**）和 $1H$-1,2,4-三氮唑（**2-45**），叔醇衍生物（**2-44**）可进一步拆分为 1,3-二氯丙酮（**2-46**）和 2,4-二氟溴苯（**2-47**）（图 2-11）。但在具体合成中，1,3-二氯丙酮（**2-46**）和 2,4-二氟溴苯（**2-47**）需通过格氏反应进行，操作条件苛刻。因此，人们并没有采用这条设计路线，而是以间二氟苯（**2-48**）为原料，通过傅-克酰化反应（Friedel-Crafts acylation）制备 α-氯代苯乙酮类化合物（**2-49**）。在碱的作用下，α-氯代苯乙酮类化合物（**2-49**）完成与一分子 $1H$-1,2,4-三氮唑（**2-45**）的连接。然后，利用硫叶立德将所得中间体（**2-50**）转化为环氧化合物（**2-51**），最后用另一分子的 $1H$-1,2,4-三氮唑（**2-45**）将其开环，最终得到氟康唑（**2-43**，图 2-12）。这条路线与按照分子对称性设计的路线比较，反应条件温和，操作也比较简便，更适合工业化生产。

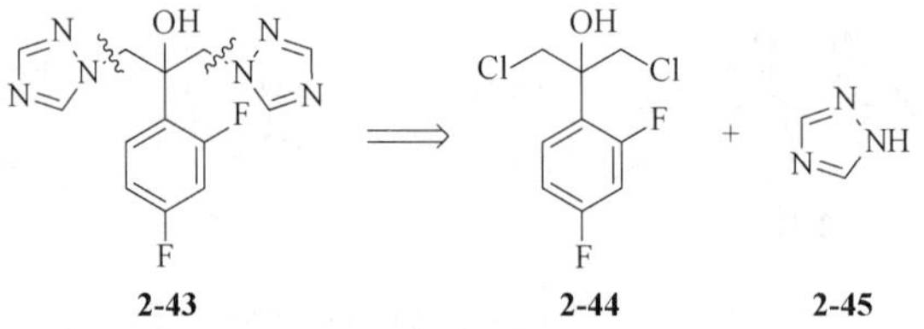

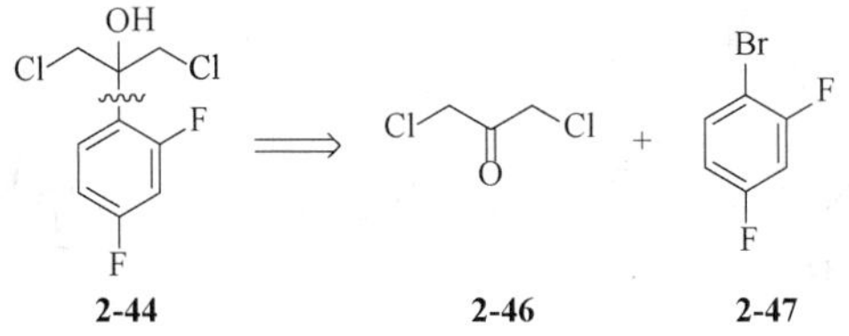

图 2-11　氟康唑分子结构的"对称性双重缩合法"逆合成分析

5. 多角度考虑目标分子的逆合成切断

一般来说，碳-杂键易于合成，在分拆过程中处于优先考虑的地位。但对于一些药物分子，碳-碳键的拆分必不可少或作为首选，而碳-杂键的切断却无法适用或非优先选择。不论碳-碳键或碳-杂键，在进行目标分子逆合成切断时，本质上应从化学键合成难易、合成子是否容易获得等多种角度进行考虑，特别是对一些比较复杂的药物分子，应着重强调从分子的中部拆分以便采用汇聚法的方式合成（见本章第三节），以及从分子中环键结合处或从分子的交叉点进行分拆。

氯雷他定（Loratadine，**2-52**）是第二代抗组胺药物的代表，可用于治疗过敏性疾病。通过分析氯雷他定（**2-52**）的分子结构，发现其主要骨架包括吡啶环、苯环和哌啶环，主要

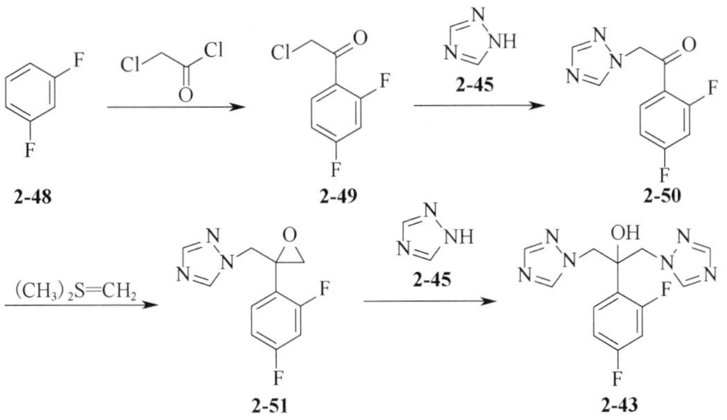

图 2-12 氟康唑的工业化制备路线

官能团为碳-碳双键。氯雷他定（**2-52**）的合成难点在于吡啶环和苯环之间七元环的合成，另外包括碳-碳双键的合成，由于这些片段的合成并无杂原子参与，之前提及的碳-杂键切断策略并不适用。对于氯雷他定（**2-52**）的合成设计，目前主要有两种思路（图 2-13）：①在以原研工艺为代表的合成路线中，采用（1-甲基-4-哌啶基）[3-[2-(3-氯苯基)乙基]-2-吡啶基]甲酮（**2-53**）为关键中间体，首先从分子中环键结合处进行切断。该路线以 2-氰基-3-甲基吡啶（**2-55**）为原料，经 Ritter 反应将氰基转化为酰胺后得到 *N*-(1,1-二甲基乙基)-3-甲基-2-吡啶甲酰胺（**2-56**），再在正丁基锂作用下将吡啶片段与间氯苄氯结合得中间体（**2-57**），该中间体经用 POCl$_3$ 脱醇后，最后利用格氏反应得到关键中间体（**2-53**）。中间体（**2-53**）在氢氟酸和三氟化硼的作用下完成七元环关环后，采用氯甲酸乙酯完成哌啶环中 *N*-取代基的转换［图 2-13(a) 路线］。该路线优点是各步反应收率高，但要用丁基锂、格氏试剂等有机金属化合物和氢氟酸、三氟化硼等剧毒化合物，反应条件苛刻；同时，在中间体（**2-58**）进行格氏反应时，格氏试剂易与吡啶环作用形成副产物，故存在一定的局限性。②以碳-碳双键作为分子的交叉点，通过首先切断碳-碳双键，以 8-氯-5,6-二氢-11*H*-苯并[5,6]-环庚烷并[1,2-*b*]吡啶-11-酮（**2-54**）作为关键中间体的合成路线，从而避免中间体（**2-58**）进行格氏反应时可能发生的副反应。该路线的关环方式有多种，如可采用中间体（**2-58**）作为前体进行关环得到关键中间体（**2-54**），再与 *N*-乙氧羰基哌啶-4-酮（**2-60**）在四氢呋喃（THF）中经 McMurry 反应直接偶联得到氯雷他定（**2-52**）［图 2-13(b) 路线］。

二、模拟类推法

"模拟类推法"由"模拟"和"类推"两个部分组成，其本质在于：①通过对药物目标分子的结构分析，模拟常见的典型合成反应和合成方法，或模拟其与其他类似化合物的相似关键结构；②在模拟的基础上，根据目标分子的具体情况，结合文献检索，推断并设计出目标分子合理的合成工艺路线。因此，对于"模拟类推法"，"模拟"是设计基础，而"类推"是关键手段。对于有明显结构特征和官能团的化合物，可采用模拟常见的典型有机化学反应与合成方法类推合成路线设计。但对于有些药物分子，虽然其分子结构与模拟对象十分接近，但在进行模拟合成中由于某些原因使路线设计无法完成，如所使用的中间体或试剂十分不稳定、反应条件非常苛刻等，此时应摒弃简单

模拟类推法

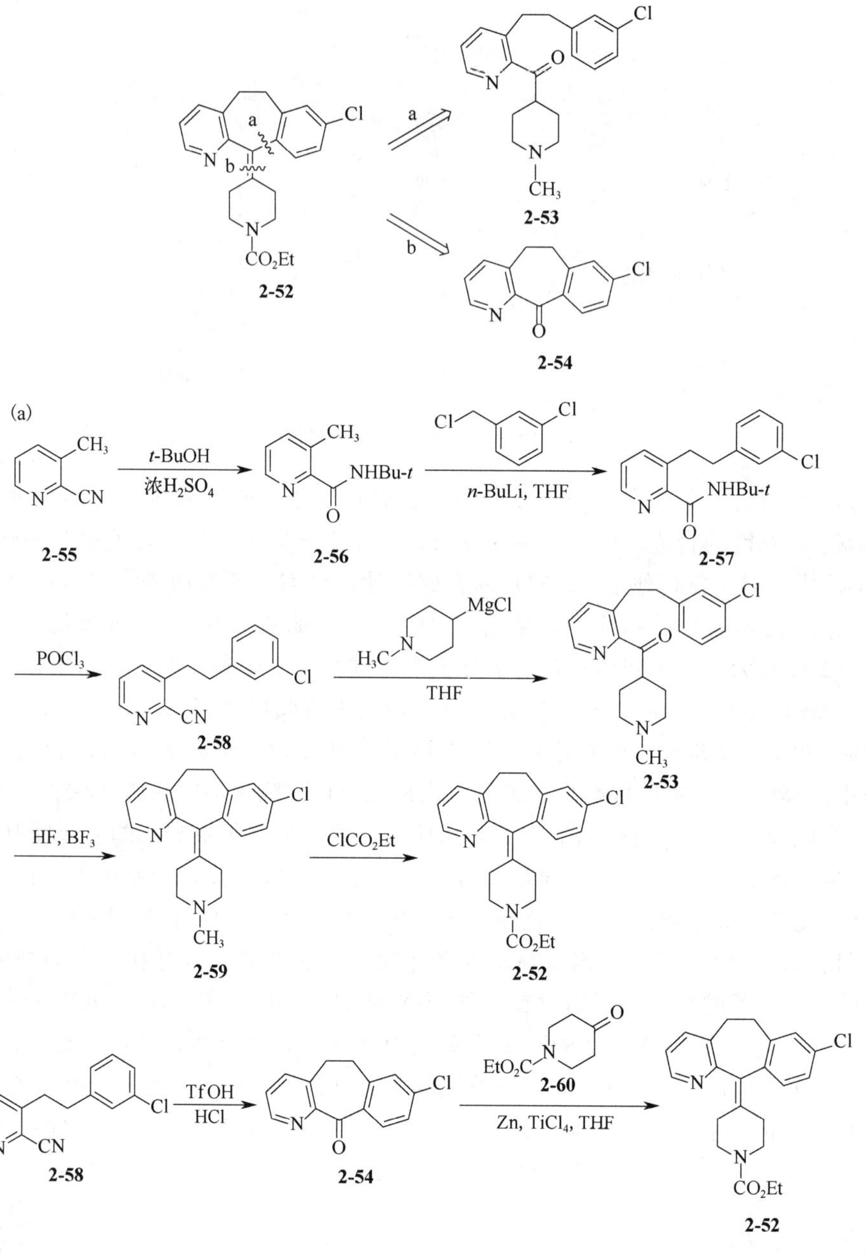

图 2-13　氯雷他定分子的合成路线

的模拟类推，而应运用"逆合成分析法"，尽可能在目标分子的合成工艺路线设计中借鉴或采用部分可模拟的步骤，甚至进行全新的工艺路线设计。

"模拟类推法"既包括各类化学结构的有机合成通法模拟，也包括各种官能团的形成、转换、保护与去保护等的模拟。对于结构特征明显的官能团化合物，可采用此方法进行设计。如对抗真菌药物克霉唑（Clotrimazole，2-60）进行合成路线设计时，通过逆合成分析，可发现有多种合成路线。其中，一种方法是将克霉唑（2-60）分子中 C—N 键切断，得到咪唑（2-61）和卤代烷（2-62）两个合成子，而卤代烷（2-62）可以模拟四氯化碳（2-63）与苯（2-2）通过傅-克烷基化反应（Friedel-Crafts alkylation）生成三苯基氯甲烷（2-64）的类型反应，设计出以 2-甲基氯苯（**2-65**）为原料，通过合成邻氯苯三氯甲烷（**2-66**）制备卤代烷（**2-62**）的合成路线（图 2-14）。

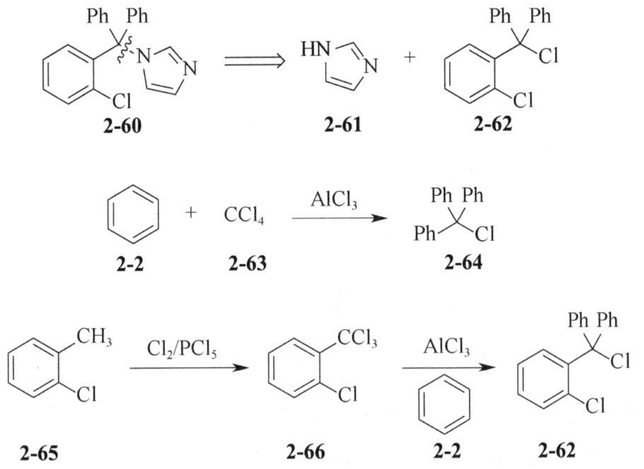

图 2-14　克霉唑的"模拟类推法"合成路线设计

此外，许多药物分子之间具有相似的化学结构或骨架，采用"模拟类推法"可以比较便捷地对这些药物分子进行合成路线设计。如喹诺酮类抗菌药物（**2-67**～**2-73**，表 2-2）具有相似的基本骨架，合成多从诺氟沙星（Norfloxacin，**2-67**）和环氧沙星（Ciprofloxacin，**2-68**）等早期品种的合成基础上发展而来，主要有取代苯胺与乙氧基亚甲基丙二酸二乙酯（EMME，**2-74**）缩合成环，以及烯胺与芳环通过亲核取代反应成环两种。

表 2-2　喹诺酮类抗菌药物

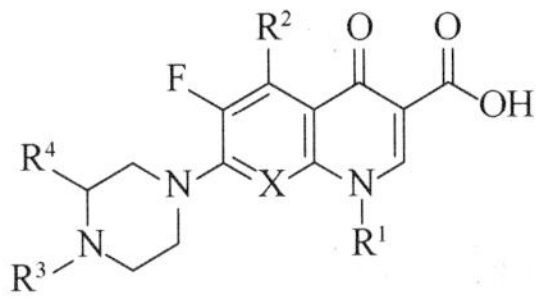

		R^1	R^2	R^3	R^4	X
诺氟沙星	**2-67**	Et	H	H	H	CH
环氧沙星	**2-68**	cyclo-C_3H_5	H	H	H	CH
洛美沙星	**2-69**	Et	H	H	Me	C—F
依诺沙星	**2-70**	Et	H	H	H	N
氟罗沙星	**2-71**	CH_2CH_2F	H	Me	H	C—F
加替沙星	**2-72**	cyclo-C_3H_5	H	H	Me	C—OCH_3
格雷沙星	**2-73**	cyclo-C_3H_5	Me	H	Me	CH

1. 取代苯胺与 EMME（2-74）缩合成环（图 2-15）

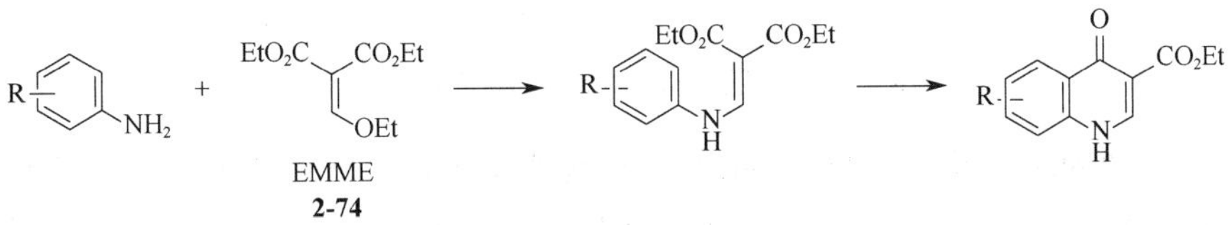

图 2-15　取代苯胺与 EMME 缩合成环

诺氟沙星（**2-67**）的合成以 3-氯-4-氟苯胺（**2-75**）为原料，先与 EMME（**2-74**）脱乙醇缩合，然后在 250～260℃下加热环合形成喹诺酮化合物（**2-76**），再以溴乙烷为烃化试剂完成吡酮环化合物（**2-76**）中氮原子的乙基化，然后水解，与哌嗪基结合得到诺氟沙星（**2-67**，图 2-16）。

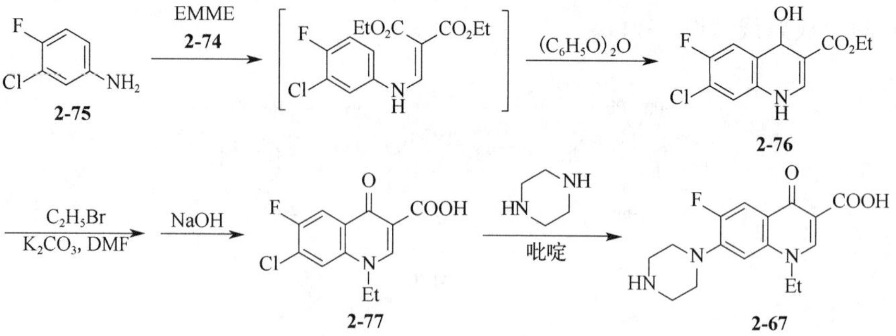

图 2-16　诺氟沙星的制备

　　以诺氟沙星（**2-67**）的合成为模拟对象，氟罗沙星（Fleroxacin，**2-71**）的制备可采用 2,3,4-三氟苯胺（**2-79**）为原料，经与 EMME（**2-74**）缩合、高温环合、氟乙基化、引入 N-甲基哌嗪、酸水解等步骤完成，而 2,3,4-三氟苯胺（**2-79**）可由 2,3,4-三氟硝基苯（**2-78**）经硝基还原方便制得（图 2-17）。

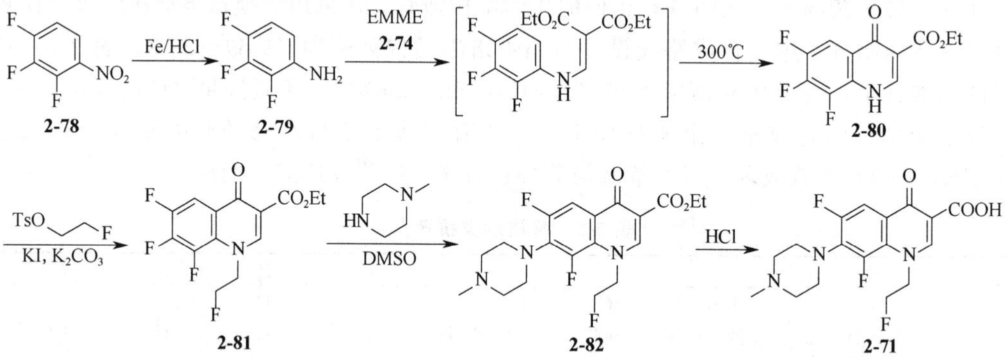

图 2-17　氟罗沙星模拟诺氟沙星的制备

2. 烯胺与芳环通过亲核取代反应成环，离去基团为卤素或硝基（图 2-18）

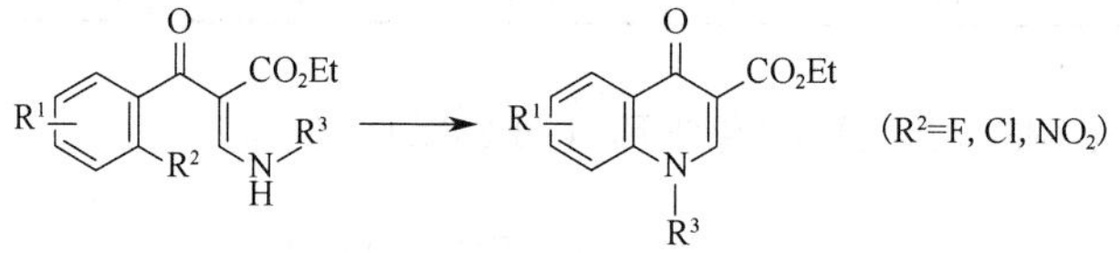

图 2-18　烯胺与芳环的亲核取代成环反应

　　环氧沙星（**2-68**）与诺氟沙星（**2-67**）的结构非常类似，其区别仅在于喹诺酮环中氮原子上的取代基分别为环丙基和乙基。但是，如果按照诺氟沙星（**2-67**）的合成步骤进行工艺路线设计时，需要在喹诺酮环中氮原子的烷基化反应中涉及环丙基碳正离子的形成，而环丙基碳正离子非常不稳定，易开环后转化为烯丙基碳正离子。因此，模拟诺氟沙星（**2-67**）的合成路线无法完成环氧沙星（**2-68**）的合成。基于无法使用可形成环丙基碳正离子的化合物，研究者们采用以 2,4-二氯-5-氟苯甲酸（**2-83**）为原料，酰氯化后与 β-环丙胺丙烯酸甲酯（**2-85**）缩合，所得中间体（**2-86**）通过分子内芳环亲核取代反应完成具有喹诺酮母核中间体（**2-87**）的构建，最后经水解、哌啶环取代得到环氧沙星（**2-68**，图 2-19）。

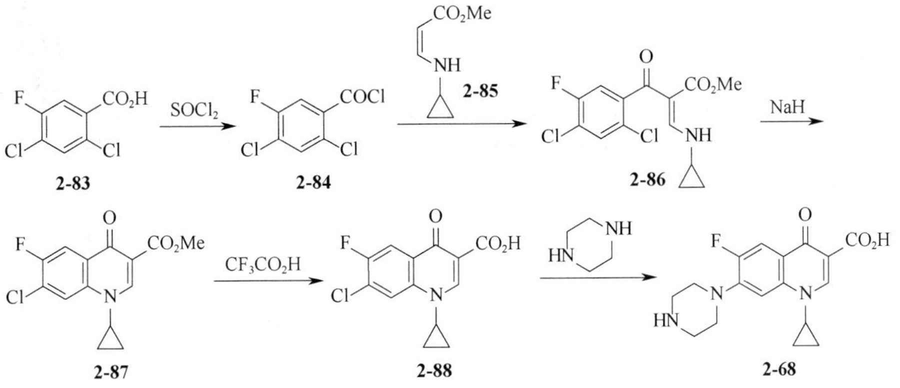

图 2-19　环氧沙星的制备

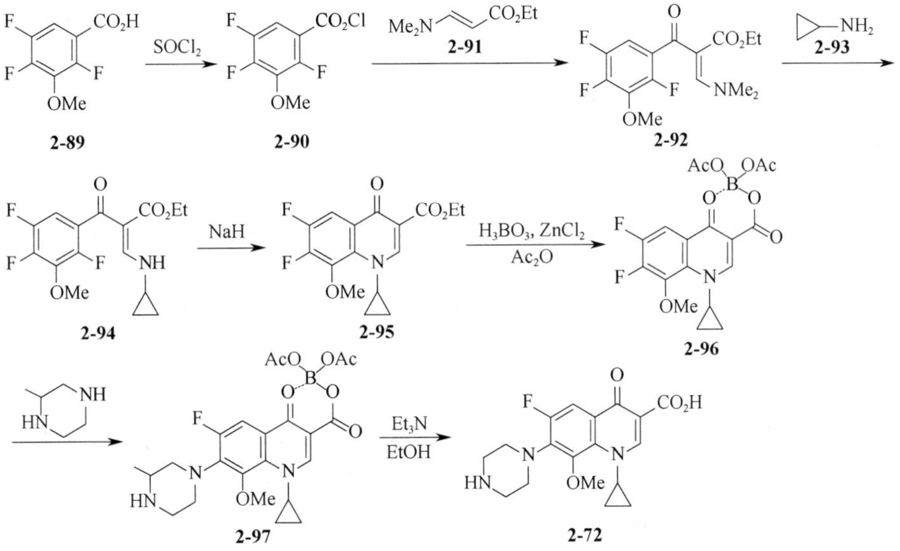

图 2-20　加替沙星模拟环氧沙星的制备

加替沙星（Gatifoxacin，**2-72**）的结构与环氧沙星（**2-68**）类似，在喹诺酮母核氮原子上均采用环丙基取代，因此可模拟环氧沙星（**2-68**）的合成路线进行设计。以 2,4,5-三氟-3-甲氧基苯甲酸（**2-89**）为起始原料，将其转化为酰氯后与 3-二甲氨基丙烯酸乙酯（**2-91**）反应，再用环丙胺（**2-93**）置换得到关键中间体（**2-94**），并通过分子内芳环亲核取代反应完成具有喹诺酮母核中间体（**2-95**）的构建。通过硼化物的活化，喹诺酮中间体（**2-95**）与 2-甲基哌嗪缩合后水解得到加替沙星（**2-72**，图 2-20）。

由以上设计实例可以看出，运用"模拟类推法"的关键在于"具体问题，具体分析"。在充分分析具有相似结构的药物分子的基础上，找到需要解决的关键因素，尽量模拟已有比较成熟的路线和方法。如在模拟的过程中发现难以解决的问题，切不可简单类推，而应采用间接、迂回的方式，甚至需要另辟蹊径，以免在设计的合成路线中引入无法解决的难题，导致后续的工艺研究与开发的失败，不仅延误了工艺开发时间，而且造成不必要的经济损失。

三、数据库辅助设计

严格而言，数据库辅助设计不属于化学制药工艺路线设计的一种技巧。但是，随着信息时代的不断发展，数据库已成为药物研究人员不可或缺的重要工具。借助数据库，在采用"逆合成分析法""模拟类推法"等手段进行药物工艺路线设计的同时，药物研究人员可快速查找设计所涉及的目标分子、合成反应等已报道的相关资料，从而提高设计的针对性和有效性。同时，对于一些设计难度较大、结构复杂的药物分子，数据库可依据所拥有的海量数据库资源给予相关建议，从而有效拓展研究人员思路，提高工作效率。下面将对目前在化学制药工艺路线设计中最主要和常用的两种数据库进行介绍。

1. CAS SciFinder^n

CAS SciFinder^n 由美国化学会（American Chemical Society，ACS）旗下的美国化学文摘社（Chemical Abstracts Service，CAS）出品，其前身是美国化学文摘社（CAS）出版的《化学文摘》（简称 CA）。1995 年，美国化学文摘社（CAS）推出了 CAS SciFinder 联机检索数据库，研究人员可通过软件客户端登录的方式进行互联网联机检索。2009 年，CAS 推出了基于网页形式的数据库一站式搜索平台 CAS SciFinder^n。目前，CAS SciFinder^n 以世界知名的 CAS Content Collection（CAS 内容合集）为特色，集成了科技文献、物质信息、专利、反应、化学品供应商和配方等数据集，以及美国国家医学图书馆数据库（MEDLINE），收录的文献类型包括期刊、专利、会议论文、学位论文、图书、技术报告、评论和网络资源等。研究人员可一站式检索化合物、化学反应、文献记录、化学品供货商、生物序列等科技信息和资料。

2020 年 1 月，美国化学文摘社（CAS）向 CAS SciFinder^n 中添加了逆合成功能模块。该功能模块是一款计算机辅助合成设计（CASD）的解决方案，其结合了人工智能（AI）技术、CAS 内容合集里 1.21 亿条反应内容合集和约翰威立出版公司（John Wiley and Sons，Inc.）推出的化学合成软件 ChemPlanner，可帮助研究人员找出和预测已知或新型化合物的逆合成路线。

2. Reaxys

Reaxys 数据库是爱思唯尔公司（Elsevier）将原有的 CrossFire Beilstein、CrossFire Gmelin 及新增的专利化学数据库内容进行整合后的升级产品，是除 CAS SciFinder^n 之外另一类被药物研发人员广泛使用的数据库，涵盖有超过 4000 万的反应词条，超过 2600 万的物质及性质词条和多于 440 万的引文词条。

（1）CrossFire Beilstein：世界上最全的有机化学数值和事实数据库，时间跨度从 1771 年至今。其包含化学结构相关的化学、物理等方面的性质，化学反应相关的各种数据，详细的药理学、环境病毒学、生态学等信息资源。

（2）CrossFire Gmelin：是一类全面的无机化学和金属有机化学数值和事实数据库，时间跨度从 1772 年至今。其包含详细的理化性质，以及地质学、矿物学、冶金学、材料学等方面的信息资源。

（3）专利化学数据库：包含选自 1869～1980 年的有机化学专利和选自 1976 年以来有机化学、药物（医药、牙医、化妆品制备）、生物杀灭剂（农用化学品、消毒剂等）、染料等的英文专利（WO、US、EP）。

目前，Reaxys 数据库同样采用了基于网页访问的一站式检索平台，无需安装客户端软件。研究人员可以用化合物名称、分子式、CAS 登记号、结构式、化学反应等进行检索，并具有数据可视化、分析及合成设计等功能。Reaxys 的文献数据虽不及 CAS SciFinder[n] 全面，但其文献收录的时间更长，且收录的许多事实数据如熔点、沸点等物理和化学性质更详细，并有来源摘要。由于 Reaxys 收录的化学物质及反应引用的早期文献记录数据较多，因而可作为 CAS SciFinder[n] 查询的补充。此外，Reaxys 可以智能化设计合成路线，并提供从原材料到产物的多步反应路线图，而且每一个反应中间体都可以获得多种反应途径，并可以通过比较辅助选择最优的反应路线。同时，Reaxys 在检索结果中还提供了文本的反应条件及产率、不同反应条件下的多种反应细节及文献出处。

CAS SciFinder[n] 和 Reaxys 作为化学、医药等相关学科的两个重要数据库，均具有强大的检索和服务功能，两者相互补充，又各具特色。药物研究人员在利用数据库进行化学药物合成路线辅助设计时，可通过化学结构式、分子式、CAS 登记号、关键词等多种检索方式迅速直接定位所关心的药物分子，查找其是否存在已报道的合成工艺或方法。如该药物分子已有合成反应报道，可进一步通过链接找到相关文献，从而可在报道路线的基础上优选可靠的合成路线并加以优化；如尚无相关报道，药物研究人员可检索并借鉴其类似化合物的合成方法，或采用化学反应式检索法寻找拟设计路线中相关的合成反应，并通过检索结果辅助判断所设计的化学反应的合理性与有效性。因此，利用数据库可大大提高药物研究人员的工作效率，是对化学制药工艺路线设计的有效补充。

第三节　化学制药工艺路线的评价与选择

针对化学药物的合成，研究人员通常可设计出多条合成工艺路线。特别是对一些临床使用多年的非创新类药物，曾经或正在使用的生产路线更是不胜枚举。在众多已存在和新设计的合成路线中，如何尽量选择一条或较少条适应当前实际情况、技术先进、具有工业化前景的路线，是降低成本、提高企业竞争力的关键。

化学制药工艺
路线的评价
标准

一、化学制药工艺路线的评价标准

（1）化学反应的理论是否可行。在一条合成工艺路线的设计中，化学反应的理论可行性是决定该路线成败的关键因素。研究人员在设计时，通常会选择已有相关文献报道、成熟可靠的化学反应。但对于某些新研制的药物，或未见相关报道、需全新设计的化学反应，研究人员应依据有机化学等相关的理论知识加以分析，通过类似的反应判断其是否属于理论可行的合成方案，否则所设计的合成工艺路线注定失败。

（2）化学合成途径是否简捷，即原辅料转化为药物的路线是否简短。在合成工艺路线理论可行的基础上，一条设计巧妙、反应步骤少的路线往往具有最终产品收率高、合成周期短、成本较低等特点。因此，合成途径的简捷性是评价一条工艺路线最为简单和直观的标准。前面所述关于托品酮（**2-20**）的合成就是最好的例子。

（3）化学合成步骤顺序是否合理。对于某些化学药物，其合成可由三个或更多的中间体片段按照一定结构顺序组合而成。这些中间体片段组合的前后顺序是否合理，对最终产品的成本、收率等因素会有很大的影响。

如用于治疗多发性骨髓瘤的抗癌药——硼替佐米（Bortezomib，**2-98**）的合成主要由三个中间体片段组成：2-吡嗪甲酸（**2-99**）、L-苯丙氨酸（**2-100**）和手性 α-氨基硼酸酯（**2-101**）（图 2-21）。从理论上说，硼替佐米（**2-98**）的合成可以先将 2-吡嗪甲酸（**2-99**）与 L-苯丙氨酸（**2-100**）结合，最后再与手性 α-氨基硼酸酯（**2-101**）反应；此外，也可以将 L-苯丙氨酸（**2-100**）和手性 α-氨基硼酸酯（**2-101**）先进行反应，所得产物与 2-吡嗪甲酸（**2-99**）结合得到硼替佐米（**2-98**）。但是，2-吡嗪甲酸（**2-99**）和 L-苯丙氨酸（**2-100**）相对来源丰富，价格较低；而手性 α-氨基硼酸酯（**2-101**）需要通过较为复杂的合成制备，来源比较困难，成本较高。因此，如果采用第一种组合方式设计硼替佐米（**2-98**）的合成工艺路线，将手性 α-氨基硼酸酯（**2-101**）放在最后一步使用，相比第二种方案可减少其用量，从而降低成本。因此，对于化学合成步骤顺序的安排，应尽量将贵重原料的使用放置于合成工序的后端。

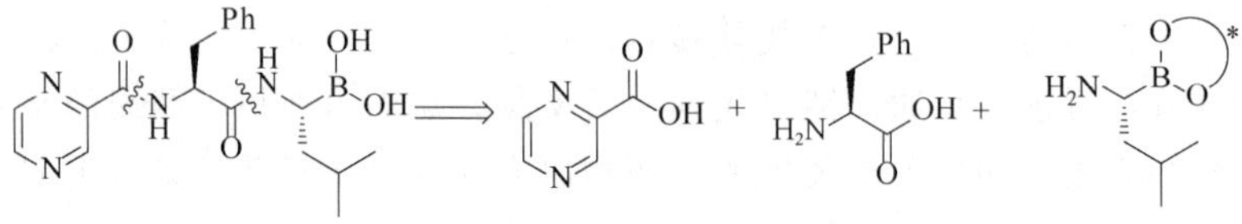

图 2-21　硼替佐米分子结构的逆合成分析

益康唑（Econazole，**2-102**）是一种抗真菌药物。对其分子结构进行逆合成分析时，可发现有 C—O 和 C—N 两个拆键部位，并可采用 a、b 两种路径进行追溯和推导，所得益康唑（**2-102**）的合成中间体片段均为对氯甲基氯苯（**2-104**）、1-(2,4-二氯苯基)-2-氯代乙醇（**2-105**）和咪唑（**2-106**）（图 2-22）。在对这两种路径进行评价时，可以发现与路径 a 相比，虽然路径 b 涉及的化学反应同样理论可行，步骤数相同，但中间体 1-(2,4-二氯苯基)-2-氯代乙醇（**2-105**）与对氯甲基氯苯（**2-104**）在碱性条件下反应制备中间体 2-(4-氯苯甲氧基)-2-(2,4-二氯苯)氯乙烷（**2-107**）时，易发生 1-(2,4-二氯苯基)-2-氯代乙醇（**2-105**）的自身分子间烷基化反应，从而增加 2-(4-氯苯甲氧基)-2-(2,4-二氯苯)氯乙烷（**2-107**）纯化难度，导致收率降低。因此，对这两种合成方式的评价结果是先形成 C—N 键，再形成 C—O 键的切断路径 a 更具有优势。

（4）合成所需原、辅料是否来源稳定、质量可靠。在药物生产过程中，原、辅料的稳定供应是对整个生产过程和产品质量的有效保障。由于药品的特殊性，其合成工艺路线的设计必须要适应未来的工业化生产，且质量必须满足各项法律法规的规定。因此，药品生产对原料的要求远高于一般的精细化学品。国家药品监督管理局药品审评中心颁布的《化学药物原料药制备和结构确证研究技术指导原则》中明确指出："起始原料应质量稳定、可控，应有来源、标准和供货商的检验报告，必要时应根据制备工艺的要求建立内控标准。"因此，在对设计的化学制药工艺路线进行评价时，应将所采用的原、辅料来源进行全面、系统的考虑，不仅要衡量不同反应路线所需原料的单耗、成本、供应商水平，还应考虑原料的品质，如原料中的杂质含量、种类及其对最终产物的影响等。如前面介绍关于奥美拉唑（**2-13**）的逆合成分析时，按照优先选择在杂原子处进行切断的策略可将其合成前体分解为 2-氯-5-甲氧基苯并咪唑（**2-14**）与 4-甲氧基-3,5-二甲基-2-吡啶基甲硫醇（**2-15**），或 5-甲氧基-1H-苯

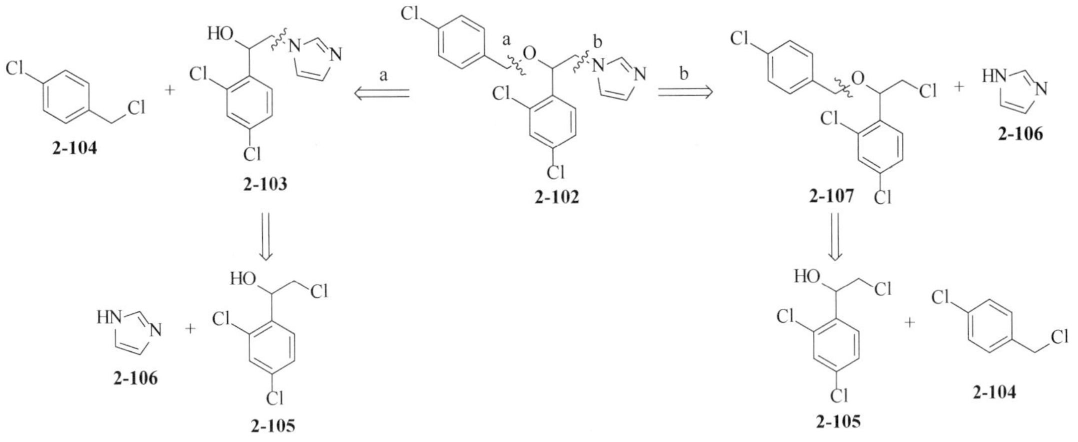

图 2-22　益康唑的逆合成分析

并咪唑-2-硫醇（**2-16**）与 2-氯甲基-3,5-二甲基-4-甲氧基吡啶（**2-17**）。对以上两种分析方式进行评价时，通过进一步逆合成分析，可以发现相对于 5-甲氧基-1*H*-苯并咪唑-2-硫醇（**2-16**）与 2-氯甲基-3,5-二甲基-4-甲氧基吡啶（**2-17**），2-氯-5-甲氧基苯并咪唑（**2-14**）与 4-甲氧基-3,5-二甲基-2-吡啶基甲硫醇（**2-15**）的合成难度大，来源困难，因此在实际生产中并未得到广泛应用。

（5）反应操作是否简便。在所设计的路线中，如果可以减少反应物料转移次数、反应后处理环节操作（如萃取、干燥等）等，这些简便的反应操作往往意味着该步反应在操作过程中产品损耗较小、收率较高。在某些情况下，"一锅法"是一种常见的简化反应操作的方式。"一锅法"是指反应中间体可无需纯化便进入下一步反应，具有可连续反应、操作简便、条件宽泛、收率高、节能降耗、节约设备和工时等诸多优点，一直是合成工艺研究中所追求的主要目标之一。如在抗菌药甲氧苄啶（Trimethoprim，**2-108**）的合成过程中，丙烯腈（**2-109**）在甲醇钠催化下与甲醇加成生成 3-甲氧基丙腈（**2-110**），然后可直接加入中间体 3,4,5-三甲氧基苯甲醛（**2-111**），继续在甲醇钠催化下缩合生成单甲醚（**2-112**），单甲醚（**2-112**）继续在甲醇钠催化下发生双键重排加成得到二甲醚（**2-113**），这三步反应催化剂相同、溶剂相同，故而采用"一锅法"的方式连续进行。最后，所得二甲醚（**2-113**）与硝酸胍反应制得甲氧苄啶（**2-108**，图 2-23）。"一锅法"反应方式虽然可以使多步反应连续在同一反应器中进行，而无需提取和纯化各步反应所生成的中间体产物，但应注意各步反应所产生的杂质累积可能对最终产物的分离与纯化产生影响。

（6）生产设备等条件是否易满足，不苛刻。首先，由于工业化生产不同于实验室合成，许多实验室易解决的设备等反应条件在生产过程中难以实现。如当前方兴未艾的微波反应研究，虽然通过微波反应可大大提高反应速度，或使一些常规条件下难以进行的反应可顺利进行，但对于工业化生产来说，大型微波反应设备尚不具备。又如对于使用丁基锂、二异丙基氨基锂等有机金属化合物的反应，其反应通常要求在低温下进行，故在实际生产过程中，此类反应不仅要求有大功率的制冷设备，且要求反应设备具有优良的保温性能，否则反应体系的温度由于难以均衡而导致最终的生产结果与实验结果大相径庭。其次，设计的工艺路线应尽量利用企业现有的生产设备，减少不必要的设备等固定资产投资而导致生产成本上升。

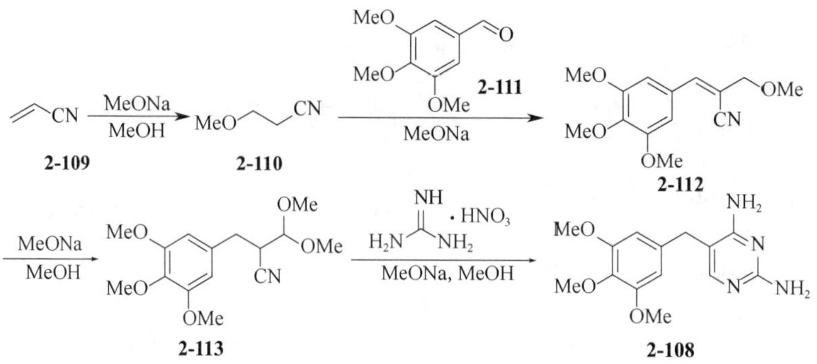

图 2-23　甲氧苄啶的合成路线

（7）是否产生较少并易处理的"三废"。由于化学制药需要使用大量的化学品，并产生大量废水、废气、废渣（俗称"三废"）等含化学品的废弃物，故而在生产过程中不可避免地对环境产生一定的负面影响。目前，环境污染已成为影响国民健康、破坏生态环境的重要因素，也严重制约了我国经济进一步健康、快速发展。传统的化学制药行业由于采用"粗犷式"的发展模式，主要关注经济效益而忽视了对环境的保护，因此对产生的"三废"未进行有效的无害化处理，从而导致对环境的严重污染。随着我国自然环境的不断恶化，社会各界开始重视环境对可持续发展的重要性，我国现行的《中华人民共和国环境保护法》第四条就明确规定："保护环境是国家的基本国策。"目前，制药企业在规划和新建药物生产项目前，必须展开该项目对当地环境影响的评估，即对规划和建设项目实施后可能造成的环境影响进行分析、预测和评估，提出预防或者减轻不良环境影响的对策和措施，进行跟踪监测的方法与制度，并向当地环境保护部门递交环境影响评估报告。为了减少甚至消除包括化学制药工业在内的化学工业对环境带来污染问题，人们提出了"绿色化学""原子经济性"等理论。"绿色化学"是指在制造和应用化学产品时应有效利用（最好可再生）原料，消除废物和避免使用有毒的和危险的试剂和溶剂，而"原子经济性"作为"绿色化学"的核心概念之一，是指在化学品合成过程中，合成方法和工艺应被设计成能把反应过程中所用的所有原材料尽可能多地转化到最终产物中，理想的原子经济反应是原料分子中的原子百分之百地转变成产物，不产生副产物或废物，实现废物的"零排放"。

如关于抗真菌药物克霉唑（2-60）的合成工艺路线设计中，虽然可采用以 2-甲基氯苯（2-65）为原料，通过与氯气的氯化反应合成邻氯苯三氯甲烷（2-66），再与苯通过傅-克烷基化反应（Friedel-Crafts alkylation）得到卤代烷（2-62），最后与咪唑（2-61）反应制得克霉唑［2-60，图 2-24（a）路线］。但在采用氯气进行氯化的过程中，一次需要引入三个氯原子，且反应温度较高、反应时间长，关键是有大量未反应的氯气容易逸出，且难以吸收完全，从而带来环境的污染、设备的腐蚀和操作人员的伤害等问题。因此，研究人员改用邻氯苯甲酸（2-114）为原料，经两步氯化、两步傅-克烷基化反应（Friedel-Crafts alkylation）来合成卤代烷［2-62，图 2-24（b）路线］。该方法虽然路线较长，但实践证明：各反应原、辅料易得、反应条件温和、各步收率较高、成本较低，且无上述氯化反应的缺点。

又如关于布洛芬（2-1）的合成工艺研究，已报道的合成方法或工艺路线有数十种，其中经典工艺路线为 Boots 法（图 2-25），即以异丁基苯（2-118）为原料，经傅-克酰化反应（Friedel-Crafts acylation）生成对异丁基苯乙酮（2-119），再经达村斯缩合（Darzens con-

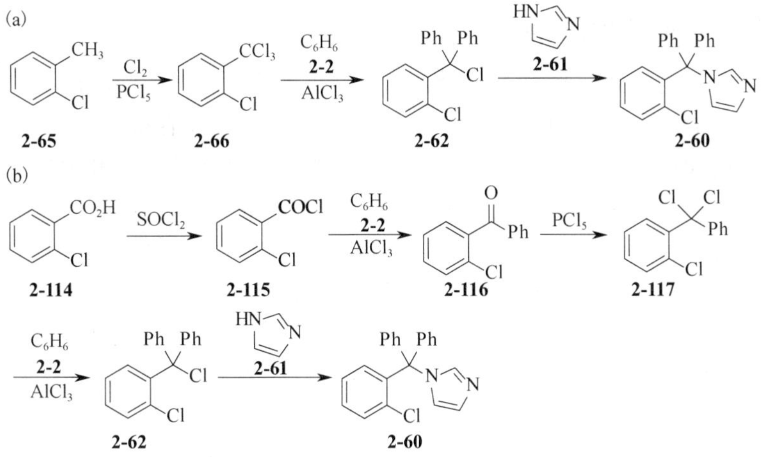

图 2-24　克霉唑的工业化合成路线

densation）生成 1-(4-异丁基苯基) 丙醛（**2-121**），最后通过肟化反应、水解得到布洛芬（**2-1**）。该路线原料利用率低（仅为 40%）、能耗大、成品的精制繁杂、污染较严重，不能体现绿色化学的宗旨。1992 年，美国 Hoechst-Celanese 公司与 Boots 公司联合开发了一种合成布洛芬（**2-1**）的新工艺——BHC 法（图 2-26）。与经典的 Boots 法相比，BHC 法是一个典型的原子经济性反应，不但合成简单，原料利用率高（接近 80%，如果再考虑副产物乙酸的回收利用，则原子利用率达到 99%），而且无需使用大量溶剂和避免产生大量废物，对环境造成的污染小，因此获得 1997 年度美国"总统绿色化学挑战奖"之变更合成路线奖。

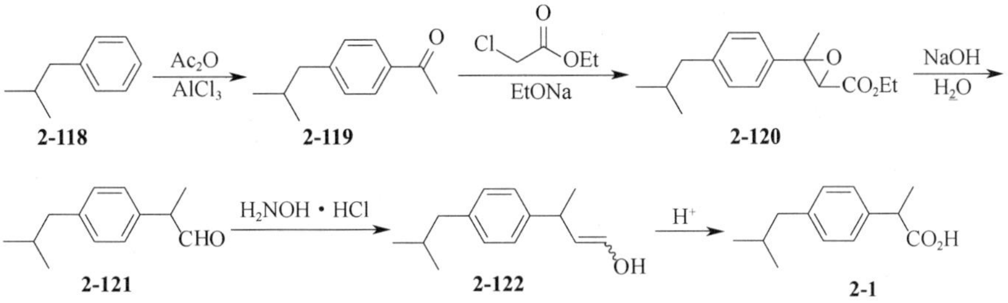

图 2-25　布洛芬的 Boots 法合成路线

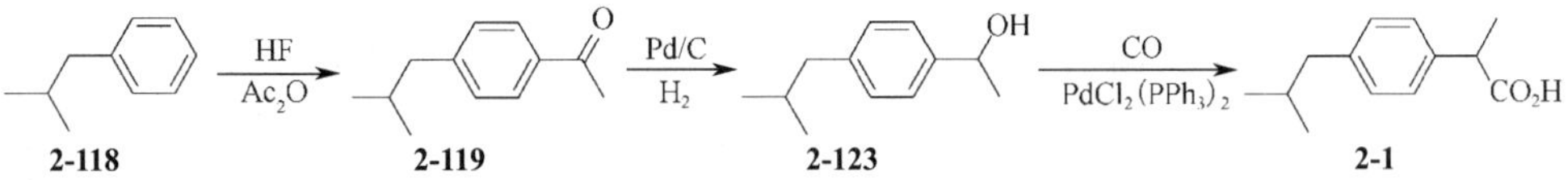

图 2-26　布洛芬的 BHC 法合成路线

以上几条评价标准并不是每一条实际使用的生产路线都能具备，但应是药物研究人员在设计工艺路线时重点考虑并不断追求的。同时，药物生产企业根据自身的不同情况，还可能有多种不同的企业评价标准。对于一条或多条适合工业化生产的工艺路线，最终必须通过深入细致的综合比较和充分论证才能确定，以实现收率最佳、成本最低、经济效益最好。

二、化学制药工艺路线的选择

对于一个化学药物，如何在众多设计的合成工艺路线中进行选择并付诸实现，是一项困难的工作。因为其涉及的不仅仅是药物合成或有机化学的相关知识，还包括诸如设备、管理、经济和环境保护等一系列相关知识和内容。首先，应基于以上介绍的标准对所设计的化学制药工艺路线进行客观、准确的评价；其次，针对各条设计的路线的优劣、利弊进行全方位的比较与权衡，挑选出具有前景的合成工艺路线进入实验室小试。在很多情况下，选择的一条合成工艺路线可能并不是最终确立并应用于企业实际生产的方案，其需要经过实验室小试摸索、中试确立和生产中数个批次的验证才能达到初步完善和确立。同时，随着技术的不断进步或药物质量标准的不断提高，所应用的工艺路线还有可能需要进一步更新，以适应形势发展的需要，提高产品的竞争力。

化学制药工艺路线的选择

以下仅就对选择合适的化学制药工艺路线需重点考虑的几个相关问题做简要概述。

1. 化学反应类型的选择

化学反应是药物合成工艺路线设计的基础。工业应用的合成反应通常是已知或在类似化合物的合成中运作良好的反应，有时也会采用一些新设计的反应。对已知的或类似的反应，选择的要求一般都比较明确：产率高、操作条件简单易行。与此相关的一个要求是反应条件不应十分严格，当生产条件稍有变动时对反应产率影响不大，即使用所谓"平顶型"反应［图 2-27(a)］。"平顶型"反应是对应于"尖顶型"反应而言。"尖顶型"反应是指反应条件要求苛刻，条件稍有变化就会使产率急剧下降的反应［图 2-27(b)］。"尖顶型"反应往往与安全生产技术、"三废"防治、设备条件等紧密相关。

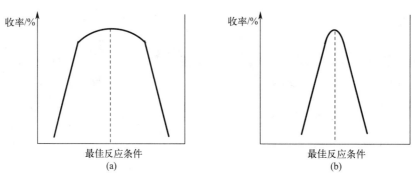

图 2-27 "平顶型"与"尖顶型"反应

在初步确定合成路线和制定实验室工艺研究方案时，必须做必要的实际考察，有时需要设计极端性或破坏性实验，以阐明化学反应类型属于"平顶型"或"尖顶型"，为工艺设备设计积累必要的实验数据。"尖顶型"反应不是绝对不可使用，如 Gattermann-Koch 反应属于"尖顶型"反应，利用该反应制备芳香醛化合物时，需要使用剧毒原料，设备要求也很高，但是原料价格低廉，收率很好。由于实现了生产过程的自动控制，目前已为工业生产所采用。相信随着自动化技术水平和设备精度的不断提高，会有越来越多的"尖顶型"反应在生产中被采用。

2. 设计思路的选择

通常，对化学制药工艺路线有两种设计思路："线性式合成"和"汇聚式合成"。"线性式合成"中，工艺路线由一个个 A、B、C 等线性单元组成，即从 A 开始，然后加上 B，所得 A—B 再加上 C，以此类推，直至完成。对于此种合成方式，由于总收率是各步收率的连乘积，因此步骤越多，前段合成片段的积累要求越多。"汇聚式合成"是指在有机化学反应中，为了提高多步反应的最终产率，将最终产物分解为数个合成中间体并同时分别合成，然后再利用这些中间体合成最终产物的方法。相对于"线性式合成"，采用"汇聚式合成"的优势在于：①目标产物合成中所需原料和中间体的总量比"线性式合成"法大大减少，因此在合成中所需的反应容器较小，增加了设备使用的灵活性；②缩短了目标产物的合成周期；③如在生产过程中出现差错，不至于导致前功尽弃，从而降低了目标产物的合成风险；④可显著提高目标分子的最终收率。如要得到产物 A，按照直线法以 B 为原料需要三步，其合成路线为：B→C→D→A，假如每一步的产率为 50%，则最终产物 A 的理论收率只有 12.5%。若按照"汇聚式合成"法合成，产物 A 可由中间体 E 和 F 反应获得，而 E 和 F 分别也可由原料 B 制备，其具体路线为：B→E；B→F；E＋F→A。虽然同样为三步反应，但产物 A 的理论收率可达到 25%。因此，在进行工艺路线的选择时，应尽量选用以"汇聚式合成"的设计路线。

利奈唑胺（Linezolid，**2-124**）是首个应用于临床的噁唑烷酮类合成抗生素，由美国 Pharmacia & Upjohn 公司研制，并于 2000 年 4 月在美国上市。在 Pharmacia & Upjohn 公司公开的合成路线中，利奈唑胺（**2-124**）的合成采用了"线性式合成"，以 3,4-二氟硝基苯（**2-125**）为原料，其与吗啉反应并还原后得到 3-氟-4-吗啉基苯胺（**2-127**）；所得苯胺（**2-127**）进一步与氯甲酸苄酯反应得 N-碳苄氧基-3-氟-4-吗啉基苯胺（**2-128**），然后在丁基锂作用下与（R）-丁酸缩水甘油酯（**2-129**）反应并使其开环得噁唑烷酮环中间体（**2-130**），最后噁唑烷酮环中间体（**2-130**）所含羟基经磺酰基保护、叠氮根取代、加氢还原后的氨基保护得到目标产物利奈唑胺［**2-124**，图 2-28(a) 路线］。随后，研究人员根据利奈唑胺（**2-124**）的结构特点，开发出多种采用"汇聚式合成"的工艺路线，如在按照"线性式合成"制备 N-碳苄氧基-3-氟-4-吗啉基苯胺（**2-128**）的同时，以右旋环氧氯丙烷（**2-132**）为原料制备（S）-N-(3-氯-2-羟丙基)乙酰胺（**2-134**），然后将这两个片段在碱性条件下反应制得利奈唑胺［**2-124**，图 2-28(b) 路线］。对比上述两条反应路线，二者步骤总数相当，但采用"汇聚式合成"的反应路线可同时进行两个中间体片段的制备，因此可大大节约产物的合成周期，降低合成风险。

3. 知识产权保护的研究

我国自从加入 WTO 以来，面临着以《与贸易有关的知识产权协议》（简称 TRIPS）为代表的国际知识产权保护制度，使得我国医药行业中原有的新药保护制度（行政保护制度）逐步退出，专利等一些国际通行的知识产权保护制度得以尊重和遵守。在化学制药工艺路线选择的过程中，对被研究对象相关有效的知识产权，尤其是专利权进行规避是十分必要的，这也是加强我国医药行业国际竞争力的重要条件。

国际公认的知识产权形式包括：版权和邻接权、商标及地理标志权、工业品外观设计权、专利权、集成电路布图设计权和未披露过的信息专有权。专利权作为知识产权的主要形式之一，具有地域性、排他性等特点。药品作为一种特殊商品，具有开发时间长、投资大和风险高的特点。制药企业为了保证其所研发的药品能带来尽可能多的经济利益，通常不单纯依靠技术诀窍的保密方式，更多的是进行确切、强制和全方位的专利权保护。化学药品作为药品的主要品种，与其相关的主要专利形式包括：药用化合物专利，药用化合物各类盐、

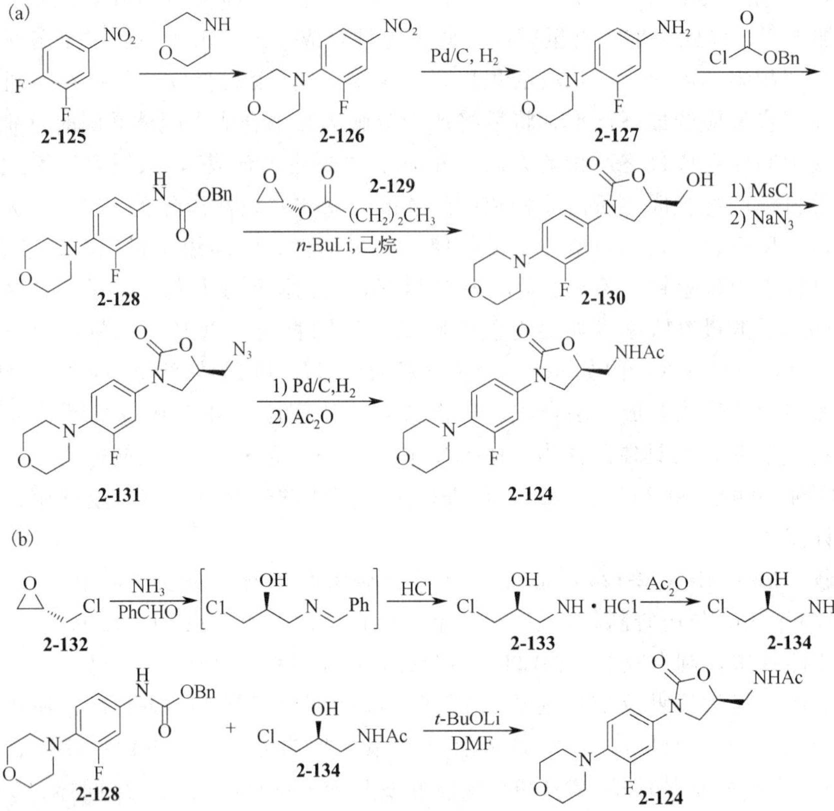

图 2-28　利奈唑胺的合成

酯、前药和溶剂化物（包括其中间体）专利，药用或其溶剂化物晶型专利，药用化合物的工艺专利，药物组合物（制剂）专利，药用化合物或其组合物的用途专利等。

2021 年 7 月，国家药品监督管理局和国家知识产权局联合发布了《药品专利纠纷早期解决机制实施办法（试行）》，用以保护药品专利权人的合法权益，同时鼓励新药研究和促进高水平仿制药发展。该试行办法第六条中指出："化学仿制药申请人提交药品上市许可申请时，应当对照已在中国上市药品专利信息登记平台公开的专利信息，针对被仿制药每一件相关的药品专利作出声明。"通过此项声明，化学仿制药申请人可表明其提交上市许可申请的药品不对被仿制药的相关专利权构成侵权，而被仿制药的专利权人也可在仿制药上市前通过声明判断其是否侵权，从而有利于药品专利纠纷早期解决。因此，对于选择的化学制药工艺路线，主要应当尊重、遵守仍处于专利保护期内的药用化合物的工艺专利。对于已申请临床研究的药物，其往往属于新药用化合物，通常没有现成的工艺路线，反而需要加强自身研究的知识产权保护；对于已上市的化学药物，已报道的工艺路线通常有多种，在选择的工艺路线中应具有缺少专利的至少一个技术特征的技术，或用非等同的技术特征替代专利的某技术特征，从而实现药用化合物的工艺专利的规避。

多西他赛（Docetaxel，**2-135**，图 2-29）是肿瘤化疗药物中的一线用药，是世界制药巨头赛诺菲（Sanofi）旗下的专利产品，该产品 2005 年全球销售额达 20 亿美元左右。赛诺菲（Sanofi）公司在我国关于多西他赛有两项发明专利，分别为："制备塔三烷衍生物的新起始物和其用途"（专利号：ZL93118203.4，简称 93 专利）和"新型丙酸紫杉烯酯三水合物的制备方法"（专利号：ZL95193984.X，简称 95 专利）。2002 年，恒瑞医药成功仿制该产品，并获得了我国的新药证书，随后又有多家企业走上仿制多西他赛（**2-135**）的道路。到 2005 年，多西他赛（**2-135**）的国产药品用量已经达到 85%，而赛诺菲（Sanofi）的多西他赛（**2-135**）产品仅占 14.82%。由于国产多西他赛（**2-135**）严重挤占了赛诺菲（Sanofi）公司在国内的市场份额，2003 年 3 月，该公司起诉恒瑞医药注射用多西他赛（**2-135**）的制造方法侵犯其专利及不正当竞争。历经 4 年的审理，上海市高级人民法院做出了终审判决，判定："①恒瑞公司的多西他赛产品起始物的生产技术方案与 93 专利技术方案最主要的区别技术特征（93 专利在五元环的 2 位有两个基团，一个是氢原子，一个是 R^3，代表氢原子、烷氧基或被取代的芳基；被控侵权技术在五元环的 2 位有两个取代基都是甲基），属于两种不同的技术手段，两者的技术特征既不相同、也不等同。故被控侵权技术方案未落入 93 专利权的保护范围。②恒瑞公司的多西他赛终产品的后处理技术方案与 95 专利技术方案最主要的区别技术特征（95 专利涉及三水合物的制备方法，采用的是醇结晶工艺，得到三水合物；被控侵权技术采用的是色谱纯化工艺，不涉及三水合物

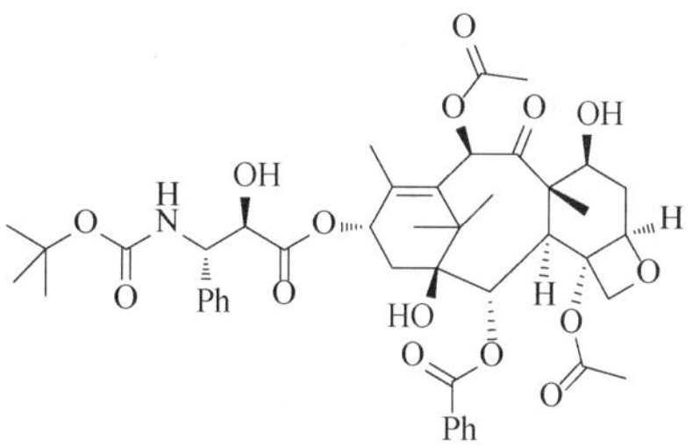

2-135

图 2-29　多西他赛的分子结构

的制备，终产品中并不包含有结合水），属于两种不同的技术手段，两者的技术特征既不相同、也不等同。故被控侵权技术方案未落入 95 专利权的保护范围。"最终，本案以恒瑞医药实质性的胜诉而告终。

设计和选择化学制药工艺路线虽然只是整个药物研发、生产过程中的一部分，但仍然需要投入大量的人力、物力和财力，如果忽视了所研究对象的知识产权保护情况，易引起不必要的法律纠纷，甚至给企业带来巨大的经济损失。

📚 阅读材料

药物合成智能设计

药物合成阶段，在已知目标分子结构的情况下，如何加快目标分子合成路径的设计并减少合成失败的概率，是药物研究人员最关心的问题之一。

20 世纪 60 年代，随着计算机技术的进步，计算机辅助合成设计（Computer-Assisted Synthesis Planning，CASP）开始逐步应用于药物合成路线的设计。早期的 CASP 软件基于手工编码的反应规则，结合引导启发方法来辅助药物合成路线的设计，被认为是最早期的人工智能药物合成设计。但是，这种计算机辅助合成设计完全依赖于化学家的专业知识，没有用到基于大量数据的统计学习。近年来，随着人工智能（Artificial Intelligence，AI）的快速发展，其在药物研发领域中也开始得到广泛应用，如新靶标识别、候选药物选择、化合物理化性质的预测以及蛋白质结构预测等，其中也包括药物合成智能设计。

药物合成智能设计主要包括三方面的内容：逆合成设计、反应条件推荐和正向反应预测。逆合成设计是通过断键将一个复杂的目标分子还原为一个简单前体的迭代过程。这样的迭代过程对药物化学家是一个难题，因为人脑无法同时对大量的分子进行评估，也无法同时处理多条假设的合成路线。相反，迭代问题是计算机擅长的领域。计算机可以通过各种树搜

索算法的使用，将单步逆合成扩展到全路线设计，每一步可以产生数千个前体。另外，由于合成路线的终点往往由分子物质是否能被买到决定，目标分子合成能力的评估并不是一个基于分子结构的平滑方程，而逆合成软件可以通过神经网络模型来模拟这样的非线性方程。有了合成路线之后，人们还希望智能药物合成软件能够推荐反应条件，减少经验筛选耗费的时间。反应条件的推荐往往需要结合反应优化这一更为成熟的领域。反应优化以反应条件做变量来构建反应性能的模型，而机器学习可以通过各种搜索算法来加快模型的优化并提供不确定性的评估。正向反应预测通过预测反应产物来确保合成路线设计的可操作性。利用机器学习的反应预测在近几年得到了较快的发展，主要有基于反应规则与模板的预测、图神经网络预测原子和化学键从反应物到产物的变化、基于自然语言处理的 SMILES 产物预测三大方法。正向反应预测的主要作用是预测副产物的生成和反应的选择性。将正向反应预测和逆合成设计结合，可以用正向反应预测来评估逆合成设计。逆合成设计中每一个单步骤合成都有可能存在可替换的起始材料集合，正向反应预测可以对这些集合进行排序，从而选出最佳的方案。

2001 年，韩国蔚山国家科学技术学院（UNIST）的 Grzybowski 教授实验室开发了一款名为 Chematica（现已更名为 Synthia^{TM}，2017 年 5 月被德国制药巨头默克收购）的逆合成分析软件。Grzybowski 教授及其团队为这款软件构建了一个包含约 700 多万个有机分子的超大数据库，并通过相似数量的有机反应将它们彼此连接形成化学网络，并且他们手动录入超过 5 万个有机反应规则来告诉 Chematica 任何小分子在反应中可能会发生的变化。化学家只需将目标分子的结构输入软件中，Chematica 就可以根据一组搜索和分析此网络的算法在短时间内设计出合成路线，同时从成本、原料是否易得、反应步骤数、反应的操作难度等多方面对每条路线进行评价，最后综合决策最优合成路线。但 Chematica 尚不具备自我学习能力，它的算法主要取决于有机反应规则，可以认为 Chematica 通过模仿人类化学家的思维方式进行工作。

2018 年 5 月，美国麻省理工学院与十余家大型制药与生物科技公司合作，成立了"药物发现与合成的机器学习联盟"（Machine Learning for Pharmaceutical Discover and Synthesis Consortium，MLPDS），旨在促进药物自动化发现与合成软件的开发。该联盟的实力处于全球领先水平，所开发的开源智能药物合成设计软件 ASKCOS 被应用在成员公司的 DM-TA（即 Design——设计、Make——合成、Test——测试和 Analyze——分析）工作流程中，而成员公司通过对 ASKCOS 的功能提出反馈来促进 ASKCOS 的进一步开发。ASK-COS 最重要的功能是多步合成路线设计，而其设计能否成功的主要因素在于可用化合物数据库的覆盖范围，即可商业购买的化合物越多，成功获得合成路径的可能性就越大。同时，ASKCOS 也具有正向反应预测和反应条件建议的功能。正向反应预测的目的是验证全路径设计提供的路径，主要用来识别潜在的副产物和杂质。与逆合成设计类似，公司可以通过内部的反应数据对模型进行进一步训练，以提高特定化学反应的准确性。反应条件的建议功能由于受到有限的训练数据的限制，被采用的机会较低。化学家们通常通过这个模型来确认自己提出的条件，或者加以简单地评估和建议来向开发者提供反馈。

2018 年，上海大学的 Mark Waller 教授和德国明斯特大学的 Marwin Segler 博士等人在 *Nature* 杂志报道了一款可以通过自主学习有机反应来设计分子合成路线的人工智能（AI）新工具。该工作中，研究团队通过此前他们发展的深度神经网络（deep neural networks），从 Reaxys 数据库中 2015 年以前的 1240 万个单步反应中自动提取出化学转化规则，经过选择，仅保留其中在反应中重复出现超过一定次数的"高质量"规则。随后，他们使用三种不同的神经网络与蒙特卡洛树搜索（Monte Carlo Tree Search，MCTS）结合形成新的 AI 算法（3N-MCTS），依靠自动提取的规则数据进行训练和深度学习。这款 AI 新工具不需要化学家输入任何规则，只是基于已经报道的单步反应即可自行学习化学转化规则，并进行快速、高效的逆合成分析。当该 AI 工具被要求为目标分子设计一条合成路线时，它会像人类一样进行选择和判断，根据它自学到的设计规则选出最有前景的前体分子，然后再进行合成可行性的评估，直到找到最佳的合成路线。

所有的智能药物合成设计，其最终目标都不是替代化学家，而是减轻化学家在合成设计中的认知负担，将化学家从重复性的、不需要太多智力的劳动中解放出来，让化学家把更多的时间和精力集中在对更深层次问题的思考上，比如"该合成什么样的分子""为什么要合成这样的分子"，而不是"怎样合成分子"。

思考题

1. 进行化学制药工艺路线研究的目的是什么？其大致过程是什么？
2. "逆合成分析法"中，什么是"合成子"和"合成等效试剂"？它们之间有何联系？
3. 采用"模拟类推法"进行化学药物合成路线设计时，应注意什么？
4. 请尝试用"逆合成分析法"或"模拟类推法"，对埃克替尼的合成路线进行设计，并对设计的路线进行评价。
5. "一锅法"反应方式可能存在哪些不足？
6. 对于化学制药工艺的选择，除了本书中所指出的思路，还有哪些方面可以作为选择的依据？

参考文献

[1] 元英进.制药工艺学.2版.北京：化学工业出版社，2017.

[2] 赵临襄.化学制药工艺学.5版.北京：中国医药科技出版社，2019.

[3] 韩广甸，薛天汉.利用分子对称性简化天然有机产物合成设计的策略.有机化学，1986，4：249-256.

[4] 庄守群，张广，周后元，等.氯雷他定合成工艺研究进展.中国医药工业杂志，2013，44（12）：1292-1299.

[5] 唐琰，丁雁，刘嵘，等.喹诺酮类抗菌药物的合成研究进展.药学进展，2012，36（10）：433-444.

[6] 李忠，毛化，钟静芬.硼替佐米合成路线图解.中国医药工业杂志，2012，43（5）：393-395.

[7] 陈炜，胡建良，张兴贤.利奈唑胺合成路线图解.中国医药工业杂志，2010，41（1）：62-69.

[8] 蒋洪义.药品方法专利侵权忧思录（下）——从法国阿文-蒂斯公司诉江苏恒瑞公司"多西他赛"专利侵权案谈起.中国发明与专利，2007（9）：58-62.

[9] Segler M H S，Preuss M，Waller M P. Planning chemical syntheses with deep neural networks and symbolic AI. Nature，2018，555：604-610.

[10] Struble T J，Alvarez J C，Brown S P，et al. Current and future roles of artificial intelligence in medicinal chemistry synthesis. J Med Chem，2020，63（16）：8667-8682.

[11] 国家药品监督管理局，国家知识产权局.国家药监局国家知识产权局关于发布《药品专利纠纷早期解决机制实施办法（试行）》的公告（2021年第89号）.北京：国家药品监督管理局，国家知识产权局，2021.

第三章

化学制药工艺路线的研究与优化

 本章学习要求

1. 了解：化学制药工艺路线研究与优化的目的及过程。
2. 熟悉：化学药物合成反应的内因与外因。
3. 掌握：化学制药工艺路线研究与优化的方法。

第一节 概述

经过设计与选择，化学制药工艺路线初步确立后，需要根据相关法律法规的要求和实际生产情况进行工艺路线的研究与优化。化学制药工艺路线通常由若干合成工序组成，每个合成工序包含若干化学反应单元，通常需要经过实验室小试、中试放大和大生产验证等阶段，最终达到最佳的生产工艺条件，同时为划分生产车间和生产岗位做准备。此外，化学药物的合成工艺要求原料易得、操作简便、收率高、含量和纯度符合原料药品质要求、"三废"污染少且易处理等，因此在进行工艺研究与优化的时候，研究人员需要掌握各反应单元的反应原理，保证反应在最适宜的条件下进行。

化学制药工艺路线的研究内容

本章主要讨论反应物分子到产物分子的反应过程，深入探讨化学药物合成工艺研究中的具体问题及其相关理论，并在了解或阐明反应过程的内因基础上，探索并掌握影响反应的外因。

化学反应的内因，主要是指反应物和反应试剂分子中原子的结合状态、键的性质、立体结构、官能团活性、各原子和官能团之间的相互影响和理化性质等，是设计和选择药物合成工艺的理论基础。化学反应的外因，即对化学反应速率、收率、终点、副产物生成等反应状况产生影响的一些外部条件，是实际生产中需要进行研究的一些共同因素，如配料比、反应物的浓度与纯度、加料次序、反应时间、反应温度、反应压力、溶剂、催化剂、搅拌状况和设备情况等。这些影响因素有时千差万别，有时相辅相成或相互制约，通常采用单因素平行实验优选法、多因素正交设计优选法和均匀设计优选法进行研究。单因素平行实验优选法是在其他条件不变的前提下考察某单一因素对反应的影响，通过设立不同的考察因素平行进行多个反应来优化反应条件，如在反应物配料比、反应时间和反应压力不变的条件下，研究反应温度对产物收率的影响。多因素正交设计优选法和均匀设计优选法是选定影响反应收率和产品纯度的因子数及欲研究水平进行正交设计或均匀设计，这样可以简化研究目的，不会漏掉最佳反应条件，有助问题的快速解决。

化学药物合成工艺的研究主要是对影响化学反应的条件和因素进行摸索和优化，主要包括以下几个方面：

（1）配料比：参与化学反应的各起始物料之间的物质的量之比，也称投料比，通常是各物料之间的摩尔比。

（2）溶剂：各种化学反应的媒介，其用量和性质对反应物的浓度、溶剂化作用、反应温度、反应压力等反应条件产生直接的影响。

（3）反应温度和压力：为化学反应中的各类转换提供能量供给。

（4）催化剂：用于加速（或减缓）化学反应的进行，减少副产物的生成，缩短生产周期。

（5）反应时间和过程控制：反应物在一定条件下通过化学反应转变为产物的时间。在化学反应过程中，需要通过有效的监控手段控制合理的反应时间。

（6）反应后处理：化学反应结束后，对反应混合物进行的相关操作，如蒸馏、过滤、萃取、干燥等，用以从反应混合物中分离目标产物。

（7）产品的纯化与检验：对经过反应后处理的粗产品进行纯化和检验，使其符合相关法律法规所规定的质量要求。

（8）安全和"三废"处理：在进行化学药物合成工艺研究时，要注意对劳动者的保护，同时必须有消除或治理污染的相应措施。

第二节　反应物的配料比

化学反应原料的配料比通常是指各起始原料之间的物质的量之比，通常用摩尔比表示。关于反应物最佳配料比的问题，显然只对两种以上物质起反应的体系才有意义。在化学药物的合成过程中，选择合适的原料配料比，是促进反应、提高收率、减少副产物生成和控制成本的有效手段，同时也是化学药物生产中最关心的问题之一。对于化学药物来说，其主要是通过有机反应进行合成的。有机反应中，理论配料比即为各反应物质之间的反应系数之比。但是对于有机反应而言，有些反应是可逆的，存在动态平衡；有些反应在进行过程中，同时有平行或串联的副反应发生。因此，有机反应很少能够按理论值定量完成。因此，需要采取一定的措施来选择合适的配料比，这样既可以提高产品收率，降低成本，也可以减少反应后处理的负担。

反应物的配料比

反应物配料比的选择，通常可以从以下几个方面考虑：

（1）对于可逆反应，可以增加反应物之一的浓度，即增加反应物配料比的方式来提高反应速度，并增加产物收率。

（2）当反应生成物的生成量取决于反应液中某一反应物的浓度时，应增加其配料比。最适合的配料比应是收率较高、单耗较低的某一范围内。例如抗感染药物磺胺的中间体——对乙酰氨基苯磺酰氯（**3-1**）可通过乙酰苯胺（**3-2**）与氯磺酸（**3-3**）反应得到。但是，二者会平行反应得到对乙酰氨基苯磺酸（**3-4**），而对乙酰氨基苯磺酸（**3-4**）可在氯磺酸（**3-3**）的作用下转化为对乙酰氨基苯磺酰氯（**3-1**）。因此，对乙酰氨基苯磺酰氯（**3-1**）的收率取决于反应液中氯磺酸（**3-3**）与乙酰苯胺（**3-2**）之间的用量比例，即氯磺酸（**3-3**）的用量越多，其与乙酰苯胺（**3-2**）的配料比越大，越有利于对乙酰氨基苯磺酰氯（**3-1**）的生成（图 3-1）。例如，当乙酰苯胺（**3-1**）与氯磺酸（**3-3**）配料比为 1.0∶4.8 时，对乙酰氨基苯磺酰氯（**3-1**）的收率为 84％；当增加到 1.0∶7.0 时，则收率可达 87％。考虑到氯磺酸（**3-3**）的有效利用率和经济核算，工业生产上采用了较为经济合理的配料比，即 1.0∶（4.5～5.0）。

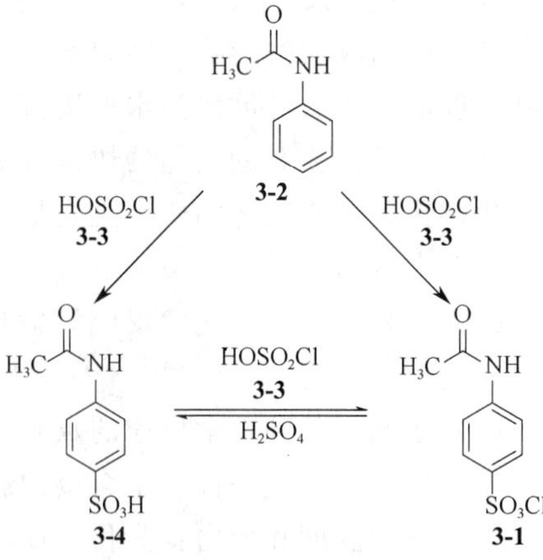

图 3-1　对乙酰氨基苯磺酰氯的合成

（3）在一些反应中，若某一反应物不稳定，则可增加其用量，以保证有足够量的反应物参与反应。例如催眠药苯巴比妥（Phenobarbital，**3-5**）生产中的最后一步反应，该反应由苯基乙基丙二酸二乙酯（**3-6**）与脲（**3-7**）在碱性条件下进行缩合，但脲（**3-7**）在碱性条件下易受热分解为氨和二氧化碳，故需使用过量的脲（**3-7**）（图 3-2）。

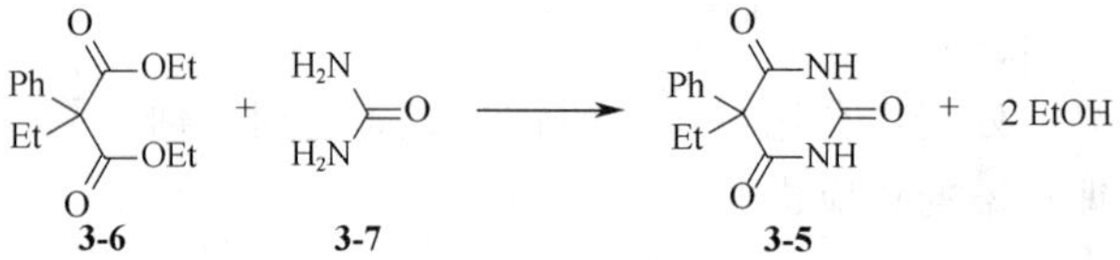

图 3-2　苯巴比妥的合成

（4）当参与主、副反应的反应物不尽相同时，可增加某一反应物的用量，以增加主反应的竞争能力。例如丁酰苯类抗精神病药物氟哌啶醇（Haloperidol，**3-8**）的中间体 4-对氯苯基-1,2,5,6-四氢吡啶（**3-9**），可由对氯-α-甲基苯乙烯（**3-10**）与甲醛、氯化铵作用生成噁嗪中间体（**3-11**），再经酸性重排制得（图 3-3）。这里副反应之一是对氯-α-甲基苯乙烯（**3-10**）单独与甲醛反应，生成 1,3-二氧六环化合物（**3-12**）。该副反应可看作是正反应的一个平行反应，在选择反应物配料比时，可适当增加氯化铵用量对此副反应进行抑制。目前，实际生产中氯化铵的用量是理论量的 2 倍。

（5）为防止连续反应和副反应的发生，有些反应的配料比应小于理论配比，使反应进行到一定程度后，停止反应。如在三氯化铝催化下，将乙烯通入苯中制得乙苯。所得乙苯由于乙基的供电性能，使苯环更为活泼，导致乙苯比苯更易于与乙烯反应，从而引进第二个乙基。如不控制乙烯通入量，就易产生二乙苯或多乙基苯。所以在工业生产上控制乙烯与苯的摩尔比为 0.4∶1.0 左右。这样乙苯收率较高，过量苯可以回收、循环套用。

除了以上常用措施，在化学药物合成工艺开发中研究配料比时，有时还必须重视反应机理和反应物的特性与配料比的关系，如对于傅-克酰化反应（Friedel-Crafts acylation），反应中无水三氯化铝的用量要略多于 1.0∶1.0 的摩尔比，有时甚至用 1.0∶2.0 的配料比，这是

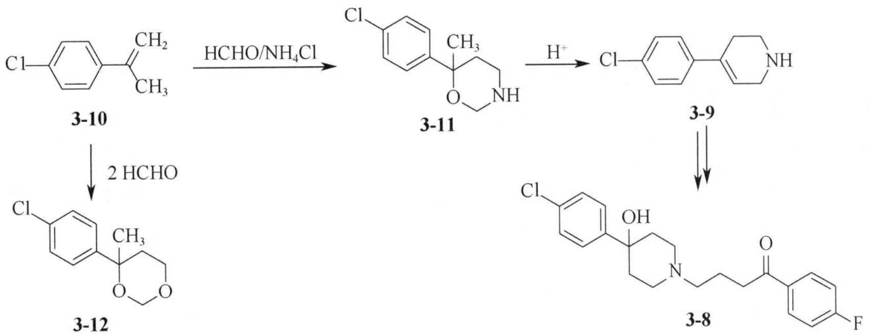

图 3-3 4-对氯苯基-1,2,5,6-四氢吡啶的合成

因为反应中生成的鎓盐需消耗无水三氯化铝。对于新反应，在选择反应物配料比时，通常对于成本较低的反应物用量略多，如采用 1.0∶1.1 的摩尔比，作为试探性反应条件，而后再根据具体的反应情况进行不断优化。

第三节 反应和重结晶溶剂

反应和重结晶溶剂

在化学药物合成中，绝大部分反应都是在溶剂中进行的。溶剂可以使反应分子能够均匀分布，增加分子间碰撞的机会，从而加速反应进程。同时，溶剂还可视作稀释剂，帮助反应体系散热或传热。此外，当采用重结晶法精制反应产物时，通常也需要使用溶剂。无论是反应溶剂，还是重结晶溶剂，通常要求溶剂对于反应底物或重结晶产物具有不活泼性，即在化学反应或在重结晶条件下，溶剂应稳定而惰性，不能在反应物、试剂和溶剂之间发生副反应，或在重结晶溶剂与产物之间发生化学反应。

此外，由于化学药物不同于普通化学品，其所包含的溶剂残留必须符合相关药品注册规定。根据国际人用药品注册技术要求协调理事会（International Council for Harmonization of Technical Requirements for Pharmaceuticals for Human Use，ICH）指导原则，国家药品监督管理局药品评审中心颁布了《化学药物残留溶剂研究的技术指导原则》，将有机溶剂分为四种类型。第一类溶剂指人体致癌物、疑为人体致癌物或环境危害物的有机溶剂，在化学药物合成工艺研究中建议不使用；第二类溶剂是指有非遗传毒性致癌（动物实验）、或可能导致其他不可逆毒性（如神经毒性或致畸性）、或可能具有其他严重的但可逆毒性的有机溶剂，建议限制使用，以防止对病人潜在的不良影响；第三类溶剂是 GMP 或其他质量要求限制使用，对人体低毒的溶剂，第三类溶剂属于低毒性溶剂，对人体或环境的危害较小，人体可接受的粗略浓度限度为 0.5％，建议可仅对在终产品精制过程中使用的第三类溶剂进行残留量研究；第四类溶剂属于在生产过程中可能会使用，但目前尚无足够的毒理学研究资料，故建议药物研发者根据生产工艺和溶剂的特点，必要时进行残留量研究。同时，在国家药品监督管理局药品评审中心颁布的《化学药物原料药制备和结构确证研究技术指导原则》中也明确指出："一般应选择毒性较低的试剂，避免使用一类溶剂，控制使用二类溶剂，同时应对所用试剂、溶剂的毒性进行说明，以利于在生产过程中对其进行控制，有利于劳动保护。"因此，在对化学药物的合成工艺进行研究和优化的过程中，必须结合上述"指导原则"，在结合化学反应的基础上，合理选择反应溶剂和重结晶溶剂，避免在药品生产和注册申报的过程中带来不必要的麻烦。

一、常用溶剂的性质和分类

1. 溶剂的分类

溶剂分类的方法有多种，如可根据化学结构、物理常数、酸碱性或者特异性的溶质-溶剂间的相互作用等进行分类。按溶剂发挥氢键给体作用的能力，可将溶剂分为质子性溶剂（protic solvent）和非质子性溶剂（aprotic solvent）两大类。

质子性溶剂含有易取代氢原子，既可与含负离子的反应物发生氢键结合产生溶剂化作用，也可与负离子的孤对电子进行配位结合，或与中性分子中的氧原子或氮原子形成氢键，或由于偶极矩的相互作用而产生溶剂化作用。质子性溶剂主要包括水、醇、乙酸、硫酸、多聚磷酸、氢氟酸-三氟化锑（$HF-SbF_3$）、氟磺酸-三氟化锑（FSO_3H-SbF_3）、三氟乙酸以及氨或胺类化合物。

非质子性溶剂不含易取代的氢原子，主要是靠偶极矩或范德华力的相互作用而产生溶剂化作用，其偶极矩（μ）和介电常数（ε）小，溶剂化作用也很小。一般将介电常数（ε）在15以上的溶剂称为极性溶剂，介电常数（ε）在15以下的溶剂称为非极性溶剂。非质子极性溶剂主要包括有醚类（乙醚、四氢呋喃、二氧六环等）、卤代烃类（氯甲烷、二氯甲烷、氯仿、四氯化碳等）、酮类（丙酮、甲乙酮等）、含氮化合物（如硝基甲烷、硝基苯、吡啶、乙腈、喹啉）、亚砜类（如二甲基亚砜）、酰胺类（甲酰胺、N,N-二甲基甲酰胺、N-甲基吡咯酮、N,N-二甲基乙酰胺、六甲基磷酸三酰胺等）；非质子非极性溶剂又被称为惰性溶剂，主要包括芳烃类（氯苯、二甲苯、苯等）和脂肪烃类（正己烷、庚烷、环己烷和各种沸程的石油醚）等。

2. 溶剂的极性

溶剂的极性常用偶极矩（μ）、介电常数（ε）和溶剂极性参数 E_T（30）等参数表示。根据溶剂的 EF 值（electrostatic factor，即静电因素，为 μ 和 ε 的乘积）和溶剂的结构类型，可以把有机溶剂分为四类：烃类溶剂（EF＝0～2）、电子供体溶剂（EF＝2～20）、羟基类溶剂（EF＝15～50）和偶极性非质子溶剂（EF≥50）。

虽然偶极矩和介电常数常作为溶剂极性的特征数据，但是如何准确表示溶剂的极性，是一个尚未完全解决的问题。因此，人们试图用一些经验参数来给溶剂的极性下定义，以得到一个更好的表示溶剂极性的参数。即选择一个与溶剂有依赖性的标准体系，寻找溶剂与体系参数之间的函数关系。现在应用较多的溶剂极性参数是 E_T（30），这个溶剂极性参数基于 N-苯氧基吡啶盐染料（染料 No.30，**3-13**，图3-4）的最大波长的溶剂化吸收峰的变化情况。

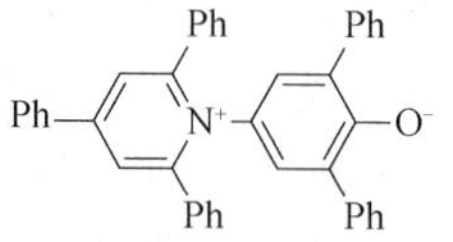

3-13

图 3-4 N-苯氧基吡啶盐染料结构

E_T（30）值可以根据下式来计算：

$$E_T(30)(kcal\text{❶}/mol)=hc\upsilon N=2.859\times10^{-3}\upsilon(cm^{-1})$$

式中，h 为普朗克常数；c 为光速；υ 为引起电子激发的光子波数，表示这个染料在不同极

---

❶ 1cal＝4.18J，下同。

性溶剂中的最大波长吸收峰，是由 π-π＊跃迁引起的；N 为阿伏伽德罗常数。

由此，可将溶剂的 E_T（30）值简单地定义为：溶于不同极性溶剂中的内鎓盐染料（染料 No.30）的跃迁能，单位为 kcal/mol。用染料 No.30 作为标准体系的主要优点是：它在较大的波长范围内均具有溶剂化显色行为，如二苯醚中，$\lambda=810nm$，E_T（30）＝35.3；水中，$\lambda=453nm$，E_T（30）＝63.1。不同溶剂中染料 No.30 的溶剂化显色范围多在可见光的范围内，如丙酮溶液呈绿色，异戊醇溶液呈蓝色，苯甲醚溶液呈黄绿色。溶液颜色变化的另一特色是：几乎可见光的每一种颜色都可由适当的不同极性的溶剂的二元混合物产生。由此，E_T（30）值提供了一个非常灵敏的表示溶剂极性特征的方法，目前已测定了 100 多种单一溶剂和许多二元混合溶剂的 E_T（30）值。

3. 溶剂化效应

溶剂化效应指每一个溶解的分子或离子，被一层溶剂分子疏密程度不同地包围着的现象。对于水溶液来说，常用水合这个术语。在电解质溶液中溶质离子周围形成溶剂层，这是溶质离子和溶剂偶极分子间相互作用的结果。

溶剂化自由能（ΔG_{solv}）是对溶剂化能力的量度，它是由四种不同性质的能量组分叠加而成：①空穴能，由溶解的分子或离子在溶剂中产生；②定向能，由于溶剂化分子或离子的存在而引起，与偶极溶剂分子的部分定向现象有关；③无向性相互作用能，相应于非特异性分子间的作用力，具有较大的活性半径（即静电能、极化能和色散能）；④有向性相互作用能，产生于特异性氢键的形成，或者是电子给予体与电子接受体之间键的形成。

物质的溶解不仅需要克服溶质分子间的相互作用能，对于晶体来说就是晶格能，而且也需要克服溶剂分子之间的相互作用能。这些所需能量可通过溶剂化自由能（ΔG_{solv}）而得到补偿。一个化合物的溶解热，可以看作是溶剂化自由能和晶格能之间的差值（图 3-5）。

图 3-5　晶格能、溶剂化自由能和溶解热之间的关系

如果释放出的溶剂化自由能高于晶格能，那么溶解的全过程是放热的。在相反的情况下，需要向体系提供能量，溶解的过程便是吸热的。氯化钠溶解过程的有关数值是一个典型的例子：晶格能是＋766kJ/mol，水合自由能是－761kJ/mol，其溶解热是＋3.8kJ/mol。溶解热通常比较小，因为晶体-晶格之间相互作用的能量与晶体组分同溶剂相互作用的能量接近。如果溶剂化自由能（ΔG_{solv}）与键能相当，甚至更高时，往往可把溶剂看成直接的反应参与者，并且应该如实将溶剂包括在反应式中，如水化物、醇化物和醚化物就是例子。常见的溶剂化药物有甾体类药物、β-内酰胺类抗生素、磺胺类抗菌药和强心苷类药物等。

二、反应溶剂的作用与选择

对于大多数化学药物的制备而言，其合成过程通常在反应溶剂中进行。不同反应溶剂的选择，不仅为化学反应提供了进行的场所，而且在某种意义上，直接影响化学反应的反应速率、反应方向、转化率和产物构型等。在选用反应溶剂时，还需要考虑如何将产物从反应液中进行分离。因此，为了使反应能成功地按预定方向进行，必须选择适当的反应溶剂。

溶剂影响化学反应的机理非常复杂，目前尚不能从理论上十分准确地找出某一反应的最适合的溶剂。因此，在依靠直观经验的基础上，还要探索一般规律，为合理选择反应溶剂提供客观标准，并最终根据试验结果确定合适的反应溶剂。

1. 溶剂对反应的影响

在化学反应中，溶剂主要易对反应的速率产生影响。在溶液中，起反应的分子要通过扩散穿过周围的溶剂分子之后，才能彼此接触，反应后生成物分子也要穿过周围的溶剂分子通过扩散而离开。从微观角度，可以把周围溶剂分子看成是形成了一个笼，而反应分子则处于笼中。反应分子与周围溶剂分子的反复挤撞被称为"扩散"，而反应分子在溶剂分子形成的笼中进行的多次碰撞则称为"笼效应"。溶剂分子的存在虽然限制了反应分子作远距离的移动，减少了与远距离分子的碰撞机会，但却增加了近距离分子的重复碰撞，总的碰撞频率并未减低。

有机化学反应按其反应机理来说，大体可分成两大类：一类是自由基反应，另一类是离子型反应。在自由基反应中，溶剂对反应无显著影响；然而在离子型反应中，溶剂对反应影响很大。极性溶剂可以促进离子反应，显然这类溶剂对 S_N1 反应最为适合。例如盐酸或对甲苯磺酸等强酸，它们的质子化作用在溶剂甲醇中受到甲醇分子的破坏而遭削弱；而在氯仿或苯中，酸的"强度"将集中作用在反应物上，因而质子化作用得到加强，结果加快反应速率，甚至发生完全不同的反应。例如 Beckmann 重排（图 3-6），其反应速率决定于水分子的解离反应，在下列溶剂中反应速率依次为：1,2-二氯乙烷＞氯仿＞苯，而这三种溶剂的介电常数（20℃）分别为 10.7、5.0 和 2.28。

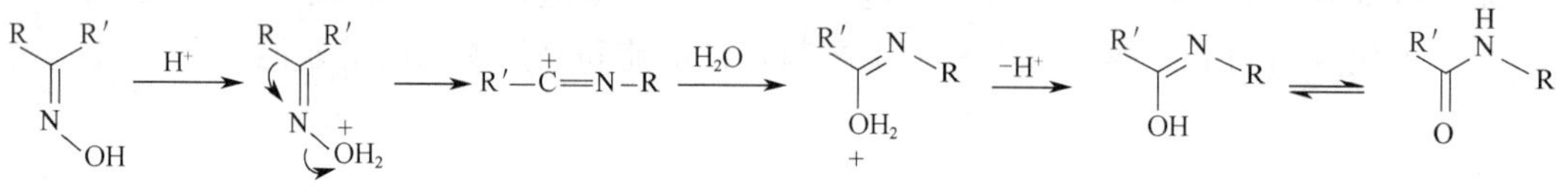

图 3-6　Beckmann 重排

在极性溶剂中，离子或极性分子等溶质与溶剂之间能发生溶剂化作用；在溶剂化过程中，放出热量而降低溶质的位能。化学反应速率决定于反应物和过渡态之间的能量差即活化能 E，一般说来，如果反应物比过渡态更容易发生溶剂化，则反应物位能降低了 ΔH，相当于活化能增高了 ΔH，从而反应速率降低 ［图 3-7(a)］。当过渡态更容易发生溶剂化时，随着过渡态位能下降，反应活化能降低 ΔH，反应加速。故溶剂的极性越大，对反应越有利 ［图 3-7(b)］。

改变溶剂能够相应地改变均相化学反应的速率和级数。如碘甲烷与三丙胺生成季铵盐的反应（3-1），活化过程中产生电荷分离，因此溶剂极性增强，反应速率明显加快。研究结果表明，其反应速率随着溶剂的极性变化而显著改变。如以正己烷中的反应速率为 1，则在乙醚中的相对反应速率为 120，在苯、氯仿和硝基甲烷中的相对反应速率分别为 37、13000 和 111000。

$$(C_3H_7)_3N + CH_3I \Longrightarrow [(C_3H_7)_3\overset{\delta^+}{N} - CH_3 \overset{\delta^-}{-} I] \longrightarrow (C_3H_7)_3N^+CH_3 + I^- \qquad (3-1)$$

此外，对于某些平行反应，常可借助溶剂的选择使得其中一种反应的速率变得较快，使某种产品的数量增多。如苯酚（**3-14**）与乙酰氯发生的傅-克酰化反应（Friedel-Crafts acylation），以硝基苯为溶剂时的主要产物为对位苯酚衍生物（**3-15**），而以 CS_2 为溶剂时的主要

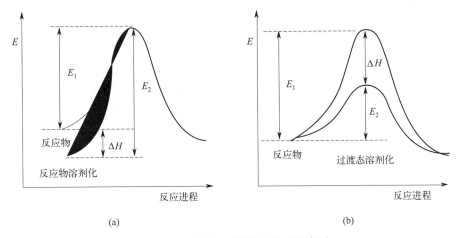

图 3-7 溶剂化与活化能的关系示意图

产品为邻位苯酚衍生物（**3-16**）（图 3-8）。

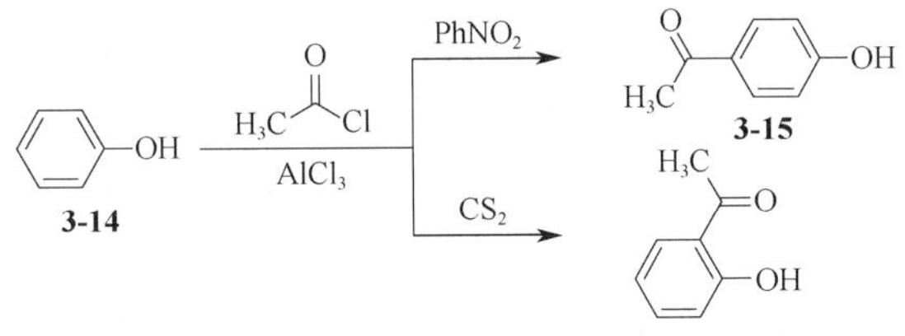

图 3-8 苯酚与乙酰氯在不同溶剂中的反应

2. 反应溶剂的选择

由于大多数化学药物的制备在溶液中进行，故而反应溶剂的选择对于化学药物制备的成败起着十分重要的作用。在化学合成反应中，溶剂的作用通常是溶解参与反应的物质或稀释反应体系。如果参与反应的物质包含固体，通常必须选用溶剂将其溶解，使之在溶液中均匀分散，从而加快反应进程；如果反应物为液体，为了避免反应过于剧烈或因黏度增大而影响反应，通常选用合适的溶剂加以稀释，从而使反应可以平稳进行。

对于包含固体物质的反应，人们通常根据"相似相溶原理"来选择反应溶剂。物质的溶解是溶质与溶剂两种分子间的作用力，作用于溶质和溶剂两种分子各自保持其原来状态的分子间作用力，并使各自分子间作用力破坏，从而形成溶质与溶剂两种分子间作用力。若两种分子间作用力愈小（相对于各自分子间作用力），溶质的溶解度愈小。随着两种分子间作用力增大，溶质的溶解度增大。当两种分子间作用力与两种分子各自间作用力相等时，溶质与溶剂就能任意混合。这种情况就是热力学自发过程，即分子间作用力相等。"相似相溶原理"是一个关于物质溶解性的经验规律，包括极性相似和结构相似两种原则。前者是指极性相似的两者互溶度大，即极性物质和极性物质相溶，非极性物质与非极性物质相溶，而极性物质与非极性物质不相溶。极性分子具有永久偶极，一个极性分子可视为一个偶极子。根据静电理论计算偶极子间作用大小表明：分子间作用力与分子的偶极矩平方成正比。所以要使两种分子间作用力与各自分子间作用力愈接近，则要求两种分子的偶极矩愈接近，也就是说溶质易溶于与其分子极性接近的溶剂中。对于结构相似原则，是指结构相似者可能互溶。如

HOH、CH_3OH、C_2H_5OH、$n\text{-}C_3H_7OH$ 分子中都含—OH，且—OH 所占"份额"较大，所以 3 种醇均可与水互溶，但 $n\text{-}C_3H_7OH$ 中虽含—OH，因其"份额"小，水溶性有限。结构相近原则可粗略概括成以下四点：①溶质与溶剂的分子结构愈接近，溶质的溶解度愈大；②能与水形成氢键的小分子有机物（1～3 个碳）易溶于水，因为只有形成溶质与水分子间氢键，才能提供能量破坏水分子间氢键；③随着分子中碳原子数目增加，溶解性愈接近于碳氢化合物；④对于高分子量的有机物（尤其含极性基的），分子链以最低势能态存在，一般不溶于结构相近的溶剂中。

三、重结晶溶剂的选择

重结晶精制最终产物，即原料药时，一方面要除去由原辅材料和副反应带来的杂质；另一方面要注意重结晶过程对精制品结晶大小、晶型和溶剂化等的影响。

药物微晶化（micronization）可增加药物的表面积，加快药物的溶解速度；对于水溶性差的药物，微晶化处理很有意义。某些药物在临床应用初期剂量较大，逐步了解其结晶大小与水溶性的关系后，实现微晶化，可显著降低剂量。如利尿药螺内酯（Spironolactone）微晶化处理后，20mg 微粒的疗效与 100mg 普通制剂的疗效相仿，服用剂量减少 4/5。有些药物在胃肠道中不稳定，微晶化处理后加速其溶解速率，加快药物分解。如合成抗菌药呋喃妥因（Nitrofurantoin）主要用于泌尿系统感染，微晶化后反而会刺激胃，故宜用较大结晶制成剂型，以减慢药物溶解速度提高胃肠道的耐受性。因此，重结晶法精制药物时，必须综合考虑药物的剂型和用途等。

此外，还要注意重结晶产物的溶剂化（solvates）问题，如果溶剂为水，重结晶产物可能含有不同量结晶水，这种含结晶水的产物被称为水合物（hydrates）。如氨苄西林（Ampicillin）和阿莫西林（Amoxicillin）既有三水合物，又有无水物，三水合物的稳定性好。同样，药物与有机溶剂形成溶剂化物，在水中的溶解度和溶解速率与非溶剂化物不同，因而剂量和疗效就可能有差别。如氟氢可的松（Fludrocortisone）可与正庚烷、乙酸乙酯形成溶剂化物。

对于口服制剂，原料药的晶型与疗效和生物利用度有关。例如棕榈氯霉素（chloramphenicol palmitate）有 A、B、C 三种晶型及无定形，其中 A、C 为无效形，而 B 及无定形为有效。原因是口服给药时 B 及无定形易被胰脂酶水解，释放出氯霉素而发挥其抗菌作用，而 A、C 型结晶不能为胰脂酶所水解，故无效。世界各国都规定棕榈氯霉素中的无效晶型不得超过 10%。又如 H_2 受体拮抗剂西咪替丁（Cimetidine），采用不同的溶剂结晶可制得不同的晶型，它们的熔点、红外吸收光谱和 X 射线衍射谱不同，其中 A 型疗效最佳。再如法莫替丁（Famotidine）有 A、B 两种晶型，口服生物利用度分别为 46.82% 和 49.10%。

理想的重结晶溶剂应对杂质在低温和高温下都有良好的溶解性，对于待提纯的药物应具有低温下微溶（甚至不溶），而在高温时溶解度较大的特点，即其溶解度随温度变化曲线斜率大，如图 3-9 所示 A 线。斜率小的 B 线和 C 线，相对而言不是理想的重结晶溶剂。

与反应溶剂的选择方法类似，重结晶溶剂选择的经验规则也是"相似相溶原理"。若溶质极性很大，就需用极性很大的溶剂才能使它溶解；若溶质是非极性的，则需用非极性溶剂。对于含有易形成氢键的官能团（如—OH、—NH_2、—COOH、—$CONH_2$

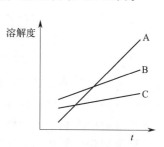

图 3-9 药物溶解度
与温度关系示意图

等）的化合物来说，它们在水、甲醇类溶剂中的溶解度大于在苯或乙烷等烃类溶剂中的溶解度。但是，如果官能团不是分子的主要部分时，那么溶解度可能有很大变化。如十二醇几乎不溶于水，它所具有的十二个碳长链，使其性质更像烃类化合物。在生产实践中，经常应用两种或两种溶剂形成的混合溶剂作为重结晶溶剂。

第四节　反应温度和压力

一、反应温度

反应温度的选择和控制是化学药物合成工艺研究的一个重要内容，常用类推法进行选择，即根据文献报道的类似反应的反应温度初步确定反应温度，然后根据反应物的性质作适当的改变，再综合各种影响因素，进行设计和试验。如果是全新反应，不妨从室温开始，用薄层色谱法追踪发生的变化。若无反应发生，可逐步升温或延长反应时间；若反应过快或激烈，可以降温或控温使之缓和进行。当然，理想的反应温度是室温，但室温反应毕竟是极少数，而冷却和加热才是常见的反应条件。常用的冷却介质有冰/水（0℃）、冰/盐（−10～−5℃）、干冰/丙酮（−70～−78℃）和液氮（−196～−190℃）。从工业生产规模考虑，在0℃或0℃以下反应，需要冷冻设备。加热温度可通过选用具有适当沸点的溶剂予以固定，也可用蒸汽浴或油浴将反应温度恒定在某一温度范围。如果加热后再冷却或保温一定时间，则反应器须有相应的设备条件。

通常温度升高可加快反应进行，即提高反应速率。根据大量实验数据归纳总结得到Van't Hoff经验规则，即反应温度每升高10℃，反应速率大约提高1～2倍。如以k_t表示t（℃）时的速率常数，k_{t+10}表示$t+10$（℃）时的速率常数，则$k_{t+10}/k_t=\gamma$，γ为反应速率的温度系数，其值约为1～2。如由对硝基氯苯（**3-17**）生成对硝基苯乙醚（**3-18**）的反应，温度升高，k值（反应速率常数）增加（表3-1）。

表 3-1　对硝基氯苯（3-17）乙氧基化反应速率与温度的关系

$$O_2N-\!\!\!\!\bigcirc\!\!\!\!-Cl \xrightarrow{\text{EtONa/EtOH}} O_2N-\!\!\!\!\bigcirc\!\!\!\!-OEt$$

	3-17		**3-18**		
T/℃	60	70	80	90	100
k/[L/(mol·h)]	0.12	0.30	0.76	1.82	5.20

反应速率与反应温度之间的关系可以用 Arrhenius 公式（3-2）表示。

$$k=Ae^{-E/(RT)} \tag{3-2}$$

式中，k 为反应速率；A 为表观频率因子；$e^{-E/(RT)}$ 为指数因子；E 为反应活化能；T 为热力学温度。温度对反应速率的影响是复杂的，归纳起来有四种类型（图3-10）：

第 I 类是反应速率随温度的升高而逐渐加快，它们之间呈指数关系，这类化学反应最为常见，可以应用 Arrhenius 公式求出反应速率的温度系数与活化能之间的关系。第 II 类属于有爆炸极限的化学反应，这类反应开始时温度影响很小，当达到一定温度时，反应即以爆炸速度进行。第 III 类是酶催化反应及催化加氢反应，在温度不高的条件下，反应速率随温度升高而加速，但到达某一温度后，再升高温度，反应速率反而下降。这是由于高温对催化剂的

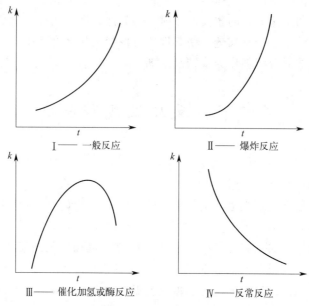

图 3-10 不同反应类型中温度对反应速率的影响

性能有着不利的影响。第Ⅳ类是反常的，温度升高，反应速率反而下降，如硝酸生产中一氧化氮氧化生成二氧化氮的反应。显然 Arrhenius 公式不适用于后三种情况。

另外，温度对化学平衡的关系式如式(3-3)所示：

$$\lg K = \frac{-\Delta H}{2.303RT} + C \tag{3-3}$$

式中，K 为平衡常数；R 为气体常数；T 为热力学温度；ΔH 为热效应；C 为常数。

从上式可以看出，若 ΔH 为负值时，为放热反应，温度升高，K 值减小。对于这类反应，一般是降低反应温度有利于反应的进行。反之，若 ΔH 为正值时，即吸热反应，温度升高，K 值增大，也就是升高温度对反应有利。即使是放热反应，也需要一定的活化能，即需要先加热到一定温度后才开始反应。因此，应该结合该化学反应的热效应（反应热、稀释热和溶解热等）和反应速率常数等数据，找出最适宜的反应温度。现用下例说明确定最适宜反应温度的一种方法。

在磺胺甲噁唑（Sulfamethoxazole，**3-19**）生产中，中间体 3-氨基-5-甲基异噁唑（**3-20**）是由 5-甲基异噁唑-3-甲酰胺（**3-21**）经 Hofmann 降解反应制得的（图 3-11）。最合理的工艺是将 5-甲基异噁唑-3-甲酰胺（**3-21**）和次氯酸钠溶液用压缩空气压入事先预热到 180℃的管式反应器中，以 $800\sim1000$mL/min 的流速通过反应器使反应完成，收率可达 95% 左右。这个工艺条件就是根据其反应原理通过化学动力学计算而获得的。

在低温条件下，5-甲基异噁唑-3-甲酰胺（**3-21**）溶于次氯酸钠水溶液中，几乎可定量地生成中间体（**3-22**），在低温下由（**3-21**）水解生成（**3-23**）数量极微，可忽略不计。因此，Hofmann 降解反应可简化为：由（**3-22**）生成（**3-20**）是一个连续反应，并伴有生成（**3-23**）的平行反应，各步反应均为一级不可逆反应，各步反应的速率常数为 k_1，k_2，k_3。以 $\lg k$ 对 $1/T$ 作图，均呈直线关系。按照 Arrehenius 反应速率方程式，可得出各步反应速率常数和活化能。

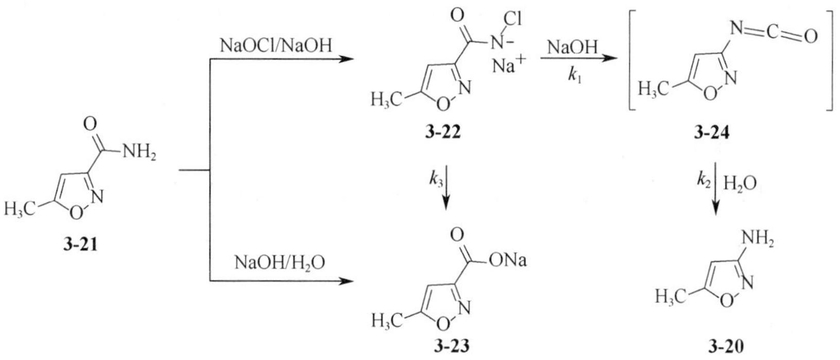

图 3-11 3-氨基-5-甲基异噁唑的合成

$$k_1 = 10^{18.1-7200/T} \text{ L/min} \qquad E_1 = 137.75 \text{kJ/mol}$$
$$k_2 = 10^{17.6-7000/T} \text{ L/min} \qquad E_2 = 133.98 \text{kJ/mol}$$
$$k_3 = 10^{12.1-5350/T} \text{ L/min} \qquad E_3 = 104.68 \text{kJ/mol}$$

从这些数字，又可以计算出各种温度下的最高收率。可以看出，反应温度愈高，收率也愈高。为了提高 Hoffmann 降解反应产物（**3-20**）的收率，必须使平行反应的速率常数比（k_1/k_3）较大。现以 104℃（反应液的沸点），140℃ 及 180℃ 三个反应温度，求出各步反应的 k 值作一比较，估算 Hoffmann 降解反应的最佳温度。

$$104℃: k_1 = 10^{18.1-7200/377} = 10^{18.1-19.1} = 0.10$$
$$k_2 = 10^{17.6-7000/377} = 10^{17.6-18.6} = 0.10$$
$$k_3 = 10^{12.1-5350/377} = 10^{12.1-14.2} = 0.00794$$
$$140℃: k_1 = 10^{18.1-7200/413} = 10^{18.1-17.4} = 5.01$$
$$k_2 = 10^{17.6-7000/413} = 10^{17.6-16.9} = 5.01$$
$$k_3 = 10^{12.1-5350/413} = 10^{12.1-12.9} = 0.158$$
$$180℃: k_1 = 10^{18.1-7200/453} = 10^{18.1-15.9} = 158$$
$$k_2 = 10^{17.6-7000/453} = 10^{17.6-15.4} = 158$$
$$k_3 = 10^{12.1-5350/453} = 10^{12.1-11.8} = 2.0$$

由计算结果看出，在不同温度，$k_1 \approx k_2 > k_3$

104℃: $k_1/k_3 = 0.10/0.00794 = 12.6$

140℃: $k_1/k_3 = 5.01/0.158 = 31.7$

180℃: $k_1/k_3 = 158/20 = 79$

通过对 Hofmann 降解反应的动力学分析，可以得出结论，即反应温度升高，反应速率相应增大，在高温条件下不利于副反应的进行。因此应将反应液尽快加热至所需要的反应温度，而不宜缓缓加热。根据这些要求，制定出传热面积大的管道反应工艺。

温度控制是生产过程中的重要问题，温度不仅影响反应速率，而且影响产量，在一些情况下温度对这两者的影响是相反的。对于复杂反应，可以从温度变化对反应速率及产量（转化率）的影响来讨论最佳温度；如一定转化率下，将反应总速率对温度变化作图，曲线上出现极值，曲线的最高速率点所对应的温度即为该条件下的最佳温度。

二、反应压力

多数反应是在常压下进行的，但有些反应要在加压下才能进行或提高产率。压力对于液相或液-固相反应一般影响不大，而对气相、气-固相或气-液相反应的平衡、反应速率以及产率影响比较显著。

反应压力会影响化学平衡，也可影响其他因素。如催化氢化反应中，加压能增加氢气在反应溶液中的溶解度和催化剂表面上氢的浓度，从而促进反应的进行。又如需要较高反应温度的液相反应，如果反应温度超过反应物或溶剂的沸点，也可以在加压下进行，以提高反应速率，缩短反应时间。例如磺胺嘧啶（Sulfadiazine，3-25）的合成中，Vilsmeier-Hacck 反应中间体（3-26）与磺胺脒（3-27）的缩合反应若在甲醇中常压进行，需要 12h 才能完成；而若在加压条件下进行，最快 2h 即可反应完全（图 3-12）。

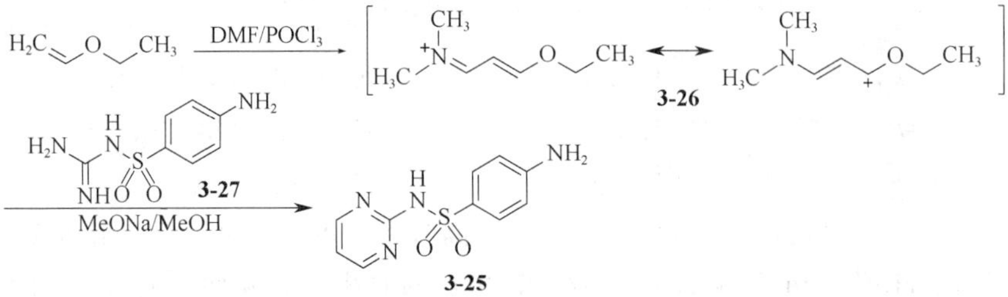

图 3-12　磺胺嘧啶的合成

第五节　催化剂

催化剂是指在化学反应中能够改变化学反应速率（既能提高也能降低）而不改变化学平衡，且本身的质量和化学性质在化学反应前后均未发生变化的物质。催化剂在现代化学工业中占有极其重要的地位，如合成氨生产中需采用铁催化剂，硫酸生产中采用钒催化剂，乙烯的聚合以及用丁二烯制橡胶等三大合成材料的生产中，都需采用不同的催化剂。

催化剂

催化剂种类繁多，按状态可分为液体催化剂和固体催化剂；按催化剂性质可分为化学催化剂和生物酶催化剂；按反应体系的相态分为均相催化剂和多相催化剂，均相催化剂有酸、碱、可溶性过渡金属化合物和过氧化物催化剂等。在化学反应中，催化剂的合理使用可以促使反应选择性地按照人们的预期平稳进行、减少反应副产物的生成、提高产品收率等。因此，在化学制药工艺研究中，催化剂一直是重要的研究对象。

一、催化剂的作用

利用催化剂改变化学反应速率的反应被称为催化反应。大多数催化剂都只能改变某一种（类）化学反应的速率，而不能被用来改变所有的化学反应速度。催化剂不会在化学反应中被消耗掉。不管是反应前还是反应后，它们都能够从反应物中被分离出来。不过，它们有可能会在反应的某一个阶段中被消耗，然后在整个反应结束之前又重新产生。

当催化剂的作用是加快反应速率时，称为正催化作用；减慢反应速率时称为负催化作用。负催化作用的应用比较少，如有一些易分解或易氧化的中间体或药物，在后处理或贮藏过程中，为防止变质失效，可加入负催化剂，以增加药物的稳定性。对于催化作用的机理，可以归纳为以下两点。

1. 催化剂能改变反应活化能，使反应速率变化，但不能改变反应平衡状态

大多数非催化反应的活化能平均值为 $167\sim188kJ/mol$，而经催化剂催化加速的反应活化能平均值为 $65\sim125kJ/mol$。如烯烃的氢化反应，在没有催化剂参与时，即使在高温高压下将烯烃与氢气混合，反应也很难进行；但在催化剂作用下，吸附在催化剂上的氢分子生成活泼的氢原子，再与被催化剂削弱了 π-键键能的烯烃加成，从而反应速率得以大大加快。

应当指出，催化剂只能加速热力学上允许的化学反应，提高达到平衡状态的速率，但不能改变化学平衡。催化剂加快反应速率是通过改变反应历程得以实现的，催化剂使反应沿着一条新途径进行，该途径由几个基元反应组成，每个基元反应的活化能都很小。通常加入催化剂可使反应活化能降低 $40kJ/mol$，从而使反应速率增加万倍以上。

众所周知，反应的速率常数与平衡常数的关系为 $K=k_{正}/k_{逆}$；因此，催化剂对正反应的速率常数 $k_{正}$ 与逆反应的速率常数 $k_{逆}$ 发生同样的影响；所以对正反应优良的催化剂，也应是逆反应的催化剂。例如金属催化剂钯（Pd）、铂（Pt）、镍（Ni）等既可以用于催化加氢反应，也可用于催化脱氢反应。

2. 催化剂具有特殊的选择性

催化剂的特殊选择性主要表现在两个方面：一是不同类型的化学反应，各有其适宜的催化剂。例如加氢反应的催化剂有铂、钯、镍等；氧化反应的催化剂有五氧化二钒（V_2O_5）、二氧化锰（MnO_2）、三氧化钼（MoO_3）等；脱水反应的催化剂有氧化铝（Al_2O_3）、硅胶等。二是对于同样的反应物系统，应用不同的催化剂，可以获得不同的产物。例如用乙醇为原料，使用不同的催化剂，在不同温度条件下，可以得到 25 种不同的产物，其中重要反应如图 3-13 所示。

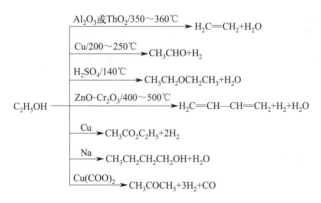

图 3-13　乙醇在不同催化条件下的反应

二、影响催化剂的因素

工业上对催化剂的要求主要有催化剂的活性、选择性和稳定性。催化剂的活性就是催化剂的催化能力，是评价催化剂好坏的重要指标。在工业上，催化剂的活性常用单位时间内单位重量（或单位表面积）的催化剂在指定条件下所得的产品量来表示。影响催化剂的活性的因素较多，主要有如下几点。

1. 温度

温度对催化剂的活性影响较大，温度太低时，催化剂的活性小，反应速率很慢；随着温

度升高，反应速率逐渐增大；但达到最大速率后，又开始降低。绝大多数催化剂都有活性温度范围，温度过高，易使催化剂烧结而破坏活性，最适宜的温度要通过实验确定。

2. 助催化剂（或促进剂）

在制备催化剂时，往往加入某种少量物质（一般少于催化剂量的10%），这种物质对反应的影响很小，但能显著地提高催化剂的活性、稳定性或选择性。例如，在合成氨的铁催化剂中，加入45% Al_2O_3，1%～2% K_2O 和1% CuO 等作为助催化剂，虽然 Al_2O_3 等本身对合成氨无催化作用，但是可显著提高铁催化剂的活性。又如在铂催化下，苯甲醛氢化生成苯甲醇的反应，加入微量 $FeCl_3$ 可加速反应。

3. 载体（担体）

在大多数情况下，常常把催化剂负载于某种惰性物质上，这种惰性物质称为载体。常用的载体有石棉、活性炭、硅藻土、氧化铝、硅胶等。例如对硝基乙苯用空气氧化制备对硝基苯乙酮，所用催化剂为硬脂酸钴，载体为碳酸钙。

使用载体可以使催化剂分散，增大有效面积，既可提高催化剂的活性，又可节约其用量，还可增加催化剂的机械强度，防止其活性组分在高温下发生熔结现象，延长其使用寿命。

4. 催化毒物

对于催化剂的活性有抑制作用的物质，叫做"催化毒物"或"催化抑制剂"。有些催化剂对于毒物非常敏感，微量的催化毒物即可使催化剂活性减小甚至消失。

毒化现象，有的是由于反应物中含有的杂物如硫、磷、砷、硫化氢、砷化氢、磷化氢以及一些含氧化合物如一氧化碳、二氧化碳、水等造成的；有的是由于反应中的生成物或分解物所造成的。毒化现象有时表现为催化剂部分活性的消失，呈现出选择性催化作用。如噻吩对镍催化剂的影响，可使其对芳核的催化氢化能力消失，但保留其对侧链及烯烃的氢化作用。这种选择性毒化作用，生产上也可以加以利用。例如，被硫毒化后活性降低的钯，可用来还原酰卤基，使之停留在醛基阶段，即 Rosenmund 反应（图3-14）。

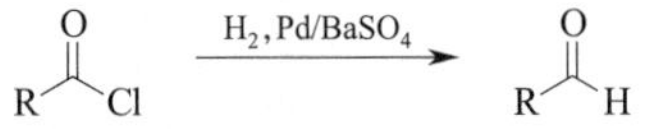

图 3-14　Rosenmund 反应

三、常见催化剂的种类

1. 酸碱催化剂

有机合成反应大多数在某种溶剂中进行，溶剂系统的酸碱性对反应的影响很大。对于有机溶剂的酸碱度，常用布朗斯台德（Brønsted）共轭酸碱理论和路易斯（Lewis）酸碱理论等广义的酸碱理论解释与说明。

（1）布朗斯台德酸碱催化剂。对于许多极性分子间的反应，催化剂是容易给出质子或接受质子的物质。根据布朗斯台德共轭酸碱理论，凡是能给出质子的任何分子或离子都属于酸，凡是能接受质子的分子或离子都属于碱。如布朗斯台德酸做催化剂，则反应物中必须有一个容易接受质子的原子或基团，其与布朗斯台德酸释放的质子先结合成为一个中间配合物，再进一步生成碳正离子或其他元素的正离子，或活化分子，最后得到产品。大多数含氧化合物如醇、醚、酮、酯、糖以及一些含氮化合物参与的反应，常常可以被酸所催化。

例如酯化反应中，首先发生羧酸与催化剂（H^+）加成，生成的碳正离子与醇作用，最后从生成的配合物中释放出一分子水和质子，同时形成酯（图 3-15）。若没有质子催化，羰基碳原子的亲电能力弱，醇分子中的氧原子的孤电子对亲核能力也弱，二者无法形成加成物，酯化反应难以进行。

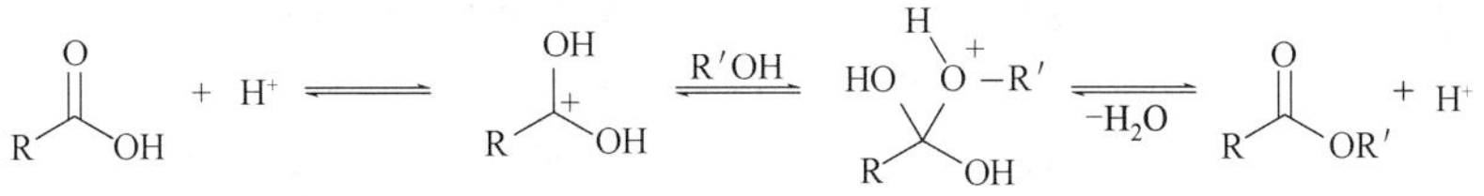

图 3-15 质子酸催化的酯化反应

常用的布朗斯台德酸催化剂包括无机酸，如盐酸、氢溴酸、氢碘酸、硫酸和磷酸等；弱酸弱碱盐，如氯化铵、吡啶盐酸盐等；有机酸，如对甲苯磺酸、草酸、磺基水杨酸等。常用布朗斯台德酸的质子强度顺序如下：

$$HI > HBr > HCl > ArSO_3H > RCOOH > H_2CO_3 > H_2S > ArSH > ArOH > RSH > ROH$$

（2）路易斯酸碱催化剂。路易斯酸指含有价电子层空轨道能接受外来电子对的任何分子或离子。质子酸的质子具有 s 空轨道，可以接受电子，是路易斯酸中的一种；一个中性分子，虽无酸性官能团，但其结构中如有一个原子尚有未完全满足的价电子层，且能与另一个具有一对未共享电子的原子发生结合，形成配位键化合物的，也属于路易斯酸，如 AlX_3、BX_3、FeX_3、SnX_4、SbX_5、ZnX_2；还包括金属正离子如 K^+、Na^+、Ca^{2+}、Mg^{2+}、Al^{3+}、Fe^{3+} 等。凡是能提供电子的物质都是路易斯碱，OH^-、RO^-、$RCOO^-$、X^- 等负离子是路易斯碱；一个中性分子，若具有多余的电子对，且能与缺少一对电子的原子或分子以配位键相结合的，也是路易斯碱，如 H_2O、ROR' 和 RNH_2 等。

金属卤化物是一类常见的路易斯酸类催化剂，应用较多的有：三氯化铝、二氯化锌、三氯化铁、四氯化锡、三氟化硼、四氯化钛等，这类催化剂常在无水条件下进行。如对于芳烃的傅-克烷基化（Friedel-Crafts alkylation）反应，氯代烷在三氯化铝或其他路易斯催化剂的作用下，形成碳正离子后与芳环形成亲电加成，形成带正电荷的离子化合物，最后失去质子，得到烃基芳烃化合物（图 3-16）。

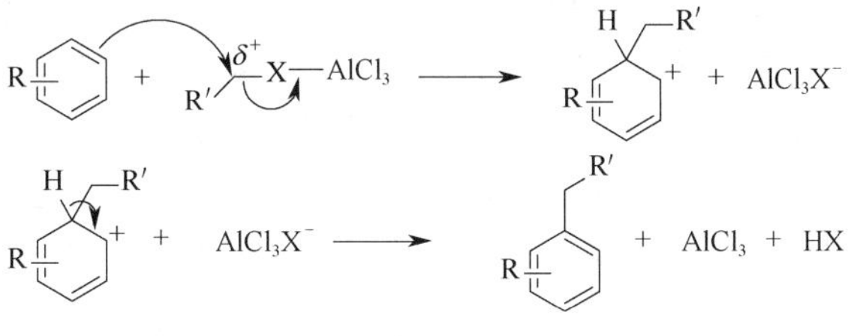

图 3-16 路易斯酸催化的傅-克烷基化反应

路易斯碱性催化剂的种类很多，常用的有：金属氢氧化物、金属氧化物、强碱弱酸盐类、有机碱、醇钠、氨基钠和金属有机化合物。常用的金属氢氧化物有氢氧化钠、氢氧化钾、氢氧化钙。强碱弱酸盐有碳酸钠、碳酸钾、碳酸氢钠及醋酸钠等。常用的有机碱有吡啶、甲基吡啶、三甲基吡啶、三乙胺和 N,N-二甲基苯胺等。常用的醇钠有甲醇钠、乙醇钠、叔丁醇钠等，其中叔醇钠（钾）的催化能力最强。氨基钠的碱性比醇钠强，催化能力也强于醇钠。常用的有机金属化合物有三苯甲基钠、2,4,6-三甲基苯钠、苯基钠、苯基锂、丁基锂，它们的碱性更强，而且与含活泼氢的化合物作用时，反应往往是不可逆的。一些碱的强度顺序如下：

$$RO^->RNH_2>NH_3>ArNH_2$$

2. 相转移催化剂（Phase Transfer Catalyst，PTC）

在药物合成反应中，经常遇到两相反应，这类反应的速率慢、反应不完全、效率差。若选用适当的质子溶剂，使化学反应在均相中进行，但是质子溶剂能与负离子发生溶剂化作用，致使反应活性低，并伴有副反应。若选用极性非质子溶剂，如二甲基甲酰胺（DMF）、二甲基亚砜（DMSO）、六甲基磷酰三胺（HMPT）、乙腈及硝基甲烷等，这些溶剂能使正离子溶剂化，使盐类溶解，但不使负离子溶剂化，大大提高了负离子的活性。使反应在均相中进行，因而能取得良好结果。但是，这些溶剂不仅价格昂贵，并且难以回收。另外，微量水的存在对反应有干扰，同时还伴有许多副反应，而无水溶剂的制备又较烦琐。后来发现在水-有机相两相反应中加入少量季铵盐、季磷盐或冠醚等试剂，则反应能顺利地进行。如：1-溴辛烷与氰化钠水溶液加热回流两周，仍无亲核取代反应产物 1-氰基辛烷生成，若加入 1%～3%（摩尔分数）的三丁基十六烷基溴化磷（Tributylhexadecyl Phosphonium Bromide，CTBPB），回流加热 1.8h，1-氰基辛烷的产率可达 99%。采用这种方法无需无水条件，这里应用的 CTBPB 被称为相转移催化剂，它的作用是使一种反应物由一相转移到另一相中参加反应，促使一个可溶于有机溶剂的底物和一个不溶于此溶剂的离子型试剂两者之间发生反应，这类反应统称为相转移催化反应。这种方法具有很广泛的应用范围，从化学观点来看，有的化合物在一般条件下不能反应或易于分解，若采用相转移催化剂，反应可顺利进行，并且能提高反应的选择性和收率；从实用的观点看，相转移催化反应具有方法简单、后处理方便、所用试剂价格低廉等优点。

20 世纪 70 年代发展起来的相转移催化反应是有机合成中引人瞩目的新技术之一。相转移催化反应不仅使负离子从水相转移到有机相的液-液或液-固相反应，而且发展到气-固、气-液-液和气-液-固的相转移催化反应，在理论和应用方面已有不少综述性文章和专著。在药物合成中相转移催化反应应用广泛，本书主要介绍相转移催化反应在药物合成中的一些应用实例并简要叙述其反应原理和工艺条件。

（1）相转移催化剂种类。常用的相转移催化剂可分为鎓盐类、冠醚及开链聚醚类等三大类，性质如表 3-2 所示，其中应用最早并且最常用的为鎓盐类。与冠醚类催化剂相比，鎓盐类催化剂适用于液-液和固-液体系，鎓盐能适用于所有正离子，而冠醚类则具有明显的选择性；鎓盐价廉而冠醚昂贵，更重要的一点是鎓盐无毒，而冠醚有毒性。鎓盐在所有有机溶剂中可以各种比例溶解，故人们通常喜欢选用鎓盐作为相转移催化剂。

表 3-2　三类相转移催化剂性质比较

类型	催化活性	稳定性	制备难易	价格
鎓盐类	中等，与结构有关	在 120℃ 以下较稳定，碱性条件下不稳定	容易	中等
冠醚类	中等，与结构有关	基本稳定，强酸条件下不稳定	容易	较贵
开链聚醚类	中等，与结构及反应条件有关	基本稳定，强酸条件下不稳定	容易	较低

类型	回收	反应体系	无机离子	毒性
鎓盐类	不困难，与反应条件有关	液-液，液-固	不重要	小
冠醚类	蒸馏	液-固	重要	大
开链聚醚类	蒸馏	液-液，液-固	不重要	小

相转移催化剂具有一定的选择性，针对不同的体系，应选择不同的催化剂。如对于具有镇静、镇痛、增强记忆等作用的中枢降压药盐酸可乐定（Clonidine Hydrochloride，**3-28**），其合成路线之一由 2,6-二氯苯胺（**3-29**）、1-乙酰-2-咪唑烷酮（**3-30**）和 POCl₃ 于 47～50℃搅拌反应 68h 得乙酰可乐定（**3-31**），收率 92.5%；最后经水解、成盐制得盐酸可乐定（**3-28**）。但若以氯化三乙基苄基铵（TEBA）为相转移催化剂时，2,6-二氯苯胺（**3-29**）与 1-乙酰-2-咪唑烷酮（**3-30**）反应 8h 后所得乙酰可乐定（**3-31**）收率可达 65%（图 3-17）；而若以溴化四丁基铵（TBA）、聚乙二醇（PEG600）为催化剂，收率仅为 19%～21%。

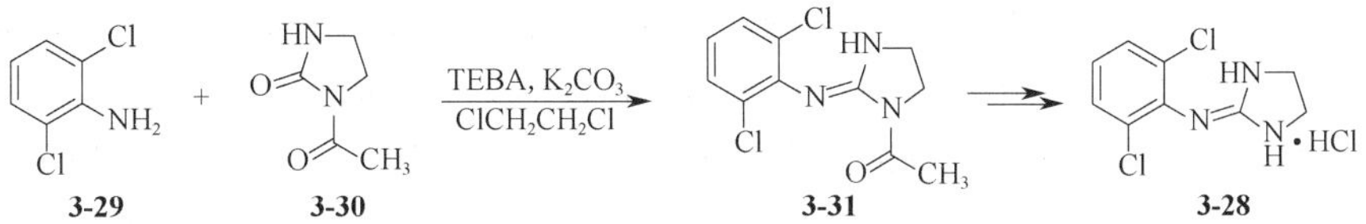

图 3-17 可乐定的合成

（2）影响相转移催化剂的因素。影响相转移催化反应的主要因素有：催化剂本身、搅拌速度、溶剂和水含量等。

首先，相转移催化剂的结构特点和物理特性是影响反应速率的决定性因素之一。Herriott 对常用的 23 种鏻盐进行了研究，比较了它们在苯-水两相反应中的催化效果，结果发现采用不同的相转移催化剂，反应速率常数相差可达 2 万倍之多。相转移催化剂自身特性对反应效率的影响主要包括：

① 相转移催化剂的催化能力与本身的亲脂性有很大关系，分子量大的鏻盐比分子量小的鏻盐催化作用较好，例如低于 12 个碳原子的铵盐没有催化作用；

② 具有一个长碳链的季铵盐，其碳链越长，催化效率越好；

③ 与具有一个长碳链的季铵离子相比，对称的季铵离子的催化效果较好，例如四丁基铵离子的催化能力优于三甲基十六烷基铵离子，尽管后者比前者多 3 个碳原子；

④ 与季铵盐相比，季鏻盐的热稳定性好，催化性能高；

⑤ 在同一结构位置，含有芳基的铵盐催化作用低于烷基铵盐。

其次，搅拌速度是影响相转移催化的另一个重要因素。相转移催化的整个反应体系是非均相的，存在传质过程，搅拌速度是影响传质的重要因素。搅拌速度一般可按下列条件选择：对于在水/有机介质中的中性相转移催化，搅拌速度应大于 200r/min，而对固-液反应以及有氢氧化钠存在的反应，则应大于 750～800r/min，对某些固-液反应，应选择高剪切式搅拌。

最后，在固-液相转移催化过程中，应用冠醚或叔胺进行相转移催化时，一般均使用助溶剂。原则上说，任何一种溶剂都可用于这种场合，只要它本身不参与反应即可。在固-液相转移催化过程中，最常用的溶剂是烃类溶剂、二氯甲烷、氯仿（和其他的卤代烃）以及乙腈。乙腈可以成功地用于固-液相系统，但不能用于液-液系统，这是因为它与水互溶。尽管氯仿和二氯甲烷有时参加反应，氯仿易发生脱质子化作用，从而产生三氯甲基负离子或产生卡宾，而二氯甲烷则可能发生亲核性置换反应，但它们仍是常用且有效的溶剂。

在液-液相转移催化系统中，即反应底物为液体时，可用该液体作为有机相。原则上许多有机溶剂都可应用，但溶剂不与水互溶这一点特别重要，以确保离子对不发生水合作用，即溶剂化。烃类和氯代烃类已成为常用的溶剂，而乙腈则完全不适合。在寻找某一情况下的合适溶剂时，首先要考虑所进行的反应类型，这样可以获得一个总的概念。若用非极性溶剂，如正庚烷，除非离子对有非常强的亲油性，否则离子对由水相进入有机相的量是很少的。例如，TEBA 在苯-水体系中催化效果极差，即使在二氯乙烷-水体系也如此。所以使用这些溶剂时，应采用四丁基铵盐（TBAB）或更大的离子，如四正戊基铵、四正己基铵等。一般情况下，二氯甲烷、1,2-二氯乙烷和三氯甲烷等非质子极性溶剂是最适合的溶剂，有利于离子对进入有机相，从而提高反应速率。此外，这些溶剂价格较低廉，沸点较低且易除尽，并利于回收。

溶剂还影响反应的立体选择性，如利尿药茚达立酮（Indacrinone）的（S）-异构体（3-32）的合成中，关键的甲基化反应通过相转移催化反应完成。该甲基化反应以 N-（对三氟甲基苯基）溴化金鸡纳碱（3-33）为相转移催化剂，甲苯为溶剂，20℃下反应 18h，产品收率可达 95%，对映体过量值（e.e.%）可达 92%。在甲苯和苯等非极性溶剂中，产物（3-32）的对映体过量值（e.e.%）较高，而当以二氯甲烷和甲基叔丁基醚为溶剂时，产物（3-32）对映体过量值（e.e.%）较低（图 3-18）。

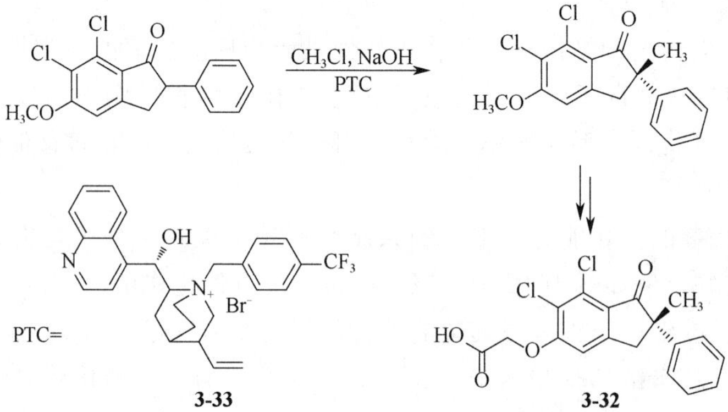

图 3-18　（S）-茚达立酮相转移催化合成

3. 生物酶催化剂

在催化剂中，生物酶催化剂是一枝新秀，但是其作用和发展前景不容小觑。广义来讲，生物酶催化剂是指由生物产生用于自身新陈代谢，维持其生物的各种活动的物质。工业用生物酶催化剂是游离或固定化的酶或活细胞的总称，它包括从生物体，主要是微生物细胞中提取出的游离酶或经固定化技术加工后的酶；另外，也包括游离的、以整体微生物为主的活细胞及固定化活细胞。生物酶催化剂用于催化某一类反应或某一类反应物，这类反应物在酶反应中常称为底物或基质。死的细胞或干细胞制剂也具有催化作用，但其细胞已无新陈代谢能力，往往不能进行辅酶或辅基（酶的组成部分）的再生，只能进行简单的酶反应，属于一种不纯的酶催化剂。生物酶催化剂具有一般催化剂的特性，在一定条件下仅能影响化学反应速率，而不改变化学反应的平衡点，并在反应前后数量和性质不发生变化。与一般催化剂的催化作用相比，生物酶催化剂具有以下几个特点：催化效率高、专一性强、反应条件温和等，但其缺点也不容忽视，如易受热、受某些化学物质及杂菌的破坏而失活，稳定性较差，反应时的温度和 pH 范围要求较高等。

根据酶催化作用的性质，可将酶催化反应分为 6 类（表 3-3）。酶可以多种形式使用，酶可包含在完整的细胞中或人为固定在细胞中，另外，也可选用独立的自由酶或固定酶。酶及固定化酶已大量应用于外消旋体的拆分和废水处理；酶催化技术在半合成抗生素工业、氨基酸工业、甾体药物和核苷类药物的合成上也已得到广泛的应用。

表 3-3　酶催化反应的类型

催化反应	酶的类型	实例
氧化-还原	氧化-还原酶	$-\overset{\mid}{\underset{\mid}{C}}-H \rightarrow -\overset{\mid}{\underset{\mid}{C}}-OH$；$-\overset{\mid}{\underset{\mid}{C}}-H \rightleftharpoons -\overset{O}{\overset{\|}{C}}-H$；$\overset{\mid}{C}=\overset{\mid}{C} \rightleftharpoons CH-CH$
官能团转移	转移酶	将酰基、糖、磷酰基等官能团从一个分子转移到另一个分子
水解	水解酶	酯、酰胺、酸酐、苷的水解
官能团转换	连接酶	$C=C，C=O，C=N$ 键的形成
异构化	异构酶	外消旋体的异构化
分子结合	连接酶	$C-O，C-S，C-N$ 键的形成

第六节　反应时间和工艺过程控制

反应时间和
过程控制

对于大多数化学药物的合成，在反应过程中需要设定合适的监控点及相关检测手段，确保反应按照工艺所设定的路线进行；同时，在反应完成后必须及时停止反应，并将产物立即从反应系统中分离出来。否则反应继续进行可能使反应产物分解破坏，副产物增多或发生其他复杂变化，使收率降低，产品质量下降。另外，若反应未达到终点，过早地停止反应，也会导致类似的不良效果。同时还必须注意，反应时间与生产周期和劳动生产率有关。因此，对于每一个反应都必须掌握好它的进程，控制好反应过程及终点，保证产品质量。

化学药物的合成反应过程中，人们一般通过各种工艺过程控制手段监控和判断反应的进行。工艺过程控制（In-Process Control，IPCs），主要是监控主反应的进行，核实工艺的所有阶段是否能够按照预期完成，保证中间体或终产品的工艺能够按照预期实现。工艺过程控制内容主要包括：反应完成的确认、水存在的适合程度、试剂的合适水平（浓度、纯度等）、萃取时合适的 pH 值、高沸点溶剂的完全替换、滤饼的彻底清洗以及产品的完全干燥等。工艺过程控制常采用薄层层析、气相色谱和高效液相色谱等方法，也可用简易快速的化学或物理方法，如测定显色、沉淀、酸碱度、相对密度、折射率等手段进行反应终点监测。工艺过程控制的相关手段必须在工艺研发的早期阶段制订以确保后来放大反应的顺利进行。此外，当新药申报（NDA）向 FDA 备案时，工艺控制必须作为 CMC（Chemistry，Manufacturing，and Controls）章节的一部分。

合适的工艺过程控制必须具备下面三项功能：①保证工艺的关键方面能够不定时检测，包括起始原料、产品以及在工艺阶段过程中产生或能够影响工艺的任何杂质；②对预期工艺步骤提供准确可靠的分析，分析必须能够适应操作技术的改变；③在实验室或放大反应时都能方便使用。常常工艺过程控制选择的标准是操作简便，并具有双重作用。例如，跟踪一个反应的方法可能也用来评价终产品的纯度。一般来说，只要分析方法合适准确可靠，优先采用最简单的。此外，所开发和选择的工艺过程控制法要具有可重复性，其中同样的样品制备和稳定的分析方法是关键。在进行工艺过程控制取样时，样品应该在从反应体系内取完样后立即制备，因为任何拖延的操作都可以改变样品的温度并影响产品分布和杂质情况。当样品可以重复制备时，形成可重复性的分析数据就是可能的。如果分析数据可以重复，对两次反应进行取样和分析时，就会得出同样的结果。当技术人员可以很容易地重复分析结果时，稳定工艺过程控制分析的真正价值就展示出来了。

例如由水杨酸制备阿司匹林的乙酰化反应，由氯乙酸钠制造氰乙酸钠的氰化反应，两个反应都是利用快速的化学测定法来确定反应终点的。前者测定反应系统中原料水杨酸的含量达到 0.02％以下方可停止反应，后者是测定反应液中氰离子（CN⁻）的含量在 0.04％以下方为反应终点。又如重氮化反应，可利用淀粉-碘化钾试液（或试纸）来检查反应液中是否有过剩的亚硝酸存在以控制反应终点。也可根据化学反应现象、反应变化情况，以及反应产物的物理性质（如相对密度、溶解度、结晶形态和色泽等）来判定反应终点。在氯霉素合成中，成盐反应终点是根据对硝基-α-溴代苯乙酮与成盐物在不同溶剂中的溶解度来判定的。在其缩合反应中，由于反应原料乙酰化物和缩合产物的结晶形态不同，可通过观察反应液中结晶的形态来确定反应终点。

催化氢化反应，一般以吸氢量控制反应终点。当氢气吸收到理论量时，氢气压力不再下降或下降速度很慢时，即表示反应已到达终点或临近终点。通入氯气的氯化反应，常常以反应液的相对密度变化来控制其反应终点。

第七节　产品的分离纯化与检验

在化学药物合成工艺的研究中，化学原料药及其关键中间体均需要进行分离纯化和检验，尽量去除化学药物中所包含的杂质，以确保其符合《中国药典》等相关药品质量管理规定，保障广大患者的生命与健康安全。

产品的分离
与纯化

根据国家药品监督管理局药品评审中心颁布的《化学药物杂质研究的技术指导原则》的规定："任何影响药物纯度的物质统称为杂质。杂质的研究是药品研发的一项重要内容。"在 2020 版《中国药典》的《药品杂质分析指导原则》中也指出："药品质量标准中的杂质系指在按照经国家药品监督管理部门依法审查批准的工艺和原辅料生产的药品中，由其生产工艺或原料带入的杂质，或在贮存过程中产生的杂质，不包括变更生产工艺或变更原辅料而产生的新杂质，也不包括掺入或污染的外来物质。若药品生产企业变更生产工艺或原辅料引入新的杂质，则需要对原质量标准进行修订，并依法向药品监督管理部门申报批准。药品中不得掺入其组分以外的物质或污染药品。"

由于药物的质量关系到广大患者的生命与健康，"在制定质量标准中杂质的限度时，首先应从安全性方面进行考虑，尤其对于有药理活性或毒性的杂质；其次应考虑生产的可行性及批与批之间的正常波动；还要考虑药品本身的稳定性。"根据 2020 版《中国药典》的规定，原料药和制剂中有关杂质阈值限度规定如表 3-4 和表 3-5 所示。其中，报告阈值是指超出此阈值的杂质均应在检测报告中报告具体的检测数据；鉴定阈值是指超出此阈值的杂质均应进行定性分析，确定其化学结构；确证阈值是指超出此阈值的杂质均应基于其生物安全性评估数据，确定控制限度。此外，新药研制部门对在合成、纯化和贮存中实际存在的杂质和潜在的杂质，应采用有效的分离分析方法进行检测。对于表观含量在鉴定阈值及以上的单个杂质和在鉴定阈值以下但具强烈生物作用的单个杂质或毒性杂质，予以定性或确证其结构。对在药品稳定性试验中出现的降解产物，也应按上述要求进行研究。因此，在大多数情况下，将杂质的限度降到符合表 3-4 或表 3-5 的要求，可能比提供该杂质的安全性数据更为简单。如果能有比较充足的文献数据证明该杂质的安全性，也可不降低该杂质的限度。如果以上两种途径均不可行，则应考虑进行必要的安全性研究。

表 3-4 原料药的杂质限度

最大日剂量	报告阈值	鉴定阈值	确证阈值
≤2g	0.05%	0.10% 或 1.0mg（取最小值）	0.15% 或 1.0mg（取最小值）
>2g	0.03%	0.05%	0.05%

表 3-5 制剂的杂质限度

报告阈值	最大日剂量	≤1g		>1g	
	限度	0.1%		0.05%	
鉴定阈值	最大日剂量	<1mg	1~10mg	>10mg~2g	>2g
	限度	1.0% 或 5μg（取最小值）	0.5% 或 20μg（取最小值）	0.2% 或 2mg（取最小值）	0.10%
确证阈值	最大日剂量	<10mg	10~100mg	>100mg~2g	>2g
	限度	1.0% 或 50μg（取最小值）	0.5% 或 200μg（取最小值）	0.2% 或 3mg（取最小值）	0.15%

在化学原料药的生产过程中，产生的杂质是原料药杂质的主要来源。根据国家药品监督管理局药品评审中心颁布的《化学药物原料药制备和结构确证研究技术指导原则》，"在原料药制备研究过程中，中间体的研究和质量控制是不可缺少的部分，对稳定原料药制备工艺具有十分重要的意义，为原料药的质量研究提供重要信息，也可以为结构确证研究提供重要依据。"因此，对关键中间体进行质量控制也十分重要。

一、产品的分离纯化

分离与纯化是指通过物理、化学或生物手段，或将这些方法结合起来，把某混合物分离纯化成几个组成彼此不同产物的过程。在制药工业中，化学原料药及其中间体的分离与纯化是指从含有目标成分的混合物中，经提取、精制并加工制成高纯度的、符合相关质量规定的生产技术，又称为下游技术或下游加工过程。在化学药物的合成工艺研究中，化学原料药及其关键中间体的分离与纯化是最重要的研究部分，甚至决定了整条工艺路线的成败。其中，产品的分离是手段，而纯化是最终的目的。对于具体的药物分离与纯化技术，在相关的专门课程（如《制药分离工程》等）与教材（如《药物分离与纯化技术》等）中有详细的介绍和讲解，本书仅针对化学原料药及其关键中间体常见的分离与纯化技术做一些概括性的介绍。

1. 产品的分离

在化学制药过程中，当反应结束后，通常应对反应混合物进行及时处理并将目标产物与其他物质分离，避免其在反应混合物中发生不必要的变化。

按被分离物质性质的不同，产品的分离可分为物理分离法、化学分离法和物理化学分离法。物理分离法是按被分离组分物理性质的差异，采用适当的物理手段进行分离，如离心分离、电磁分离等；化学分离法是按被分离组分化学性质的差异，通过适当的化学过程使其分离，如沉淀分离、溶剂分离、色谱分离、选择性溶解等；物理化学分离法是按被分离组分物理化学性质的差异进行分离，如蒸馏、挥发、电泳、区带熔融和膜分离等。

按分离过程的本质分类，产品的分离可分为平衡分离过程、速度差分离过程和反应分离过程。平衡分离过程是利用外加能量或分离剂，使原混合物体系形成新的相界面，利用互不相溶的两相界面上的平衡关系使均相混合物得以分离的方法，如萃取分离、离子交换分离等；速度差分离过程是利用外加能量，强化特殊梯度场（重力梯度、压力梯度、温度梯度、浓度梯度、电位梯度等），用于非均相混合物分离的方法，如电泳分离、反渗透分离等；反应分离过程是一种利用外加能量或化学试剂，促进化学反应达到分离的方法。该分离过程既可以利用反应体，如螯合交换、反应结晶等，也可以不利用反应体，如湿式精炼。

2. 产品的纯化

经过分离后，此时所得目标产品通常仅为粗产品，含有较多杂质，一般还需要进行纯化（或精制）后才能作为反应物应用于下一步反应，或作为最终的化学原料药。常见的产品纯化方式包括：

（1）蒸馏（精馏）。对于低沸点的化学原料药或其关键中间体，通常利用目标产品与其他杂质之间沸点的差异而采用蒸馏进行纯化。若目标产品与其他杂质之间的沸点差异比较小，则需要采用精馏的方式。一般情况下，蒸馏的回收率相应较低，这是因为随着产品的不断蒸出，产品的浓度逐渐降低，要保证产品的饱和蒸气压等于外压，必须不断提高温度，以增加产品的饱和蒸气压。显然，温度不可能无限提高，即产品的饱和蒸气压不可能为零，也即产品不可能蒸净，必有一定量的产品留在蒸馏设备内被设备内的难挥发组分溶解，从而形成大量的釜残。水蒸气蒸馏对可挥发的低熔点有机化合物来说，有接近定量的回收率。这是因为在水蒸气蒸馏时，釜内所有组分加上水的饱和蒸气压之和等于外压，由于大量水的存在，其在100℃时饱和蒸气压已经达到外压，故在100℃以下时，产品可随水蒸气全部蒸出，回收率接近完全。虽然水蒸气蒸馏能提高易挥发组分的回收率，但是，水蒸气蒸馏难于解决产物提纯问题，因为挥发性的杂质随同产品一同被蒸出来，此时配以精馏的方法，则不但保障了产品的回收率，也保证了产品质量。应该注意，水蒸气蒸馏只是共沸蒸馏的一个特例，当采用其他溶剂时也可以。

（2）重结晶。在化学药物的合成过程中，从合成反应分离出来的固体粗产物往往含有未反应的原料、副产物及其他杂质，重结晶法是对目标固体化合物进行纯化的一种重要的、常用的方法之一。重结晶法是利用混合物中各组分在某种溶剂体系中溶解度不同，或在同一溶剂体系中不同温度时的溶解度不同而使它们相互分离，从而提高目标化合物的纯度和含量。它适用于产品与杂质性质差别较大、产品中杂质含量小于5%的体系。如果体系中杂质含量过多，往往需要进行多次重结晶，从而使目标化合物符合相关质量规定。

（3）打浆纯化。打浆纯化是将粗产物悬浮在某一溶剂中进行搅拌，利用目标化合物在该种溶剂中溶解性差，而杂质在该种溶剂中溶解性好的特性进行纯化的一种方式。打浆可以移除晶体表面的杂质，适当接触溶剂后产物被过滤分离。相比于重结晶法，打浆纯化法具有收率更高、操作简单、易于放大等优点，故常常作为重结晶的替代方法。但应注意的是，晶体晶型可在打浆过程中发生改变。

（4）色谱纯化。色谱纯化法是利用不同物质在不同相态具有选择性分配的性质，以流动相对固定相中吸附的混合物进行洗脱，使混合物中不同的物质以不同的速度沿固定相移动，最终达到分离的一种方法。色谱纯化法可被用于公斤级实验室和更大规模化合物的纯化。但需注意的是，贵重原料大规模色谱分离之前应进行小规模试验。

高效使用色谱纯化的关键是发展一种能够使所需产物和杂质之间洗脱时间最大化的色谱

系统。为了加快色谱操作，需要用惰性气体对色谱柱加压，或者在柱的收集端进行抽气。制备型色谱需要放置在通风良好的位置。当大量使用易产生静电的溶剂，如正己烷，应注意接地设备并避免因为静电释放引起明火。

对于传统的色谱纯化，较方便的操作是用固定相（如硅胶）多批次处理粗产品。过滤除去固体，清洗滤饼，滤液浓缩回收产物。而硅胶从溶液中的吸附效率取决于使用硅胶的等级，筛选的相对指标，包括微孔大小、目数、大块吸附剂溶液悬浮物的 pH 值、表面积、平均粒度等。在批次处理色谱中，与产物性质显著不同的杂质可被分离。其中，溶剂的选择是关键。

色谱纯化更多的是应用于天然药物的提取中，对于化学原料药或关键中间体而言，考虑到装柱、吸附粗品（上样）、大量的溶剂洗脱，再到浓缩溶液等处理步骤所花的大量时间，色谱纯化需要耗费大量的劳动。因此，只有在其他纯化方法效率极低的情况下，才会在实际生产中使用色谱纯化。

3. 产品分离纯化方法的评价

首先，评价所选择的化学原料药或其关键中间体分离纯化方法最关键的指标是所得到的目标化合物是否符合相关质量规范，如化学原料药是否符合《中国药典》等相关法律法规所规定的质量标准，关键中间体纯度是否满足作为下一步反应原料的要求等。

其次，由于药物是一个复杂的多相系统，成分复杂，许多生物活性化合物通常很不稳定，某些分离纯化步骤须分步进行。但对于化学原料药或其关键中间体而言，目标化合物质量的稳定性、均一性和纯净度决定了整条工艺路线的优劣，因此对所选用的分离纯化操作提出了较高的要求。

最后，考虑到生产的成本和收益，回收率也是对所选用的分离纯化方法进行评价的一个重要指标，它反映的是目标化合物在分离纯化过程中损失量的多少，其计算公式为：

$$R = \frac{Q}{Q_0} \times 100\%$$

式中，R 为回收率；Q 为实际回收量；Q_0 为理论回收总量。

测定回收率的方法较多，通常采用标准加入法和标准样品法。标准加入法是在样品中准确加入已知量目标化合物的标准品，用待检验的分离纯化方法对其进行分离纯化，计算出该分离纯化法对目标化合物的回收率。标准样品法是用待检验的方法分离纯化标准样品，计算出该方法对目标化合物的回收率。所谓标准样品是指与待分离纯化的目标化合物具有相似基体组成、待分离纯化的目标化合物的含量已知的样品。

二、产品的检验

对于化学原料药或其关键中间体而言，对目标化合物的检验不仅是测定其纯度或含量，更重要的是对其所包含的杂质进行的相关检测和研究。在药品研发中，如何证实药品安全有效应该是研发人员始终关注的问题，而药品质量的稳定可控又是保证其安全有效的前提与基础。如果一个药品的质量不能达到稳定与可控，在使用时这一药品就不可能始终安全、有效，也就不能被批准上市。保证药品质量稳定可控，药品的纯度是一个重点。对药品所包含的杂质研究，以及如何确定杂质的限度是药学研究人员与审评人员不能回避的关键问题。

药品中的杂质按其理化性质一般分为三类：有机杂质、无机杂质及残留溶剂。按照其来源，杂质可以分为工艺杂质（包括合成中未反应完全的反应物及试剂、中间体、副产物等）、降解产物、从反应物及试剂中混入的杂质等。按照其毒性，杂质又可分为毒性杂质和普通杂质等。杂质还可按其化学结构分类，如其他甾体、其他生物碱、几何异构体、光学异构体和聚合物等。通常对杂质的研究是按照其理化性质进行分类的。

1. 有机杂质

有机杂质包括工艺中引入的杂质和降解产物等，可能是已知的或未知的、挥发性的或不挥发性的。由于这类杂质的化学结构一般与活性成分类似或具渊源关系，故通常又可称为有关物质。

有机杂质的检测方法包括化学法、光谱法、色谱法等，因药物结构及降解产物的不同采用不同的检测方法。通过合适的分析技术将不同结构的杂质进行分离、检测，从而达到对杂质的有效控制。随着分离、检测技术的发展与更新，高效、快速的分离技术与灵敏、稳定、准确、适用的检测手段相结合，几乎所有的有机杂质均能在合适的条件下得到很好的分离与检测。在质量标准中，目前普遍采用的杂质检测方法主要为高效液相色谱法（High Performance Liquid Chromatography，HPLC）、薄层色谱法（Thin Layer Chromatography，TLC）、气相色谱法（Gas Chromatography，GC）和毛细管电泳法（Capillary Electrophoresis，CE）。应根据药物及杂质的理化性质、化学结构、杂质的控制要求等确定适宜的检测方法。由于各种分析方法均具有一定的局限性，因此在进行杂质分析时，应注意不同原理的分析方法间的相互补充与验证，如 HPLC 与 TLC 及 HPLC 与 CE 的互相补充，反相 HPLC 系统与正相 HPLC 系统的相互补充，HPLC 不同检测器检测结果的相互补充等。

2. 无机杂质

无机杂质是指在原料药及制剂生产或传递过程中产生的杂质，这些杂质通常是已知的，主要包括：反应试剂、配位体、催化剂、重金属、其他残留的金属、无机盐、助滤剂、活性炭等。

无机杂质的产生主要与生产工艺过程有关。由于许多无机杂质直接影响药品的稳定性，并可反映生产工艺本身的情况，了解药品中无机杂质的情况对评价药品生产工艺的状况有重要意义。对于无机杂质，各国药典都收载了经典、简便而又行之有效的检测方法。对于成熟生产工艺的仿制，可根据实际情况，采用药典收载的方法进行质量考察及控制。对于采用新生产工艺生产的新药，鼓励采用离子色谱法及电感耦合等离子发射光谱-质谱（ICP-MS）等分析技术，对产品中可能存在的各类无机杂质进行定性、定量分析，以便对其生产工艺进行合理评价，并为制定合理的质量标准提供依据。

通常情况下，不挥发性无机杂质采用炽灼残渣法进行检测。某些金属阳离子杂质（银、铅、汞、铜、镉、铋、锑、锡、砷、锌、钴与镍等）笼统地用重金属限度检查法进行控制。因在药品生产中遇到铅的机会较多，且铅易积蓄中毒，故作为重金属的代表，以铅的限量表示重金属限度。如需对某种（些）特定金属离子或上述方法不能检测到的金属离子作限度要求，可采用专属性较强的原子吸收分光光度法或具有一定专属性的经典比色法（如采用药典已收载的铁盐、铵盐、硒等的检查法检测药品中微量铁盐、铵盐和硒等杂质）。虽然重金属检查法可同时检测砷，但因其毒性大，且易带入产品中，故需采用灵敏度高、专属性强的砷盐检查法进行专项考察和控制，各国药典收载的方法已历经多年验证，行之有效，应加以引用。

由于硫酸根离子、氯离子、硫离子等多来源于生产中所用的干燥剂、催化剂或 pH 调节剂等，考察其在产品中的残留量，可反映产品纯度，故应采用药典中的经典方法进行检测。如生产中用到剧毒物（如氰化物等），须采用药典方法检测可能引入产品中的痕量残留物。

对于药典尚未收载的无机杂质（如磷酸盐、亚磷酸盐、铝离子、铬离子等）的检测，可根据其理化特性，采用具有一定专属性、灵敏度等的方法，如离子色谱法、原子吸收分光光度法、比色法等。

3. 残留溶剂

残留溶剂是指在原料药及制剂生产过程中使用的有机溶剂。原料药制备工艺中可能涉及的残留溶剂主要有三种来源：合成原料或反应溶剂、反应副产物、由合成原料或反应溶剂引入，其中作为合成原料或反应溶剂是最常见的残留溶剂来源。

在确定了需要进行残留量研究的溶剂后，需要通过方法学研究建立合理可行的检测方法。目前，常用的检测方法为气相色谱法（Gas Chromatography，GC），也有其他一些检测方法，如高效液相色谱法、毛细管电泳法、离子色谱法、气质联用、液质联用、干燥失重法等。

第八节　安全和"三废"考虑

一、工艺研究中的安全考虑

一个良好的合成工艺对操作者、环境和消费者都是安全的，但一个失控的反应可能会导致致命的后果，包括对操作人员的人身伤害、对生产设备的损伤和对环境的破坏等。对于化学药物的合成而言，所使用的大部分化学品是有危险性的。因此，在进行合成工艺的研究与优化时，工艺研发人员应熟悉所用化合物的物性安全数据，并备有紧急事故处理预案。对于购买的原料，可以查询有关化合物的安全说明书（Material Safety Data Sheet，MSDS）；如果自制的中间体可能会危害到操作人员的安全，则必须进行特殊处理。新的中间体应该定期进行毒性测试，并在放大前征询毒理学专家的意见。中间体和杂质的毒性常常是放大反应安全考察的重要数据，因为常规的实验室安全策略可能不适用于中试车间和放大生产。此外，工艺研发人员应通过各种渠道，如网络、杂志、报纸等，随时关注各种意外、危险反应的最新信息，甚至化学品的运输和存储也应该慎重考虑。

在工艺研究的某个阶段，工艺研发人员应对反应的危害性进行分析和表征。如量化反应放热以评估所需要的冷却量，从而决定选择什么样的设备，如果是危险的放热反应，则需要考虑其他替代条件。最好的办法就是建立可以提供及时信息的危险评估实验室，或者外包给专业的公司进行委托加工，从而预防和减少由于工艺的不确定性所带来的安全隐患。

二、工艺研究中的"三废"考虑

对于化学药物合成工艺的研究与优化，多数情况下仍处于实验室小试阶段，因此对环境的影响不是很明显，但仍应对所开发的工艺可能带来的"三废"问题进行考虑，从源头上控制化学药物生产所造成的环境影响。

绿色生产工艺是在绿色化学的基础上开发的从源头消除污染的生产工艺，其最理想的方法是采用"原子经济反应"，即原料中的每一个原子都转化为产品，不产生任何废弃物和副产品，以实现废物的"零排放"。虽然这是一种理想状态，工艺研究人员仍应以此为目标，设计少污染或无污染的生产工艺，实现制药过程的节能降耗，以消除或减少环境污染。具体生产工艺中涉及的"三废"处理，本书将在第五章进行详细介绍。

阅读材料

药品的杂质研究与控制

药品中的杂质是影响药品安全性的重要因素，其在药典中也被称为有关物质（related substances）。药品在临床使用中产生的不良反应除了与药品本身的药理活性有关外，有时与药品中存在的杂质有很大关系。例如，青霉素等抗生素中的多聚物等高分子杂质是引起过敏的主要原因。因此，杂质的研究是药品研发过程中的一项重要内容，它包括选择合适的分析方法，准确地分辨与测定杂质的含量并综合药学、毒理及临床研究的结果确定杂质的合理限度。这一研究贯穿于药品研发的整个过程。

药品的杂质控制理念经历了两次飞跃。第一次飞跃为控制产品纯度的"间接控制杂质"阶段上升到控制"有关物质"等的"直接控制杂质"阶段。而"杂质谱"概念的提出实现了由有限杂质的"个别控制"阶段到杂质谱的"系统控制"阶段的飞跃，从而引发了杂质研究与控制领域的深刻变化。

"杂质谱（impurity profiles）"是药品中的各种杂质的种类和含量的总称，对杂质谱的控制是药品质量控制的热点。理想的"杂质谱控制"理念应针对药品中的每一个杂质，依据其生理活性制定相应的质控阈值限度。杂质谱评估与分析在合成工艺路线研究中包括杂质来源分析与杂质控制策略、质量控制标准（包括原料、中间体、成品）、关键工艺步骤和工艺参数的识别与控制、反应终点判断等。杂质谱分析的基本思路是"以源为始"，以杂质来源为切入点，根据原料药的具体合成工艺路线，依据有机反应原理分析可能产生的中间体、副产物、生产中的各类降解物以及可能残存于终产品中的物料和反应试剂；根据制剂处方组成、制剂工艺特点、原辅料结构特点，分析制剂过程可能产生的降解物以及与辅料的生成物。杂质谱的总体控制策略是在杂质来源和去向分析基础上提出物料及中间体的质控内容与限度、关键工艺参数控制范围等，杂质来源和去向的分析包括工艺流程图中注明各单元操作中产生的杂质及其去向，列表说明各重点监控杂质、类别、来源、杂质去向及监控情况，这些都是合成工艺路线研究的重要内容。

此外，随着对原料药和制剂中各种工艺杂质（尤其是基因毒性杂质）和降解产物监管要求的不断提高，对痕量水平杂质的表征和分析在药物杂质谱分析中越来越受到重视。2018年7月5日，欧盟药品管理局发布公告，称中国一药业公司生产的缬沙坦原料药被检测出含有一种具有基因毒性的致癌物杂质——N-亚硝基二甲胺（NDMA），决定对该原料药展开评估调查，并要求在欧盟各成员国召回采用该原料药生产的缬沙坦制剂。7月8日晚间，华海药业发布公告称，公司在对缬沙坦原料药生产工艺进行优化评估的过程中，在未知杂质项下，发现并检定其中一未知杂质为亚硝基二甲胺（NDMA）。随后，美国FDA对华海药业川南生产基地（缬沙坦原料药仅在此基地生产）进行了GMP检查，认为该生产场地没有达到cGMP要求。2018年9月，FDA对华海药业部分产品发布进口禁令。2020年5月，瑞士山德士制药（Sandoz）及其下属六家公司以"华海药业供应的缬沙坦原料药杂质问题"为由，向华海药业索赔1.15亿美元。此次事件，对华海药业出口美国市场的原料药业务及制剂业务，出口欧盟的缬沙坦原料药业务造成了不可忽视的影响。后经华海药业调查，该杂质系缬沙坦原生产工艺产生的固有杂质，含量极微，且就业内采用的相同生产工艺而言，具有共性。2020 年 5 月 8 日，国家药品监督管理局药品审评中心发布了《化学药物中亚硝胺类杂质研究技术指导原则（试行)》，旨在为注册申请上市以及已上市化学药品中亚硝胺类杂质的研究和控制提供指导。其中，若按照缬沙坦每日最大用药 320mg 计算，则其 NDMA 限度设定值仅为 0.30mg/kg。

思考题

1. 化学制药工艺研究与优化的对象是什么？
2. 除了本章介绍的工艺条件，你认为在进行化学制药工艺条件的研究与优化时，还有哪些方面需要考虑？
3. 《化学药物残留溶剂研究的技术指导原则》中，有机溶剂被分为哪几类？其使用原则分别是什么？
4. 什么是催化剂？其在化学药物合成中的作用是什么？
5. 什么是药物中的杂质？分为哪几类？其主要来源是什么？为什么对药物杂质的研究是化学制药工艺研究与优化中非常重要的内容？
6. 重结晶和打浆纯化有何异同？

参考文献

［1］国家药品监督管理局药品评审中心.化学药物残留溶剂研究的技术指导原则.北京：国家药品监督管理局，2005.
［2］国家药品监督管理局药品评审中心.化学药物杂质研究的技术指导原则.北京：国家药品监督管理局，2005.
［3］国家药品监督管理局药品评审中心.化学药物原料药制备和结构确证研究技术指导原则.北京：国家药品监督管理局，2005.
［4］国家药品监督管理局药品评审中心.化学药物中亚硝胺类杂质研究技术指导原则（试行).北京：国家药品监督管理局，2020.

第四章

中试放大与生产规程

🎯 **本章学习要求**

1. 了解：中试放大与生产规程的作用及重要性。
2. 熟悉：中试放大的研究方法及工艺故障排除的一般方法。
3. 掌握：中试放大的研究内容。

第一节　概述

当化学制药工艺完成实验室研究与优化后，一般都需要经过一个比实验室小试规模大 50～100 倍的中试放大，用以核对、校正和补充实验室数据，并进一步优化和完善合成工艺。

中试放大
的重要性

一、中试放大的概念

简单地说，中试放大就是小型生产的模拟试验，是实验室小试到工业化生产必不可少的环节。中试放大是根据实验室小试结果进一步研究在一定规模的装置中各步化学反应条件的变化规律，并解决实验室中所不能解决或发现的问题，为工业化生产提供设计依据，最终找到工业化可行的方案。虽然化学反应的本质不会因实验生产的不同而发生改变，但各步化学反应的最佳反应工艺条件，则可能随实验规模和设备等外部条件的不同而改变。

二、中试放大的重要性

从药物的研究到生产，中试放大是整个过程中承上启下、必不可少的一个重要环节，其可靠性对于原料药的成本具有重大的影响，因此受到了各制药企业的高度重视。对于实验室小试，由于许多工艺参数难以通过实验获得，其工艺和技术指标常常不能直接满足直接生产的需要，故最佳工艺条件会随着试验规模和设备的不同需要有所调整。中试放大是利用小型的生产设备，完成由实验室小试向生产操作过程过渡，确保按操作规程能始终生产出预定质量标准的产品。同时，中试放大在进行小规模生产过程中，可以考查一些在实验室小试中难以得到的参数，如反应的放热、反应对设备的设计要求、"三废"的产生与处理等。因此，中试放大的目的是验证、复审和完善实验室工艺所研究确定的合成工艺路线是否成熟合理，主要经济技术指标是否接近生产要求。同时，通过中试放大，对工业化生产所需设备结构、材质、安装和车间布置等进行初步研究，为正式生产提供数据及最佳物料量和物料消耗。总之，中试放大要证明各个化学单元反应的工艺条件和操作过程，在使用规定的原材料的情况下，在模型设备上能生产出预定质量指标的产品，且具有良好的重现性和可靠性。

中试放大是产品在正式被批准投产前的最重要的模型化的生产实践，其不但为原料药的生产报批和新药审批提供了最主要的实验数据，也为产品投产前的GMP认证打下了坚实的基础。同时，中试放大也为临床前的药学和药理、毒理研究及临床试验提供一定数量的药品。

三、中试放大的主要任务

根据国家药品监督管理局药品评审中心颁布的《化学药物原料药制备和结构确证研究技术指导原则》，原料药制备工艺优化与中试的主要任务是：①考核实验室提供的工艺在工艺条件、设备、原材料等方面是否有特殊的要求，是否适合工业化生产；②确定所用起始原料、试剂及有机溶剂的规格或标准；③验证实验室工艺是否成熟合理，主要经济指标是否接近生产要求；④进一步考核和完善工艺条件，对每一步反应和单元操作均应取得基本稳定的数据；⑤根据中试研究资料制订或修订中间体和成品的分析方法、质量标准；⑥根据原材料、动力消耗和工时等进行初步的技术经济指标核算；⑦提出"三废"的处理方案；⑧提出整个合成路线的工艺流程，各个单元操作的工艺规程。一般来说，中试所采用的原料、试剂的规格应与工业化生产时一致。

四、影响中试放大的因素

1. 放大效应

化学反应是一个复杂的过程，因此在化学药物合成的放大过程中，会存在许多实验室小试难以体现和未知的问题。如不采取措施调整，简单地对小试操作进行放大，易导致放大结果数量和质量的变化，如反应状况恶化、选择性降低、转化率和收率下降、杂质谱变化等。这种因规模变大而造成原有指标不能重复的现象称为"放大效应"。

2. 反应操作

在中试放大中，其反应装置往往不是简单的实验室小试仪器同比例放大，而更加贴近于工业化生产设备，包括工业反应釜、各种管路等，因此相关的反应操作与实验室小试操作会有较大区别（如表4-1所示）。如在实验室小试进行反应体系完全浓缩时，常常会使用旋转蒸发仪，而在中试放大（以及工业化生产）中是在反应釜里进行的。同时，由于搅拌桨与反应釜底通常会有一段距离，导致完全浓缩会变得比较困难和耗时。但必须强调的是，理论上任何放大反应的操作都可以通过购置适当的控制设备在实验室进行模拟。同样，任何实验室开发的项目都可以通过购置适当的设备进行大规模生产。然而，为了把工艺快速应用于实际生产，在进行放大工艺研究时，研究人员通常是通过修改工艺，使现有设备得以充分利用，以节约成本。

表 4-1　实验室小试和中试放大的操作对比

操作	实验室		放大反应	
	常用	有效性	常用	有效性
旋转蒸发	√	√		
蒸馏浓缩		√	√	√
柱层析纯化	√	√		√
共沸干燥		√	√	√
保持低温	√	√		√
活性炭处理	√	√		√
离心过滤			√	√

3. 反应规模

在放大过程中，反应器规模的变化对化学反应过程有量变到质变的影响。反应器放大后，非理想化的物料流动状态对传热和传质、混合影响很大。如小型反应器具有较大的比表面积，反应产生的热量容易通过表面传导或辐射热等形式释放，在小试过程中往往需要加热来维持反应温度。而反应器体积增大后，仅靠表面积传热是远远不够的，必须采取散热措施。如果反应热不能及时散失，容易使反应由于温度过高而失控，甚至有爆炸的危险。

第二节　中试放大的研究内容

中试放大是对已确定的实验室小试工艺路线的实践验证，不仅要考察产品质量、经济效益，而且要考察操作人员的劳动强度。中试放大阶段对车间布置、车间面积、安全生产、设备投资、生产成本等也必须进行审慎的分析比较，最终确定工艺操作方法、工序的划分和生产的流程。

中试放大的
研究内容

一、合成工艺路线的验证和进一步优化

一般情况下，单元反应的方法和合成工艺路线在实验室小试阶段已基本选定，中试放大阶段是确定具体的工艺操作和条件，并使之适应工业化生产。但当选定的工艺路线和具体的工艺操作在中试放大暴露难以克服的重大问题时，需要重新审视实验室小试的工艺研究过程，对其中不适应放大的部分进行修正或对该工艺路线进行否定。如实验室小试合成盐酸氮芥时选用乙醇对产品进行精制，而该工艺进行放大时，所得产品熔程很长、杂质较多，质量难以保证，其原因推测是未被氯化的羟基化合物作为杂质未被除去。故在修正的工艺中，通过改变氯化反应条件以及产品的纯化方式，解决了产品的质量问题。又如文献报道中，扑热息痛的中间体——对氨基苯酚可由对硝基苯酚电解还原一步制得，是比较适宜工业化生产的方法，且已经过实验室小试研究证实。但在中试放大时，研究人员发现此工艺存在一系列未发现的问题，如铅阳极的腐蚀，电解过程中产生大量硝基苯蒸气，以及电解过程中易产生黑色黏稠状物质附着在铜网上，致使电解电压升高，必须定期拆洗电解槽等诸多问题，因而在实际工业化生产中，对氨基苯酚的合成仍采用氢化还原工艺。

在中试放大过程中，研究人员更多的是对实验室小试工艺进行进一步优化，通过掌握影响反应的各种主要参数在中试装置中的变化规律，得到更合适的反应条件。如磺胺-5-甲氧

嘧啶（Sulfamethoxydiazine）的中间体——甲氧基乙醛缩二甲酯（**4-1**）是由氯乙醛缩二甲醇（**4-2**）与甲醇钠反应制得（图 4-1）。甲醇钠的浓度为 20% 左右，反应温度为 140℃，反应罐内显示压力为 10×10^5 Pa（$10 kgf/cm^2$），对反应设备的要求较高。在中试放大时，反应罐上端装备了分馏塔，这样随着甲醇馏分的馏出，罐内甲醇钠浓度逐渐升高，同时由于产物甲氧基乙醛缩二甲酯（**4-1**）沸点较高，可在常压下顺利加热至 140℃ 进行反应，从而把原来要求在加压条件下进行的反应变为常压反应。

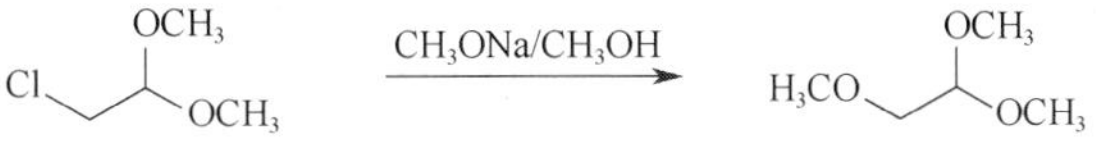

图 4-1　甲氧基乙醛缩二甲酯的合成

二、设备的考查与选型

在中试放大时，研究人员需要根据工艺考虑工业化生产中所需的各种设备的材质与型式，如反应容器的选型、对接触腐蚀性物料的设备材质进行的考查等，并通过中试放大进行初步的验证。如实验室小试使用碳酸钾时，采用磁力搅拌子便可使碳酸钾在反应体系中有效分布。但进入到中试放大研究时，由于搅拌桨与反应釜底有一定距离，碳酸钾易沉积于反应釜底部而不能在反应液中分布均匀，从而导致反应失败。因此，中试放大时便要充分考虑这些因素，选择合适的反应设备，否则需要在小试过程中尽量模拟中试设备重新对生产工艺进行研究。

在各种设备的考查与选型中，搅拌器型式的选择与验证尤为重要。在化学药物合成中，许多反应是非均相反应，反应热效应较大。在实验室小试时，由于物料体积小，传热、传质的问题表现不明显，因此对于搅拌的要求不是很高。但在中试放大时，由于搅拌效率的不同产生的传热、传质问题就会突出暴露出来。因此，中试放大时必须根据物料性质和反应特点研究和选择合适的搅拌器，考查搅拌速度对反应影响的规律，特别是在固-液非均相反应时，要选择合乎反应要求的搅拌器形制和适宜的搅拌速度。搅拌器的选型一般从三个方面考虑：搅拌目的、物料黏度和搅拌容器的容积大小，此外还应考虑搅拌器的功耗、操作费用、制造难度、维护和检修方便度等因素。如按介质的黏度进行选型时，对于低黏度的介质，采用传统的推进式、桨式、涡轮式等小直径高转速的搅拌器，便可带动搅拌器周围流体循环并至远处；而对于高黏度介质体系，则需选用锚式、框式等搅拌器来推动。搅拌器的选型确定后，还需考查合适的搅拌转速。如由儿茶酚（**4-3**）与二氯甲烷和固体烧碱在含有少量水分的二甲亚砜中进行黄连素中间体——胡椒环（**4-4**）的中试放大合成中，最初的搅拌速度选为 180r/min，反应会过于激烈而发生溢料（图 4-2）。后经优化，将搅拌速度降至 56r/min，并控制反应温度在 90～100℃（实验室小试时反应温度为 105℃），结果胡椒环（**4-4**）的中试收率可超过实验室小试水平，达到 90% 以上。

图 4-2　胡椒环的合成

三、工艺流程与操作方法的确定

在中试放大阶段，由于处理物料量的增加，有必要考虑如何使反应与后处理的工艺流程和操作方法适应工业化生产的要求，特别是工序力求简短、操作要求简化。如为减轻劳动强度，在进行加料操作时，尽可能采用自动加料和管线输送。在大规模生产时要避免一些在实验室能够进行的、但是费时烦琐的操作，这些操作增加生产时间和生产成本。多余的步骤会增加产品物理损失、降低产量，并且可能增加工人暴露在危险环境（化学品）的时间。此外，更多的步骤会使生产出的原料药增加受污染的概率，从而难以达到药品生产质量管理规范（cGMP）的要求。例如，中试放大（及工业生产）中经常会遇到一个问题，就是要避免使用硫酸钠和硫酸镁等固体干燥剂去干燥有机溶剂。如果溶剂能够与水共沸，并且后处理中需要浓缩溶液，在实际工艺流程中就没有必要使用干燥剂除水了。在放大生产时，用干燥剂除水需要相当长的时间，对满负荷生产的工厂来说，在这段时间里多余的运营成本无疑会增加产品的生产成本。同时，该步操作还产生了多余的固体废物，进一步增加了产品的生产成本和对环境的损害。

中试放大与实验室小试相对应的操作常常有较大区别，因此在中试放大过程中，需要逐一对各步反应所涉及的生产操作进行确定，并将之写入《标准操作规程》中，尽量减少和避免人为因素所造成的生产安全和产品质量等问题。

四、物料衡算

物料衡算是以质量守恒定律为基础对物料平衡进行的计算，是化工计算中最基本、最重要的内容之一。物料衡算的目的是根据原料与产品之间的定量转化关系，计算原料的消耗量，各种中间产品、产品和副产品的产量，生产过程中各阶段的物料消耗量以及组成，进而为热量衡算、其他工艺计算及设备计算打基础。

1. 物料衡算的理论基础

物料衡算通常有两种情况，其一是利用已有的生产设备和装置实际测定的数据，计算出另一些不能直接测定的物料量，并利用计算结果，对生产状况进行分析，做出判断，提出改进措施；另一种是为了设计一种新的设备或装置，根据设计任务，先做物料衡算，求出每个主要设备进出的物料量，然后再做能量衡算，求出设备或过程的热负荷，从而确定设备尺寸及整个工艺流程。

物料衡算是研究某一个体系进、出物料及组成的变化，即物料平衡。所谓体系就是物料衡算的范围，可以是一个或几个设备，也可以是一个单元操作或整个生产过程。在进行物料衡算时，必须首先确定衡算的体系。物料衡算的理论基础是质量守恒定律，即：

反应器的进料量－反应器的出料量－反应器中的转化量＝反应器中的积累量

在化学反应系统中，物质的转化服从化学反应规律，可以根据化学反应方程式求出物质转化的定量关系。

2. 确定物料衡算的计算基准及每年设备操作时间

（1）物料衡算的基准。为了进行物料衡算，必须选择一定的基准作为计算的基础。通常采用的基准包括：以每批操作为基准、以单位时间为基准和以单位质量产品为基准。以每批操作为基准适用于间歇操作设备、标准或定型设备的物料衡算，而化学药物的生产多以间歇操作为主；以单位时间为基准适用于连续操作设备的物料衡算；以单位质量产品为基准适用于确定原辅材料的消耗定额。

（2）每年设备操作时间。车间每年设备正常开工生产的时间一般计为330d，剩余的36d作为车间的检修时间。对于工艺技术尚未成熟或腐蚀性大的车间，一般采用300d甚至更少。连续操作设备也可按每年7000~8000h为设计计算的基础。如果设备腐蚀严重或在催化反应中催化剂活化时间较长、寿命较短，所需停工时间较多的，则应根据具体情况决定每年设备工作时间。

3. 收集有关计算数据和物料衡算步骤

（1）收集有关计算数据。为进行物料衡算，应根据工厂操作记录和中间试验数据收集反应物配料比，原辅材料及中间产品、成品和副产品的浓度、纯度和组成，车间总产率，阶段产率，转化率等各项数据。

（2）转化率。对某一组分而言，产物所消耗的物料量与投入反应的物料量之比简称为该组分的转化率，一般以百分率表示，即：

$$转化率/\% = \frac{反应所消耗的组分量}{投入反应的组分量} \times 100\%$$

（3）收率（产率）。即主要产物实际得到的量与理论可得到量之比，也以百分率表示。

4. 车间总收率

对于一个化学药物而言，其生产过程通常是由各物理和化学反应工序所组成，各工序都有相应的收率，故车间总收率与各工序收率之间的关系为：

$$Y = Y_1 Y_2 Y_3 \cdots$$

式中，Y 为车间总收率；Y_n（$n=1，2，3，\cdots$）为各工序收率。

5. 物料计算的步骤

（1）收集和计算所必需的基本数据；

（2）列出化学反应方程式，包括主反应和副反应，并根据给定条件画出工艺流程简图；

（3）选择物料计算的基准；

（4）进行物料衡算；

（5）列出物料平衡表，包括输入与输出的物料平衡表、"三废"排量表，计算原辅料消耗定额。

在进行物料计算时，应注意成品的质量标准、原辅料的质量与规格、各工序中间体的化验方法和监控手段、生产过程中原辅料的回收处理等，这些都是影响物料衡算的重要因素。

五、确定工艺过程控制

工艺过程控制（IPCs）用于保证化学反应中所得中间体或终产品的工艺能够按照预期实现。如果不能建立方便有效的工艺过程控制，反应在进入下一步或达到目标结束点时，生产操作人员无法确保反应原料的有效消耗和产出品的有效获得。因此，没有合理的工艺过程控制，生产中就无法保证高产能，也无法确保能顺利实现生产目标。

对于中试放大研究而言，由于反应规模和反应设备的不同，一些适用于实验室研究的工艺过程控制方法可能需要进行改变。例如，采用TEMPO（四甲基哌啶氧自由基）氧化法进行醇的氧化反应时，可通过观察反应体系颜色的变化对反应过程和终点进行判断。在实验室研究中，反应体系的颜色可透过玻璃反应器皿进行直接观察，而对于中试放大和生产过程而言，反应釜的内部情况是通过釜盖视窗进行观察，不易对釜内体系的颜色变化做出准确判断，故必须借助仪器检测的方式控制反应的进程。虽然通过在线分析可以随时分析监控反应过程，但目前适用于在线分析的技术手段还不是很多，人们在实际操作中更多还是采用从反应器中取样进行外部分析。

在中试放大研究中，形成可重复性的工艺过程控制是十分重要的，这将有利于工艺的成熟与稳定。开发可重复性工艺过程控制主要包括以下几个方面：

（1）获得反应的代表性样品，即从反应釜中某个时刻取出的可准确体现反应程度和杂质状况的样品。取得代表性样品时，需要考虑两类参数：首先是反应体系是均相还是多相。对于多相反应，要注意确保取出的样品可以真实体现反应釜内的各组分间的含量。其次是反应温度相对于样品的制备温度。当反应温度与样品的制备温度不同时，要注意由于温度的变化而造成错误的分析结果。

（2）可重复样品的制备。样品应该在从反应釜中取样后立即制备，任何的拖延都有可能改变样品的性质，因为样品从中试车间到分析实验室还需要时间，这段时间有可能会对样品中产品的分布、杂质的情况等产生影响。因此，同样的样品制备可以大大减少对分析结果的误差影响，也可以减少重复分析的必要性，为放大操作节省宝贵的时间。工艺过程控制中可重复样品制备的指导原则包括：①取样后立即稀释样品，从而有效减慢或淬灭反应，增加分析的可靠性；②稀释剂采用固定体积（可使用容量瓶进行定容）；③准确测定要稀释的样品，可采用微升注射器或移液管量取待稀释样品，或快速称量固体样品；④稀释的顺序一致；⑤确保样品完全溶解，这对于需要评价纯度的样品尤为重要；⑥注意样品的稀释是否明显改变了待分析样品对于周围溶剂条件下的微环境。如当将反应样品用 HPLC 流动相稀释后，在分析样品通过液相色谱柱时改变了流动相的 pH 值，这样会使保留时间或峰形发生变化。

（3）得到可重复的分析数据。当样品的制备具有可重复性时，相应的分析数据便有可能形成可重复性。形成可重复性数据的一个关键是要考虑系统的线性最低检测限和最高检测限。例如，库仑湿度仪仅仅能准确分析含有 $\geqslant 10\mu g$ 的水分，如果注入可能仅有不到 $10\mu g$ 水分的干燥样品，所测定的水分含量就有可能不准确。如果制备的样品浓度比常规制备的样品高，分析时就会超出该化合物的检测器面积计算线的响应范围，从而得到偏低的检测数据。

六、安全和"三废"处理

1. 安全因素的考虑

为了确保工艺放大研究时的安全性，必须在中试放大研究阶段全面评估化学反应潜在产生的危险性。例如对于放热反应，知道反应释放的单位热量后，通过估算反应在釜中能够散发的热量，可以计算大生产中一个放大反应需要投料的时间，以确保投料时的生产安全。

此外，对于操作人员的人身安全也是中试放大研究时需要考虑的一个重要因素，尤其是在投料和分离最终产品的时候。如对酮（4-5）进行硝化时，使用 90% 的硝酸可以有效提高收率。虽然将酮（4-5）加入 90% 的硝酸中容易控制反应温度，但当 2/3 的酮（4-5）加入后，产物（4-6）便会结晶析出，生成一种密度较大的悬浊液。为了降低操作难度和减少操作人员暴露在 90% 硝酸中的危险，中试放大研究时，人们采用了一种替代工艺，即先加入酮（4-5），然后加入溶剂三氟乙酸，最后再加入 90% 的硝酸（图 4-3）。结果表明，该条件下反应产生的热量能有效减少，因此可加快 90% 硝酸的加入速度，从而大大减少操作人员暴露在 90% 硝酸中的时间。

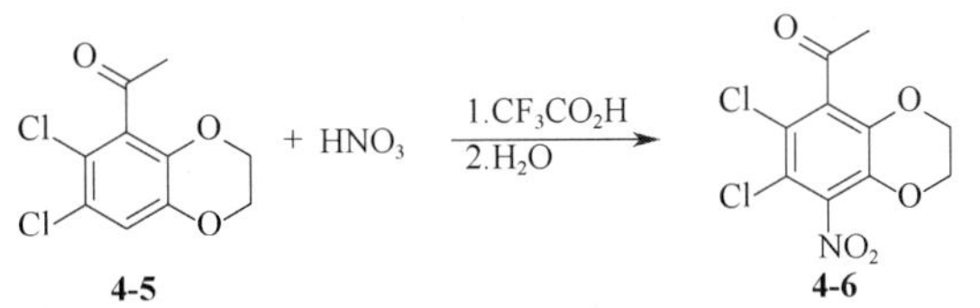

图 4-3　三氟乙酸为溶剂的芳香酮的硝化反应

2. "三废"处理的考虑

随着反应规模的放大，反应所产生的"三废"效应开始变得显著。随着国家对环境维护和治理的力度不断加强，化学药品的生产工艺如果无法通过环境评估，即使操作简便、原料成本低廉，该药品也无法得到政府批准而投入生产。因此，提出"三废"问题的解决方案是中试放大研究的一个重要任务，尤其是如何对"三废"进行合理的循环利用和无害化处理。

除了以上几点，中试放大的研究内容还有许多，如原辅材料的考察与验证、原材料和中间体质量标准的制订、不完全反应和失控反应的应急处理方案的设计、放大反应最大承受量的检验、清洗工艺的确定等，其最终目标是为后续的药品生产进行材料、技术、人员等各方面的准备，同时也为政府部门对药品的投产进行审批和验收提供有关消防、环保、职业病防治等各方面的数据与文件。

第三节　中试放大的研究方法

中试放大的
研究方法

健全的中试放大工艺必须包含三个因素：在预定的周期内制备出符合质量标准的优质产品；适应相对广泛的投料纯度范围，无论是自制或是外购的原料都不会对中试放大工艺产生影响；在容易控制的参数范围内操作。如果中试放大的工艺不完善，操作人员可能需要消耗更多的时间，原料药的品质也容易受到影响。因此，对于中试放大的研究，研究人员需要依据一定的化学和化工理论，并结合自身的相关经验，寻求开发出简单并且高效的方法。

一、逐级经验放大

"逐级经验放大"是在中试放大研究中一种常用的方法。这种方法是依据开发者的经验，依靠小规模试验的方法和获得的实测数据，不断适当加大实验规模（小试装置→中间装置→中型装置→大型装置），对化学反应和反应器进行摸索的一种过程。放大过程中，若按保险的低放大系数逐级经验放大，开发周期长、人力物力耗费大；若提高放大系数，虽然理论上可省去若干中间环节，缩短开发周期，但风险大。因此，确定合理的放大系数，是进行逐级经验放大的关键，通常需要依据化学反应的类型、放大理论的成熟程度、对所研究过程规律的掌握程度以及研究人员的工作经验等而定。放大系数较高的过程，主要是气相反应，因为人们对气体的性质研究较多，对其流动、传递规律也掌握较好；对液体和固体的性质、运动规律认识依次减少，涉及它们的放大依据更模糊；对复杂的多相体系，人们的认识更浅，缺乏足够数据，放大工作困难，甚至只能按 10～50 倍进行放大。

逐级经验放大是经典的放大方法，其优点是每次放大均建立在实验基础之上，可靠程度高。但其缺点是缺乏理论指导，放大过程中放大系数不宜过高，开发周期长；同时，每次放大都要建立装置，开发成本较高。

二、相似模拟放大

"相似模拟放大"主要是应用相似原理进行放大，即依据放大后体系与原体系之间的相似性进行放大。应当指出，两体系之间实际连最基本的几何相似也难以实现。例如，将圆柱形设备的直径和高度均放大 10 倍，两体系高直径比相等，但表面积/体积比仅为 1/10，严格意义上并未做到完全相似。

对更复杂的实际化工过程，往往涉及若干相似特征数，放大中无法做到使它们都对应相等，只能满足最主要的相似特征数相等。因此，相似模拟放大有一定局限性，只适用于物理过程放大，而不适用于化学过程放大。因为涉及传热和化学反应的情况十分复杂，不可能在既满足某种物理相似的同时还能满足化学相似。

相似模拟放大的一种特例是数量放大法，即通过增添过程设备单元的方式进行放大。新增体系与原体系完全相同，各项操作参数不变，形成双系列或多系列，从而实现生产能力的扩大。

三、数学模拟放大

"数学模拟放大"是用数学方程式表达实际过程和实际结果，然后用计算机进行模拟研究、设计放大。数学模拟放大通过研究模型的本质和规律，推理出原型的本质和规律。随着化学反应工程学和计算机技术的发展，数学模拟放大法取得了很大的发展，模拟和仿真成为放大研究中的热门话题，代表了化学工程开发的发展方向。图 4-4 所示为数学模拟放大研究工作的一般程序。

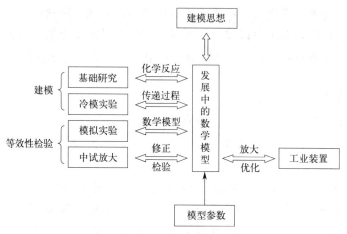

图 4-4　数学模拟放大程序

（1）建模。建模工作主要包括两个方面：先根据坚实的理论基础，建立意义明确，能够反映过程的物理、化学本质的模型，称为原理模型，其结论可以用于外推。随后，通过小型化学实验，结合化学、化学工程理论，建立反应动力学模型。同时，通过大型冷模试验，进行化学反应工程学研究，建立流动模型。这些建立在试验数据基础上的模型，称为经验模型，其结论不能盲目外推。多数情况下，人们建立的是原理模型结合经验模型所形成的混合模型。

（2）模型检验。通过一定规模的试验，验证模型是否达到特定目的，并修正、完善模型，使之具备等效性。

（3）模型运用。借助经过验证的数学模型进行各种模拟试验，即通过改变参数，用计算机解数学方程，最终达到放大和优化的目的。模拟试验工作仅需在计算机上完成，不再依赖实物装置。这样既可以节省时间、人力、物力和资金，还可以进行高温、高压参数下的计算，提高放大工作效率。

必须强调的是，数学模型本身并不能揭示放大规律，其仅为一种工作方法。模型的建立、检验、完善都必须依赖大量严密的试验工作基础才能完成。虽然数学模拟放大具有先进性，但建模十分困难，目前成功的实例并不多。

第四节　中试放大的工艺问题与故障排除

对于药物的研发和生产，工艺问题通常包括产品中杂质的超限、产品收率下降等不利因素。同时，这些负面效应又会形成"工艺瓶颈"限制企业的生产力及生产效率，导致制药企业生产药品的成本提高。因此，经济因素往往是解决问题和排除故障背后的动力。

中试放大的工艺问题及故障排除

故障排除主要指在研发或生产压力下一种快速解决问题的方式。解决问题要用科学的方法。首先，提出一个假设方法，然后进行试验验证。通过分析试验结果确定假设方法是否正确。然后实施有益的改进，或者重复该工艺，直到找到令人满意的条件。在放大反应中，故障排除最好是在问题发生之前，做到防患于未然。

一、工艺问题的物理及化学原因

在放大反应中，出现工艺问题可能是该工艺投料所使用的化学品有问题（即物理原因）；或者是该工艺过程的操作有问题（如后处理过程的延长、非均相的操作条件和在最佳操作范围外的处理过程），从而导致反应过程产生了意外的变化（即化学原因）。当然，也有可能物理和化学原因并存。

由化学品问题引起的物理问题可以在实验室通过小试确定，最直接的方法是使用在实验室中得到正确结果的化学品批次作原料，然后逐个用放大反应上使用的原料取代一种成分来做小试。如果得到的结果与正常结果相当，取代的成分是没有问题的；如果实验没有显著的过程差别而结果也不理想，那么取代成分就是对放大中产生工艺问题的根源（图4-5）。由于放大生产后每个原辅料的供应商几乎都和在研发阶段实验室使用的原辅料的供应商不同。为了使一个早期的工艺能够在试验工厂放大，用小试来确定放大生产后准备使用的各个原辅料，避免由于化学品造成工艺问题的物理原因就显得尤为必要。如果反应之前所有原辅料经小试实验没有问题，那么如果放大生产中出现了问题，客观分析往往认为是在生产操作过程中产生的。此时，可通过浏览生产批记录，或亲自到第一线观察操作过程等方式来确定产生问题的原因。

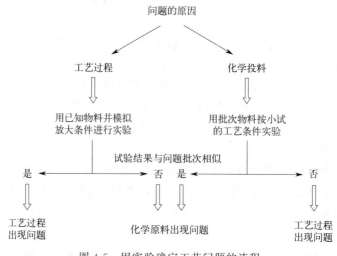

图 4-5　用实验确定工艺问题的流程

二、故障排除的步骤

1. 确认问题

为了最有效地分配人力资源，首先要确认问题的存在。最佳方法是检查任何计算，特别是用来确定纯度或质量平衡的计算。检查分析方法和计算的重复性、可靠性。不一致的采样方式会产生异常结果。当监控放大反应批次时，应该获取另一个反应样本，然后准备样本做过程监控分析和再分析。重复该法或者可以确认问题，或者显示需要额外注意分析方法。也许问题与分析方法无关，而是由样品制备造成的，如不干净的实验室玻璃器皿、测量的工艺体积可能不是很准确、不是作为容量测试的实验室玻璃器皿的准确性可能有 15％的误差、试验工厂的设备有 10％的误差等。

2. 确定问题是否严重到需要花费时间去调查和解决

故障排除需要时间。个人认为的问题，可能不会是实现总体目标的重要障碍。所以在投入时间和资源以确定问题的原因和解决困难之前，最好咨询通晓整体情况的管理部门或专家。

3. 与成功的批次的工艺步骤进行比较以确定不同点

在故障排除中最困难的部分往往是确定问题的真正原因，主要包括 4 个障碍：数据不完整、数据相互矛盾、数据混淆和不同意见。确定问题原因的最佳方法是先查看工艺操作。一旦知道了一个问题的真正原因，便可通过设计实验来解决问题。

问题通常可以通过比较成功的批次和有问题批次的工艺操作来发现。理想情况下，适当的数据记录在笔记本电脑、批记录或记录本里。查询任何特别的现象记录，以及延长或推迟的操作步骤。过程监控的测试结果可能很说明问题，如果从不同的数据组得到的结论是矛盾的，那么解决这些分歧对确定工艺问题的原因是很重要的。

例如用改良的阿尔布佐夫反应制备膦醋酸（**4-8**），初始结果与预期的一样。随后的生产中产生了颜色不对的批次，并且反应没有完成。据了解，为了快速硅烷化，需要同样数量的三甲基氯硅烷（TMSCl）和六甲基二硅氮烷（HMDS）。为了控制反应速率，从而控制放热，HMDS 是在 $60\sim70℃$ 作为控制反应的组分加入至含有 TMSCl 的反应混合液中。检查批次记录表明，不完全的反应批次是在 HMDS 加料延长或中断的情况下发生的，并同时发现有酸性气体释放。所以，不成功的反应批次被认为是由于高温下 TMSCl 的损失而导致反应不完全。为了加以验证，新的工艺中先将 TMSCl 和 HMDS 预先混合在一起，然后加入氯乙酸溶液，再加入含有原料（**4-7**）的溶液，同时在加料过程中控制温度低于 55℃（图 4-6）。为了使反应完全，加热回流混合物。在这个优化的工艺中，反应进行完全，且无酸性气体放出。反应生成的膦醋酸（**4-8**）可用甲基异丁基酮萃取，随后可通过结晶确保分离出的产品质量。由此，新工艺不仅解决了生产批次间的产品差异，同时研发了膦醋酸（**4-8**）的重结晶工艺，并作为返工低质量批次的膦醋酸（**4-8**）的预备手段。

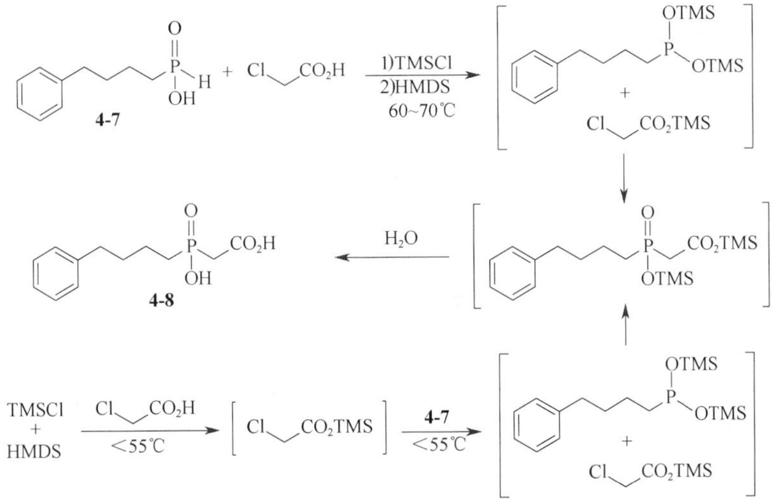

图 4-6　膦醋酸的合成

4. 用工艺敏感性找出最有可能产生负面影响的地方

在中试放大反应上的工艺研发及故障排除的经验对减少障碍排除所需要的时间是非常宝贵的。工艺开发人员通常对这一工艺中的细微差别和错误最熟悉，他们往往能凭借经验和直觉很快解决工艺的问题。有时候借助外人的帮助也是必要的，具有不同的和更广泛经验的人，也许可以看出当局者观察不到的微妙的工艺效果。

5. 提出问题的可能原因

一旦工艺问题已经查明，提出问题的可能原因有助于制定相应的解决方案，并通过试验设计来对可能的原因加以确认，从而在随后的批次上避免这些问题。在许多情况下，有必要分离和鉴定新的杂质，以便确定工艺问题出现的可能原因。

6. 确定分析方法以监控关键工艺过程

现有的过程监控方法可能有助于快速监控关键的工艺过程。如果现有的分析方法不能满足故障排除的需要，也许就有必要制定新的检测方法。新方法的准确性和可靠性比便利性更重要。

7. 检查工艺过程，以确定问题是否查明

为了确定问题的真实原因是否被查明，或者是否可以采取合适的改进来解决工艺问题，对于工艺过程的检查和监控显得尤为必要。通常进行实验室小试时便可以监控大多数反应的

工艺过程，但某些特殊情况下有必要延长实验室的工艺过程来模仿工厂的操作步骤。此外，由于实验室和生产车间的地点往往不同，最好在问题出现的地点检查问题，以避免存在转移优化完毕的工艺的额外步骤。

8. 确认产生问题的原因已被查明

一旦产生工艺问题的原因已在第 7 步被认定，查明该原因就非常重要。这可能需要分析来自其他批次的数据或再做一次确认的小试。如果匆忙做出结论并恢复放大反应，就会有丧失大量资源（和职业信誉）的危险。

9. 提出可供选择的方法以解决这个问题，并执行这些步骤

一旦工艺问题的真正原因已经确认，应提出并选择合适的改良工艺条件以替代包含问题的原有方案。为了快速确认新条件的工艺参数，应该在问题发生的地方按照改进工艺进行生产。

10. 监控工艺改进后的结果，以确认改进是否有效

严格按照改进工艺进行现场操作，立即监测结果，并且迅速做出所需的进一步的调整。如果修改后的工艺并没有解决问题，就必须从头开始进行故障排除。

第五节　生产规程

作为制剂原料，化学原料药（API）的质量直接决定了制剂的质量好坏。因此，其在生产过程中必须依据一定的规程，才能持续稳定地生产出符合要求的产品。药物的生产规程主要可分为生产工艺规程和标准操作规程。《药品生产质量管理规范（2010 年修订）》（简称 2010 版 GMP）中明确指出：药品生产质量管理的基本要求包括"经批准的工艺规程和操作规程"，"所有药品的生产和包装均应当按照批准的工艺规程和操作规程进行操作并有相关记录，以确保药品达到规定的质量标准，并符合药品生产许可和注册批准的要求。"

生产工艺规程"为生产特定数量的成品而制定的一个或一套文件，包括生产处方、生产操作要求和包装操作要求，规定原辅料和包装材料的数量、工艺参数和条件、加工说明（包括中间控制）、注意事项等内容。"；操作规程是指"经批准用来指导设备操作、维护与清洁、验证、环境控制、取样和检验等药品生产活动的通用性文件，也称标准操作规程。"生产工艺规程和标准操作规程一经制定，不得任意更改，如需更改时，应按照规定的程序办理新审批手续。一个药物经过中试放大阶段的研究后，相关研究人员便可根据需要着手拟定该药物的生产工艺规程和标准操作规程，并经过不断改进和完善，最终经过审批形成正式的文件后用于指导药物生产。

一、生产工艺规程

根据 2010 版 GMP 的规定，"每种药品的每个生产批量均应当有经企业批准的工艺规程，不同药品规格的每种包装形式均应当有各自的包装操作要求。工艺规程的制定应当以注册批准的工艺为依据。""工艺规程不得任意更改。如需更改，应当按照相关的操作规程修订、审核、批准。"

一个化学药物的制备虽然可以采用不同的生产工艺，但在特定条件下，必有一条最为合

生产工艺规程

理、经济且能保证产品质量的工艺适合相应的生产企业。由于生产的医药品种不同，药物生产规程的繁简程度也有很大的差别。对于一种药物的生产，通常需要根据制订的生产工艺路线拟定生产工艺规程，经审批后用于对该药物的生产进行指导，使生产过程有序、高效，最终生产的药物质量具有持续稳定性并符合相应的法律法规规定。因此，生产工艺规程是指导生产的重要文件，也是组织管理生产的基本依据，更是药物生产企业进行质量管理的重要组成部分。生产工艺规程是内部资料，必须按密级妥善管理，注意保管，不得遗失，严防失密，任何人不得外传和泄露，印制时标明印数，做好印制和发放记录。

（一）生产工艺规程的主要作用

首先，生产工艺规程是组织药品生产的指导性文件。生产的计划、调度只有根据生产工艺的安排，才能保持各个生产环节之间的相互协调，并按计划完成。如抗坏血酸生产工艺中既有化学合成过程（如高压加氢、酮化、氧化等），又有生物合成（如发酵、氧化和转化等），还有精制及镍催化剂的制备、活化处理，菌种培育等，不同过程的操作工时和生产周期各不相同，原辅材料、中间体质量标准及各中间体和产品质量监控也各不相同，还需注意安排设备及时检修等。只有严格按照生产工艺规程组织生产，才能保证药品的生产质量、保证生产安全、提高生产效率、降低生产成本。

其次，生产工艺规程是生产准备的依据。如生产前原辅料的准备、生产场所和所用设备的说明、关键设备的准备（如清洗、组装、校准、灭菌等）所采用的方法或相应操作规程编号、待包装产品的贮存要求、所需全部包装材料的完整清单等均在 2010 版 GMP 中明确要求在生产工艺规程中进行详细说明。

最后，生产工艺规程是新建和扩建生产车间或工厂的基本技术条件。在新建和扩建生产车间或工厂时，必须以生产工艺规程为依据，先确定生产所需品种的年产量，其次是反应器、辅助设备的大小和布置，进而确定车间或工厂的面积。此外，还需根据原辅材料的储运、成品的精制、包装等具体要求，最后确定生产工人的工种、等级、数量、岗位技术人员的储备，各辅助部门（如能源、动力保障部门等）也都要以生产工艺规程为依据逐项进行安排。

（二）生产工艺规程的基本内容

1. 原料药的生产工艺规程

根据 2010 版 GMP 附录 2 第二十七条规定，原料药的生产工艺规程应当包括：

（1）所生产的中间产品或原料药名称。

（2）标有名称和代码的原料和中间产品的完整清单。

（3）准确陈述每种原料或中间产品的投料量或投料比，包括计量单位。如果投料量不固定，应当注明每种批量或产率的计算方法。如有正当理由，可制定投料量合理变动的范围。

（4）生产地点、主要设备（型号及材质等）。

（5）生产操作的详细说明，包括：①操作顺序；②所用工艺参数的范围；③取样方法说明，所用原料、中间产品及成品的质量标准；④完成单个步骤或整个工艺过程的时限（如适用）；⑤按生产阶段或时限计算的预期收率范围；⑥必要时，需遵循的特殊预防措施、注意事项或有关参照内容；⑦可保证中间产品或原料药适用性的贮存要求，包括标签、包装材料和特殊贮存条件以及期限。

2. 制剂的生产工艺规程

根据 2010 版 GMP 第一百七十条要求，生产工艺规程的基本内容至少应当含以下内容：

（1）生产处方，包括：①产品名称和产品代码；②产品剂型、规格和批量；③所用原辅料清单（包括生产过程中使用，但不在成品中出现的物料），阐明每一物料的指定名称、代码和用量；如原辅料的用量需要折算时，还应当说明计算方法。

（2）生产操作要求，包括：①对生产场所和所用设备的说明（如操作间的位置和编号、洁净度级别、必要的温湿度要求、设备型号和编号等）；②关键设备的准备（如清洗、组装、校准、灭菌等）所采用的方法或相应操作规程编号；③详细的生产步骤和工艺参数说明（如物料的核对、预处理、加入物料的顺序、混合时间、温度等）；④所有中间控制方法及标准；⑤预期的最终产量限度，必要时，还应当说明中间产品的产量限度，以及物料平衡的计算方法和限度；⑥待包装产品的贮存要求，包括容器、标签及特殊贮存条件；⑦需要说明的注意事项。

（3）包装操作要求，包括：①以最终包装容器中产品的数量、重量或体积表示的包装形式；②所需全部包装材料的完整清单，包括包装材料的名称、数量、规格、类型以及与质量标准有关的每一包装材料的代码；③印刷包装材料的实样或复制品，并标明产品批号、有效期打印位置；④需要说明的注意事项，包括对生产区和设备进行的检查，在包装操作开始前，确认包装生产线的清场已经完成等；⑤包装操作步骤的说明，包括重要的辅助性操作和所用设备的注意事项、包装材料使用前的核对；⑥中间控制的详细操作，包括取样方法及标准；⑦待包装产品、印刷包装材料的物料平衡计算方法和限度。

（三）生产工艺规程的制定

药品的生产必须按照生产工艺规程进行。对于新产品的生产，在中试放大阶段或试车阶段结束后，一般先制定临时的生产工艺规程，待经过一段时间生产稳定后，再制定正式的生产工艺规程。

生产工艺规程通常由生产技术部组织工艺员负责起草，生产技术部经理负责组织质量管理部、工程部及各车间等相关部门进行专业审核，生产技术部负责定稿，最后由制药企业负责质量管理的高级管理人员批准后颁发执行。生产工艺规程制定的一般过程如下：

（1）准备阶段。由技术部门组织有关人员学习上级颁发的技术管理办法等有关内容，拟订编写大纲，统一格式与要求。其中，首先要做好工艺文件的标准化工作，即按照上级有关部门规定和本单位实际情况，做好工艺文件种类、格式、内容填写方法，工艺文件中常用名词、术语、符号的统一、简化等方面的工作，做到以最少的文件格式、统一的工程语言正确地传递有关信息。

（2）组织编写。开发此产品的研发部门将小试、中试、文献资料和生产设备情况，提供给生产主管及质量主管。随后，生产主管根据工厂设备情况，编写工艺操作规程、岗位操作规程、批生产记录；质量部主管根据工艺规程中的要求，制定中间产品和成品质量标准和检测方法及监督频次；车间主任组织产品工艺员、设备员、质量控制人员、技术员等编写工艺规程等文件。

（3）讨论初审。由车间主任召集有关人员充分讨论，广泛征求班组意见，然后拟初稿，由参加编写人员签字，技术主任初审签署意见后报企业技术部门。

（4）专业审查。由企业技术部门组织质量、设备、车间等专业部门，对各类数据、参数、工艺、标准、安全措施、综合平衡等方面进行全面审核。

经编制后的工艺规程、中间产品和成品质量标准，分别提交研发部，由研发部组织相关人员进行会审，并将结果用书面形式告知生产部主管、质量部主管。

（5）修改定稿。由技术部门复核结果、修改内容、精简文字、统一写法。

（6）审定批准。修改定稿的材料报企业总工程师或厂技术负责人审定批准，车间技术主任、技术部长、总工程师三级签章生效，打印后颁发各有关部门执行。

经审核后的工艺规程，按标准的格式打印，先由生产部主管签名、质量部经理签名及工厂总经理批准，并注明批准日期和执行日期。

(四) 生产工艺规程的变更与修订

在实际生产过程中，随着技术的进步和生产情况的改变，如工艺中的某一步骤或各步骤的生产地点发生改变、可能与产品质量或工艺表现有影响的工艺参数发生改变、重要原料的供应商的更换或供应商工艺的改变、工艺设备的变更等，生产工艺规程需要变更或修改。此时，必须与品种生产有关的车间提出申请，说明变更的题目、对象、变更的内容及理由，交生产主管、质量主管审核。重要工艺变更必须提交随同变更审批表提供相关的稳定性数据、验证情况或其他有关数据，特别是对工艺变更内容所造成的潜在影响的分析。

验证领导小组负责确认变更前的验证状态，并将必要的验证工作列入计划。变更生产工艺规程必须填报《工艺变更申请单》，并附有变更方案，按照《工艺变更管理流程》经批准后方可执行。对变更后的工艺规程需要跟踪前三批产品的质量，及操作的可行性、合理性，确认对产品品质没有造成影响后，验证领导小组将工艺规程告知给生产质量部门。一般性变更可经生产部、质量部审核批准后执行，重要变更需经生产部、质量部审核后报药监部门审批后及时备案方可实行。

二、标准操作规程

标准操作规程是药品质量管理文件体系的主要组成部分，它是"经批准用来指导设备操作、维护与清洁、验证、环境控制、取样和检验等药品生产活动的通用性文件。"具体而言，标准操作规程描述的是与实际操作有关的详细、具体工作，主要包括生产操作、检验操作、设备操作、设备维护保养、环境监测、质量监控、清洁和职责，通常用 SOP（Standard Operating Procedure）表示。标准操作规程与生产工艺规程之间有着深度和广度的关系，后者体现了标准化，而前者反映的则是具体化。

标准操作规程

1. 标准操作规程内容

根据 2010 版 GMP 第一百八十一条规定，"操作规程的内容应当包括：题目，编号，版本号，颁发部门，生效日期，分发部门以及制定人、审核人、批准人的签名并注明日期，标题，正文及变更历史。"

2. 标准操作规程的编写原则

（1）所有与生产有关的制造、检验文件中的操作均以 SOP 的形式描述。

（2）对 SOP 的每一个步骤的表述应清晰、简明、准确，同时，要求文件形式完整，整个公司内部的 SOP 类文件必须保持一致性。

（3）SOP 的编制人员必须是熟悉了解所描述程序的技术人员或管理人员，SOP 编写完成后必须经各个相关部门或相关操作者讨论后，并经该部门负责人审核、经企业各主管负责人批准后才能颁布执行。

📚 **阅读材料**

工业 4.0 时代，制药工厂日渐迈向智能化

2013 年 4 月，德国政府正式推出"工业 4.0"战略，在全球范围内引发新一轮的工业转型竞赛。在工业 4.0 中，智能工厂是一大重要主题，主要研究智能化生产系统和过程，以及网络化分布式生产设施的实现。"十三五"时期是我国智能制造大力发展的一个时期，也是我国制药企业走向全球化的关键时间，更是制药业创新发展的阶段。近几年，医药行业政策密集出台，严格的质量要求和对药价的控制倒逼医药企业转型升级，不少医药企业都在生产设备上进行了更新，有些医药企业已着手布局智能化工厂。有专家指出，未来的药厂将是智能化的制药工厂。而如何开启制药行业的智能制造，建设智能化的制药工厂，将现有的制药工厂转变成智能化的制药工厂，既是一个挑战，也是一个机遇。

制药工业作为我国智能化水平重点提升十大领域之一，在智能制造转型中面临着特殊的机遇与挑战。与汽车制造、电子制造、冶金、石化等行业相比，制药工业的平均自动化水平不高，运用信息化管理的理念和管理水平相对较低，具体原因主要包括：①制药行业整体自动化水平较低，智能制造发展基础薄弱；②制药行业是强监管行业，在信息化进程中整体趋于谨慎；③制药行业发展智能制造的收益较缓慢，企业投资建设存在疑虑。

近年来，国家大力倡导智能制造升级。在国家政策推动下，工业和信息化部自 2015 年起积极开展智能制造试点示范工作。截至 2020 年底，在医药领域支持建设的智能制造试点示范项目近 50 个，部分省市区也开展了智能制造试点建设。同时，国家药品集中采购对制药行业的影响在广度和深度上不断提升，进入采购范围的药品利润空间大幅压缩。在降价压力下，通过实施智能制造建设实现换道超车，是整个制药行业的重要选项。此外，从业务环节上看，智能制造可以赋能药物研发、生产、质量、物流等全生命周期管理，并在此基础上支持制药企业经营管理持续优化。

在智能制造转型的过程中，企业首先要制定目标体系，回答"做什么"的问题。在"怎么做"上，企业可通过搭建智能制造系统架构，遵循打造数字化基础、实现互联化赋能、践行智能化愿景的"三步走"策略。一般而言，智能制造系统架构应包含设备层、控制层、业务管理层和经营管理层四个层级，涉及企业资源管理系统（ERP）、制造执行系统（MES）、实验室信息管理系统（LIMS），仓储管理系统（WMS），集散控制系统（DCS）及设备互联与集中监控系统（SCADA），设备及仪器控制系统，传感器、执行器等多个系统，各系统形成严密的技术依赖关系（如图 4-7 所示）。制药企业应当优先厘清各系统之间、项目间关系和边界，参照工业和信息化部、国家标准化管理委员会发布的《国家智能制造标准体系建设指南》，以及 ISA95 企业系统与控制系统集成国际标准，结合自身业务现状和发展需求，提出适合的智能制造系统架构。

药品质量源于设计，实现于制造。药品生产横向连接仓储管理、质量管理及公用系统，纵向和企业运营及生产装备管理紧密结合。生产制造管理是决定药品质量的最关键和最复杂的环节之一，是制药企业实现智能制造转型的关键步骤。制药工业智能制造的主要目标是，按照相关法规要求，实现生产记录和管控流程的电子化和系统化，确保生产全过程的合规性和信息透明化，提高生产质量管控水平，降低人为因素引起的合规性风险，从而提高产品质

代表性系统举例

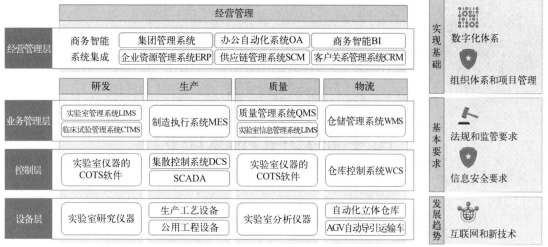

图 4-7　制药企业智能制造系统架构

量、降低成本。生产系统应该以生产质量管理规范（GMP）要求为标准，通过业务全程管控等手段，实现自动化与信息化的协同，优化关键业务间的交互融合，实现业务一体化，优化整体业务协同能力。

 **思考题**

1. 中试放大研究和实验室小试研究有何异同？
2. 中试放大研究的主要任务和内容是什么？
3. 中试放大研究中，为什么形成稳定的工艺过程控制十分重要？如何保证工艺过程控制的稳定性？
4. 中试放大研究前，为何要使用中试拟使用的批次物料重复实验室小试过程？
5. 化学原料药的生产工艺规程包括哪些主要内容？

参考文献

[1] Anderson N G. Practical Process Research and Development: a guide for organic chemists. 2nd Ed. Oxford: Elsevier, 2012.

[2] 保晓军. 浅谈中试放大. 中国化工贸易，2014，6(10)：155.

[3] 工业和信息化部产业发展促进中心，中国医药企业管理协会. 中国制药工业智能制造白皮书（2020年版）. 北京：工业和信息化部产业发展促进中心，中国医药企业管理协会，2020.

第五章

化学制药与环境保护

本章学习要求

1. 了解：化学制药污染的特点和环境保护的重要性。
2. 熟悉：化学制药对环境污染的主要防治措施。
3. 掌握：化学制药中废水、废气和废渣的常见处理方法。

第一节 概　述

一、环境保护的重要性

　　环境为人类的生存和发展提供了必需的资源和条件，是人类生存和发展的基本前提。随着社会经济的发展，环境问题已经作为一个不可回避的重要问题提上了各国政府的议事日程，并成为全球性问题。为了保护环境，减轻环境污染，遏制生态恶化趋势，环境保护已成为各国政府社会管理的重要任务。

　　环境问题不是一个单一的社会问题，它与人类社会的政治经济发展紧密相关。环境问题在很大程度上是由人类社会发展，尤其是那种以牺牲环境为代价的发展所造成。对于我国而言，随着国民经济的快速发展，资源消耗日益加剧、环境污染严重、生态系统退化，特别是大气、水、土壤等环境污染严重，已严重危害人民群众的生命健康，也严重制约了我国经济的可持续性发展和社会的稳定。

二、我国防治环境污染的方针政策

　　解决全国突出的环境问题，促进经济、社会与环境协调发展和实施可持续发展战略，是我国各级政府面临的重要而又艰巨的任务。1973 年，国务院成立了环保领导小组及其办公室，在全国开始"三废"治理和环保教育，标志着我国环境保护工作的开始。经过 20 多年的发展，我国的环境保护政策在 20 世纪末形成了一个较为完整的体系，具体包括三大政策八项制度，即"预防为主，防治结合""谁污染，谁治理"和"强化环境管理"这三项政策和"环境影响评价""三同时"

我国防治环境污染的方针政策

"排污收费""环境保护目标责任""城市环境综合整治定量考核""排污申请登记与许可证""限期治理"和"集中控制"等八项制度。目前，保护环境已成为我国一项基本国策。近年来，我国先后制定了《中华人民共和国环境保护法》《中华人民共和国大气污染防治法》《中华人民共和国水污染防治法》《中华人民共和国固体废物污染环境防治法》等30多部相关法律，为保护和改善我国生态环境发挥了重要作用。

针对制药工业对环境日益突出的污染问题，环境保护部于2008年发布实施了《制药工业水污染物排放标准》，涵盖了化学合成类、发酵类、提取类、生物工程类、中药类、混装制剂类等六大类标准。2019年，生态环境部针对制药工业大气污染物排放控制要求、监测和监督管理要求出台了《制药工业大气污染物排放标准》（GB 37823—2019）；同时，针对制药工业固体废物的处置颁布了新版《一般工业固体废物贮存和填埋污染控制标准》（GB 18599—2020）、《危险废物填埋污染控制标准》（GB 18598—2019）和《危险废物焚烧污染控制标准》（GB 18484—2020）。

为了不断加强制药工业的污染防治水平，环境保护部于2012年颁布了《制药工业污染防治技术政策》（环保部公告［2012］18号），并于同年下达了《关于开展2012年度国家环境技术管理项目计划工作的通知》（环办函〔2012〕328号），将《制药工业（发酵类、化学合成类及制剂类）污染防治可行技术指南》制定工作列入项目计划。2022年8月，生态环境部公布了《制药工业污染防治可行技术指南 原料药（发酵类 化学合成类 提取类）和制剂类（征求意见稿）》（环办标征函〔2022〕29号）。

此外，我国对于制药项目的立项、建设、验收也进行了专门规定。2011年，环境保护部发布了《环境影响评价技术导则 制药建设项目》（HJ 611—2011）。2016年，国环境保护部又分别颁布实施了《建设项目竣工环境保护验收技术规范 制药》（HJ 792—2016）和《制药建设项目环境影响评价文件审批原则（试行）》（环办环评［2016］114号）。

上述法律、法规、标准、文件的颁布，不仅有利于我国制药行业的产业结构调整，通过淘汰落后产能和对环境的保护，而且有力支撑了制药工业企业污染物达标排放，有效促进了制药工业推行清洁生产，节约能源和资源，从而促使制药工业可有效地持续性健康发展。

三、化学制药的环境污染

1. 化学制药污染的特点

与其他工业排放物类似，化学制药所产生的"三废"组成复杂，毒性大且浓度高，不易治理。此外，由于化学药物品种多、工艺复杂，不同产品产污情况不同，同一产品也会因工艺、原料不同而产生不同污染物，故化学制药所产生的"三废"还具有数量少、种类多、变动性大、间歇排放、化学需氧量（COD）高等特点。

化学制药
工业污染的
特点与现状

2. 化学制药污染的现状

化学制药企业通常对环境污染较为严重。从原料药到制剂，整个生产过程都有可造成环境污染的因素。在许多发达国家，如美国、德国、日本等国家，由于对环境保护的要求日益严格，现已经逐渐放弃了高消耗、高污染的原料药生产，转而专注于下游制剂的开发与生产。我国作为一个发展中国家，制药工业与发达国家相比仍有很大差距。目前，我国仍然是全球原料药的生产和出口大国。此举虽然能够促进我国制药工业的进步，但同时也产生了大量严重污染环境的物质。

从总体上看，我国目前化学制药行业的污染仍然十分严重，治理的形势相当严峻。据统计，化学原料药和化学药品制剂类污染负荷量约占制药全行业的 80%，其中原料药制造业的污染负荷占主要部分。从全国重点省市百余家制药企业执行纳管协议标准的情况来看，由于缺乏污染防治可行技术支撑等原因，间接排放废水的制药企业达标较为困难，化学合成类制药企业达不到协议间接排放要求比例约为 44%。尤其是一些原料药生产大省，由于制药企业外排废水浓度较高、难于处理，存在部分化学合成类、发酵类制药企业达不到纳管协议标准要求，导致下游污水处理厂不愿接收制药企业废水的情况时有发生。

第二节　防治污染的主要措施

产品的生产既是原料的消耗和产品的形成过程，也是"三废"的产生过程。产品所采取的生产工艺决定了废弃物的种类、数量和毒性。因此，"三废"污染的防治应从药物生产中的头、中、尾三部分抓起：首先，从头做起，就是改进生产工艺，大力推进化学药物的清洁生产，从源头上减少和控制"三废"的排放；其次，在化学药物生产过程中增加预处理环节，尽量减少末端处理的压力和难度；最后，在尾端的处理环节，不仅要开发"三废"处理的新技术、新工艺，如针对化学药物废水的特点，开发包含物化、高级氧化、生化处理的全套解决方案等，还要加强对"三废"中资源的再生利用，变废为宝。

化学药物的"三废"是在生产过程中产生的，因而对污染少或无污染的生产工艺进行研究是减少或消除"三废"污染危害最根本的措施。在选择生产工艺时，应尽量选择污染程度小、"三废"排放少的工艺。对现有污染程度比较高的工艺，要进行工艺改革，以达到减少或消除"三废"的目的。这种方式与"先污染、再治理"的治污模式相比，显然可节省大量的人力、物力和财力，且对环境保护的效果更好。

一、推进清洁生产

1996 年，联合国环境规划署工业与环境规划中心（UNEPIE/PAC）将清洁生产概括为关于产品生产过程的一种新的、创造性的思维。清洁生产是将整体预防的环境战略持续运用于生产过程、产品和服务中，以期增加生态效率和减少对人类及环境的危害。2002 年 6 月，第九届全国人大常委会颁布了《中华人民共和国清洁生产促进法》，并于 2003 年 1 月 1 日起正式施行。2012 年 2 月，第十四届全国人大常委会第二十五次会议对其进行了修正。该法第二条中，"所称清洁生产，是指不断采取改进设计、使用清洁的能源和原料、采用先进的工艺技术与设备、改善管理、综合利用等措施，从源头削减污染，提高资源利用效率，减少或者避免生产、服务和产品使用过程中污染物的产生和排放，以减轻或者消除对人类健康和环境的危害。"2021 年 3 月，国家发展改革委、生态环境部、工业和信息化部联合印发了《关于印发化学原料药等 6 项行业清洁生产评价指标体系的通知》（发改环资规〔2020〕1983 号），并从 2021 年 4 月 1 日起正式实施。其中，从推动化学原料药企业节能、降耗、减污、增效出发，分别规定了合成法、提取法和发酵法 3 种工艺路线的工艺类型、装备设备、物料损失率、原辅料回收利用率、污染物产生量、产品特征等指标的分级基准值。

清洁生产的主要内容可归纳为"三清一控"：清洁的能源、清洁的产品、清洁的生产工艺（或生产过程）和贯穿于清洁生产的全过程控制。清洁的能源是指常规能源的清洁利用，可再生能源、新能源的利用以及节能技术；清洁的产品是指节约原料和能源，少用昂贵和稀缺的原料，利用二次资源作为原料。产品使用过程及使用后不会危害人体健康和生态环境，易于处置、降解、回收、复用和再生，合理包装，合理使用功能和使用寿命。而对于制药企业，清洁的生产工艺尤为重要，其主要包括尽量少用、不用有毒有害的原料；产生无毒、无害的中间体；减少或消除生产过程的各种危险性因素；少废、无废的生产工艺；高效的设备；物料的再循环；简便、可靠的操作和控制；完善的科学量化管理等。在生产过程中，清洁生产工艺要求全过程控制工艺，包括节约原材料和能源，淘汰有毒害的原材料，并在全部排放物和废物离开生产过程之前，尽量减少它们的排放量和毒性，对必须排放的污染物实行综合利用，使废物资源化。

对于清洁生产工艺的研究与开发，主要包括新的工艺的研究与开发和旧工艺的优化与升级。前者的研究与开发可结合前面章节关于化学药物合成工艺路线的研究来进行，而后者优化与升级的有效途径主要包括以下方面。

1. 更换原辅材料

这是最常用的方法，其主要方式是采用低毒、无毒的原辅材料代替剧毒、有毒的原辅材料，从而降低或消除生产风险和生产中的污染问题。采用低毒和低污染原料替代高毒和难以去除高毒的原料是清洁生产的重要一节。

吡喹酮（Praziquantel，**5-1**）是一个抗寄生虫药物。科学家最初发现它有镇静作用，后来发现它对血吸虫有特效，并由德国拜尔（Bayer）和默克（Merck）两家制药公司于1980年开发上市。自上市后，吡喹酮因其高效、低毒、抗寄生虫谱广、口服方便等特点，很快成为抗血吸虫等多种蠕虫的特效药物，也广泛应用于动物、家禽寄生虫病的治疗。原研公司报道的合成路线中，以异喹啉（**5-2**）为起始原料，经过六步反应可得吡喹酮（**5-1**，如图5-1所示）。长期以来，我国吡喹酮（**5-1**）原料药生产企业均采用这条路线。但是，该工艺路线中存在很多缺点，如用到大量剧毒的氰化钾、苛刻的高温高压条件。此外，浓磷酸的使用不可避免造成富营养水体污染。经统计，每生产500t吡喹酮（**5-1**），氰化钾的使用量达到310t，磷酸废液达到2430t，这显然对生产及周边环境易造成严重影响，也不符合清洁生产的理念。上海医药工业研究院的研究人员经过多条路线的尝试探索，设计并开发了一条全新的吡喹酮（**5-1**）合成路线（如图5-2所示）。新路线以氯乙酸和苄胺缩合制备得到的二酸化合物（**5-3**）为起始原料，经与苯乙胺（**5-4**）的酰亚胺化反应、硼氢化钾还原、酸性条件下环合、催化氢化脱苄基和与环己基甲酰氯（**5-5**）反应等一系列转化，最终得到吡喹酮（**5-**

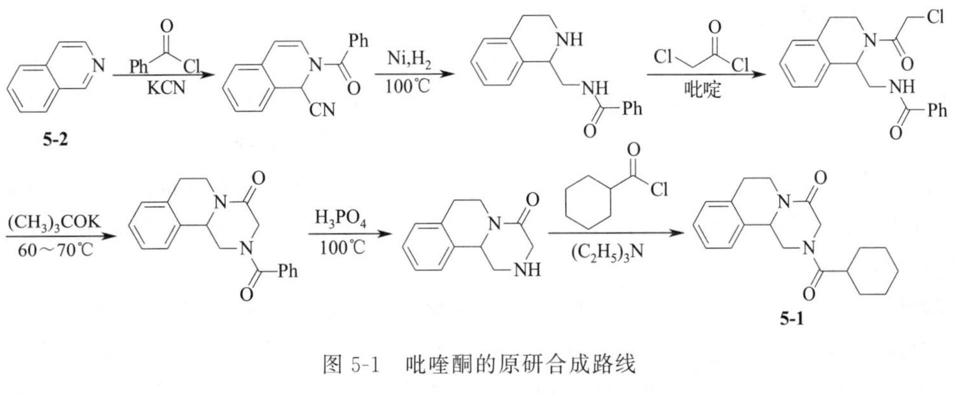

图 5-1 吡喹酮的原研合成路线

1）。新路线避免了剧毒氰化钾和磷酸的大量使用，也省去高温高压等苛刻条件，不仅大幅减少废物的产生，生产成本也降至原研工艺的一半，并已经实现百吨级生产规模。

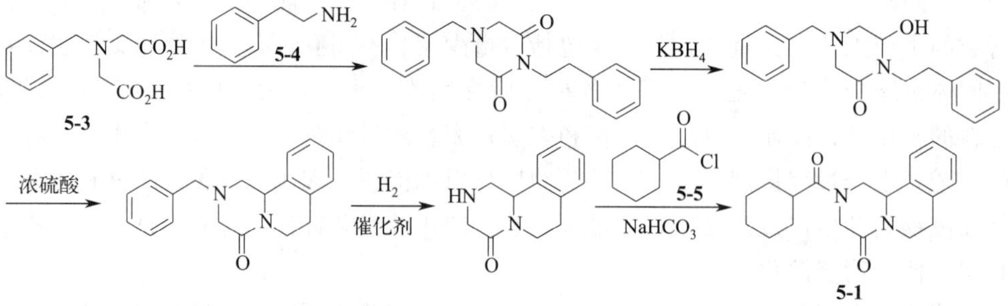

图 5-2 吡喹酮的新合成路线

然而对于制药企业需要注意的是，在一个成熟的生产工艺中使用替代原辅料是有一定困难和风险的，因为它需要保证该药在疗效、稳定性和纯度上与原来生产的药物一样，而且还要考虑到改变配方的药品通过国家药品监督管理局审批需花费一定的时间等。因此，在新药的研究开发阶段，就应做好生产过程使用的每种物质中的降低残留物的毒性等工作。

2. 改进操作方法

原辅材料的更换，有时会受到收率、成本、设备、供应条件等多种因素的影响，甚至有时需要更换整条工艺路线。因此，有时可从改进操作方法的角度进行考虑。例如，安乃近（Analgin）的生产过程中有一步酸水解反应，排出的废气中含有甲酸、甲醇和水蒸气。由于热的甲酸蒸气对设备腐蚀较严重，若缺乏适当的冷凝设备，只能进行排空。根据甲醇在酸存在的条件下通过发生酯化反应生成甲酸甲酯的原理，在生产操作中改用加硫酸进行水解，先不蒸出反应生成的甲酸和甲醇，而是让它们在反应罐中在 98～100℃下回流 10～30min 后酯化生成甲酸甲酯，再从回流冷凝管顶部回收甲酸甲酯。这样既不影响水解反应的正常进行，又减少了甲酸、甲醇等有机蒸气的排放，还可回收甲酸甲酯作为副产品。

3. 采用新技术

在已有的生产工艺中，新技术的采用不但能显著提高生产技术水平，也有利于"三废"的防治与环境保护。如第三章中所介绍的生物酶催化剂在药物合成中的应用，正是近年来快速发展的一个方向。生物酶催化剂的使用，不仅可以大大提高原料的转化效率和产品收率，而且可以避免使用许多有毒有害的化学试剂，减少"三废"排放。

4. 选用高效节能设备

节约资源和能源是防治工业污染的最有效途径，对于效率低下且在生产运输过程中易产生泄漏的装备，必须及时更新。对于不合理的，易于污染环境的装置也需要尽快更新。例如在减压（真空）蒸发、浓缩时采用的力喷射泵，其弊端是将污染物质抽入水中使清水变成了污水，因而若改用机械真空泵，则可免于产生废水。其次，在物料输送时应多采用泵输送的方式，其不仅仅是为了操作上的方便，而且可以避免使用真空或压缩气体输送物料时所造成的能耗和物质损耗的增加。

需要注意的是，以上对化学制药旧工艺的优化与升级虽然可有效提高清洁生产水平和减少生产对环境的污染，但需要根据这些变更对生产工艺、产品质量的影响程度进行风险评估和相应的研究工作，其目的是使这些变更不会对药物安全性、有效性和质量可控性产生负面影响。其中，风险评估包括全面分析工艺变更对药物结构、质量及稳定性等方面的影响，如变更所可能引起的杂质种类及含量的变化、原料药物理性质的改变等；研究工作宜重点考察变更前后原料药质量是否一致。

二、提高资源的综合利用水平

对资源的综合利用包括反应母液的循环套用、能源资源的综合利用和"三废"的综合利用等。

提高资源的
综合利用水平

1. 循环套用

在药物合成中，反应往往不能彻底进行，且常常存在副反应，产物也难以从反应混合物中完全分离。因此，反应母液中常含有一定数量的未反应原料、副产物和产物。通过合理的设计，部分药物合成中的反应母液可以循环套用或经适当处理后套用，从而降低原辅料的单耗，提高产品收率，且减少对环境的污染。例如，在氯霉素合成中进行乙酰化时，原工艺是将反应母液蒸发浓缩回收醋酸钠，并将残液废弃（图5-3）。后经改进，将母液按含量代替醋酸钠直接用于下一批反应，实现了母液的循环利用，从而避免了蒸发、结晶、过滤等操作。同时，由于母液中还含有一些反应产物（**5-6**），母液的循环使用不仅减少了废水的处理量，而且提高了产物的收率。

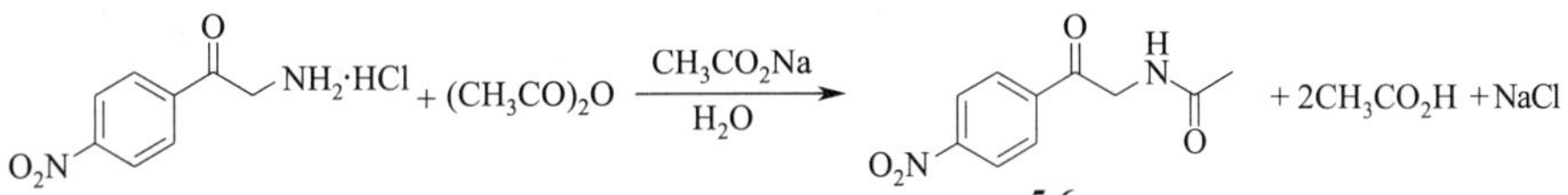

图 5-3 氯霉素合成中的乙酰化反应

又如，甲氧苄氨嘧啶（Trimethoprim）的氧化反应是将三甲氧苯甲酰肼在氨水及甲苯中用赤血盐钾（铁氰化钾）氧化，得到三甲氧基苯甲醛，同时副产物黄血盐钾铵（亚铁氰化钾铵）溶解在母液中。黄血盐钾铵分子中含有氰基，需处理后方可随母液排放。经过改进，将含有黄血盐钾铵的母液适当处理后，用高锰酸钾进行氧化，使黄血盐钾铵变成原料赤血盐钾后，套用于氧化反应中（图5-4）。

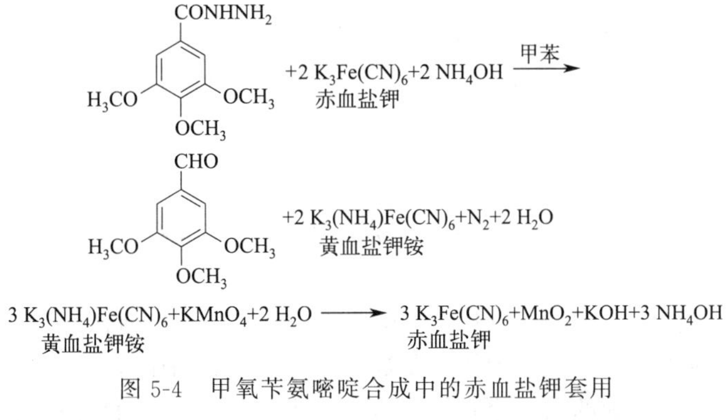

图 5-4 甲氧苄氨嘧啶合成中的赤血盐钾套用

上述都是将反应母液进行循环套用的实例，此外，反应所使用的溶剂、催化剂、活性炭等材料经处理后也可考虑反复套用。如果处理方法得当，对反应材料的套用相当于一个闭路循环，也是一个理想的无害化工艺，可以大大减少"三废"的排放和相应的环境污染。

2. 能源资源的综合利用

在制药工业中，使用的能源主要包括水、蒸汽、电力和压缩空气等。对能源资源进行有效综合利用不仅可以为企业节约生产成本，同时也可以有效减少生产过程中的"三废"污染。如蒸汽是制药公司生产所需要的最重要的能源之一，几乎生产中的加热、浓缩、干燥、热交换，包括空调、采暖都要用到蒸汽，而蒸汽在使用过程中因温度发生变化都会产生冷凝水，所产生的冷凝水通常被直接排放形成了污水。如果将生产过程中蒸汽所产生的冷凝水进行收集，不仅可以减少废水的排放，同时还可通过换热器用这些冷凝水来预热前期的物料，从而减少部分蒸汽的用量。

3. "三废"的综合利用

对"三废"进行综合处理和再利用，不仅可以减少废弃物的排放，还可以使一些原本无用，而且易造成环境污染的物质成为具有一定附加值的产品，从而提高企业的经济效益和社会效益。如在喷托维林（Pentoxyverime）的生产过程中所产生的环腈废水，通常需要处理后才能排放。但如果将该废水用本车间制备二溴丁烷所产生的废酸中和 pH 值为 5～6，再加活性炭脱色、过滤后浓缩至溴化钠浓度达 50％以上，便可用来代替氢溴酸制备二溴丁烷（图 5-5）。

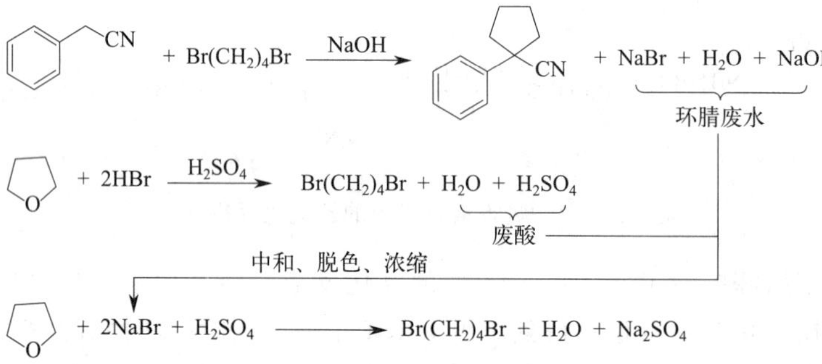

图 5-5　喷托维林的环腈废水综合利用

"三废"的综合利用应尽可能在本单位进行，这样可以降低生产消耗，节省运输费用。此外，也可以考虑利用其他药厂或行业的"废物"应用于本单位的生产。如生产 8-羟基喹啉的原料为邻硝基苯酚，原本需要专门合成，但由于香料行业生产邻硝基苯甲醚所排出的废水中就含有大量的邻硝基苯酚，用 200 号溶剂萃取回收便可用于生产 8-羟基喹啉。这种案例在化学制药行业中是不胜枚举的。

第三节　废水的处理

对于化学制药生产所产生的"三废"，虽然可以通过第二节所阐述的一些措施进行防治，从而减少"三废"的产生与排放，但不可能将"三废"完全消除。因此，对"三废"进行无害化处理，是"三废"治理的另一个重要的课题。其中，废水的数量相对更多、所含废弃物种类复杂、危害更严重，对生产的持续发展影响更大，因此是化学制药企业进行"三废"无害化处理的主要对象。

一、基本概念

1. 水质指标

水质指标是表征废水性质的参数。表征废水水质的指标有多种，其中比较重要的包括pH值、悬浮物（Suspended Substance，SS）、生化需氧量（Biochemical Oxygen Demand，BOD）、化学需氧量（Chemical Oxygen Demand，COD）等。

pH值是反映废水酸碱性强弱的重要指标，其对维护废水处理设备的正常运行，防止废水处理及输送设备的腐蚀，保护水生生物和水体自净化功能都有十分重要的意义。通常经过处理后的废水应呈中性或接近中性。

悬浮物是指废水中呈悬浮状态的固体，是反映水中固体物质含量的一个常用指标。悬浮物是造成水浑浊的主要原因，可用过滤法测定，单位为 mg/L。

生化需氧量是指在一定条件下，微生物氧化分解水中的有机物时所需的溶解氧的量，是反映水中有机污染物含量的一个综合指标。其值越大，表示水中的有机物越多，水体被污染的程度越高。在 BOD 的测量中，通常规定使用 20℃、5d 的测试条件，并将结果以氧的 mg/L 为单位进行表示，记为五日生化需氧量（BOD_5）。

化学需氧量是指在一定条件下，用强氧化剂氧化废水中的有机物所需的氧的量，单位为 mg/L。一般测量化学需氧量所用的氧化剂为高锰酸钾或重铬酸钾，使用不同的氧化剂得出的数值也不同，因此需要注明检测方法。

COD 与 BOD 均可表征水体被污染的程度，但 COD 能够更精确地表示废水中的有机物含量，且测定时间短，不受水质限制，因此常被用作废水的污染指标。COD 与 BOD 之间的差值，表示未能被微生物分解的污染物含量。

氨氮（ammonia-nitrogen）是指水中以游离氨（NH_3）和铵离子（NH_4^+）形式存在的氮。氨氮是水体中的营养物质，如果其在水中的含量过高，易导致水体的富营养化，从而使鱼类或某些水生生物由于缺氧而死亡。

总氮（Total Nitrogen，TN）是水中各种形态的无机和有机氮的总量，包括 NO_3^-、NO_2^-、NH_4^+ 等无机氮和蛋白质、氨基酸、有机胺等有机氮，其值以每升水中含氮的体积（mL）计，常用于表示水体受营养物质污染的程度。

总有机碳（Total Organic Carbon，TOC）指水体中溶解性和悬浮性有机物含碳的总量。水中有机物的种类很多，目前尚无法全部进行分离鉴定，故采用总有机碳作为一个综合指标进行快速检定，并以碳的数量表示水中含有机物的总量。总有机碳通常作为评价水体有机物污染程度的重要依据，但因其无法反映水中有机物的种类和组成，故不能反映总量相同的总有机碳所造成的不同污染后果。

2. 清污分流

清污分流是将高污染水（如制药生产过程中排放的各种废水）和未污染或低污染水（如间接冷却水、雨水和生活用水等）分开输送、排放或贮留，从而有利于高污染水的处理和未污染或低污染水的循环套用。清污分流对于废水的处理是十分重要的。通常，未污染或低污染水的数量远超过生产废水等高污染水，采用清污分流，不仅可大幅降低废水的处理量，还可以节约水资源的使用。

除清污分流，还应将某些特殊废水与一般废水分开，以利于特殊废水的单独处理和一般废水的常规处理。如某些含剧毒物质（如重金属）的废水应与准备生物处理的废水分开；含氰废水、含硫化物废水与酸性废水不能混合等。

3. 废水的处理级数

按照处理程度不同，废水的处理通常分为一级、二级和三级三个级别。

一级处理通常是使用物理或简单的化学方法除去废水中的漂浮物和部分悬浮物，以及调节废水的 pH 值等。一级处理是二级生物处理的预处理过程，只有一级处理出水水质符合要求，才能保证二级生物处理运行平稳，进而确保二级出水水质达标。针对不同污水中存在的不同污染物，应实施与之相对应的一级处理工艺。比如酸碱污水应当采取中和处理，含盐污水应当采取离子交换、电解或膜法处理，对超高浓度有机污水就应当采取萃取法处理。经过一级处理的污水，BOD 一般可去除 30% 左右。

二级处理主要指废水的生物处理。废水经过一级处理后，再经过二级处理，可除去废水中大部分有机污染物，将废水中各种复杂有机物氧化分解为简单物质。经过二级处理，废水中可被微生物分解的有机物去除率可达 90% 左右，水质可以得到大大改善。

三级处理又称为深度处理，用于进一步处理难降解的有机物、氮和磷等能够导致水体富营养化的可溶性无机物等。根据三级处理出水的具体去向和用途，其处理流程和组成单元有所不同。如果为防止受纳水体富营养化，则采用除磷和除氮的处理单元过程；如果为保护下游饮用水源或浴场不受污染，则应采用除磷、除氮、除毒物、除病原体等处理单元过程；如果直接作为城市饮用以外的生活用水，例如洗衣、清扫、冲洗厕所、喷洒街道和绿化地带等用水，其出水水质要求接近于饮用水标准，则要采用更多的处理单元过程。

二、废水的控制指标

根据《污水综合排放标准》（GB 8978—1996），按污染物对人体健康的影响程度，将污染物分为两类。其中，第一类污染物是指能在环境或动植物体内蓄积，对人体健康产生长远不良影响者，共 13 种；第二类污染物是指其长远影响小于第一类的污染物质，在排污单位排出口取样，其污染物检测指标主要包括 pH 值、色度、悬浮物、五日生化需氧量、化学需氧量等。

废水处理的
相关指标

对于化学合成类制药废水，大部分为高浓度有机废水，含盐量高，pH 值变化大，部分原料或产物具有生物毒性或难被生物降解，如酚类化合物、苯胺类化合物、重金属、苯系物、卤代烃等。其来源及水质特点如表 5-1 所示。

表 5-1　化学合成类制药废水来源及污染物浓度水平

工序	生产设施	废水类型	主要污染物种类及浓度/(mg/L)	排放形式
反应	反应釜、缩合釜、裂解釜、其他	设备清洗水	$COD_{Cr}<1000$；NH_3-N<100	间歇排放
		地面清洗水	$COD_{Cr}<500$；NH_3-N<50	间歇排放
分离	离心机、板框压滤机、转鼓过滤机、其他	废滤液	$COD_{Cr}>10000$；NH_3-N$:200\sim5000$；盐度:$2000\sim10000$	批次排放
		设备清洗水	$COD_{Cr}:1000\sim10000$	间歇排放
		地面清洗水	$COD_{Cr}<500$；NH_3-N<50	间歇排放
提取	吸附罐、结晶罐、浸提设备、萃取罐、其他	废母液	$COD_{Cr}>10000$；NH_3-N$:200\sim5000$；盐度:$2000\sim10000$	批次排放
		设备清洗水	$COD_{Cr}<1000$；NH_3-N<100	间歇排放
		地面清洗水	$COD_{Cr}<500$；NH_3-N<50	间歇排放

续表

工序	生产设施	废水类型	主要污染物种类及浓度/(mg/L)	排放形式
精制	结晶罐、脱色罐、其他	废母液	COD_{Cr}:2000～10000；NH_3-N:200～5000	批次排放
		设备清洗水	COD_{Cr}<1000；NH_3-N<100	间歇排放
		地面清洗水	COD_{Cr}<500；NH_3-N<50	间歇排放
干燥	真空干燥塔、双锥干燥器、沸腾床、水环真空泵、其他	水环真空泵排水	COD_{Cr}:200～5000	连续排放
		设备清洗水	COD_{Cr}<1000；NH_3-N<100	间歇排放
		地面清洗水	COD_{Cr}<500；NH_3-N<50	间歇排放
成品	磨粉机、分装机、水环真空泵、其他	水环真空泵排水	COD_{Cr}:200～5000	连续排放
		设备清洗水	COD_{Cr}<1000；NH_3-N<100	间歇排放
		地面清洗水	COD_{Cr}<500；NH_3-N<50	间歇排放
溶剂回收	蒸馏釜、精馏塔、萃取罐、降膜吸收塔、水环真空泵、其他	废母液（水相）	COD_{Cr}>10000；盐度:2000～10000	批次排放
		水环真空泵排水	COD_{Cr}:200～5000	连续排放
		设备清洗水	COD_{Cr}<1000；NH_3-N<100	间歇排放
		地面清洗水	COD_{Cr}<500；NH_3-N<50	间歇排放
动力系统	纯水制备设施、循环水系统、制冷系统、空压系统等	制水排水	COD_{Cr}<100；盐度>1000	间歇排放
		冷却排水	COD_{Cr}<100；盐度>1000；SS<100	间歇排放

为了规范化学制药企业的水污染物排放，《化学合成类制药工业水污染物排放标准》（GB 21904—2008），规定了化学合成类制药工业企业水污染物排放限值、监测和监控要求，并规定企业向设置污水处理厂的城镇排水系统排放废水时，有毒污染物总镉、烷基汞、六价铬、总砷、总铅、总镍、总汞在标准规定的监控位置执行相应的排放限值；其他污染物的排放控制要求由企业与城镇污水处理厂根据其污水处理能力商定或执行相关标准，并报当地环境保护主管部门备案；城镇污水处理厂应保证排放污染物达到相关排放标准要求。此外，建设项目拟向设置污水处理厂的城镇排水系统排放废水时，由建设单位和城镇污水处理厂按前款的规定执行。标准中，对于水污染物排放标准的总体控制要求如表5-2所示：

表 5-2　水污染物排放浓度限值

序号	污染物	排放限值		序号	污染物	排放限值	
		现有企业	新建企业			现有企业	新建企业
1	pH 值	6～9	6～9	14	挥发酚/(mg/L)	0.5	0.5
2	色度(稀释倍数)/(mg/L)	50	50	15	硫化物/(mg/L)	1.0	1.0
3	悬浮物/(mg/L)	70	50	16	硝基苯类/(mg/L)	2.0	2.0
4	生化需氧量(BOD₅)/(mg/L)	40(35)	25(20)	17	苯胺类/(mg/L)	2.0	2.0
5	化学需氧量(COD$_{Cr}$)/(mg/L)	200(180)	120(100)	18	二氯甲烷/(mg/L)	0.3	0.3
6	氨氮(以 N 计)/(mg/L)	40(30)	25(20)	19	总汞/(mg/L)	0.05	0.05
7	总氮/(mg/L)	50(40)	35(30)	20	烷基汞/(mg/L)	不得检出[①]	不得检出[①]
8	总磷/(mg/L)	2.0	1.0	21	总镉/(mg/L)	0.1	0.1
9	总有机碳/(mg/L)	60(50)	35(30)	22	六价铬/(mg/L)	0.5	0.5
10	急性毒性(HgCl₂ 毒性当量)	0.07	0.07	23	总砷/(mg/L)	0.5	0.5
11	总铜/(mg/L)	0.5	0.5	24	总铅/(mg/L)	1.0	1.0
12	总锌/(mg/L)	0.5	0.5	25	总镍/(mg/L)	1.0	1.0
13	总氰化物/(mg/L)	0.5	0.5				

①烷基汞检出限：10ng/L。

注：1. 括号内排放限值适用于同时生产化学合成类原料药和混装制剂的联合生产企业。

2. 现有企业指标准实施之日前已建成投产或环境影响评价文件已通过审批的化学合成类制药企业或生产设施，新建企业是指标准实施之日起环境影响评价文件通过审批的新建、改建和扩建化学合成类制药工业建设项目。

3. 1～18号污染物排放监控位置为企业废水总排放口，19～25号污染物排放监控位置为车间或生产设施废水排放口。

4. 目前，所有企业均按新建企业的水污染物排放标准执行。

　　此外，在国土开发密度较高、环境承载能力开始减弱，或水环境容量较小、生态环境脆弱、容易发生严重水环境污染问题而需要采取特别保护措施的地区，化学合成类药物生产企业的污染排放行为应按照表5-3所规定的水污染物特别排放限值严格控制，具体执行水污染物特别排放限值的地域范围、时间，由国务院环境保护主管部门或省级人民政府规定。

表 5-3　水污染物特别排放限值

序号	污染物	排放限值	序号	污染物	排放限值
1	pH 值	6～9	14	挥发酚/(mg/L)	0.5
2	色度(稀释倍数)	30	15	硫化物/(mg/L)	1.0
3	悬浮物/(mg/L)	10	16	硝基苯类/(mg/L)	2.0
4	生化需氧量(BOD_5)/(mg/L)	10	17	苯胺类/(mg/L)	1.0
5	化学需氧量(COD_{Cr})/(mg/L)	50	18	二氯甲烷/(mg/L)	0.2
6	氨氮(以 N 计)/(mg/L)	5	19	总汞/(mg/L)	0.05
7	总氮/(mg/L)	15	20	烷基汞/(mg/L)	不得检出[②]
8	总磷/(mg/L)	0.5	21	总镉/(mg/L)	0.1
9	总有机碳/(mg/L)	15	22	六价铬/(mg/L)	0.3
10	急性毒性($HgCl_2$ 毒性当量)	0.07	23	总砷/(mg/L)	0.3
11	总铜/(mg/L)	0.5	24	总铅/(mg/L)	1.0
12	总锌/(mg/L)	0.5	25	总镍/(mg/L)	1.0
13	总氰化物/(mg/L)	不得检出[①]			

①总氰化物检出限：0.25mg/L。

② 烷基汞检出限：10ng/L。

注：1～18 号污染物排放监控位置为企业废水总排放口，19～25 号污染物排放监控位置为车间或生产设施废水排放口。

　　以上水污染物排放浓度限值适用于单位产品实际排水量不高于单位产品基准排水量的情况。对于不同类别化学合成类制药产品的生产，其单位产品基准排水量见表5-4。若单位产品实际排水量超过单位产品基准排水量，须按下式将实测水污染物浓度换算为水污染物基准水量排放浓度，并以水污染物基准水量排放浓度作为判定排放是否达标的依据。产品产量和排水量统计周期为一个工作日。

$$\rho_{基}=\frac{Q_{总}}{\sum Y_i Q_{i基}}\rho_{实}$$

式中，$\rho_{基}$ 为水污染物基准水量排放浓度，mg/L；$Q_{总}$ 为排水总量，m^3；Y_i 为第 i 种产品产量，t；$Q_{i基}$ 为第 i 种产品的单位产品基准排水量，m^3/t；$\rho_{实}$ 为实测水污染物排放浓度，mg/L。若 $Q_{总}$ 与 $\sum Y_i Q_{i基}$ 的比值小于 1，则以水污染物实测浓度作为判定排放是否达标的依据。

表 5-4　化学合成类制药工业单位产品基准排水量　　　　　单位：m^3/t

序号	药物种类	代表性药物	单位产品基准排水量
1	神经系统类	安乃近	88
		阿司匹林	30
		咖啡因	248
		布洛芬	120
2	抗微生物感染类	氯霉素	1000
		磺胺嘧啶	280
		呋喃唑酮	2400
		阿莫西林	240
		头孢拉定	1200

续表

序号	药物种类	代表性药物	单位产品基准排水量
3	呼吸系统类	愈创木酚甘油醚	45
4	心血管系统类	辛伐他汀	240
5	激素及影响内分泌类	氢化可的松	4500
6	维生素类	维生素 E	45
		维生素 B_1	3400
7	氨基酸类	甘氨酸	401
8	其他类	盐酸赛庚啶	1894

注：排水量计量位置与污染物排放监控位置相同。

对企业排放废水的采样应根据监测污染物的种类，在规定的污染物排放监控位置进行，有废水处理设施的，应在该设施后监控。在污染物排放监控位置应设置永久性排污口标志。新建企业应按照《污染源自动监控管理办法》的规定，安装污染物排放自动监控设备，并与环境保护主管部门的监控设备联网，保证设备正常运行。对企业水污染物排放情况进行监测的频次、采样时间等要求，按国家有关污染源监测技术规范的规定执行。对企业排放水污染物的浓度采用相关的标准方法测定。

三、废水处理的基本方法

废水处理的目的就是将废水中的污染物以某种方法分离出来，或者将其分解转化为无害稳定物质，从而使污水得到净化。一般要达到防止毒物和病菌的传染，避免有异臭和恶感的可见物，以满足不同用途的要求。

废水处理相当复杂。处理方法的选择，必须根据废水的水质和数量，排放到的接纳水体或水的用途来考虑。同时还要考虑废水处理过程中产生的污泥、残渣的处理利用和可能产生的二次污染问题，以及絮凝剂的回收利用等。常用的废水处理基本方法可以分为以下几种：物理法、化学法和生物法，或几种方法配合使用以去除废水中的有害物质。

物理法是利用物理作用处理、分离和回收废水中的污染物。例如用沉淀法除去水中相对密度大于 1 的悬浮颗粒，同时回收这些颗粒物；浮选法（或气浮法）可除去乳状油滴或相对密度近于 1 的悬浮物；过滤法可除去水中的悬浮颗粒；蒸发法用于浓缩废水中不挥发性的可溶性物质等。

化学法是利用化学反应或物理化学作用回收可溶性废物或胶体物质。例如，中和法用于中和酸性或碱性废水；萃取法利用可溶性废物在两相中溶解度不同的"分配"，回收酚类、重金属等；氧化还原法用来除去废水中还原性或氧化性污染物，杀灭天然水体中的病原菌等。

生化法是利用微生物的生化作用处理废水中的有机物。例如，生物过滤法和活性污泥法用来处理生活污水或有机生产废水，使有机物转化降解成无机盐而得到净化。

以上方法各有其适应范围，必须取长补短，相互补充，往往很难用一种方法就能达到良好的治理效果。一种废水究竟采用哪种方法处理，首先是根据废水的水质和水量、水排放时对水的要求、废物回收的经济价值、处理方法的特点等，然后通过调查研究，进行科学试验，并按照废水排放的指标、地区的情况和技术可行性而确定。

四、废水处理的常用工艺

对于化学药物的废水处理，其可行技术工艺流程和水污染物排放可行技术及排放水平分别如图 5-6 和表 5-5 所示：

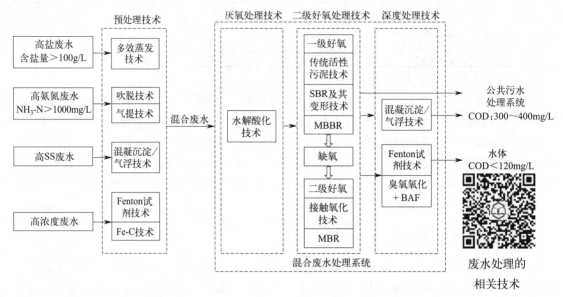

图 5-6　化学合成类水污染物排放控制可行技术工艺流程

表 5-5　化学合成类制药工业水污染物排放可行技术

可行技术	污染预防技术	污染治理技术	污染物排放水平/(mg/L)				技术适用条件
			COD_{Cr}	NH_3-N	总氮	总磷	
可行技术 1	原辅料替代＋酶催化技术/发酵液直通工艺/膜分离技术/高效动态轴向压缩工业色谱技术	①预处理技术(多效蒸发或 MVR/吹脱或气提/混凝沉淀或气浮/Fe-C 技术或 Fenton 试剂等化学氧化还原技术)＋②厌氧(水解酸化或 UASB 或 EGSB 或 IC 或厌氧生物膜反应器)＋③多级 AO＋④混凝沉淀/气浮	≤500	≤35	≤70	≤8	出水排向公共污水处理系统,协议标准执行 GB 8978—1996、GB/T 31962—2015 的企业
可行技术 2		①预处理技术(多效蒸发或 MVR/吹脱或气提/混凝沉淀或气浮/Fe-C 技术或 Fenton 试剂等化学氧化还原技术)＋②厌氧(水解酸化或 UASB 或 EGSB 或 IC 或厌氧生物膜反应器)＋③多级 AO＋④Fenton 试剂技术(或臭氧氧化＋BAF)＋混凝沉淀	≤120 (100)	≤25 (20)	≤35 (30)	≤1.0	出水直接排入地表水体且执行 GB 21904—2008 的企业

续表

可行技术	污染预防技术	污染治理技术	污染物排放水平/(mg/L)				技术适用条件
			COD$_{Cr}$	NH$_3$-N	总氮	总磷	
可行技术3	原辅料替代＋酶催化技术/发酵液直通工艺/膜分离技术/高效动态轴向压缩工业色谱技术	①预处理技术(多效蒸发或 MVR/吹脱或气提/混凝沉淀或气浮/Fe-C 技术或 Fenton 试剂等化学氧化还原技术)＋②厌氧(水解酸化或 UASB 或 EGSB 或 IC 或厌氧生物膜反应器)＋③多级 AO＋④"Fenton 试剂技术(或臭氧氧化＋BAF)＋混凝沉淀＋过滤＋消毒"/"高级氧化技术＋膜技术＋MVR技术"	≤50	≤5	≤15	≤0.5	出水直接排入地表水体且执行 GB 21904—2008 特别排放限值的企业

注：括号内排放限值适用于同时生产化学合成类原料药和混装制剂的生产企业。

下面对一些常用的化学制药废水的处理方法进行介绍。

1. 物理法

根据制药废水的水质特点，在其处理过程中需要采用物理处理作为生化处理的预处理或后处理工序。目前应用的物理处理方法主要包括混凝、气浮、吸附、氨吹脱、电解、离子交换和膜分离法等。

(1) 混凝法。该技术是目前国内外普遍采用的一种水质处理方法，它被广泛用于制药废水预处理及后处理过程中。该方法是通过向废水中投加混凝剂，使其中的胶粒物质发生凝聚和絮凝而分离出来，以达到净化废水的目的。混凝系凝聚作用与絮凝作用的合称。前者系因投加电解质，使胶粒电动电势降低或消除，以致胶体颗粒失去稳定性，脱稳胶粒相互聚结而产生；后者系由高分子物质吸附搭桥，使胶体颗粒相互聚结而产生。混凝剂可归纳为两类：①无机盐类，有铝盐（硫酸铝、硫酸铝钾、铝酸钾等）、铁盐（三氯化铁、硫酸亚铁、硫酸铁等）和碳酸镁等；②高分子物质，有聚合氯化铝、聚丙烯酰胺等。影响混凝效果的因素有：水温、pH 值、浊度、硬度及混凝剂的投放量等。高效混凝处理的关键在于恰当地选择和投加性能优良的混凝剂。近年来混凝剂的发展方向是由低分子向聚合高分子发展，由成分功能单一型向复合型发展。

(2) 气浮法。气浮法是通过向废水中通入空气，利用高度分散的微小气泡作为载体去黏附废水中的悬浮物，使其随气泡升到水面而去除。其处理对象是乳化油以及疏水性细微固体悬浮物，通常包括充气气浮、溶气气浮、化学气浮和电解气浮等多种形式。该方法的优点在于气浮过程中增加了水中的溶解氧，浮渣含氧，不易腐化，有利于后续处理；气浮池表面负荷高，水力停留时间短，池深浅，体积小；浮渣含水率低，排渣方便；投加絮凝剂处理废水时，所需的药量较少。但缺点是耗电多，运营费用偏高；废水悬浮物浓度高时，减压释放器容易堵塞，管理复杂。

(3) 吸附法。吸附法处理是利用多孔性固体物质吸收分离水中污染物的水处理过程，一般采用固定床吸附装置。废水处理过程中采用吸附法处理，可去除废水中重金属离子（如汞、铬、银、镍、铅等），还可净化废水中低浓度有机废气，如含氟、硫化氢的废气等。影响吸附的主要因素有吸附剂的物理化学性质、吸附质的物理化学性质、废水 pH 值、废水的温度、共存物的影响和接触时间等，常用的吸附剂有活性炭、活性煤、腐殖酸类、吸附树脂等。

（4）膜分离法。膜分离是通过膜对混合物中各组分的选择渗透作用的差异，以外界能量或化学位差为推动力对双组分或多组分混合的气体或液体进行分离、分级、提纯和富集的技术。膜分离法是一种新的废水处理方法，它包含微滤、超滤、渗析、电渗析、纳滤、反渗透、渗透蒸发和液膜等。该技术的主要特点是设备简单、操作方便、无相变及化学变化、处理效率高和节约能源等，但廉价、性能完备的膜制备和膜污损问题影响着膜分离技术在废水处理中广泛的应用。

2. 化学法

化学法是通过化学反应和传质作用来分离、去除废水中呈溶解、胶体状态的污染物或将其转化为无害物质的废水处理法。

（1）中和法。中和法是废水化学处理法之一种。利用中和作用处理废水，使之净化的方法。其基本原理是，使酸性废水中的 H^+ 与外加 OH^-，或使碱性废水中的 OH^- 与外加的 H^+ 相互作用，生成弱解离的水分子，同时生成可溶解或难溶解的其他盐类，从而消除它们的有害作用。反应服从当量定律。采用此法可以调节酸性或碱性废水的 pH 值，处理并回收利用酸性废水和碱性废水。常用的方法有：酸、碱废水相互中和，投药中和和过滤中和法等。

含酸废水和含碱废水是两种重要的工业废液。一般而言，酸含量大于 3%～5%，碱含量大于 1%～3% 的高浓度废水称为废酸液和废碱液，这类废液首先要考虑采用特殊的方法回收其中的酸和碱。酸含量小于 3%～5% 或碱含量小于 1%～3% 的酸性废水与碱性废水，回收价值不大，常采用中和处理方法，使其 pH 值达到排放废水的标准。

（2）化学沉淀法。化学沉淀法是向废水中投加某些化学物质，使它和废水中欲去除的污染物发生直接的化学反应，生成难溶于水的沉淀物而使污染物分离除去的方法。但由于化学沉淀法普遍要加入大量的化学药剂，并成为沉淀物的形式沉淀出来。这就决定了化学沉淀法处理后会存在大量的二次污染，如大量废渣的产生。化学沉淀法经常用于处理含有汞、铅、铜、锌、六价铬、硫、氰、氟、砷等有毒化合物的废水。利用向废水中投加氢氧化物、硫化物、碳酸盐、卤化物等生成金属盐沉淀可以去除废水中的金属离子。例如，向废水中投加钡盐生成铬酸盐沉淀，可用于处理含六价铬的工业废水；向废水中投加石灰生成氟化钙沉淀，可以去除水中的氟化物。根据使用的沉淀剂不同，常见的化学沉淀法有氢氧化物沉淀法、硫化物沉淀法、碳酸盐沉淀法、钡盐沉淀法、卤化物沉淀法等。

（3）氧化还原法。氧化还原法是通过药剂与污染物的氧化还原反应，把废水中有毒害的污染物转化为无毒或微毒物质的处理方法。在氧化还原反应中，有毒有害物质有时是作为还原剂的，这时需要外加氧化剂如空气、臭氧、氯气、漂白粉、次氯酸钠等。当有毒有害物质作为氧化剂时，需要外加还原剂如硫酸亚铁、氯化亚铁、锌粉等。

由于多数氧化还原反应速度很慢，因此，在用氧化还原法处理废水时，影响水溶液中氧化还原反应速度的动力因素对实际处理能力有更为重要的意义，这些因素包括：①氧化剂和还原剂的本性。其影响很大，影响程度通常要由实验观察或经验来决定。②反应物的浓度。

一般情况下浓度升高，速度加快，其间定量关系与反应机理有关，可根据实验观察来确定。③温度。一般情况下温度升高，速度加快，其间定量关系可由阿仑尼乌斯公式表示。④催化剂及某些不纯物的存在。近年来异相催化剂（如活性炭、黏土、金属氧化物）等在水处理中的应用受到重视。⑤溶液的 pH 值。影响很大，其影响途径主要有：H^+ 或 OH^- 直接参与氧化还原反应、OH^- 或 H^+ 为催化剂、溶液的 pH 值决定溶液中许多物质的存在状态及相对数量。

目前，随着技术的进步，高级氧化技术（Advanced Oxidation Processes，AOP）被越来越多地应用于废水处理。20 世纪 80 年代，高级氧化技术逐步开始发展，其能够利用光、声、电、磁等物理和化学过程产生具有强氧化能力的羟基自由基（HO·），进一步通过氧化反应去除或降解水中污染物的方法。高级氧化法主要用于将大分子难降解有机物氧化降解成低毒或无毒小分子物质的水处理场合，而这些难降解有机物采用常规氧化剂如氧气、臭氧或氯等时不能氧化。目前的高级氧化技术主要包括化学氧化法、电化学氧化法、湿式氧化法、超临界水氧化法和光催化氧化法等。

3. 生化法

对于大多数有机废水，目前化学制药企业均采用生化法进行处理。借助微生物的作用，几乎所有的有机物都能被相应的微生物氧化分解，从而使废水中呈溶解和胶体状态的有机污染物转化为无害物质，以实现水体的净化。根据生化处理过程中微生物对氧气的需求不同，生化法主要有好氧生物处理法和厌氧生物处理法。前者是利用悬浮于水中的微生物群对有机物进行氧化分解，主要有活性污泥法和生物膜法；后者是利用附着于载体上的微生物群进行有机物分解。化学制药工业的废水种类繁多、水质各异，故而需根据废水的水量、水质等具体情况，选择合适的生化法进行处理。

（1）好氧生物处理法。好氧生物处理法是废水中有分子氧存在的条件下，利用好氧微生物（包括兼性微生物，但主要是好氧细菌）降解有机物，使其分解无害化的处理方法。在有机物的好氧分解过程中，废水中呈溶解状态的有机物首先透过细菌的细胞壁为细菌所吸收，固体和胶体状的有机物首先被细菌吸附，在细菌分泌的外酶的作用下，水解成溶解性物质，再渗入细菌细胞内。进入细胞内的溶解性有机物在内酶的作用下，一部分被氧化分解成简单的无机物，如 CO_2、H_2O、NH_3、NO_3^-、SO_4^{2-} 和 PO_4^{3-} 等，同时释放能量，称为异化作用。同时，细菌利用这部分能量作为生命活动的能源，另一部分有机物作为其生长繁殖的营养物质，使细菌繁殖，称为同化作用。在有机物氧化和合成的同时，有一部分细胞物质被氧化分解，同时释放出能量，为细菌的内源呼吸。当环境中的有机物充足时，细胞物质大量合成，内源呼吸不明显，当环境中的有机物不足时，内源呼吸就成为细菌生命活动所需能量的主要来源。在进行好氧生物处理时，要供给好氧微生物以充足的氧和各种必要的营养源如碳、氮、磷以及钾、镁、钙、硫、钠等元素，同时应控制微生物的生存条件，如 pH 宜为 6.5～9，水温宜为 10～35℃等。

① 活性污泥法。活性污泥法是一种重要的废水好氧生物处理法。该法是在人工充氧条件下，对废水和各种微生物群体进行连续混合培养，形成活性污泥。利用活性污泥的生物凝聚、吸附和氧化作用，以分解去除废水中的有机污染物。然后使污泥与水分离，大部分污泥再回流到曝气池，多余部分则排出活性污泥系统。

典型的活性污泥法工艺是由曝气池、二次沉淀池（二沉池）、污泥回流系统和剩余污泥排出系统组成。废水和回流的活性污泥一起进入曝气池形成混合液。从空气压缩机站送来的压缩空气，通过铺设在曝气池底部的空气扩散装置，以细小气泡的形式进入废水中，目的是增加废水中的溶解氧含量，还可以使混合液处于剧烈搅动的状态，呈悬浮状态。溶解氧、活性污泥与废水互相混合、充分接触，使活性污泥反应得以正常进行（图5-7）。

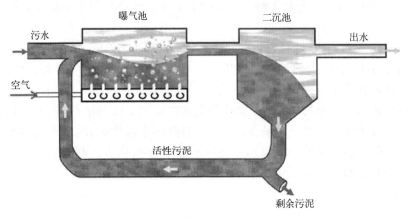

图 5-7　活性污泥法的工艺流程图

活性污泥法处理废水主要分为两个阶段。第一阶段：也称为吸附阶段，废水中的有机污染物被活性污泥颗粒吸附在菌胶团的表面上，这是由于其巨大的比表面积和多糖类黏性物质。同时一些大分子有机物在细菌胞外酶作用下分解为小分子有机物。吸附作用进行得十分迅速，如果是生活污水，往往在 10～30min 内就可以基本完成，也就是说在曝气池起端较短距离内就已经基本完成吸附作用。在这一阶段，除吸附外，还进行了吸收和氧化的作用，但吸附是主要作用。第二阶段：也称氧化阶段，即微生物在氧气充足的条件下，吸收这些有机物，并氧化分解，形成二氧化碳和水，并将一部分供给自身的增殖繁衍。活性污泥反应进行的结果，污水中有机污染物得到降解而去除，活性污泥本身得以繁衍增长，污水则得以净化处理。这个阶段进行得相当缓慢，比第一阶段所需的时间长得多。

经过活性污泥净化作用后的混合液进入二次沉淀池，混合液中悬浮的活性污泥和其他固体物质在这里沉淀下来与水分离，澄清后的污水作为处理水排出系统。经过沉淀浓缩的污泥从沉淀池底部排出，其中大部分作为接种污泥回流至曝气池，以保证曝气池内的悬浮固体浓度和微生物浓度；增殖的微生物从系统中排出，称为"剩余污泥"。事实上，污染物很大程度上从污水中转移到了这些剩余污泥中，而这些污泥如不妥善处理，同样会造成环境污染。剩余污泥一般先浓缩脱水，然后再进行无害化处理及综合利用，包括焚烧、用作建筑材料掺合物、用作肥料和用以繁殖蚯蚓等。

② 生物膜法。生物膜法又称固定膜法，也是废水好氧生物处理法的一种，是利用附着生长于某些固体物表面的微生物（即生物膜）进行有机污水处理的方法。生物膜是由高度密集的好氧菌、厌氧菌、兼性菌、真菌、原生动物以及藻类等组成的生态系统，其附着的固体介质称为滤料、填料或载体。生物膜自滤料向外可分为厌氧层、好氧层、附着水层、流动水层。生物膜法的原理是，生物膜首先吸附附着水层有机物，由好氧层的好氧菌将其分解，再进入厌氧层进行厌氧分解，流动水层则将老化的生物膜冲掉以生长新的生物膜，如此往复以达到净化污水的目的（如图5-8所示）。根据装置的不同，生物膜法可分为生物滤池、生物转盘、接触氧化法和生物流化床等。

生物膜法处理系统中，废水经初次沉淀池后进入生物膜反应器，废水在生物膜反应器中经好氧生物氧化去除有机物后，再通过二次沉淀池出水（如图 5-9 所示）。微生物在填料表面聚附着形成生物膜后，由于生物膜的吸附作用，其表面存在一层薄薄的水层，水层中的有机物已经被生物膜氧化分解，故水层中的有机物浓度比进水要低得多，当废水从生物膜表面流过时，有机物就会从流动着的废水中转移到附着在生物膜表面的水层中去，并进一步被生物膜所吸附，同时，空气中的氧也经过废水而进入生物膜水层并向内部转移。生物膜上的微生物在有溶解氧的条件下对有机物进行分解和机体本身进行新陈代谢，因此产生的二氧化碳等无机物又沿着相反的方向，即从生物膜经过附着水层转移到流动的废水中或空气中去。这样一来，出水的有机物含量减少，废水得到了净化。

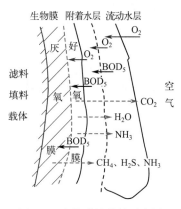

图 5-8　生物膜的结构示意图

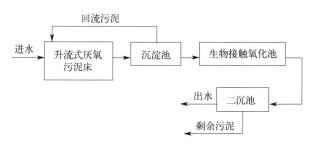

图 5-9　生物膜法的基本流程

在小规模分散型污水处理中大量使用生物膜污水处理工艺，比使用活性污泥工艺更有优势。首先，微生物相方面，各种生物膜工艺中参与净化反应的微生物多样化，微生物的食物链较长，世代时间较长的微生物易于存活，在分段运行中每段都能够形成优势菌种；其次，在处理工艺上，各种生物膜工艺对水质水量变化均有较强的适应性，污泥沉降性能良好，易于固液分离，能够处理低浓度的污水，易于维护、节能。

（2）厌氧生物处理法。厌氧生物处理法是利用兼性厌氧菌和专性厌氧菌将废水中大分子有机物降解为低分子化合物，进而转化为甲烷、二氧化碳的有机废水处理方法。厌氧生物处理工艺按微生物的凝聚形态可分为厌氧活性污泥法和厌氧生物膜法。厌氧活性污泥法包括普通消化池、厌氧接触消化池、升流式厌氧污泥床（Upflow Anaerobic Sludge Blanket，UASB）、厌氧颗粒污泥膨胀床（EGSB）等；厌氧生物膜法包括厌氧生物滤池、厌氧流化床和厌氧生物转盘。

厌氧生物处理是一个复杂的微生物生物化学过程，主要依靠三大细菌类群——水解产酸细菌、产氢产乙酸细菌和产甲烷细菌的联合作用完成。可以相应地将厌氧消化过程粗略地划分为三个连续的阶段：水解酸化阶段、产氢产乙酸阶段和产甲烷阶段。

① 水解酸化阶段。复杂的大分子物质、不溶性有机物在微生物胞外酶的作用下水解为小分子、溶解性有机物，然后渗入细胞内，分解产生挥发性有机酸、醇类、醛类等。由于简单碳水化合物的分解产酸作用比含氮有机物的分解产酸作用迅速，故蛋白质的分解在碳水化合物分解后产生，此阶段主要产生较高级脂肪酸。含氮有机物分解产生的 NH_3 除了提供合成细胞物质的氮源外，其在水中有部分电离而形成 NH_4HCO_3 具有缓冲消化液 pH 值的作

用，故有时也把继碳水化合物分解后的蛋白质分解产氨过程称为酸性减退期。

② 产氢产乙酸阶段。在产氢产乙酸细菌的作用下，第一阶段产生的各种有机酸被分解转化成乙酸和氢气，在降解奇数碳素有机酸时还形成二氧化碳。

③ 产甲烷阶段。产甲烷细菌将乙酸、乙酸盐、二氧化碳和氢气等转化为甲烷。此过程由两组生理上不同的产甲烷菌完成，一组把氢和二氧化碳转化成甲烷，另一组从乙酸或乙酸盐脱羧产生甲烷，前者约占总量的 1/3，后者约占 2/3。

虽然厌氧消化过程可分为以上三个阶段，实际上，这三个阶段在厌氧反应器中是同时进行的，并保持某种程度的动态平衡，这种动态平衡一旦被 pH 值、温度、有机负荷等外加因素所破坏，产甲烷阶段首先受到抑制，其结果会导致低级脂肪酸的存积和厌氧过程的异常变化，甚至会导致整个厌氧消化过程停滞。

第四节 废气的处理

化学制药排出的废气具有种类繁多、组成复杂、数量大和危害严重等特点，其污染源主要包括：①蒸馏、蒸发浓缩工段产生的有机不凝气，合成反应、分离提取过程产生的有机溶剂废气；②使用盐酸、氨水调节 pH 值产生的酸碱废气；③粉碎、干燥排放的粉尘废气；④污水处理厂产生的恶臭气体。

废气处理的相关技术

按照所含污染物的性质，化学制药排出的废气可分为含尘废气、含无机污染物废气和含有机污染物废气。对于含尘废气的处理，主要是一个气、固两相混合物的分离过程；而对于含无机或有机污染物废气的处理，则要按照其所含污染物的物理和化学性质，选择合适的方法进行无害化处理。

目前，对于制药工业所产生的废气管理，主要的依据包括《中华人民共和国环境保护法》、《大气污染物综合排放标准》（GB 16297—1996）、《恶臭污染物排放标准》（GB 14554—1993）等一系列相关法律法规。2019 年，中华人民共和国生态环境部、国家市场监督管理总局联合发布了《制药工业大气污染物排放标准》（GB 37823—2019），专门针对制药工业大气污染物排放控制要求、监测和监督管理要求进行了规定。同时，该标准要求新建企业自 2019 年 7 月 1 日起，现有企业自 2020 年 7 月 1 日起，其大气污染物排放控制按照本标准的规定执行，不再执行《大气污染物综合排放标准》（GB 16297—1996）中的相关规定。此外，为全面落实长三角一体化发展国家战略，加强制药工业大气污染物的排放控制，促进行业生产工艺和污染治理技术进步，长三角区域（含上海市、江苏省、浙江省、安徽省）统一制定了省级《制药工业大气污染物排放标准》。与国标（GB 37823—2019）相比，长三角《制药工业大气污染物排放标准》进行了从严设置，加强了 5 项指标（颗粒物、苯系物、氨、氯化氢、苯），并增加了 11 项指标（臭气浓度、三氯甲烷、乙酸乙酯、丙酮、乙腈、二氯甲烷、甲醇、氯苯类、酚类化合物、甲苯、苯乙烯），标准排放限值在国内属于严格之列。

一、含尘废气的处理

化学制药厂所排出的含尘废气主要源自于粉碎、碾磨、筛分等机械过程中所产生的粉尘以及锅炉燃烧灰尘等，其主要处理方法有：机械除尘、洗涤除尘和过滤除尘等三种。

1. 机械除尘

机械除尘是利用机械力（如重力、惯性力、离心力等）将悬浮的粉尘颗粒从气流中分离出来。这种设备结构简单、运转费用低，适用于含尘浓度高及悬浮颗粒较大（$5\sim10\mu m$ 以上）的气体，但对于细小的粒子分离效果不好。为提高分离效果，可采用多级联用的形式，或在使用其他除尘器之前，将机械除尘作为一级除尘使用。

2. 洗涤除尘

洗涤除尘又称湿式净化，是利用洗涤液（一般为水）与含尘气体充分接触，将尘粒洗涤下来而使气体净化的过程，可有效将直径 $0.1\sim100\mu m$ 的液态或固态粒子从气流中除去，同时也可脱除部分气态污染物。洗涤除尘法具有除尘效率高、除尘器结构简单、造价低、占地面积小和操作维修方便等优点，适宜处理高温、高湿、易燃、易爆的含尘气体。但该方法需要消耗一定量洗涤液（如水），并对洗涤后的含尘废液、污泥进行处理。净化含腐蚀性的气态污染物时，设备易腐蚀，故除尘器比一般干式除尘器的操作费用高，能耗大；同时，该方法在寒冷地区不适用。

3. 过滤除尘

过滤除尘是将棉、毛或人造纤维等材料加工成织物作为滤料，制成滤袋对含尘气体进行过滤。当含尘气流通过滤料孔隙时粉尘被阻留后，清洁气流穿过滤袋排出。沉积在滤袋上的粉尘通过机械振动，从滤料表面脱落至灰斗中。在使用一段时间后，滤布的孔隙会被尘粒堵塞，导致气流阻力增加，故需要使用专门清扫滤布的机械对其进行定期或连续清扫。过滤除尘适用于处理含尘浓度低、尘粒较小（$0.1\sim20\mu m$）的气体，但不适用于温度高、湿度大或腐蚀性强的废气。

由于各种除尘设备各有优缺点，对于那些粒径分布幅度较宽的含尘废气，常将两种或多种不同性质的除尘器组合使用，以提高除尘效果。

二、含无机污染物废气的处理

对于化学制药而言，废气中常见的无机污染物包括氯化氢、硫化氢、二氧化硫、氮氧化物、氯气、氨气等。对于含无机污染物废气的处理，主要方法有吸收法、吸附法、催化法和燃烧法等，其中以吸收法最为常用。

吸收是利用气体混合物中不同组分在吸收液中的溶解度不同，或者通过与吸收液发生选择性化学反应，将污染物从气流中分离出来的过程。吸收处理通常是在吸收装置中进行，其目的是使气体能与吸收液充分接触，实现气液两相之间的传质。用于气体净化的吸收装置主要有填料塔、板式塔和喷淋塔。

三、含有机污染物废气的处理

根据废气中所含有机污染物的特点、性质和回收的可能性，可采用不同的净化和回收方法。目前，处理含有机污染物废气的方法主要有冷凝法、吸收法、吸附法、焚烧法和生物法。

1. 冷凝法

通过冷却，可使废气中所含的有机污染物凝结成液体，从而达到分离处理的效果。冷凝法的特点是设备简单、操作方便，适用于处理有机污染物含量较高的废气。当要求的净化程度很高，或处理的有机废气浓度较低时，由于需要将废气冷却到很低的温度，因此经济性较差。

2. 吸收法

与处理含无机污染物废气类似，吸收法在处理含有机污染物废气时，也是通过选用合适的吸收剂，并通过一定的吸收流程，达到净化废气的目的。但是，利用吸收法处理含有机污染物的废气不如处理含无机污染物的废气应用广泛，其主要原因是选择适宜的吸收剂比较困难。

吸收法可用于处理有机污染物含量较低或沸点较低的废气，并可将其回收。如用水或乙二醛水溶液吸收废气中的胺类化合物，用硫酸吸收废气中的吡啶类化合物，用水吸收废气中的醇类和酚类化合物，用亚硫酸氢钠溶液吸收废气中的醛类化合物，用柴油或机油吸收废气中的某些有机溶剂等。但当废气中所含有机污染物浓度过低时，吸收效率会显著下降，因此本方法不适宜处理有机污染物含量过低的废气。

3. 吸附法

吸附法是将废气与大表面多孔吸附剂接触，使废气中的污染成分吸附到吸附剂的固体表面，从而达到净化废气的目的。吸附是一个动态平衡的过程，当气相中某组分被吸附剂吸附的同时，部分已被吸附的该组分又可以脱离固体表面回到气相中，形成脱附。当吸附速率与脱附速率相等时，该吸附剂的吸附达到饱和，失去继续吸附的能力。因此，当吸附过程接近或达到吸附平衡时，应采用适当的方法将被吸附的组分从吸附剂中解吸下来，以恢复吸附剂的吸附能力，而该过程称为吸附剂的再生。

与吸收法类似，选择适宜的高效吸附剂是吸附法处理含有机污染物废气的关键，常用的吸附剂包括活性炭、活性氧化铝、硅胶、分子筛和褐煤等。吸附法的净化效率较高，特别是当废气中有机污染物的浓度较低时本方法仍有很强的净化能力。因此，吸附法特别适用于处理排放要求较高或有机污染物浓度较低的废气，但一般不适用于处理高浓度、大气量的废气，否则需频繁对吸附剂进行再生处理，不但影响吸附剂的使用寿命，也增加了处理成本。

4. 焚烧法

焚烧法是在有氧的条件下将废气加热到一定的温度，使其中的可燃污染物发生燃烧或高温分解为无害物质，从而达到废气的净化目的。当废气中易燃污染物的浓度较高或热值较高时，可将废气直接通入焚烧炉中燃烧，燃烧产生的热量可予以回收。燃烧过程中，一般控制温度为 $800 \sim 900°C$，为了降低燃烧温度，也可采用催化燃烧法，使废气的可燃组分或可高温分解的组分在较低的温度下转化为 CO_2 和 H_2O。

焚烧法是一种常用的有机废气处理方法，工艺比较简单、操作比较方便，并可回收一定的热量。但其缺点是不能回收有用的物质，且易造成二次污染。

5. 生物法

生物法处理含有机污染物废气的原理是利用微生物的代谢作用，使废气所含的有机污染物转化为低毒或无毒的物质。与其他方法相比，本方法设备比较简单，且处理效率较高，运行成本较低。但生物法只能处理含有机污染物较少的废气，且不能回收有用物质。

第五节 废渣的处理

制药工业的废渣是在制药过程中产生的固体、半固体或浆状废物。废渣的来源很多，如活性炭脱色精制工序所产生的废活性炭，铁粉还原工序所产生的铁泥，锰粉氧化工序产生的锰泥，废水处理产生的污泥，反应处理结束后所产生的残渣、废盐、失活催化剂等。通常废渣的数量比废水、废气少，污染程度相对较小，但其组成复杂，且大多数含有高浓度的有机污染物，甚至是剧毒、易燃、易爆的物质。因此，对于废渣仍然需要进行适当的处理，以免造成环境污染和安全事故。

废渣处理的
相关技术

防治废渣污染应遵循"减量化、资源化和无害化"的"三化"原则。首先要采取措施，最大限度从"源头"减少废渣的产生和排放；其次，对于必须排出的废渣，要尽量能够综合利用，从废渣中回收有价值的资源和能量；最后，对无法综合利用或经综合利用后的废渣进行无害化处理。目前，对于废渣的处理方法主要有化学法、焚烧法、热解法和填埋法等。

1. 化学法

化学法是利用废渣中所含污染物的化学性质，通过化学反应将其转化为稳定、安全的物质，是一种常用的无害化处理技术。例如，铬渣中常含有对环境有严重危害的可溶性六价铬，可利用还原剂将其还原为无毒的三价铬。再如，含有氰化物的废渣有剧毒，不能随意排放，可将氢氧化钠溶液加入含有氰化物的废渣中，再用氧化剂使其转化为无毒的氰酸钠，或再加热回流数小时后用次氯酸钠分解，使氰基转化为 CO_2 和 N_2，从而避免其对环境的危害。

2. 焚烧法

焚烧法是使被处理的废渣与过量的空气在焚烧炉中进行氧化燃烧反应，从而使废渣中所含污染物在高温下氧化分解，是一种高温处理和深度氧化的综合工艺。焚烧法不仅可大大减少废渣的体积，消除其中许多有害物质，而且可以回收一定的热量，是一种可同时实现减量化、无害化和资源化的处理技术。因此，对于一些暂时无回收价值的可燃性废渣，特别是用其他方法不能解决或处理不彻底时，焚烧法是一个有效的方法。

决定废渣焚烧完全性的关键因素是温度、停留时间、湍流、供氧量和进料条件，最优焚烧条件是高温（根据废渣的不同一般为 900～1300℃）、气体（气化危险废物）在焚烧装置中有足够停留时间（一般大于 2s）、良好湍流和过量的氧化。焚烧法可使废渣中的有机污染物完全氧化成无害物质，有机物的化学去除率可达 99.5％以上，故适宜处理有机物含量较高或热值较高的废渣。当废渣中的有机物含量较少时，也可加入辅助燃料。但该方法的缺点是投资较大，运行成本较高。

3. 热解法

热解法是在无氧或缺氧的高温条件下，使废渣中的大分子有机物裂解为可燃的小分子燃料气体、油和固态碳等。与焚烧法不同，废渣中大分子有机物的热解过程是吸热的，而焚烧过程是放热的，且热量可以回收利用；此外，热解所生成的物质主要为可回收利用的可燃小分子化合物，如气态的氢、甲烷，液态的甲醇、丙酮、乙酸、乙醛等有机物以及焦油和溶剂油等，固态的焦炭或炭黑，而焚烧的产物主要是二氧化碳和水，无利用价值。

4. 填埋法

填埋法是将一时无法利用、又无特殊危害的废渣埋入土中，利用微生物的长期分解作用使其中的有害物质降解。一般情况下，废渣首先要进行减量化和资源化处理，然后才对剩余的无利用价值的残渣进行填埋处理。同其他处理方法相比，此方法的成本较低，且简便易行，但常有潜在的危险性。例如，废渣的渗滤液可能会导致填埋场地附近的地表水和地下水的严重污染；某些含有机物的废渣分解时要产生甲烷、氨气和硫化氢等气体，造成场地恶臭，严重破坏周围的环境卫生，而且甲烷的积累还可能引起火灾或爆炸。因此，要认真仔细地选择填埋场地，并采取妥善措施，防止对水源造成污染。

除以上几种方法，废渣的处理方法还有生物法、湿式氧化法等多种方法。生物法是利用微生物的代谢作用将废渣中的有机污染物转化为简单、稳定的化合物，从而达到无害化的目的。湿式氧化法是在高压和 $150\sim300℃$ 的条件下，利用空气中的氧对废渣中的有机物进行氧化，以达到无害化的目的，整个过程在有水的条件下进行。

📚 **阅读材料**

发展绿色制药，践行"绿水青山就是金山银山"

"绿水青山就是金山银山。"制药工业属于精细化工领域，具有品种多、工艺复杂、原材料利用率低、排放物量大、排放物危害性高等特点。过去一段时间，许多制药企业往往将生产重点放在增加品种、产量，只注重粗放式的经济增长指标，致使我国制药工业一直存在着"高污染、高能耗"的特点，对环境造成了严重的影响，并严重制约了行业的持续发展。

在"两山"理念的科学指导下，制药工业继续采用"粗放式"的发展模式已经不符合中国特色社会主义新时代的要求。诚然制药工业中的环境保护和健康发展离不开政府部门的严格监管和政策引导，离不开医药行业协会的积极推动，作为行业主体的制药企业和相关从业人员才是解决问题的源头。首先，制药企业应认清自身的社会责任和法律责任，树立科学发展观，不断增强企业生产管理中的绿色理念，不断提高企业全体员工的环保意识，鼓励企业员工积极参与环保实践，为"绿色制药"创造良好的企业文化。其次，制药企业能够从产业结构调整、原辅材料替代、工艺优化升级、新装备的应用、废物综合利用等多方面采取措施，实施清洁生产，实现节能、降耗、减污、增效的"绿色生产"过程。最后，制药企业可以通过加大研发投入，或与高校、科研院所进行合作，积极性探索"三废"处理的创新工艺，通过无害化技术、资源化技术变"三废"为"三宝"。

2021年，世界环境日的中国主题被确立为"人与自然和谐共生"，旨在进一步唤醒全社会生物多样性保护的意识，牢固树立尊重自然、顺应自然、保护自然的理念。对于制药工业而言，加快建设"绿色工厂"和循环经济园区（如图5-10所示），推动原料互供、资源共享，加强企业内及企业间的副产物循环利用、废弃物无害化处理和污染物综合治理，才能支撑制药行业健康、有序地持续发展，才能更好地建设人与自然和谐共生的美丽家园。

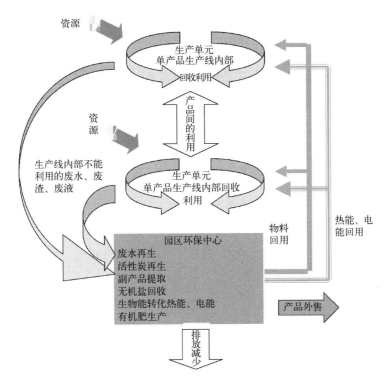

图 5-10　"绿色工厂"和循环经济园区示意图

 **思考题**

1. 化学制药污染的特点是什么？

2. 什么是"清洁生产"？其包括哪些主要内容？

3. 化学制药的废水处理中，为什么要进行"清污分流"？

4. 化学制药所产生的废气分为哪几种？主要的处理方法分别是什么？

5. 化学制药所产生的废渣处理中，"焚烧法"和"裂解法"有何不同？

参考文献

[1] 国家药品监督管理局药品审评中心.已上市化学药品变更研究的技术指导原则(一).北京：国家药品监督管理局，2008.

[2] 国家药品监督管理局药品审评中心.已上市化学药品生产工艺变更研究技术指导原则.北京：国家药品监督管理局，2017.

[3] 张福利.绿色制药及其实现路径//中国制药工业发展报告（2019）.北京：社会科学文献出版社，2019:253-261.

[4] 生态环境部.环办函[2015]70号 关于征求制药工业污染防治可行技术指南意见的函.2015.

[5] 生态环境部.环办标征函[2022]29号 关于公开征求《制药工业污染防治可行技术指南（征求意见稿）》等六项国家生态环境标准意见的通知.2022.

[6] 国家环境保护总局.污水综合排放标准(GB 8978—1996).北京：中国标准出版社，1998.

[7] 环境保护部，国家质量监督检验检疫总局.化学合成类制药工业水污染物排放标准(GB 21904—2008).北京：中国环

境科学出版社，2008.

［8］　宋鑫，任立人，吴丹，等.制药废水深度处理技术的研究现状及进展.广州化工，2012，40(12)：29-31.

［9］　生态环境部，国家市场监督管理总局.《制药工业大气污染物排放标准》（GB 37823—2019）.北京：中国环境出版集团有限公司，2019.

［10］　王渭军.制药企业废气处理.低碳世界，2017(17)：13-14.

第六章

化学制药中的"危险工艺"

本章学习要求

1. 了解：化学制药中常见的"危险工艺"及其相关危险性。
2. 熟悉：连续流微反应技术在"危险工艺"中的应用。
3. 掌握：化学制药中常见"危险工艺"的应对措施。

第一节　概述

一、"危险工艺"的危险性

化学制药属于精细化工行业，生产规模虽然通常远远小于人们熟知的石油化工、煤化工等大化工行业，但在生产过程中需要使用纷繁复杂的有毒、有害化学品，并存在许多极易导致泄漏、火灾、爆炸、中毒的工艺——"危险工艺"。如果漠视这些"危险工艺"的危险性，或者应对不当，极易造成严重的后果。2017 年 12 月 9 日，连云港聚鑫生物科技有限公司在以间二硝基

"危险工艺"
的危险性

苯为原料进行氯化反应生产时，年产 3000t 间二氯苯装置发生爆炸，结果造成 10 人死亡，1 人受伤。同时，事故造成包含生产车间在内的多栋厂房、围墙、装置、管廊管架整体坍塌、严重损毁或其他不同程度的损坏。究其事故原因，主要由于相关管理和生产人员漠视该"危险工艺"的危险性，擅自更改生产工艺，结果造成重大人员和财产损失。因此，在化学药物合成工艺的研发过程中，对所涉及的"危险工艺"应尤其重视，以避免和减少这些"危险工艺"可能造成的严重后果。

2009 年和 2013 年，国家安全监管总局先后公布了两批重点监管的危险化工工艺目录（安监总管三〔2009〕116 号、安监总管三〔2013〕3 号），共计 18 类，包括光气及光气化工艺、电解工艺（氯碱）、氯化工艺、硝化工艺、合成氨工艺、裂解（裂化）工艺、氟化工艺、加氢工艺、重氮化工艺、氧化工艺、过氧化工艺、胺基化工艺、磺化工艺、聚合工艺、烷基化工艺、新型煤化工工艺、电石生产工艺和偶氮化工艺。此外，化学制药工业中还存在一些应用范围较小的危险工艺或危险反应，如以格氏试剂、烷基锂化合物等为代表的有机金属化

合物参与的反应，有氰化物参与的氰化反应，有氢化钠或氨基钠为代表的强碱参与的反应等。以上这些工艺的危险性主要体现在：①所用原料或试剂剧毒，在使用、储运过程中安全隐患大；②反应原料、介质或产物具有易燃易爆等危险性；③反应速度快，放热量大，若移热不及时，不但会影响反应结果，还可能引起超温超压，引发爆炸事故；④介质或产物腐蚀性强，容易造成设备泄漏，使人员发生中毒事故。

二、"危险工艺"的应对措施

化学制药工业中，"危险工艺"所包含的化学反应在合成工艺研究中往往难以回避。对于这些"危险工艺"，从保护操作人员生命健康和安全的角度而言，最优的方法是采用自动化控制和安全联锁方式。自动化操作不仅能严格控制工艺参数、避免手动操作的安全隐患，还能降低劳动强度、改善作业环境，更好地实现高产、优质、长周期的安全运行。但是，考虑到产品的产量、企业的投入能力等实际因素，并非所有的"危险工艺"都能或需要采用自动化控制的方式解决。因此，如何正确应对化学制药中的"危险工艺"仍是研究人员需要面对的问题。

1. 合成工艺的设计

合成工艺的设计是从源头上应对"危险工艺"的关键阶段，其主要包括以下几个方面。

第一，由于化学药物生产所需原辅材料复杂多样、存在形式不定，许多材料还具有易燃、易爆、腐蚀等特性，有时可能由于环境的变化使残存的原料或产品与混入的空气形成爆炸性混合气体，且一旦发生火灾往往火势迅猛，损失严重，因此危险系数相对较高。因此，在化学药物合成工艺设计时应透彻了解并且熟记这些物质的危险特性，这是危险辨认、防、治的重要基础。对于工艺生产中危险物质的有效辨认分析，是从物质的稳定性、理化性以及化学反应和燃烧、爆炸特性、毒性等方面进行深入研究，从而达到危险的最低发生。

第二，化学药物生产工艺路线往往过程复杂、操作条件苛刻，若某一环节或设备发生故障，即会破坏正常的生产链，造成事故。本书第二章曾经介绍，化学制药工艺可能存在多条路线，而我们需重视的是哪一条工艺路线的使用可以更好地减少或者去除危险物的成分。在工艺设计中，应尽量做到：①尽量选用危险性小的物料。为获得某种目的产品，其原料或辅助材料并非都是唯一的，条件允许时应优先采用没有危险或危险性小的物料。如在光气化反应过程中，可尽量选用三光气代替光气参与反应。②尽量缓和过程条件苛刻度。比如采用催化剂或更好的催化剂，采用稀释、采用气相进料代替液相进料，以缓和反应的剧烈程度。③删繁就简，避开干扰，确保本质安全。对一台设备完成多种功能的情况，能否采用多台设备，分别完成一个功能，以增加生产可靠性。提高设备、自控、电气的可靠性及本质安全程度。④尽量减少危险介质单位使用量。危险介质单位使用量越大，事故时的损失和影响范围越大。如可用膜式蒸馏代替蒸馏塔、用闪蒸干燥代替盘式干燥塔、用离心抽提代替抽提塔等。⑤减少生产废料。设计的合成工艺中，尽量减少原料、助剂、溶剂、载体、催化剂等的使用并加以回收循环使用；对于生产废料尽量进行综合利用或无害化处理，以减少对环境的污染和对人体的伤害。

第三，化学反应是整个化学药物产品生产的核心，需要通过反应装置才能得到所需的产物，因此装置的状态也带来了许多危险性因素。在设备选型时，要认真研究工艺的适应性、安全性问题，并根据工艺总的操作范围和操作特性之间的关系，通过对各设备的分析来确定设备的型式。设备使用的材料应考虑工艺流体、流速、温度、压力以及流体反应特性和腐蚀特性等各种因素，选择满足耐腐蚀性、满足强度要求以及可加工性（特别是可焊性、机械加工性）的材料。同时需要注意的是，杂质也可能影响化学反应的温度，从而引发异常的反应速度，致使反应不稳定并产生危险。有些污染甚至会起到同催化剂一样的作用，引起不需要的反应，因此一些测温测压、同样会接触物料的管件材质也应慎重选用。

第四，注意对反应条件的控制。物质的化学反应千变万化，在工艺设计种类繁多的物质原料中，很难做到对其疏而不漏地控制。对于一些操作简单、容易控制的反应器，控制工作的完成也相对简单。但是，当一些反应速度快、放热量大或由于设计上的原因使反应器的稳定操作区域很小时，反应器控制方案的设计成为一个棘手的问题。例如，如何避免由于缺少物质的反应或分解速度及热效应数据导致反应失控？一旦失控反应发生，如何降低反应速度、将反应停止或者放空？需要时如何迅速使反应物不参与反应或进行处理？以上这些都是潜在的危险因素。由于化学反应的不稳定性和不可预见性，一些物质的化学反应在一定条件下是非常稳定的，人们对其规律的掌握也相当熟悉；但如果出现，冷却效果变差或过量加热，搅拌能力失效，反应物的过量加入，反应物加入顺序不当，反应器外部火灾，传热介质漏入容器等，就可能发生失控现象。因此，在工艺设计时应确保温度等各方面控制在预定范围内，以免反应失控。如在工艺设计中可采用减少进料量，控制某种物料的加热速度，加大冷却能力（如采用外循环冷却器的方法），或采用多段反应等措施来控制反应。如还不能避免，则应考虑其他的保护措施，如给反应器通入低温介质，使反应器降温；向反应器内输入易挥发的液体，通过其挥发来吸收热量；往反应器内加入阻聚剂来抑制反应速度；当设备内部充满易燃物质时，要采用正压操作，以阻止外部空气渗入设备内等。

2. "危险工艺"的风险辨识与评估

在合成工艺设计的基础上，研究人员在"危险工艺"实施前，还应对工艺的危险性进行有效辨识，并对其可能产生的不良后果进行有效评估，以便对"危险工艺"实施过程中出现的各种主要问题做到有效掌控。

（1）"危险工艺"的风险辨识。风险辨识是运用系统分析的方法，发现并识别生产工艺、设备设施以及作业环境中存在的各类危险因素，采用系统工程的原理对危险因素进行控制和治理，并持续提升控制手段的方法和过程。化学制药工业中，"危险工艺"的风险辨识除了对危险工艺种类的分析，还应对工艺所涉及的危险源进行分析，其中主要包括危险化学品、工艺过程和反应装置。对于危险化学品，国家安全监管总局会同工业和信息化部、公安部等多部委，共同颁布了《危险化学品目录（2015版）》（安监总厅管三〔2015〕80号）。其中，根据化学品分类和标签系列国家标准，从化学品28类95个危险类别中，选取了其中危险性较大的81个类别作为危险化学品的确定原则，包括爆炸品、压缩与液化气体、易燃液体、易燃固体及自燃固体、氧化物及过氧化物、毒害品和感染性物品等。此外，还可依据《危险化学品重大危险源辨识》（GB 18218—2018）进行分级。对于工艺过程的危险性，主要是对工艺所涉及的化学反应的危险性进行识别，包括反应过程中热量和压力的变化、反应生成物是否具有危险性等。如光气及光气化工艺的副产物氯化氢具有腐蚀性；硝化工艺中的硝化反应速度快，放热量大；重氮化工艺得到的重氮盐在温度稍高或光照的作用下，特别是含有硝基的重氮盐极易分解，有的甚至在室温时亦能分解。在干燥状态下，有些重氮盐不稳定，活性强，受热或摩擦、撞击等作用能发生分解甚至爆炸。对于反应装置的危险性，主要体现为原材料、产品和工艺条件等因素当中，设备的安装、操作、维护方面都存在着一定的安全风险。如反应装置的使用、设置未经过科学严谨的计算与分析，致使反应过程中产生的大量气体和热量无法及时移除，则该生产过程必然存在严重隐患。

对于"危险工艺"的风险辨识方法，主要有直接经验类比法、安全检查表法等定性描述方法，而事件树（ETA）、事故树（FTA）等安全系统分析法由于操作复杂且缺乏基础数据，均未被应用于日常的风险因素辨识中。为了便于风险因素辨识工作的开展，降低辨识结果的偏离程度，我国研究人员相继开发了一些可半定量化或定量化进行风险辨识的方法，主要包括：

① 工艺生产过程危险、有害因素辨识表。本着"危险等级是由危险严重程度和出现概率决定"的法则，该表基于国外常用的预先危险性分析法（Preliminary Hazard Analysis，PHA），以《企业职工伤亡事故分类》（GB 6441—1986）和《生产过程危险和有害因素分类与代码》（GB/T 13861—2022）中规定的危险和有害因素为依据，分别对各装置（设备）进行危险等级赋值，得到危险严重程度，然后根据该危险因素在整个工艺过程中出现的频度或该装置危险严重程度在整个工艺过程危险严重程度中所占比重得到出现概率，进而得到危险等级并排序，以辨识出整个工艺过程的主要危险、有害因素或危险装置。随后，根据危险程度，将各个工艺过程或生产设备可能在开车状态、正常运行状态、事故状态、检修状态出现的危险情况进行分级，并按照一定条件赋值，危险程度越高，等级赋值越大，赋值者可根据实际情况插值（一般为整数值），最后以各危险、有害因素的得分之和划分出危险等级。

② 危险工艺辨识取值表。该表的编制借鉴了日本劳动省"六阶段"的定量评价表，结合我国《石油化工企业设计防火标准（2018年版）》（GB 50160—2008）、《压力容器中化学介质毒性危害和爆炸危险程度分类标准》（HG/T 20660—2017）等技术规范标准，规定了"危险工艺"的危险性大小由物质的固有危险性、温度、压力、危险物质容量、腐蚀、反应类型以及操作7个项目共同确定，其危险分值分别按照A＝10分、B＝5分、C＝2分、D＝0分赋值计分，由累计分值确定"危险工艺"的危险程度。

（2）"危险工艺"的风险评估。风险评估，也称安全评价，目前在国内外已被广泛应用。包括化学制药在内的精细化工生产中，安全风险主要来自工艺反应的热风险。因此，开展反应安全风险评估，就是对反应的热风险进行评估。2017年，国家安全监管总局颁布实行了《精细化工反应安全风险评估导则（试行）》（安监总管三〔2017〕1号），用以指导精细化工反应安全风险的评估。

评估单位及人员在进行安全风险评估前，首先应了解相关工艺信息，包括特定工艺路线的工艺技术信息，例如：物料特性、物料配比、反应温度控制范围、压力控制范围、反应时间、加料方式与加料速度等工艺操作条件等。其次，应具备必要的实验测试仪器，除了闪点测试仪、爆炸极限测试仪等常规测试仪以外，必要的设备还包括差热扫描量热仪、热稳定性筛选量热仪、绝热加速度量热仪等。此外，从事反应安全风险评估单位需要具备必要的工艺技术、工程技术、热安全和热动力学技术团队和实验能力，具备中国合格评定国家认可实验室（CNAS认可实验室）资质，保证相关设备和测试方法及时得到校验和比对，保证测试数据的准确性。

反应安全风险评估方法包括：①单因素反应安全风险评估。依据反应热、失控体系绝热温升、最大反应速率到达时间进行单因素反应安全风险评估。②混合叠加因素反应安全风险评估。以最大反应速率到达时间作为风险发生的可能性，失控体系绝热温升作为风险导致的严重程度，进行混合叠加因素反应安全风险评估。③反应工艺危险度评估。依据四个温度参数（即工艺温度、技术最高温度、最大反应速率到达时间为24h对应的温度，以及失控体系能达到的最高温度）进行反应工艺危险度评估。化工反应安全风险评估具有多目标、多属性的特点，单一的评估方法不能全面反映化学工艺的特征和危险程度。因此，应根据不同的评估对象，进行多样化的评估。

化工反应安全风险评估过程中，首先应对物料热稳定性风险进行评估，主要数据包括物料热分解起始分解温度、分解热、绝热条件下最大反应速率到达时间为24h对应的温度。其次，应对目标反应安全风险发生可能性和导致的严重程度进行评估。通过实验测试获取反应过程绝热温升、体系热失控情况下工艺反应可能达到的最高温度，以及失控体系达到最高温度对应的最大反应速率到达时间等数据。最后，应对目标反应工艺危险度进行评估。通过实验测试获取包括目标工艺温度、失控后体系能够达到的最高温度、失控体系最大反应速率到达时间为24h对应的温度、技术最高温度等数据。

对于评估标准，主要可分为：①物质分解热评估。对物质进行测试，获得物质的分解放热情况，开展风险评估。分解放热量是物质分解释放的能量，分解放热量大的物质，绝热温升高，潜在较高的燃爆危险性。②严重度评估。严重度是指失控反应在不受控的情况下能量释放可能造成破坏的程度。由于精细化工行业的大多数反应是放热反应，反应失控的后果与释放的能量有关。反应释放出的热量越大，失控后反应体系温度的升高情况越显著，越容易导致反应体系中温度超过某些组分的热分解温度，发生分解反应以及二次分解反应，产生气体或者造成某些物料本身的气化，而导致体系压力的增加。③可能性评估。可能性是指由于工艺反应本身导致危险事故发生的可能概率大小。利用时间尺度可以对事故发生的可能性进行反应安全风险评估，可以设定最危险情况的报警时间，便于在失控情况发生时，在一定的时间限度内，及时采取相应的补救措施，降低风险或者强制疏散，最大限度地避免爆炸等恶性事故发生，保证化工生产安全。④矩阵评估。风险矩阵是以失控反应发生后果严重度和相应的发生概率进行组合，得到不同的风险类型，从而对失控反应的反应安全风险进行评估，并按照可接受风险、有条件接受风险和不可接受风险，分别用不同的区域表示，具有良好的辨识性。⑤反应工艺危险度评估。反应工艺危险度评估是精细化工反应安全风险评估的重要评估内容。反应工艺危险度指的是工艺反应本身的危险程度，危险度越大的反应，反应失控后造成事故的严重程度就越大。

3. "危险工艺"过程的安全控制

为了确保"危险工艺"的安全实施，化学制药企业还应根据实际情况，在"危险工艺"的实施过程中采取相应的安全控制措施。

（1）工艺物料的监测和评估。企业应组织专业人员对化工原料的物理和化学性质进行严格的检验，且还应充分考虑到反应活性、燃烧特性、稳定性以及毒性等方面，这样可以为工作人员操作提供数据支持。

（2）化学反应装置和储罐性能的检查。企业应高度重视化学反应设备及储罐的功能，保证储罐及反应设备的密封功能，避免出现化工原料泄漏的情况。依据化工原料反应特性挑选不同的反应设备和贮藏设备，特别对易燃易爆、腐蚀有毒的物料，更应挑选特别原料的反应设备。

（3）工艺管道的科学合理排布。"危险工艺"过程中，企业应充分考虑输送管道的原料、管路排布等方面的因素，依据运送化工物料实际情况挑选不同管道原料、法兰结构，以确保管道具有高密封性，且还应对管道接口以及拐弯处进行特别处理，以确保运送管道在工作过程中的安全性。

（4）提高人员的综合素质。"危险工艺"的难度系数高，需要从业人员具有较高的专业知识技术，因而企业应该对人员进行教育培训，并经过科学的奖赏机制激起从业人员的积极性和创造性，进而降低生产过程中的人为失误引发安全危险。

（5）建立动态智能的自动控制和监控预警系统。对于反应工艺危险度为1级的工艺过程，应配置常规的自动控制系统，对主要反应参数进行集中监控及自动调节（DCS或PLC）。对于反应工艺危险度为2级的工艺过程，要增设偏离正常值的报警和联锁控制，在非正常条件下有可能超压的反应系统，应设置爆破片和安全阀等泄放设施。对于反应工艺危险度为3级的工艺过程，还要设置紧急切断、紧急终止反应、紧急冷却降温等控制设施。对于反应工艺危险度为4级和5级的工艺过程，尤其是风险高但必须实施产业化的项目，要努力优先开展工艺优化或改变工艺方法降低风险，例如通过微反应、连续流完成反应；在工艺危险度为3级的工艺过程设施配置基础上，还需要进行保护层分析，配置独立的安全仪表系统。对于反应工艺危险度达到5级并必须实施产业化的项目，在设计时，应设置在防爆墙隔离的独立空间中，并设置完善的超压泄爆设施，实现全面自控，除装置安全技术规程和岗位操作规程中对于进入隔离区有明确规定的，反应过程中操作人员不应进入所限制的空间内。

第二节　化学制药中常见的"危险工艺"

本节将主要针对化学制药过程中常见的几类危险化工工艺，结合其相关反应原理，对该工艺的控制方法与措施进行介绍。

一、光气及光气化工艺

光气化工艺包含光气的制备工艺及其使用工艺，主要分气相和液相两种。光气化反应具有高度的危险性，主要体现在：①光气为剧毒气体，在储运、使用过程中若发生泄漏，易造成大面积污染、中毒事件；②反应介质具有燃爆危险性；③副产物氯化氢具有腐蚀性，易造成设备和管线泄漏，使人员中毒。

1. 光气化工艺反应物质

用于光气化反应的物质通常有三种，分别为光气、双光气和三光气。它们的主要物理性质如表6-1所示。

表6-1　光气、双光气和三光气的性质

化合物	结构式	外观	沸点/℃	熔点/℃	蒸气压(20℃)/mmHg	毒性
光气	$\underset{Cl}{\overset{O}{\underset{}{C}}}Cl$	无色气体	8	−118	1215	第三类A级
双光气		无色液体	128	−57	10	代替光气
三光气		白色固体	203～206	81～83	—①	一般有毒物

① 在90℃左右吸湿，开始分解为光气和双光气。

注：1mmHg=133.322Pa，下同。

光气又称碳酰氯、氧氯化碳，分子式 $COCl_2$，微溶于水，较易溶于苯、甲苯等。光气属于无色剧毒气体，毒性比氯气约大 10 倍，高浓度吸入可致肺水肿，但在体内无蓄积作用。常温下有腐草味，化学性质不稳定，遇水迅速水解，生成氯化氢。

双光气又称氯甲酸三氯甲酯，化学式 $ClCO_2CCl_3$，无色液体，有刺激性气味，难溶于水，可作其他毒剂的溶剂。双光气为一种窒息性毒剂，即对人体的肺组织造成损害，导致血浆渗入肺泡引起肺水肿，从而使肺泡气体交换受阻，机体缺氧而窒息死亡。

三光气又称固体光气、碳酸三氯甲基酯、双（三氯甲基）碳酸酯等，为白色晶体，有类似光气的气味，溶于乙醇、苯、乙醚、四氢呋喃、氯仿、环己烷等。三光气稳定性较强，其运输和使用过程均比光气和双光气安全得多。

2. 光气化工艺反应原理

光气化反应的一个重要用途是制备异氰酸酯类化学品，其中甲苯二异氰酸酯（Toluene Diisocyanate，TDI）和二苯基甲烷二异氰酸酯（Diphenylmethane Diisocyanate，MDI）是重要的有机异氰酸酯，其产量占总产量的 90% 以上。下面以有机异氰酸酯的合成为例，对光气化反应原理进行介绍。

对有机异氰酸酯而言，其具体反应过程可分为两个阶段：第一阶段，有机胺和光气反应生产酰氯和氯化氢，反应放出的氯化氢又可能和反应物的氨基结合形成胺盐，反应过程剧烈放热［图 6-1，式（1）、式（2）］，称为冷反应；第二阶段，酰氯分解生成异氰酸酯和氯化氢，胺盐也进一步和光气反应生成异氰酸酯和氯化氢，反应为吸热反应，也称热反应［图 6-1，式（3）、式（4）］。此外，在反应过程中还可能发生副反应［图 6-1，式（5）、式（6）］，并生成残渣。

主反应：

$$R—NH_2+COCl_2 \longrightarrow R—NHCOCl+HCl-Q_1 \tag{1}$$

$$R—NH_2+HCl \longrightarrow R—NH_2 \cdot HCl-Q_2 \tag{2}$$

$$R—NHCOCl \longrightarrow R—NCO+HCl+Q_3 \tag{3}$$

$$R—NH_2 \cdot HCl+COCl_2 \longrightarrow R—NCO+HCl+Q_4 \tag{4}$$

副反应：

$$R—NH_2+R—NHCOCl \longrightarrow R—NHCONH—R+HCl \tag{5}$$

$$R—NH_2+R—NCO \longrightarrow R—NHCONH—R \tag{6}$$

图 6-1 有机异氰酸酯的光气化反应式

对于以上光气化反应过程，人们形成的共识是冷反应速度非常快，而热反应速度较慢，副反应速度则介于两者之间。其中，产生酰氯［式（1）］和盐酸盐［式（2）］的反应是整个光气化反应过程的关键步骤。一般情况下，人们希望光气化反应能产生更多的酰氯和尽量少的盐酸盐，因为酰氯更容易分解成产品异氰酸酯和副产物氯化氢［式（3）］，而盐酸盐再与光气反应生成目标产物异氰酸酯［式（4）］则要缓慢得多。因此，对冷反应的控制是整个光气化反应过程的关键核心。

生产异氰酸酯的光气法反应主要有"一步法"和"两步法"工艺。前者是指整个光气化反应一步完成，即冷反应和热反应在一个反应器内完成。"一步法"反应工艺所需设备少、反应压力低、易于控制、安全性较高，但副产物较多、反应总收率较低、原材料消耗大和总成本较高。因此，目前大多数生产异氰酸酯的光气法反应均采用"两步法"工艺（如图 6-2 所示），即冷反应和热反应在不同的反应器内进行。首先，在冷反应器中，胺与光气发生反应，生成氨基甲酰氯和副产物氯化氢气体。后者继续与原料反应后将其转化为盐酸盐；随后，在热反应器 1 中，冷反应器所生成的氨基盐酸盐继续与光气反应，生成氨基甲酰氯和副产物氯化氢；此后，在热反应器 2 中，氨基甲酰氯受热分解为目标化合物异氰酸酯和副产物氯化氢；最后，将所得到的产物分离，并将过量的光气与氯化氢分离后循环使用。相比于"一步法"工艺，该"两步法"工艺的优点在于胺和产物异氰酸酯没有接触的机会，从而大大减少了副反应的发生。

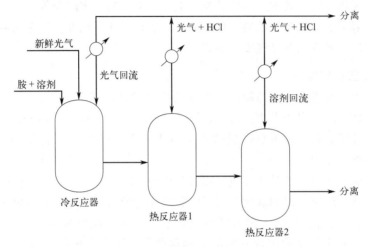

图 6-2　"两步法"光气化反应生产异氰酸酯的工艺流程图

3. 光气化工艺危险性分析及控制措施

（1）光气化工艺的危险性分析。从光气化反应机理可以看出，光气化工艺存在两个致命缺点，而这些缺点也正是光气化工艺的危险性所在。

首先，光气作为反应物在反应过程中出现。光气是一种剧毒物质，其 TLV 值（指毒性气体对人体的危害指标）只有 $0.1\mu L/L$，而在常温常压下，光气以气体形式存在，其密度高于空气。因此，一旦生产装置的含光气设备发生故障造成光气泄漏，会对当地居民造成巨大的伤害，这也是目前含光气的装置不能在人口聚集地附近设置的原因。

其次，氯化氢在产物中的出现。氯化氢之所以在产物中出现，也是使用光气作为反应物的一个间接后果，因为光气中只有 C 原子和 O 原子进入到目标产品异氰酸酯中，而两个 Cl 原子则进入副产物氯化氢中。副产物氯化氢的出现带来两方面的缺点：一是从反应的原子经济性上，光气中有效的原子利用率只有 28.5%，而作为副产品的氯化氢，其经济价值极低；二是副产物氯化氢的存在，使得整个工艺装置对设备材质和工艺物料中水含量的要求极高，因为氯化氢一旦遇水后形成盐酸，对金属材质腐蚀性极强，易造成设备和管线泄漏，使人员发生中毒事故。

（2）光气化工艺的安全控制措施。根据国家安监总局发布的《首批重点监管的危险化工工艺目录》（安监总管三［2009］116 号），对于光气化工艺安全控制的基本要求包括：设立"事故紧急切断阀；紧急冷却系统；反应釜温度、压力报警联锁；局部排风设施；有毒气体回收及处理系统；自动泄压装置；自动氨或碱液喷淋装置；光气、氯气、一氧化碳监测及超限报警；双电源供电"等。宜采用的控制方式为："光气及光气化生产系统一旦出现异常现象或发生光气及其剧毒产品泄漏事故时，应通过自控联锁装置启动紧急停车并自动切断所有进出生产装置的物料，将反应装置迅速冷却降温，同时将发生事故设备内的剧毒物料导入事故槽内，开启氨水、稀碱液喷淋，启动通风排毒系统，将事故部位的有毒气体排至处理系统"。

此外，由于大多数光气化反应属于放热反应，故重点监控的工艺单元在于光气化反应釜。而对于反应所产生的尾气，其包含部分未反应的光气和副产物氯化氢气体。将该光气与氯化氢气体分离后，经冷凝器冷凝，一部分光气以液相的形式返回光气化反应，没有冷凝的光气经排气分离器进入高压光气吸收塔。

4. 三光气参与的光气化工艺原理

为了改进光气化工艺的安全性，人们相继开发了双光气和三光气等光气替代品。其中，三光气的使用较光气安全方便，且其参与进行的化学合成反应具有范围广、反应计量准确、反应温和并易于控制等优点，故在许多光气化工艺中均采用三光气来替代光气进行反应。

在三乙胺、吡啶、二异丙基乙基胺和二甲基甲酰胺等辅助亲核试剂（Nu）作用下，一分子的三光气可生成三分子的活性中间体——$ClCONu^+Cl^-$，该中间体可以与碳、氧、氮等亲核试剂在温和的条件下反应（图6-3）。三光气与碳亲核体的反应是与一些带高电子密度的碳中心作为亲核部位反应生成新的碳-碳键；与氧亲核体的反应是指与羟基反应生成氯甲酸酯或碳酸酯；与氮亲核体的反应是指与胺类化合物的反应，如与伯胺反应可生成异氰酸酯或脲，若与仲胺反应可生成氯酰化衍生物。

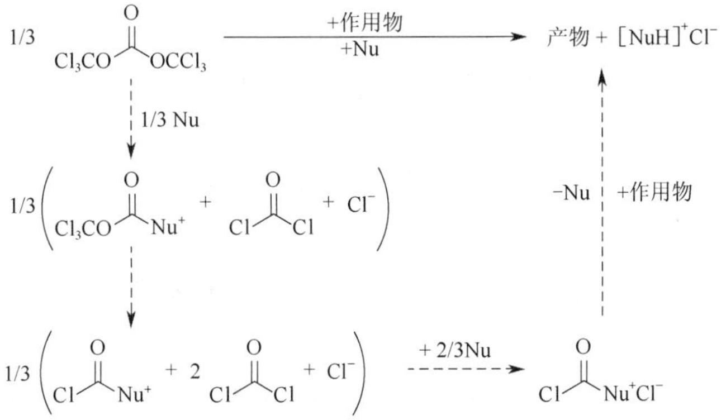

图6-3 三光气反应机理

此外，三光气是一种很好的氯化剂，可与羧酸反应制备各种酰氯和酸酐，尤其是芳香酸酐和酰氯。三光气还可与由碳、氮、氧组成的双官能团亲核体反应生成各种多元杂环化合物等。

二、硝化工艺

硝化工艺是指包含硝化反应的工艺过程。该工艺通过在有机化合物中引入硝基得到硝基化合物，而硝基化合物可进一步转化为氨基、重氮化合物等衍生物，并用于多种化学药物及其中间体的合成。

硝化工艺可分为直接硝化法、间接硝化法和亚硝化法。直接硝化法是直接引入硝基的反应，典型工艺如丙三醇与混酸反应制备硝酸甘油、氯苯硝化制备邻硝基氯苯或对硝基氯苯、苯硝化制备硝基苯等。间接硝化法是指间接向分子中引入硝基的方法，如磺化-硝化法，典型工艺如苯酚采用磺酰基的取代硝化制备苦味酸等。亚硝化法是有机化合物分子中的氢被亚硝基取代的反应，主要用于酚、酚醚、二级胺、三级芳胺等的亚硝化，典型工艺如 2-萘酚与亚硝酸盐反应制备 1-亚硝基-2-萘酚等。

1. 硝化工艺的硝化剂

硝化工艺所涉及的硝化反应常用的硝化剂包括浓硝酸、混酸（浓硝酸与浓硫酸的混合物）、氮的氧化物（如 N_2O_4、N_2O_5 等）、有机硝化剂（如有机硝酸酯和有机硝酸盐）等。其中，混酸的配制过程为：首先在搅拌和冷却条件下将浓硫酸缓慢加入水中稀释，并控制温度。随后，在继续搅拌和冷却条件下加入浓硝酸，并注意严格控制温度和酸的配比，直至充分搅拌均匀为止。

对于亚硝化反应所使用的亚硝化剂，一般采用亚硝酸盐。在反应中，先将反应物溶于酸（盐酸、稀硫酸或醋酸）中，再将亚硝酸盐水溶液逐滴加入反应物中，使生成的亚硝酸立即与反应物作用。

2. 硝化工艺的反应机理

硝化工艺中最主要的硝化反应是芳烃的硝化，其过程是一种亲电取代反应，活泼亲电物质是 NO_2^+（图 6-4）。动力学研究表明，硝化反应速率与 NO_2^+ 浓度成正比。

图 6-4 芳烃硝化反应机理

3. 硝化工艺危险性分析及控制措施

（1）硝化工艺的危险性分析。硝化工艺的危险性主要在于其固有危险性和工艺过程危险性。

① 固有危险性。首先，被硝化的物质（如苯、甲苯等）具有燃爆危险性，有的兼具毒性，如使用或储存管理不当，易造成火灾。其次，硝化反应是放热反应，温度越高，硝化反应的速度越快，放出的热量越多，越容易造成温度失控而爆炸。此外，硝化产品大都具有火灾、爆炸危险性，尤其是多硝基化合物和硝酸酯，受热、摩擦、撞击或接触点火源，极易爆炸或着火。最后，硝化剂（如浓硝酸、混酸等）具有强烈的氧化性和腐蚀性，与油脂、有机化合物（尤其是不饱和有机化合物）接触能引起燃烧或爆炸。此外，硝化剂与人的皮肤和眼睛接触可产生强烈化学灼伤，且浓硝酸蒸气对人体呼吸道具有强烈的刺激作用，过量吸入可引起肺水肿。

② 工艺过程危险性。首先，硝化生产中反应热量大，温度不易控制。硝化反应一般在较低温度下便会发生，硝化过程中，引入一个硝基，可释放出 153kJ/mol 左右的热量。在生产操作过程中，如投料速度过快、搅拌中途停止、冷却不足都会造成反应温度过高，从而导致爆炸事故。此外，混酸配制时亦会产生大量热量，甚至释放的热量足以造成硝酸分解。如果存在部分硝基化合物，还可能引起硝基化合物爆炸。其次，反应组分分布或接触不均匀，可能产生局部过热。大多数硝化反应是在非均相中进行的，反应组分的分散不易均匀，从而导致局部过热

和危险的产生。最后，硝化反应易发生副反应和过反应。许多硝化反应具有深度氧化占优势的链锁反应和平行反应的特点，同时还伴有磺化、水解等副反应，直接影响生产的安全。如氧化反应出现时，反应体系会释放大量褐色氧化氮气体，硝化混合物易随着体系温度的迅速升高而从设备中喷出，并产生爆炸。此外，芳香族化合物的硝化反应常伴随生成硝基酚的氧化副反应，硝基酚及其盐类化合物性质不稳定，极易燃烧、爆炸。而在蒸馏硝基化合物（如硝基甲苯）时，所得热残渣易发生爆炸，这是由于热残渣与空气中的氧气相互作用的结果。

（2）硝化工艺的安全控制措施。根据国家安监总局发布的《首批重点监管的危险化工工艺目录》（安监总管三〔2009〕116号），对于硝化工艺安全控制的基本要求包括：设立"反应釜温度的报警和联锁；自动进料控制和联锁；紧急冷却系统；搅拌的稳定控制和联锁系统；分离系统温度控制与联锁；塔釜杂质监控系统；安全泄放系统等。"宜采用的控制方式为："将硝化反应釜内温度与釜内搅拌、硝化剂流量、硝化反应釜夹套冷却水进水阀形成联锁关系，在硝化反应釜处设立紧急停车系统，当硝化反应釜内温度超标或搅拌系统发生故障，能自动报警并自动停止加料。分离系统温度与加热、冷却形成联锁，温度超标时，能停止加热并紧急冷却。硝化反应系统应设有泄爆管和紧急排放系统。"

此外，对于硝化工艺的安全控制，除了设置上述自动控制和报警等系统外，还应注意以下几点：①严格控制硝化反应温度；②禁止使用普通机油或甘油作为搅拌器润滑剂和温度计套导热剂，避免其与硝化物料接触；③防止冷却水漏进硝化体系；④硝化原料在使用前应进行检验，并仔细地配制反应混合物并彻底除去其中的易氧化组分；⑤消除生产过程及后处理过程的不安全因素，如硝化设备应确保严密不漏，防止硝化物料溅落到蒸汽管道等高温设施的表面上而引起燃烧或爆炸；在蒸馏硝基化合物时，必须采取有效的防爆措施来处理残渣等；⑥车间内禁止火种；⑦硝化装置设置防爆构筑物；⑧严格工艺纪律，强化安全技术规程执行。

三、加氢工艺

加氢反应是指在有机化合物分子中加入氢原子或减少氧原子，或者二者兼而有之的反应，涉及加氢反应的工艺过程为加氢工艺，主要包括不饱和键加氢、芳环化合物加氢、含氮化合物加氢、含氧化合物加氢、氢解等。

1. 加氢工艺的反应机理

加氢过程可分为两大类：第一类是氢与一氧化碳或有机化合物直接加氢，例如一氧化碳加氢合成甲醇、己二腈加氢制己二胺等；第二类是氢与有机化合物反应的同时，伴随着化学键的断裂，这类加氢反应又称氢解反应，包括加氢脱烷基、加氢裂化、加氢脱硫等。

加氢反应是可逆、放热和分子数减少的反应。根据吕·查德里原理，低温、高压有利于化学平衡向加氢反应方向移动。加氢过程所需的温度决定于所用催化剂的活性，活性高者温度可较低。对于在反应温度条件下平衡常数较小的加氢反应（如由一氧化碳加氢合成甲醇），为了提高平衡转化率，反应过程需要在高压下进行，并且也有利于提高反应速度。采用过量的氢，不仅可加快反应速度和提高被加氢物质的转化率，而且有利于导出反应热，而过量的氢可循环使用。

2. 加氢工艺危险性分析及控制措施

（1）加氢工艺的危险性分析

① 火灾危险性。第一，部分氢化反应使用的金属类催化剂（如雷尼镍、钯碳等）属于

易燃固体，可以自燃。第二，氢气的爆炸极限为$4\%\sim75\%$，具有高燃爆危险特性，其与空气混合能成为爆炸性混合物，遇火星、高热能引起燃烧。室内使用或储存氢气，当有漏气时，氢气上升滞留屋顶，不易自然排出，遇到火星时会引起爆炸。第三，加氢反应的原料及产品多为易燃、可燃物质。例如：苯、萘等芳香烃类；环戊二烯、环戊烯等不饱和烃；硝基苯、乙二腈等硝基化合物或含氮烃类。第四，在氢化反应过程中产生的副产物如硫化氢、氨气多为可燃物质。

② 爆炸危险性。第一，化学爆炸危险性：加氢工艺中，氢气爆炸极限为$4\%\sim75\%$，当出现泄漏；或装置内混入空气或氧气；易发生爆炸危险。第二，物理爆炸危险性：加氢工艺多为气-液相或气相反应，在整个加氢过程中，装置内基本处于高压条件。在操作条件下，氢腐蚀设备产生氢脆现象，降低设备强度。

③ 工艺过程危险性。第一，加氢反应过程为放热反应，且反应温度、压力较高，所用原料大多为易燃易爆，部分原料和产品有毒性、腐蚀性。第二，加氢反应均为气相或气-液相反应，设备操作压力均为高压甚至超高压，因此对反应器的强度、连接处的焊接、法兰连接有较高的要求。第三，加氢反应均为放热反应，当反应物反应不均匀、管式反应器堵塞、反应器受热不均匀等原因造成的反应器内温度、压力急剧升高导致爆炸或局部温度升高产生热应力导致反应器泄漏导致爆炸。

（2）加氢工艺的安全控制措施。根据国家安监总局发布的《首批重点监管的危险化工工艺目录》（安监总管三［2009］116号），对于加氢工艺安全控制的基本要求包括：设立"温度和压力的报警和联锁；反应物料的比例控制和联锁系统；紧急冷却系统；搅拌的稳定控制系统；氢气紧急切断系统；加装安全阀、爆破片等安全设施；循环氢压缩机停机报警和联锁；氢气检测报警装置等。"宜采用的控制方式为："将加氢反应釜内温度、压力与釜内搅拌电流、氢气流量、加氢反应釜夹套冷却水进水阀形成联锁关系，设立紧急停车系统。加入急冷氮气或氢气的系统。当加氢反应釜内温度或压力超标或搅拌系统发生故障时自动停止加氢，泄压，并进入紧急状态。安全泄放系统。"

对于加氢工艺的安全控制的基础在于做好预防工作，其核心是控制人的不安全行为和消除物的不安全状态，如做好人员的安全培训和设备的维护与保养。此外，还应注意以下安全技术要点与操作要求：

① 做好加氢前的装置检查工作，包括施工安装是否符合设计要求，工艺管线、设备是否具备引入水、电、气及进行全面吹扫、冲洗等条件。

② 对装置工艺管线和流程进行全面、彻底的吹扫贯通，以清除残留和脏物，进一步检查管道过程质量，保证管线设备畅通，促使操作人员进一步熟悉工艺流程，为正式生产做好准备。

③ 在吹扫工作完成、确保系统干净的基础上，对装置进行试压，检查并确认设备及所有工艺管线的密封性能是否符合规范要求，使操作人员进一步了解、熟悉和掌握各岗位主要管道的试压等级、试压标准、试压方法、试压要求和试压流程。

④ 氮气置换。

⑤ 加氢过程中重点监控加氢反应釜或催化剂床层温度、压力；加氢反应釜内搅拌速率；氢气流量；反应物质的配料比；系统氧含量；冷却水流量；氢气压缩机运行参数、加氢反应尾气组成等。

⑥ 若加氢过程中出现非正常情况，首先应对人员和设备采取紧急保护措施，并尽可能

按接近正常状态的操作步骤停止加氢流程。

四、重氮化工艺

重氮化反应是一级胺与亚硝酸在低温下作用，生成重氮盐的反应。脂肪族、芳香族和杂环的一级胺都可以进行重氮化反应。涉及重氮化反应的工艺过程为重氮化工艺。通常重氮化试剂是由亚硝酸钠和盐酸作用临时制备的。除盐酸外，也可以使用硫酸、高氯酸和氟硼酸等无机酸。脂肪族重氮盐很不稳定，即使在低温下也能迅速自发分解，芳香族重氮盐较为稳定。

1. 重氮化工艺的反应机理

对于重氮化反应而言，芳香族重氮盐相对较为稳定，且其重氮基可以被其他基团取代，生成多种类型的产物。因此，芳香族重氮化反应在化学药物合成中应用更为广泛。在工业生产过程中，重氮化反应的操作方法一般是将芳伯胺溶解于过量的酸中，将溶液冷却后，慢慢加入亚硝酸钠溶液，同时进行冷却和搅拌。

重氮化反应的机理是由一级胺与重氮化试剂结合后，通过一系列质子转移生成重氮盐。重氮化试剂的形式与所用的无机酸有关。当用较弱的酸时，亚硝酸在溶液中与 N_2O_3 达成平衡，有效的重氮化试剂是 N_2O_3。当用较强的酸时，重氮化试剂是质子化的亚硝酸和亚硝酰正离子。因此重氮化反应中，控制适当的 pH 值是很重要的。

芳香族一级胺碱性较弱，需要用较强的亚硝化试剂，所以通常在较强的酸性下进行反应。其具体反应过程如图 6-5 所示。

$$NaNO_2 \xrightarrow{HCl} HNO_2 \xrightarrow{HCl} NOCl$$

$$ArNH_2 + NOCl \xrightarrow{慢} [Ar-\overset{+}{N}H_2-NO] + Cl^-$$

$$[Ar-\overset{+}{N}H_2-NO] \xrightarrow{快} Ar-\overset{+}{N}\equiv N + H_2O$$

图 6-5 重氮化反应机理

2. 重氮化工艺危险性分析及控制措施

（1）重氮化工艺的危险性分析。首先，重氮盐在温度稍高或光照的作用下，特别是含有硝基的重氮盐极易分解，有的甚至在室温时亦能分解。在干燥状态下，有些重氮盐不稳定，活性强，受热或摩擦、撞击等作用能发生分解甚至爆炸。其次，重氮化生产过程所使用的亚硝酸钠是无机氧化剂，175℃时能发生分解、与有机物反应导致着火或爆炸。此外，亚硝酸钠还具有还原剂的性质，遇强氧化剂作用而导致燃烧或爆炸。最后，在重氮化工艺中，所用原料大多数为芳伯胺类化合物，这些反应原料具有燃爆危险性，且具有一定毒性。

（2）重氮化工艺的安全控制措施。依据国家安监总局发布的《首批重点监管的危险化工工艺目录》（安监总管三〔2009〕116号），重氮化工艺安全控制的基本要求包括：设立"反应釜温度和压力的报警和联锁；反应物料的比例控制和联锁系统；紧急冷却系统；紧急停车系统；安全泄放系统；后处理单元配置温度监测、惰性气体保护的联锁装置等。"宜采用的控制方式为："将重氮化反应釜内温度、压力与釜内搅拌、亚硝酸钠流量、重氮化反应釜夹套冷却水进水阀形成联锁关系，在重氮化反应釜处设立紧急停车系统，当重氮化反应釜内温度超标或搅拌系统发生故障时自动停止加料并紧急停车。安全泄放系统。重氮盐后处理设备应配置温度检测、搅拌、冷却联锁自动控制调节装置，干燥设备应配置温度测量、加热热源开关、惰性气体保护的联锁装置。安全设施，包括安全阀、爆破片、紧急放空阀等。"

此外，应注意控制以下几点：

① 无机酸的用量配比。从重氮化反应机理可知，无机酸的理论用量为芳伯胺的 2 倍当

量。重氮盐一般易分解，只有在过量的酸液中才比较稳定。因此，进行重氮化反应时的实际用量需过量很多，常达 3 倍当量或以上，反应完毕时体系应呈强酸性（pH 值为 3），对刚果红试纸呈蓝色。在重氮过程中经常检查介质的 pH 值是十分必要的。

② 亚硝酸盐的用量配比。重氮化反应时，必须严格控制亚硝酸钠的投料量。一般亚硝酸钠用量会比理论值略高，目的是使芳胺反应完全。但如果亚硝酸钠过量过多，重氮化反应速率就会加快，释放的热量增多，导致生成的重氮盐分解而发生事故。

③ 亚硝酸盐的投料速度。亚硝酸盐投料速度也是一个潜在危险因素。投料过慢，则来不及反应的芳香族胺类会和重氮盐作用发生自我偶合反应；投料过快，亚硝酸盐易产生局部过量，重氮化反应速率就会增高，释放的热量同时快速增多，将导致生成的重氮盐分解而发生事故。因此，亚硝酸钠投料速度的控制应根据芳香族胺类的碱性不同而有所区别，原料为碱性较强的芳香族胺类时，亚硝酸钠的投料速度一定要缓慢。

④ 反应温度。大部分重氮盐只有在低温下才能保持稳定，故重氮化反应一般在 $0 \sim 5 \, ℃$ 下进行。但是，即使在 $0 \, ℃$ 时，重氮盐其水溶液也只能保持数小时，而当反应的温度超过 $5 \, ℃$ 时，重氮盐就会分解。根据重氮盐分解反应动力学实验结果可知：反应温度每升高 $10 \, ℃$，其分解速率加快 2 倍，而具有供电子取代基的芳环重氮盐分解速率增加得更快。为了得到稳定的重氮盐，通常需在反应体系中加入可与重氮基反应的试剂，如四氟硼酸等。

在较高反应温度情况下，反应釜内过量的亚硝酸也会加速分解，产生大量的 NO 气体，产生的 NO 还会进一步与空气发生氧化反应生成 NO_2，同时释放出大量热量。此外，反应温度过高会引起亚硝酸分解而爆炸，产生的 NO 气体逸出，遇有机物质会引起火灾。

因此，传统的重氮化反应设备必须加入冷冻装置以维持低温。同时，重氮化反应釜和重氮盐干燥设备都应配置自动控制调温系统，例如反应釜配置温度探测、调节、搅拌、冷却联锁装置；干燥设备配置温度测量、加热热源开关、惰性气体保护的联锁装置。

⑤ 处理工艺安全措施。应采用陶瓷、玻璃或木质设备进行重氮化反应或储存重氮化合物，不能用铁、铜、锌等金属设备。重氮化反应完毕后，应将场地和设备用水冲洗干净。后处理过程中，要经常清除粉碎车间设备上的粉尘，防止物料撒落在干燥车间的热源上，或凝结在输送设备的摩擦部位。

五、氟化工艺

氟化是化合物的分子中引入氟原子的反应。在药物研究中，由于氟原子半径小，因而被认为是用于替代氢原子最理想的元素。此外，氟原子电负性极大，所形成的 C—F 键比 C—H 键的键能大得多，故氟原子的引入可极大改变药物分子的物理、化学性质，并有效提高药物分子的生物活性、生物利用度和脂溶性等。目前，已有多种含氟药物成功上市，如喹诺酮类抗生素便是一系列含氟的人工化学合成药物。

涉及氟化反应的工艺过程为氟化工艺。氟与有机化合物作用是强放热反应，放出大量的热可使反应物分子结构遭到破坏，甚至着火爆炸。

1. 氟化典型工艺

（1）亲电氟化法。近半个世纪以来，有多种亲电氟化试剂问世，如氟化高氯氧（$FClO_3$）、二氟化氙（XeF_2）、氟氧化合物（如酰基次氟酸盐、CF_3OF、$CsSO_4F$ 等）以及氟氮化合物（$R_2N—F$ 或 $R_3N—F$）。在低温下，元素氟（F_2）也可进行亲电氟化反应，但必须在极性溶剂和路易斯酸存在的条件下进行。

（2）亲核氟化法。最基本的亲核氟化试剂是 HF，现已大量用于基础氟化物的生产，技术已经非常成熟。但是，由于 HF 具有毒性和腐蚀性，人们开发出不少属于这一类型的其他氟化试剂来替代 HF，如碱金属氟化物 NaF、KF、KHF_2、CaF_2、CsF 等，通常情况下，在 KF 中添加 CaF_2 来提高 KF 的氟化能力。

在亲核氟化法中，卤素交换氟化法和氟代脱硝法是两种常用的选择性亲核氟化法，因为它们具有原料易得、反应条件温和、选择性很高等等诸多优点。卤素交换氟化法是依据氟能够置换其他卤素离子的原理，将芳香化合物中的卤素基团置换为氟原子的过程。该类反应的氟化剂通常以干燥粉末状态加入反应，并且常伴有相转移催化剂来使反应加速进行。常用的氟化剂主要为碱金属氟化物，如 LiF、CsF、RbF、NaF、KF 等，较常用且反应效果最好的是 KF。氟代脱硝法主要针对芳环硝基化合物，其与卤素交换氟化法相比具有更大的优越性：首先，硝基比氯原子具有更大的诱导效应，使得其取代在相同的活化条件下更易进行；其次，卤素交换的一个限制是在卤素邻位或者对位存在吸电子基团时可以得高产率，而较难合成间氟芳香化合物，但氟代脱硝法可以合成间氟芳香化合物；最后，氟代脱硝的反应条件更加温和，主要是由于硝基比卤素更容易离去。

（3）重氮化法。重氮化法是将芳香族化合物与重氮盐混合，在一定的条件下形成含氟化合物的反应。重氮化法中最典型的反应是 Balz-Schiemann 反应，该反应先将芳香伯胺类化合物重氮化，然后与氟硼酸钠反应转变为不溶于水的硼氟酸盐，或直接在硼氟酸存在下重氮化，再加热分解重氮盐，从而得到氟化物。例如，第三代喹诺酮类抗菌药芦氟沙星（Rufloxacin）的中间体——2,6-二氯氟苯（**6-1**）便采用了 Balz-Schiemann 重氮化法进行制备（图 6-6）。

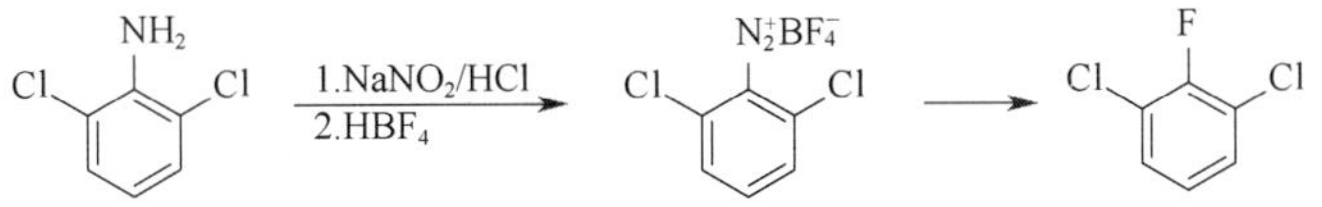

图 6-6　2,6-二氯氟苯的制备

2. 氟化工艺危险性分析及控制措施

（1）氟化工艺的危险性分析。氟化反应是一个放热过程，一般都在较高温度下进行，反应剧烈，速度快，热量变化较大。所用的原料大多具有燃爆危险性、毒性或腐蚀性，一旦泄漏危险性较大。因此，氟化工艺的危险性主要包括：

① 爆炸危险性。氟化反应涉及的原料、产品、中间产品等部分具有燃爆性，如三氯乙烯遇明火、高热能引起燃烧爆炸，黄磷受摩擦、撞击或与氧化剂接触能立即燃烧甚至爆炸。氟化使用的浓硫酸具有强氧化性，与有机物接触能剧烈反应，与普通金属反应放出氢气，极易发生爆炸等。

② 腐蚀及其他危险性。氟化反应涉及的氟化氢、浓硫酸等均为强腐蚀性物质，部分氟化反应产生粉尘，能对人体造成伤害，如使用浓硫酸与萤石制备氟化氢过程中生成的硫酸钙。此外，多数氟化剂有剧毒。

③ 反应过程的危险性。氟化反应是一个放热过程，尤其在较高温度下进行氟化，反应更为剧烈。如果放出的热量不能及时移出，就会造成反应温度的进一步升高，而氟化所用的原料多为有机易燃物和强氧化剂，容易造成泄漏，导致有毒物质扩散，并且在这样高的温度下，如果物料泄漏还会造成着火或引起爆炸。

④ 原料储存过程的危险性。氟化反应中氟化剂有气态氟化氢、固体黄磷和各种浓度的酸。这些物质大多具有毒性、强腐蚀性或易燃易爆性，一旦泄漏或爆炸，将会造成重大安全和环境事故。

（2）氟化工艺的安全控制措施。依据国家安监总局发布的《首批重点监管的危险化工工艺目录》（安监总管三［2009］116 号），氟化工艺安全控制的基本要求包括：设立"反应釜内温度和压力与反应进料、紧急冷却系统的报警和联锁；搅拌的稳定控制系统；安全泄放系统；可燃和有毒气体检测报警装置等。"宜采用的控制措施包括："氟化反应操作中，要严格控制氟化物浓度、投料配比、进料速度和反应温度等。必要时应设置自动比例调节装置和自动联锁控制装置。将氟化反应釜内温度、压力与釜内搅拌、氟化物流量、氟化反应釜夹套冷却水进水阀形成联锁控制，在氟化反应釜处设立紧急停车系统，当氟化反应釜内温度或压力超标或搅拌系统发生故障时自动停止加料并紧急停车。安全泄放系统。"

第三节　连续流微反应技术与"危险工艺"

一、连续流微反应技术

连续流微反应技术

"连续流动化学"（continuous flow chemistry）又称为"间断式流动化学"（plug flow chemistry）或"流动化学"（flow chemistry），是一种通过泵向流动反应器中输送两个或更多的反应物料，使之混合后在热量控制的条件下以连续流动模式进行的化学反应技术。其中，基于微反应器，通过泵输送物料并以连续流动模式进行化学反应的技术称为"连续流微反应技术"。

近 20 年来，连续流微反应技术在学术界和工业界越来越受到人们的欢迎，该技术所使用的连续流微通道反应器通常由微通道反应器（包括微混合器、微换热器、微分离器、微控制器和背压阀等）与泵相连而成，可包括单步转化、多步连续反应、在线检测分析、分离纯化、萃取、结晶、过滤和干燥等环节和相应的自动化控制系统（图 6-7）。常见的连续流微通道反应器为板式反应器或管式反应器。板式反应器加工制造技术要求高（包括机械加工、干法刻蚀加工、化学刻蚀技术、激光切割、电成型和电铸等），成本高。管式反应器一般采用不锈钢管、玻璃毛细管、聚四氟乙烯（如 PFA、PTFE 等）管或聚醚醚酮（PEEK）管等，成本低，操作灵活性大。根据通道直径的大小，连续流微通道反应器可分为小规模、中规模和大规模连续流反应器。小规模连续流反应器通道直径为 $50\sim1000\mu m$，体积一般为 $0.001\sim1mL$，可合成制备小于 100g 的产品；中规模连续流反应器通道直径为 $1\sim10mm$，能生产 $10\sim100kg$ 级的产品；大规模连续流反应器通道直径大于 10mm，能生产吨级以上的产品。

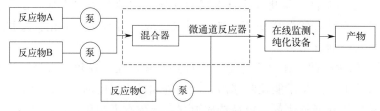

图 6-7　连续流微通道反应器装置示意图

相比于传统的釜式反应器，连续流微通道反应器有着自身的优点，主要体现为：①反应器尺寸小，传质、传热迅速，易实现过程强化。反应物可以在几秒钟内实现扩散与混合，反应温度可以高于溶剂的沸点，反应更快速。②参数控制精确，反应选择性好，尤其适合于抑制串联副反应。在高的比表面积与体积比率反应器中，反应物可以被快速加热或冷却从而精准控制温度，使得连续流动反应设备中的化学反应选择性更好，反应更彻底。③在线物料量少，微小通道固有阻燃性能，小结构增强装置防爆性能，连续流工艺本质安全。单位时间里反应器中只有少量危险的中间体生成与少量的反应热量产生，因此反应更安全。④可进行连续化操作，时空效率高。⑤容易实现自动化控制，增强操作的安全性，节约劳动力资源。

对于传统的间歇釜式生产方式，反应器传质、传热效率低，易造成温度、浓度不均匀，从而导致收率低、生产效率低、间歇操作产品质量稳定性差等缺点。尤其在处理"危险工艺"时，由于釜式生产方式所使用的危险化学品数量和种类多、反应容积大、生产装置和管线复杂，因此具有相当大的安全隐患。而对于连续流微反应器，其可以是简单的管道、管线或者复杂的微结构集成装置，这些组合的装置和反应器可以维持设定的温度和压力范围，通过优化参数来促进所希望的反应快速与成功进行。如在连续流动电化学或光化学反应条件下，微反应器可置于电流或光照条件下来促进反应顺利进行。同时，连续流动化学与自动化设备的集成，使得化学反应条件可以实现连续式操作，并在微升规模进行反应时间、温度、流量、泵体积和压力等参数的快速调节。独立便捷的溶剂清洗操作保证反应可以依次接连进行，利于进行快速反应条件优化。稳定的物料混合和热量传送将化学反应的放大效应减到最小，较高的流速和较大的反应器配套使用可实现公斤级与吨级产品的安全生产。无论在单一微反应器中还是集成的连续流动微反应装置里，选择连续流动反应可以提供许多优势功能和参数选择，为化学药物的安全、清洁和高效生产提供了可能性。因此，利用连续流微反应技术的优势，可以在一定程度上解决传统釜式工艺存在的问题，并使化学制药中的"危险工艺"在安全高效的模式下运作。目前，人们已将连续流微反应技术应用于化学药物的合成与工艺优化，并实现多种药物从起始原料到终端原料药或制剂的"端-到-端"（end-to-end）连续自动化合成制备。

二、连续流微反应技术在"危险工艺"中的应用

1. 光气及光气化工艺

光气及光气化工艺包含光气和以光气为原料的下游产品的制备，其危险性主要在于：①光气为剧毒气体，在储运、使用过程中发生泄漏后，易造成大面积污染、中毒事故；②副产物氯化氢具有腐蚀性，容易造成设备和管线泄漏，使人员发生中毒事故。

连续流微反应技术在"危险工艺"中的应用

利用硅材质连续流微反应器，人们以 CO 和 Cl_2 为原料，在活性炭的催化下制备光气，随后直接通入溶有环己胺的甲苯溶液。氯气和环己胺可以在该连续流微反应器中完全转化，并生成环己基异氰酸酯（**6-2**，图 6-8）。相比于传统的釜式生产，该工艺实现了现场按需制

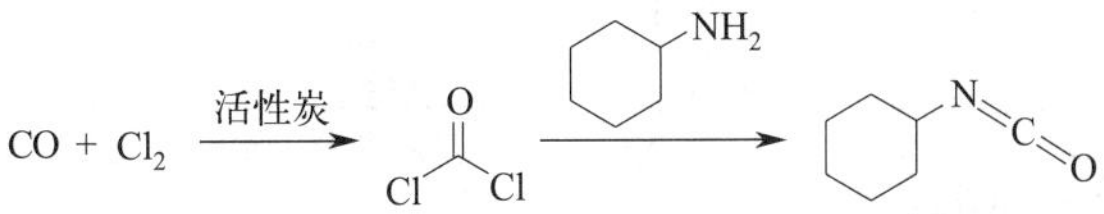

$$CO + Cl_2 \xrightarrow{\text{活性炭}}$$

图 6-8　连续流微反应器中环己基异氰酸酯的合成

备光气，不存在光气的储存以及运输问题。同时，该反应所用的连续流微反应器硅基表面有一层氧化膜，可以防止反应生成的 HCl 对设备的腐蚀，从而可以保护操作人员和操作环境。

对于三光气参与的光气化反应，人们同样利用连续流微反应器，使羧酸在微反应器通道内被三光气活化，然后与胺反应生成酰胺化合物（图 6-9）。两步反应的停留时间仅分别为 0.5s 和 4.3s，便可得到相应的酰胺化合物，收率可达 74%～98%。与传统的间歇式工艺相比，连续流反应的收率更高，所需反应停留时间也远远少于间歇式反应。

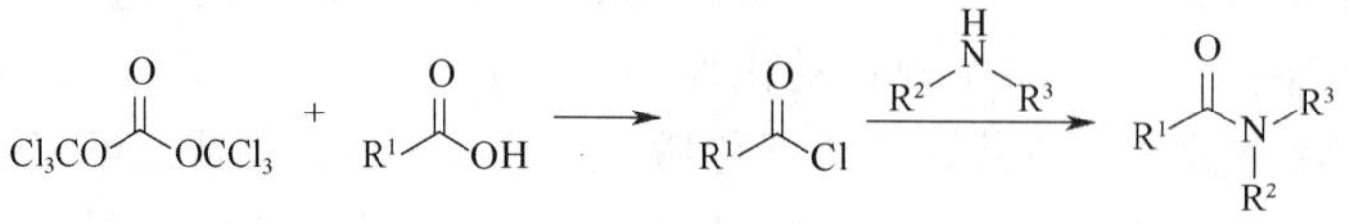

$$Cl_3CO \quad OCCl_3 \quad + \quad R^1\text{COOH} \quad \longrightarrow \quad R^1\text{COCl} \quad \xrightarrow{R^2\text{NH}R^3} \quad R^1\text{CON}R^2R^3$$

图 6-9　连续流微反应器中酰胺化合物的合成

2. 硝化工艺

硝化工艺的危险性主要在于：反应速度快，放热量大；反应物料具有燃爆危险性；硝化剂具有强腐蚀性、强氧化性，与油脂、有机化合物（尤其是不饱和有机化合物）接触能引起燃烧或爆炸；硝化产物、副产物均具有爆炸危险性。

与传统的合成方法相比，采用连续流微反应技术可有效提高硝化产物的选择性，并可在高温下完成硝化反应。如阿斯利康（Astra Zeneca）公司以 3-甲基吡唑（**6-3**）为原料，采用连续流微反应技术可合成出公斤级规模的 3-甲基-4-硝基吡唑（**6-4**），并通过控制温度避免了双硝化副产物 3-甲基-4,5-二硝基吡唑（**6-5**）的生成（图 6-10）。诺华（Novartis）公司在进行 8-溴-1-氢喹啉-2-酮（**6-6**）的硝化反应研究时，发现该反应在传统反应模式下放热非常剧烈。出于安全考虑，反应规模只能控制在 0.1mol 以下（图 6-11）。然而，当采用连续流微反应技术时，8-溴-1-氢喹啉-2-酮（**6-6**）的硝化反应时间不仅可以大大缩短（从传统反应条件下的 20min 缩减为 3min），而且反应可以在 90℃下平稳进行，产量可以提高至 97g/h。

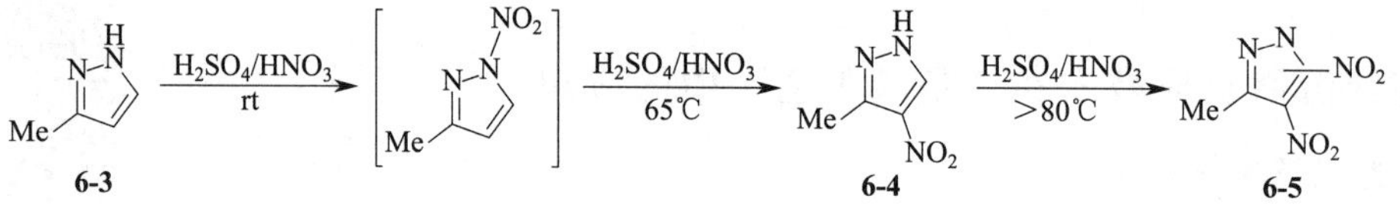

图 6-10　连续流微反应器中 3-甲基-4-硝基吡唑的合成

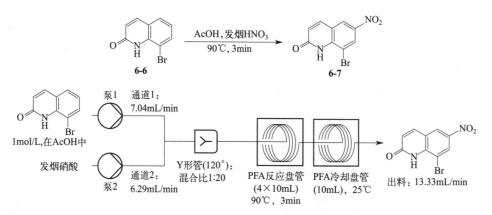

图 6-11　连续流反应器中 8-溴-1-氢喹啉-2-酮的硝化反应

3. 加氢工艺

氢化反应通常是气-液-固多相催化反应，主要影响因素是氢气穿过液体到达固体表面的传质效率。在连续流微反应技术中，人们通过将催化剂固定在微通道表面，气相在微通道内流动，液相沿微通道壁流动，使反应物之间有比较大的接触面积，从而可有效提高反应速率和效率。此外，多数氢化反应属于放热反应，在反应过程中需要进行有效的散热。相比于传统的釜式反应器，连续流微反应装置具有更大的比表面积，从而可使氢化反应所产生的热量有效散除，因而具有更高的安全性。

1,4-苯二氮䓬骨架（**6-8**）是地西泮等镇静催眠药物的母核，传统的釜式催化加氢反应中，采用钯或钌作为催化剂时几乎得不到预期产物（**6-9**）；使用铁或亚铁盐催化时还原收率较低，仅为51%。而通过连续流反应，同样采用钌作为催化剂时，目标产物的收率可达94%，且固载催化剂易于回收利用，催化效能持久（图6-12）。

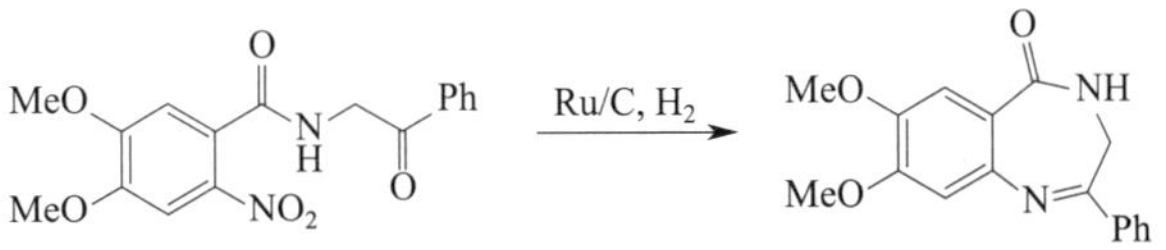

图6-12　连续流微反应器中1,4-苯二氮䓬骨架的合成

4. 重氮化工艺

重氮化工艺的危险性主要在于：重氮盐在温度稍高或光照的作用下，特别是含有硝基的重氮盐极易分解，有的甚至在室温时亦能分解。在干燥状态下，有些重氮盐不稳定，活性强，受热或摩擦、撞击等作用能发生分解甚至爆炸；重氮化生产过程所使用的亚硝酸钠是无机氧化物，175℃时能发生分解，与有机物反应可导致火灾或爆炸；反应原料具有燃爆危险性。

在连续流微反应过程中，反应物之间接触面积大，且反应物料停留于反应通道内的时间较短，因此可避免重氮化工艺中所生成的重氮盐等不稳定中间体的积聚，也可有效避免偶合等副反应的发生。如以2-乙基苯胺（**6-10**）为起始原料，经重氮化-还原反应制备2-乙基苯肼盐酸盐（非甾体抗炎药依托度酸的关键中间体，**6-11**）的连续流多步反应工艺中，反应总停留时间不到31min，产物收率可达94%，纯度为99%（图6-13）。

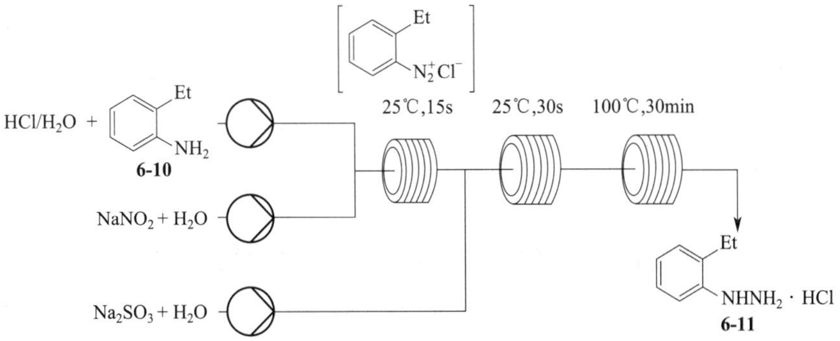

图6-13　连续流微反应器中2-乙基苯肼盐酸盐的合成

5. 氟化工艺

氟化是在化合物的分子中引入氟原子的反应，相应工艺的危险性在于：反应物料具有燃爆危险性；氟化反应为强放热反应，不及时排出反应热量，易导致超高温高压，引发设备爆炸事故；多数氟化试剂具有强腐蚀性和剧毒性，在生产、贮存、运输、使用等过程中容易因泄漏、操作不当以及其他意外而造成危险。

以氟单质（F_2）为氟源是最直接的氟化手段，原子经济性好，反应收率高。但此类反应非常剧烈，且伴有大量热量放出，故在传统釜式反应器中操作时存在较高的危险性。而连续流微反应器具有传热迅速的优点，可有效解决反应放热剧烈的问题，因此采用连续流微反应技术是解决氟单质直接氟化危险性非常有效的手段。人们利用镍/聚三氟氯乙烯（PTFCE）材质的微通道反应器，实现了多种有机化合物的氟单质直接氟化。反应中，反应物与溶剂通过注射泵注入反应器，氟气用氮气稀释后从气缸直接通过一个质量流量控制器进入反应器，并通过调节反应条件，使气-液两相在反应器形成"管流状"（图6-14），从而增大了气-液两相的接触面积，使直接氟化反应快速、平稳地进行。

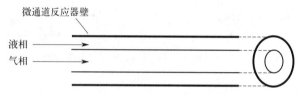

图 6-14　连续流反应器中的"管流状"反应

由于氟气具有强烈的毒性、腐蚀性、氧化性等危险性质，人们常使用其他相对安全的氟化试剂进行替代使用，如二乙氨基三氟化硫（DAST）、1-氯甲基-4-氟-1,4-二氮杂双环[2.2.2]辛烷二(四氟硼酸)盐（Selectfluor）等。但是，这些用以替代氟气的氟化试剂也存在一定的危险因素，如DAST受热时由于不稳定易剧烈分解，故在加热使用DAST时应非常小心，且温度不宜超过90℃。在辉瑞（Pfizer）公司药物化学部，禁止在室温以上的温度加热使用DAST。但是，由于连续流微反应器可以提供封闭的反应环境和在线淬灭过量的氟化试剂，因此可安全地加热使用DAST。

作为一门新兴技术，除了在上述"危险工艺"中的应用，连续流微反应技术还可用于其他多种类型的化学反应，如光催化反应、电化学反应、无机化学反应等。虽然连续流微反应技术依然面临着一些挑战，如连续流微反应器制作成本较高、制作材料较苛刻等，但其自身所具有的优势也非常明显，如安全性、便捷性、环境的友好性、反应的高效性和高选择性等。随着化学家们对连续流动化学知识和经验的增长，相信其应用技术和范围将不断拓展，并为制药行业带来革命性的变化。

📚 阅读材料

连续流微反应技术——化学制药工业发展新方向

相较于传统的釜式反应过程，连续流微反应技术除了具有反应设备尺寸小、传质传热效率高、反应过程本质安全、过程重复性好、产品质量稳定、连续自动化操作和时空效率高、成本低等诸多优势，其重要价值还在于可使用串联和/或并联来实现多步连续转化反应与在线检测分析、分离纯化、萃取、结晶、过滤和干燥等后处理步骤充分耦合，实现从起始原料到终端原料药或制剂的"端-到-端"（end-to-end）连续自动化合成制备，从而有利于控制和稳定原料药或制剂的产品质量，并减少传统釜式生产中由于间歇操作而带来的安全和"三废"的问题。

2009年，Bogdan等报道了一种布洛芬（Ibuprofen）的连续流三步微反应合成过程。重结晶后，所得布洛芬（Ibuprofen）收率为51%。该连续流反应过程中，微反应器使用内径为320μm的管式反应器，占地面积仅几个平方厘米，粗品产出量约为9μg/min。值得一提的是，该连续流微反应合成过程被作为一个整体进行了研究，而不是当作相互独立的三步间歇式反应的集合，即要求上游反应中产生的副产物和过量试剂须与下游反应兼容，因此反应中间体无需经过分离和纯化。虽然此项研究中采用了较为昂贵的试剂作为原料，影响了合成过程中的经济性，但其仍被认为是多步连续流药物合成的标志性工作，展现了连续流微反应技术在药物合成方面的巨大优势和潜力。

2013年，麻省理工学院的Mascia等实现了从起始原料到药物阿利吉仑（Aliskiren）制剂的"端-到-端"（end-to-end）全连续流自动化合成制备，进一步展现了连续流制药在经济性、自动化、高效性和安全性等方面的巨大优势。该连续流系统包括多步连续合成、分离纯化、结晶、连续过滤、制剂配方和压片等步骤。全套自动化合成制备系统仅占地2.4m×7.3m，阿利吉仑原料药生产能力在45g/h，并可根据需要在20～100g/h之间调节。该连续流工艺将单元操作数目由传统釜式工艺的21个减少到14个。连续流过程总停留时间约为47h，而釜式工艺的总操作时间约为300h（不包括装料和卸料等辅助操作的时间）。2016年，麻省理工学院的Adamo等在占地仅0.7m²的面积上设计了一个可实现从起始原料到终端药物制剂的"端-到-端"（end-to-end）连续流制药装置。该装置为"冰箱式"，长1m、宽0.7m、高8m，重约100kg，包括在线分离纯化、萃取、结晶、过滤、干燥和制剂等流程模块，并可根据不同药物的生产需求灵活配置各个模块，从而实现在同一装置系统上生产不同的药物。该装置已实现苯海拉明（Diphenhydramine）、利多卡因（Lidocaine）、地西泮（Diazapam）和氟西汀（Fluoxetine）等4种药物的连续生产，创造了一种可以替代传统釜式生产方式的高度集约化制造方法，极大缩短了药物制造时间。

2019年2月，美国食品药品监督管理局（FDA）发布了《连续制造中的质量考量——工业指南（草案）》（《Quality Considerations for Continuous Manufacturing Guidance for Industry（Draft Guidance）》），大力鼓励原料药（API）及其组分的制造商更认真地考虑，并尽可能使用连续流生产方式。该指南中，FDA意识到连续流生产是一项新兴技术，可以实现制药现代化，并为行业和患者带来潜在福利。连续流生产可以通过诸如使用步骤更少和时间更短的集成工艺，需要更小的设备占地面积，支持增强型开发方法［例如质量源于设计（QbD）、过程分析技术（PAT）和模型］，实现实时产品质量监控，并根据供应要求的变化灵活提供放大、缩小和按比例缩小操作等方式促进药品生产。同时，连续流生产所具有的操作灵活性能够减少一些批准后的监管提交。因此，FDA希望通过采用药品的连续流生产制造减少药品的质量问题，降低生产成本，提高患者获得优质药品的机会。

目前，我国尚未制定关于连续流制药的相关技术标准，也未批准应用连续流制造技术的原料药或制剂，但近年来颁布的国家产业政策鼓励连续流制造技术在制药工业的研发和应用。2019年12月，工业和信息化部、生态环境部、国家卫生健康委和国家药品监督管理局联合印发了《推动原料药产业绿色发展的指导意见》，明确指出发展微通道反应技术是加快原料药生产制造技术创新与应用的重要任务之一。2021年10月，国家发展改革委联合工业和信息化部进一步发布了《关于推动原料药产业高质量发展实施方案的通知》。在实施方案所列出的原料药高质量发展各类重大工程中，"连续流微反应"技术被列入"先进制造技术创新工程"，"开发国际先进的微通道反应器"被列入"高端生产装备提升工程"。相信随着技术的进步和产业政策的推动，连续流微反应技术一定能因其优异性能在化学制药工业中得到普遍的应用。

思考题

1. 什么是"危险工艺"？其有哪些危险性？
2. 应当如何正确应对"危险工艺"？
3. 什么是连续流微反应技术？其有哪些优点？

参考文献

［1］ 中华人民共和国应急管理部. 国家安全监管总局关于公布首批重点监管的危险化工工艺目录的通知（安监总管三〔2009〕116号）. 2009.

［2］ 中华人民共和国应急管理部. 国家安全监管总局关于公布第二批重点监管危险化工工艺目录和调整首批重点监管危险化工工艺中部分典型工艺的通知（安监总管三〔2013〕3号）. 2013.

［3］ 胡玢，靳江红，王晓冬. 生产工艺过程危险、有害因素辨识方法. 安全与环境学报，2008, 8(1): 166-169.

［4］ Bogdan A R, Poe S L, Kubis D C, et al. The continuous-flow synthesis of Ibuprofen. Angew Chem Int Ed, 2009, 48 (45): 8547-8550.

［5］ 曾晓，张礼敬，陶刚，等. 危险化工工艺风险辨识方法研究. 工业安全与环保，2011, 37(5): 47-49.

［6］ Malet-Sanz L, Susanne F. Continuous flow synthesis. a pharma perspective. J Med Chem, 2012, 55:4062-4098.

［7］ 周仲园，陶刚，张礼敬，等. 危险化工工艺的风险评估研究方法综述. 工业安全与环保，2013, 39(2): 87-89.

［8］ Mascia S, Heider P L, Zhang H, et al. End-to-end continuous manufacturing of pharmaceuticals: integrated synthesis, purification, and final dosage formation. Angew Chem Int Ed, 2013, 52(47): 12359-12363.

［9］ 中华人民共和国应急管理部. 国家安全监管总局办公厅关于印发危险化学品目录（2015版）实施指南（试行）的通知（安监总厅管三〔2015〕80号）. 2015.

［10］ Adamo A, Beingessner R L, Behnam M, et al. On demand continuous-flow production of pharmaceuticals in a compact, reconfigurable system. Science, 2016, 352(6281): 61-67.

［11］ 毕荣山，胡明明，谭心舜，等. 光气化反应技术生产异氰酸酯的研究进展. 化工进展，2017, 36(5): 1565-1572.

［12］ 苏为科，余志群. 连续流反应技术开发及其在制药危险工艺中的应用. 中国医药工业杂志，2017, 48(4): 469-482.

［13］ 中华人民共和国应急管理部. 国家安全监管总局关于加强精细化工反应安全风险评估工作的指导意见（安监总管三〔2017〕1号）. 2017.

［14］ 程荡，陈芬儿. 连续流微反应技术在药物合成中的应用研究进展. 化工进展，2019, 38(1): 556-575.

［15］ 刘全，张钊，邵先钊，等. 连续流反应技术在药物分子合成中的研究进展. 安徽化工，2020, 46(5): 11-13, 19.

第七章

化学手性制药工艺

本章学习要求

1. 了解：手性的概念及手性药物的种类。
2. 熟悉：手性药物合成工艺研究的技术指导原则。
3. 掌握：化学手性制药工艺的种类及其相关原理。

1848 年，法国化学与生物学家路易·巴斯德发现酒石酸存在两种不同形式，标志着人们开始认识有机分子的手性特征。但是直到一个多世纪之后，人们才意识到手性不仅在动植物的生命特征中非常关键，而且在医药、农药、食品等精细化学品领域也具有十分重要的作用。

目前，具有手性的药物已占据全球药品市场的重要地位。据统计，目前临床上所用药物中约有 60% 是手性化合物。在手性药物领域，不同构型的立体异构体通常在化学和生物选择性或毒副作用等方面表现出显著差异，而采用单一立体异构体的给药方式所具有的优势包括：①通过提高药物选择性，可以降低药物毒性，增加药效，改善药物的治疗指数；②提高药物起效速度；③降低药物-药物间的相互作用；④降低患者的药物暴露剂量。相比于非手性药物，虽然手性药物的研发和生产的技术门槛较高，但其具有疗效高、毒副作用小、用药量少等特点，因此经济效益好，已成为制药工业的一个重要发展方向。

第一节　概述

一、手性与手性药物

1. 手性及其表示方式

手性（chirality）是指化合物分子的一种不对称性，手性分子的基本特性是自身与其镜像的分子结构不能重合，如同人的左右手的关系一样。分子 手性与手性药物
的手性通常是由连接四个互不相同原子或基团（包括未成键的电子对）的不对称碳、硫、

氮、磷等原子引起，也可由分子中所具有的手性面、手性轴、手性螺旋等不对称元素引起。

目前，手性的表示主要有 D/L 和 R/S 两种方法。

(1) D/L 法。1951 年，人们选择甘油醛的构型作为标准，对甘油醛两种异构体采用 D/L 法命名（图 7-1），而将其他有机化合物看作由甘油醛衍生而来。

在手性化合物的费歇尔（Fischer）投影式中，当羟基（—OH）在手性碳原子右侧时，此甘油醛为 D 型，左侧时则为 L 型。D/L 法只适用于分子中仅简单具有一个手性碳原子的物质，而对于分子中有一个以上的手性中心时，这种命名法不能明确每个手性原子的构型。因此，目前除糖类化合物和氨基酸外，其他有机化合物几乎不再使用 D/L 法命名。

(2) R/S 法。1970 年，国际纯粹和应用化学协会（IUPAC）建议采用 R/S 法对手性化合物进行命名。目前，绝大多数的手性化合物均采用 R/S 法进行命名。R/S 法命名规则是以手性原子自身的结构为依据，根据手性原子直接相连的四个互不相同原子或基团（包括未成键的电子对）所占据的空间位置，按照它们序列的大小来确定手性中心的构型。如前所述的甘油醛，其手性碳原子所连接的四个基团的优先顺序为—OH＞—CHO＞—CH₂OH＞—H，故若按 R/S 法命名，如图 7-2 所示。

图 7-1　D-甘油醛与 L-甘油醛　　　　　　　图 7-2　R-甘油醛与 S-甘油醛

对于化合物手性的不同表示方法，需要注意以下两点：第一，D/L 和 R/S 法是两种不同的构型表示方法，二者之间并无直接的逻辑对应关系；第二，任何一种命名法所表示的手性化合物构型与该化合物的旋光方向无对应关系。当偏振光照射手性化合物时，透过的偏光平面会向顺时针（或逆时针）方向旋转，所旋转的角度称为旋光度，相应的旋转方向采用（＋）或（—）表示。对于旋光性为（＋）或（—）的手性化合物，其手性构型可以是 D/L 和 R/S 命名法中的任何一种。

2. 手性药物

手性是自然界的普遍特征。在生命的产生和演变过程中，自然界往往对一种手性有所偏爱，如自然界中组成多糖和核酸的天然单糖大多数为 D-构型，氨基酸大部分为 L-构型，蛋白质和 DNA 的螺旋构象又都是右旋的等等。作为自然界的一部分，人类的生命本身就依赖于手性识别。如人们对 L-氨基酸和 D-糖类能够消化吸收，而其对映体对人类没有营养价值或有副作用。作为调节人类生命活动而起到治疗作用的药物，如果在参与人体内的生理过程时涉及手性分子或手性环境，则该药物分子中所具有的不同立体构型所产生的生物活性就有可能不同，其中具有药物功能或用途的手性异构体才适用于作为药物。根据国家药品监督管理局药品审评中心颁布的《手性药物质量控制研究技术指导原则》，"手性药物是指分子结构中含有手性中心（也叫不对称中心）的药物，它包括单一的立体异构体、两个以上（含两个）立体异构体的不等量的混合物以及外消旋体。"

对于手性药物的纯度，除了考虑其化学纯度，更应注意控制其光学纯度。光学纯度的表示方法是将一定条件下测定的该手性化合物的比旋光度（$[\alpha]_{obs}$）与其同等条件下的标准比旋光度（$[\alpha]_{max}$）相比，所得结果即为该手性化合物的光学纯度。

$$光学纯度 = \frac{[\alpha]_{obs}}{[\alpha]_{max}} \times 100\%$$

光学纯度表示法主要用于已知手性化合物的质量检测及生产过程质量控制。对于新手性化合物，由于缺乏标准比旋光度值，则难以计算其光学纯度，故更多采用"对映体过量"（Enantiomeric Excess，e. e.）或"非对映体过量"（Diastereomeric Excess，d. e.）来表示一个对映体或非对映体相对于其对映或非对映异构体过量的程度，其具体表示方法为：

$$e.\ e. = \frac{[对映体1] - [对映体2]}{[对映体1] + [对映体2]} \times 100\%$$

$$d.\ e. = \frac{[非对映体1] - [非对映体2]}{[非对映体1] + [非对映体2]} \times 100\%$$

二、手性药物的药理作用

对于具有手性中心或不对称性的化学药物而言，由于人体内的手性环境可以识别药物的手性异构体，并与其中某种特定的异构体相互作用，因此药物不同的手性异构体间的药理活性往往表现出质和量的差异。根据手性药物中对映体之间的药理活性和毒副作用的差异，可将分子结构具有手性的药物分为以下几类。

（1）对映异构体之间有相同的某一药理活性，且作用强度相近，可以采用外消旋体给药。如普罗帕酮（Propafenone，**7-1**）的两个对映异构体具有相同的抗心律失常的作用，异丙嗪（Promethazine，**7-2**）的有相同的抗组织胺的活性和毒性（图7-3）。

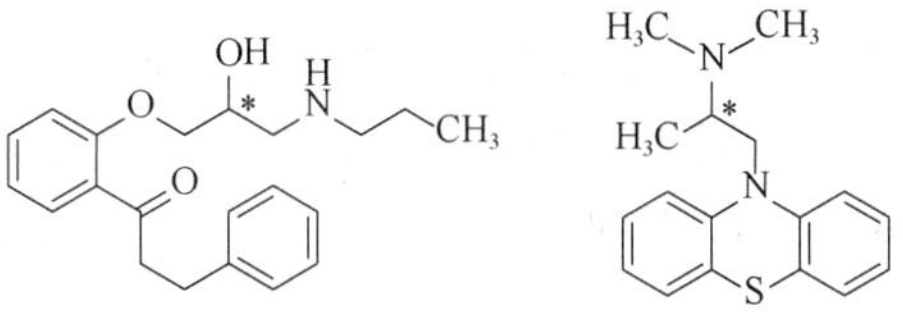

图 7-3　普罗帕酮和异丙嗪

（2）两个对映异构体中，药物的生物活性完全或主要由其中的一个对映异构体产生，另一个则无明显作用。如抗生素氧氟沙星（Ofloxacin，**7-3**）的活性主要由 S-对映异构体产生，而 R-对映异构体几乎无药理活性。用于治疗关节炎的 S-萘普生（S-Naproxen，**7-4**）在体外试验的镇痛作用比其 R-对映异构体强 35 倍（图7-4）。

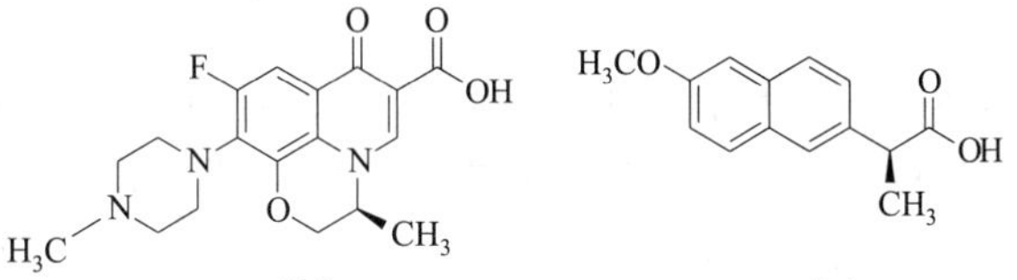

图 7-4　氧氟沙星和 S-萘普生

（3）两个对映异构体有不同的药理作用，上市后用于不同的适应证。例如丙氧酚（Propoxyphene）的(2S,3R)-对映异构体（**7-5**）是镇痛药，(2R，3S)-对映异构体（**7-6**）具有镇咳作用（图7-5）。如将其以外消旋体形式给药时，互相产生副作用，而分开给药时，则都是有效的治疗药物。

7-5

7-6

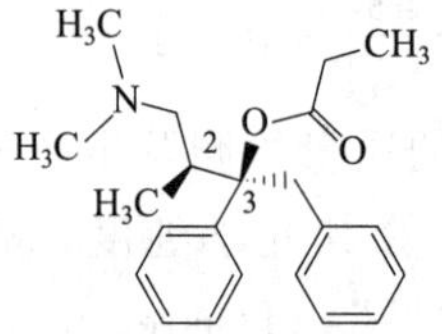

图 7-5　丙氧酚的对映异构体

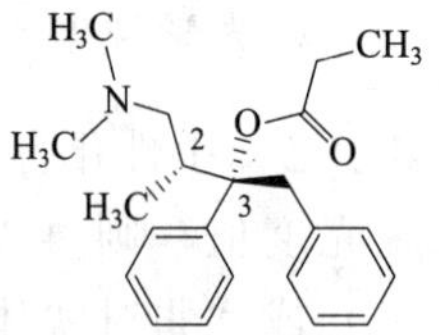

（4）两个对映异构体的生物活性不同，但合并用药有利。如降压药奈必洛尔（Nebivolol，**7-7**）的右旋体为β-受体阻滞剂，而左旋体能降低外周血管的阻力，并对心脏有保护作用；抗高血压药物茚达立酮（Indacrinone，**7-8**）的 *R*-对映异构体具有利尿作用，但有增加血中尿酸的副作用，而 *S*-对映异构体却有促进尿酸排泄的作用，可有效降低 *R*-对映异构体的副作用，两者合并用药更有利（图 7-6）。进一步的研究表明，*S*-与 *R*-对映异构体的比例为 1∶4 或 1∶8 时治疗效果最好。

(±)
7-7

7-8

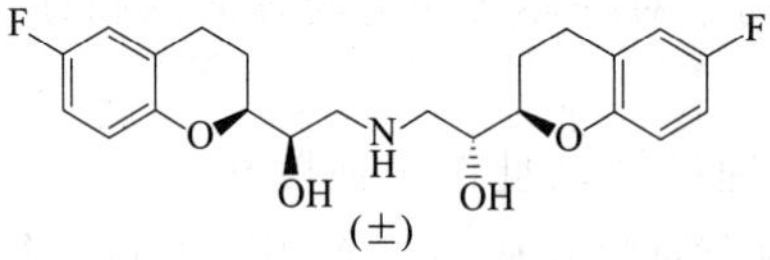

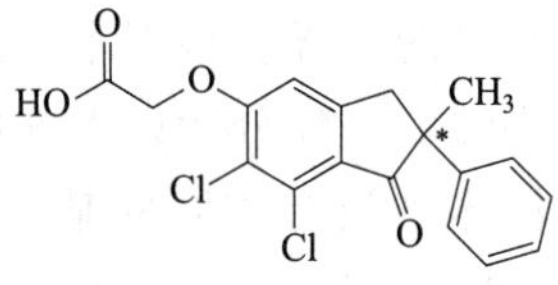

图 7-6　奈必洛尔和茚达立酮

（5）两个对映异构体具有完全相反的生物活性。如新型苯哌啶类镇痛药哌西那朵（Picenadol，**7-9**）的右旋异构体为阿片受体的激动剂，而其左旋体则为阿片受体的拮抗剂。扎考必利（Zacopride，**7-10**）的 *R*-对映异构体为 5-HT_3 受体拮抗剂，而 *S*-对映异构体则为 5-HT_3 受体激动剂（图 7-7）。

7-9

7-10

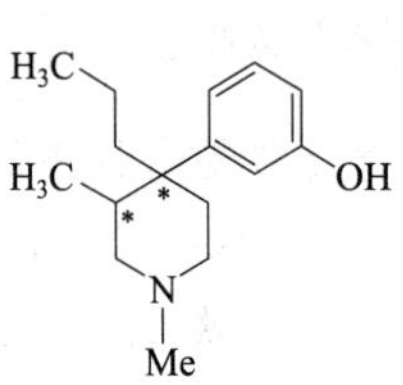

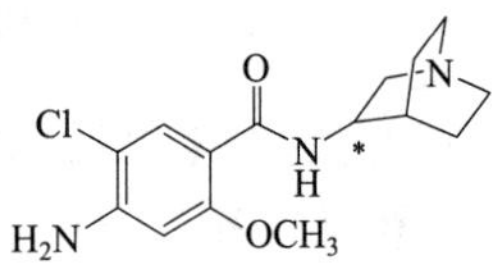

图 7-7　哌西那朵和扎考必利

（6）两个对映异构体中一种起治疗作用，而另一种对映体有严重的毒副作用。如驱虫药四咪唑（Tetramisole，**7-11**）的呕吐副作用是由其右旋体产生的。抗心律失常药双异丙吡胺（Disopyramide，**7-12**）的负性心肌效应由其 *R*-对映异构体产生（图 7-8）。

7-11

7-12

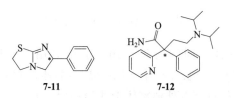

图 7-8　四咪唑和双异丙吡胺

由于手性药物的不同立体异构体在药效、药代及毒理等方面都可能存在差异，因此应对手性药物的活性进行充分的研究，这对拟开发手性药物的给药及上市形式有重要的指导作用。

三、手性药物的制备方法

手性药物的制备主要有三种途径：一是从天然产物中提取手性药物或其手性中间体；二是利用拆分法对外消旋的手性药物或其手性中间体进行分离，其中主要包括结晶拆分法、化学拆分法、动力学拆分法、色谱拆分法和生物酶拆分法等；三是利用不对称反应对手性药物或其手性中间体进行合成，主要包括化学合成法和生物合成法。

对于天然产物的提取，该方法主要是从动植物体内分离提取得到天然生成或生物转化产生的手性化合物，如手性抗癌药紫杉醇最早便是从红豆杉中提取制得。但天然的原料通常是有限的，通过提取的方式不能够获得大量的低价药物，因此该方法具有较大的局限性。此外，天然产物的提取机制比较复杂，且除分离提取外，对其工艺的控制与通常情况下所采用的拆分或合成的方式不同，故本章将主要针对第二、三种方式进行阐述。

对手性化合物的外消旋体进行拆分是一种经典的分离方法，在工业生产中已有 100 多年的历史，目前是用来获取手性药物最常用的方法。拆分法的原理是在手性助剂的作用下，用物理、化学或生物等方法将外消旋体分离成单一对映异构体。拆分法操作简便、实用性强、重现性好，但其最大的缺点是产物的理论收率最高仅为 50%。因此，有时在拆分的同时需要将非目标对映异构体进行外消旋化，使其不断转化为需要的对映异构体，从而提高原料的利用率和产品的拆分收率。

不对称合成又被称为手性合成，是获得手性药物最直接的方法。手性药物的不对称合成包括从手性分子出发合成目标手性产物，或在手性试剂、助剂或催化剂等手性化合物的作用下将潜在手性化合物转变为含一个或多个手性中心的化合物。对于成功的不对称合成，其衡量标准包括：①产物是否具有较高的对映体过量（e.e.%）；②手性辅助试剂是否易于制备和循环利用；③是否可以得到对映异构体中的任意一种；④反应最好是催化性地合成，因为不对称催化（包括化学催化和生物催化）是唯一具有手性放大作用的手性合成方法。

四、手性药物合成工艺研究的技术指导原则

手性药物合成
工艺研究的
技术指导原则

20 世纪 80 年代前，由于技术条件的限制，手性药物均以外消旋体的形式上市。但一些外消旋体药物在使用过程中出现了严重的副作用，如 1960 年欧洲出现的"反应停"（沙利度胺，Thalidomide）事件。许多母亲由于在怀孕期间服用了镇静剂——沙利度胺，结果导致全球范围内约有 8000～12000 名畸形婴儿出生，另有大约 5000～7000 名婴儿在出生前就已经因畸形而死亡。导致这一悲剧的原因正是外消旋沙利度胺中的 S-构型对映异构体具有致畸性，而此事件也促使人们越发重视对手性药物中不同异构体进行相应的研究。1992 年 5 月，美国食品和药品监督管理局（FDA）首次发布了针对手性药物的指导原则——《新型立体异构药物的开发》（Development of New Stereoisomeric Drugs），要求对所有在美国上市的消旋体药物均要说明其中所含对映体各自的药理作用、毒性和临床效果。此后，国际人用药品注册技术要求协调理事会（International Council for Harmonization，ICH）和各国（地区）的药品监管部门均对手性药物的研发、上市做出了类似的规定，以规范和指导手性

药物的研究开发。2006年12月，我国药品监督管理局药品审评中心颁布了《手性药物质量控制研究技术指导原则》，对手性药物的合成工艺、结构确证及质量控制研究等方面需要进行的研究工作做出了规范性的要求，明确了我国手性药物药学研究的基本思路。

1. 起始原料的控制

如果手性药物的手性中心由光学纯的起始原料或试剂中引入，且在后续的制备过程中不再涉及手性中心的构型改变（或所涉及的构型改变可控），那么最终制备得到的手性药物的光学纯度主要取决于以下两个方面：①起始原料或试剂的光学纯度；②后续反应过程是否会影响到已有的手性中心，从而产生构型变化的可能性及程度。在进行工艺研究时，首先要采用立体专属性的分析方法严格控制起始原料或试剂的光学纯度，制定合理可行的手性杂质的限度。

2. 手性药物合成工艺控制

对于任意一种手性药物的制备方法，除了要遵循已有的各项药学研究指导原则外，还需要针对手性药物的特点进行研究，尤其是要注重药物合成各阶段对手性中心光学纯度的严格控制。在研究手性药物制备工艺时，应根据手性中心的引入方式，采取有效的过程控制手段。

（1）如果手性药物的手性中心由光学纯的起始原料或试剂中引入，由于在后续反应过程中存在构型变化的可能性，因此在制备工艺中仅控制起始原料或试剂的光学纯度是不充分的。这就要求在进行工艺研究时，应根据后续反应的机理，充分分析后续反应是否会影响已有手性中心的构型，对引入手性中心后的每步反应的中间体中的立体异构体杂质进行检测，分析与监测构型变化的可能性。如可能会产生影响时，应研究与优化工艺条件，尽量避免或减少构型变化的产生。

（2）如果手性药物的手性中心由不对称合成获得，首先应尽可能查阅相关的文献资料，充分了解所用不对称合成反应的反应机理、反应条件、立体选择性等，以选取合适的反应；其次，在工艺研究中应对该步不对称反应的工艺操作参数进行筛选优化，并对产物的立体异构体进行严格的监测，确定该步反应的工艺条件与反应产物的光学纯度控制指标。引入手性中心后，进行后续反应时仍可能产生构型变化，故同样需要根据终产品质控的难度分别采用不同的过程控制方式，来综合控制终产品的光学纯度。此外，不对称合成中有可能使用一些毒性较大的催化剂，在后处理过程中应注意控制其残留。在质量研究中对这些催化剂的检测方法进行研究与验证，并在质量标准中对其残留量进行控制。

（3）如果手性药物的手性中心由外消旋体的拆分获得，首先应采用光学纯度尽可能高的拆分助剂或试剂；其次，应尽量纯化与拆分助剂或试剂相互作用所得的立体异构体，因为这是控制成品光学纯度的重要步骤。在这两个措施中，均应采用合适的方法严格控制拆分助剂或试剂与产品的光学纯度。

3. 产品的结构确证

由于手性药物具有立体结构，并且在非手性条件下，对映异构体一般具有相同的熔点、溶解度、色谱保留行为、红外光谱（Infrared Spectroscopy，IR）、核磁共振谱（Nuclear Magnetic Resonance，NMR），因此手性药物结构确证具有一定的特殊性，在进行结构确证时，除应符合结构确证的一般原则外，还应特别注意对其构型进行研究与确证。

手性药物构型的确证方法大体可分为两类：直接法与间接法。直接法是指只需通过某单一的方法即可确证手性药物的构型，如单晶 X 射线衍射法（Single-crystal X-ray Diffraction，SXRD）；间接法是指仅靠对待测物进行分析，尚难以确证其构型，而需综合其他数据，如与其同系物的相关分析数据相结合才能确定待测物的构型。比旋度、手性色谱、核磁共振以及旋光光谱（Optical Rotatory Dispersion，ORD）、圆二色谱（Circular Dichroism，CD）等分析方法都属于间接法。化学相关法也属于间接法。在绝对构型的确证中，为保证结果的准确性，除采用一种方法外，需考虑采用另一种方法加以确认。需要注意的是，因为比旋度测定相对比较简便，且与分子的构型有一定的相关性，所以一般情况下比旋度是必需的检测项目之一。

4. 制剂处方及工艺控制

手性药物制剂研究的总体目标与普通化学药物是一致的，但其不同之处在于研究过程中要保证手性药物构型不变。手性药物构型的稳定情况也是手性药物制剂剂型选择时需要考虑的重要因素，如其稳定的 pH 范围，固态及液态下构型稳定情况，对光、热、空气等因素的稳定情况等。如果研究显示手性药物在溶液状态下构型不够稳定，可发生构型变化，则不宜选择注射剂、口服溶液等液体剂型。

手性药物处方筛选及工艺研究的重点是通过选择适宜的辅料和工艺条件，避免引起手性药物构型的转变。研究中应通过相应的验证实验证明选择的处方及制备工艺不会引起手性药物构型的变化。

5. 质量研究与质量标准控制

（1）质量研究。在对手性药物进行质量研究时，首先应结合工艺与各手性中心的稳定性确定研究项目，如比旋度、立体专属性的鉴别项、立体异构体杂质检查以及立体专属性的含量测定等。其次，应选择合适的分析方法，因为其直接关系到分析结果的准确性。理论上，非对映异构体之间可采用非立体专属性的方法进行分离检测。对于对映异构体，一般多采用手性分离的方法进行检测，其中以色谱法拆分药物对映异构体最为常见。再次，应验证所采用的分析方法。方法的验证应参照分析方法验证的技术指导原则，对于光学纯度检查方法的验证，立体专属性是考察的重点。对于方法专属性的验证，可采用消旋体或与对映异构体混合进样的方式考察对映异构体之间的分离度。最后，应选择合适的定量方式，以便对分析结果进行合理的定量分析。常用的定量方式有峰面积归一化法、主成分自身对照法、异构体杂质对照品法。

（2）质量标准。手性药物质量标准的构成与化学药物基本相同，特点是质控项目要体现其光学特征的质量控制。制定质量标准时要根据对映异构体杂质的生物活性（毒性）、原料药的制备工艺、制剂工艺、稳定性考察等步骤的研究结果及批次检测结果来确定质量标准中需控制的立体异构体及其限度。对于原料药质量标准的具体内容，主要包含性状、鉴别、检查、含量测定等项目，而制剂的质量标准中需要考虑制剂过程、贮运过程对手性药物构型的影响。

6. 稳定性研究

根据研究目的不同，稳定性研究内容可分为影响因素试验、加速试验与长期留样试验等。手性药物稳定性研究基本原则和方法总体上与普通化学药物一致，但手性药物稳定性试验还需重点考察药物构型的稳定性，即通过设立适宜的光学纯度检查项目和采用灵敏、立体专属性的检查方法（如立体异构体检查等），考察原料药或制剂中手性药物的光学纯度或立体异构体比例变化情况。

第二节　外消旋体的拆分

外消旋体拆分又称手性拆分（chiral resolution）或光学拆分（optical resolution），在立体化学上用以分离外消旋体成为两个不同的镜像异构物的方法，是生产具有光学活性药物的重要工具。本节将主要介绍结晶拆分法、化学拆分法和动力学拆分法。

外消旋体的拆分

一、结晶拆分法

结晶拆分法又称优先结晶法，其最早报道的应用是肾上腺素的拆分，目前已应用于大规模生产氯霉素、(−)-薄荷醇和甲基多巴等手性药物，另外部分氨基酸的拆分也可使用这种方法。结晶拆分法是向外消旋混合物的热饱和或过饱和溶液中加入一种纯光学活性的对映异构体晶种，然后冷却到一定的温度，这时稍微过量的与晶种相同的对映异构体就会优先结晶出来。滤去晶体后，重新加热剩下的母液，并补加外消旋混合物使溶液达到饱和，再冷却到一定的温度。这时另一个稍微过剩的异构体就会结晶出来。反复进行上述过程，便可以将一对外消旋混合物拆分成为两种光学纯的对映异构体。这种拆分方法不需要加入拆分试剂，母液可以套用多次，原料损耗小、设备简单、成本较低，是比较理想的大规模拆分方法。但该方法也存在一定的局限性，如需采用间断式结晶，生产周期长；工艺条件的控制要求精度较高；直接拆分所得对映异构体的光学纯度往往由于不能达到标准而需进一步纯化等。

结晶拆分法常用于外消旋混合物的拆分。因此，使用结晶拆分法前需要先界定所拆分的外消旋体属于外消旋混合物，而非外消旋化合物。外消旋混合物和外消旋化合物是两种不同的外消旋体，后者较为常见，约占所有外消旋体的90%。外消旋混合物是等量的两种对映异构体晶体的机械混合物，虽然该混合物没有光学活性，但每个晶核仅包含一种对映异构体；而外消旋化合物的晶体是两种对映异构体分子完美有序地排列，每个晶核包含等量的两种对映异构体。由等量对映异构体组成的外消旋混合物是一种低共熔混合物，两种对映异构体互相作用，使得该外消旋混合物的熔点低于任一对映异构体，而溶解度要高于任一对映异构体。基于以上原因，当采用结晶拆分法使外消旋混合物中一个对映异构体析出时，外消旋混合物及大量的另一对映异构体仍会留在母液中，从而达到拆分的目的。目前，优先富集现象的发现使外消旋化合物实现结晶拆分成为可能。优先富集是具有外消旋化合物性质的非外消旋体在过饱和溶液中动力学析晶，形成亚稳态晶体。在向热力学稳定的晶型转化的过程中，部分位于不规则排列区域的晶体溶于母液，使母液具有较高的 e. e. 值。优先富集应满足以下要求：①单一立体异构体的溶解度远大于外消旋体的溶解度；②结晶过程中发生固-固多晶型转化；③多晶型转化前后具有不同的晶体结构；④在晶型转化过程中产生不规则晶体；⑤热力学稳定的非外消旋晶体能够保留结晶过程中发生的对称性破缺的痕迹。此外，外消旋化合物也可以通过与非手性酸或碱成盐转变为外消旋混合物后采用本法拆分。如 DL-多巴（Levodopa，**7-13**）和 DL-赖氨酸（Lysine，**7-14**）便可分别通过与盐酸和对氨基苯磺酸成盐后采用结晶拆分法拆分（图7-9）。

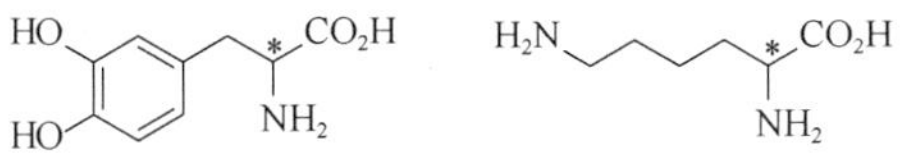

图 7-9　DL-多巴和 DL-赖氨酸

二、化学拆分法

化学拆分法是一种常用的外消旋体拆分手段，其基本过程是外消旋体可通过与光学纯的手性拆分试剂作用形成两种非对映异构体（一般为酸碱成盐或成酯），而两种非对映异构体由于存在理化性质差异便可分离（如溶解性的差异，一种非对映异构体可充分溶解在溶剂中，而另一种结晶析出）。脱去并回收所使用的手性拆分试剂后，拆分所得到的非对映异构体可转化成为起始对映异构体。若外消旋体中无可离子化或酯化基团时，外消旋体可通过氢键与手性拆分试剂形成非对映异构体共晶，再根据理化性质差异实现拆分，或仅与某单一对映异构体形成单一的共晶而实现拆分。

化学拆分法中，拆分试剂的选择十分关键。适宜的拆分试剂通常需满足以下条件：①拆分试剂自身需要具有足够高的光学纯度；②拆分试剂与外消旋体反应生成的非对映异构体具有较大的物理性质差异，易于分离；③拆分试剂的成本较低，易于回收。常用的拆分试剂如表 7-1 所示，包括天然拆分试剂和合成拆分试剂两种。自然界存在或通过发酵可大规模生产的各种手性酸或碱是拆分试剂的主要来源，一些容易合成的手性化合物也可用作拆分试剂。

表 7-1　部分常见的化学拆分试剂

外消旋体	光学拆分试剂
酸	麻黄碱、奎宁、α-苯乙胺等
碱	酒石酸、扁桃酸、樟脑等
醇	转化为酸性酯后，用活性碱拆分
醛、酮	光学活性的肼、酰肼等

度洛西汀（Duloxetine）是礼来公司（Eli Lilly）开发的一个 5-羟色胺和去甲肾上腺素再摄取抑制剂，可用于治疗抑郁症、焦虑症等心境疾病；以及缓解中枢性疼痛，如糖尿病外周神经病性疼痛和妇女纤维肌痛等。本书第二章对其合成路线进行了"逆合成分析法"介绍。其中，(S)-构型羟基胺前体（7-15）的制备便采用了化学拆分法。首先将外消旋的羟基胺（7-16）溶于甲基叔丁基醚（MTBE）中，加入溶于乙醇的光学纯(S)-扁桃酸（7-17）作为拆分试剂，将所得混合物加热回流后冷却至室温，(S)-构型羟基胺（7-15）会与(S)-扁桃酸形成难溶的非对映异构体盐（7-18）析出，而(R)-构型羟基胺（7-19）则留在溶液中。将析出的(S)-构型羟基胺扁桃酸盐（7-18）进行过滤收集后用氢氧化钠处理，便可得到具有光学纯度的(S)-构型羟基胺（7-15）。同时，留在溶液中的(R)-构型羟基胺（7-19）可以在盐酸作用下发生差向异构，转变为外消旋的羟基胺（7-16）后用于下一次拆分（图 7-10）。

在化学拆分法中，一类比较特殊的方法是"不对称转换法"。该方法是近年来应用于制备 α-氨基酸的一种拆分技术，可省去经典拆分中的外消旋化步骤，避免另一种对映体的损失，也避免了经典拆分方法中易出现的夹带析出现象，从而大大提高了拆分收率，并使拆分产物的光学纯度得到了可靠保证。对于发酵方式生产的天然 α-氨基酸而言，均为 L-型氨基

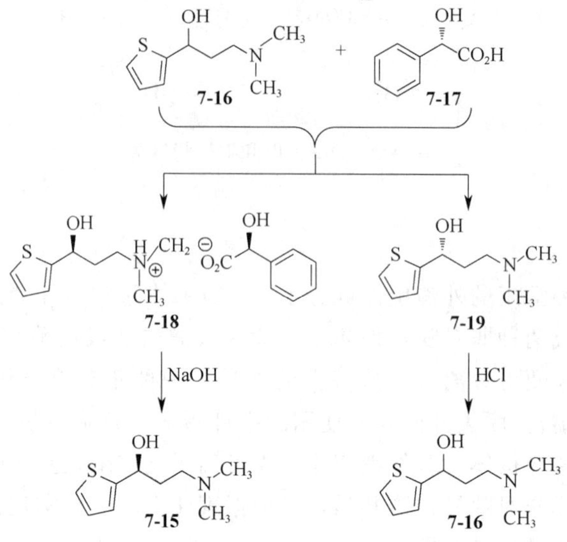

图 7-10　度洛西汀羟基胺前体的化学拆分制备

酸，而人们可通过"不对称转换法"将廉价的 L-型氨基酸转化为非天然的 D-型氨基酸。其具体过程为：伴随着加热、酸或碱的加入，L-型氨基酸原位生成的中间体衍生物倾向于外消旋化。随着该外消旋的中间体衍生物的原位脱保护，所得外消旋氨基酸中的 D-型异构体与体系中加入的手性拆分试剂成盐后析出，从而达到 L-型氨基酸向非天然的 D-型氨基酸转化的目的。如 D-型脯氨酸（**7-20**）作为一种重要的非天然氨基酸，其传统的制备工艺是以丁二醛为原料先通过四步反应得到外消旋脯氨酸，再通过经典化学拆分制得。整个制备过程步骤比较长，总收率偏低，经济效益差。而通过"不对称转换法"，人们可将作为原料的 L-型脯氨酸（**7-21**）与丁醛（**7-22**）作用后，几乎全部转化为 D-型脯氨酸（**7-20**）的（2*R*，3*R*）-酒石酸盐（**7-23**），最后经 35％的氨水解离，所得 D-型脯氨酸（**7-20**）重结晶后收率可达 85％，光学纯度为 100％（图 7-11）。

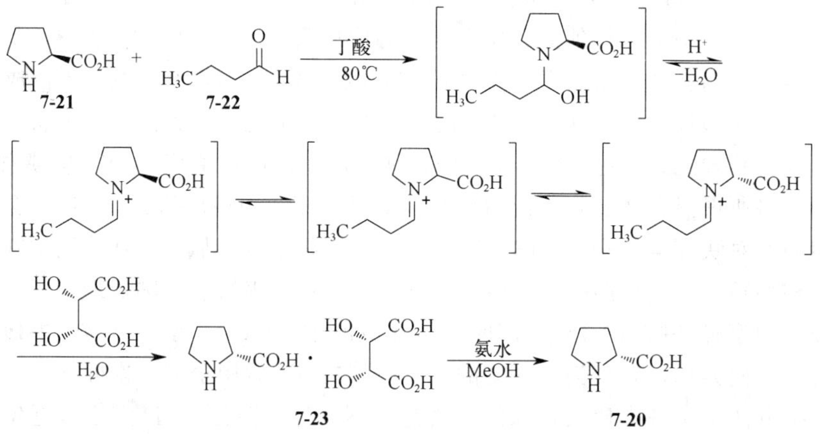

图 7-11　"不对称转换法"制备 D-型脯氨酸

三、动力学拆分法

与前面两种拆分方法不同，动力学拆分是在手性试剂或手性催化剂作用下，利用两个对映异构体反应速率不同的性质使其分离的过程。经典动力学拆分是基于两个对映异构体对于某一反应的动力学差异。反应在不对称环境中进行到一定程度时，两个对映异构体相对的剩余量和由二者所转化的产物相对生成量具有较大差异时，便可以分别进行回收或分离。动力学拆分的优点在于过程简单，生产效率高，并可以通过调整转化程度提高剩余底物的对映体过量。理论上讲，动态动力学拆分方法（Dynamic Kinetic Resolution，DKR）可以把所有的底物都转换成某种单一的异构体并且产率达到100%，其核心过程是底物的原位消旋，目前底物消旋的方法主要有化学法和酶法消旋。

外消旋的环氧氯丙烷（**7-24**）是一种重要且便宜易得的化工原料和精细化工产品，其手性对映异构体(S)-环氧氯丙烷（**7-25**）在药物合成领域具有广泛的用途，如可用于制备抗生素利奈唑胺（Linezolid）、β-受体阻断剂(S)-普萘洛尔[(S)-Propranolol]等药物。目前，(S)-环氧氯丙烷（**7-25**）便是通过水解动力学拆分外消旋的环氧氯丙烷（**7-24**）进行制备。该方法的优点在于：①采用水作为亲核试剂，安全可靠；②产物具有较高的收率和光学纯度；③催化剂用量少，并可回收利用；④拆分所得产物（S)-环氧氯丙烷（**7-25**）与副产物(R)-3-氯-1,2-丙二醇(**7-26**)沸点差异大，易分离纯化；⑤副产物(R)-3-氯-1，2-丙二醇（**7-26**）同样是一种重要的化工和医药中间体。

外消旋环氧氯丙烷（**7-24**）的水解动力学拆分过程采用 Salen-Co^{III}[(R,R)-N,N'-双(3,5-二叔丁基水杨基)-1,2-环己二胺乙酸钴(III)]作为手性催化剂，该催化剂对末端环氧化物具有良好的立体选择性。对于外消旋的环氧氯丙烷（**7-24**），它优先选择催化（R)-环氧氯丙烷（**7-27**）进行水解开环反应，而大部分（S)-环氧氯丙烷（**7-25**）由于难以被催化而得以保留，从而实现了外消旋环氧氯丙烷（**7-24**）的水解动力学拆分（图 7-12）。水解反应结束后，利用产物（S)-环氧氯丙烷（**7-25**）与副产物(R)-3-氯-1,2-丙二醇（**7-26**）的沸点差异，可采用减压蒸馏的方法分别分离纯化得到（S)-环氧氯丙烷（**7-25**）与(R)-3-氯-1,2-丙二醇(**7-26**)。

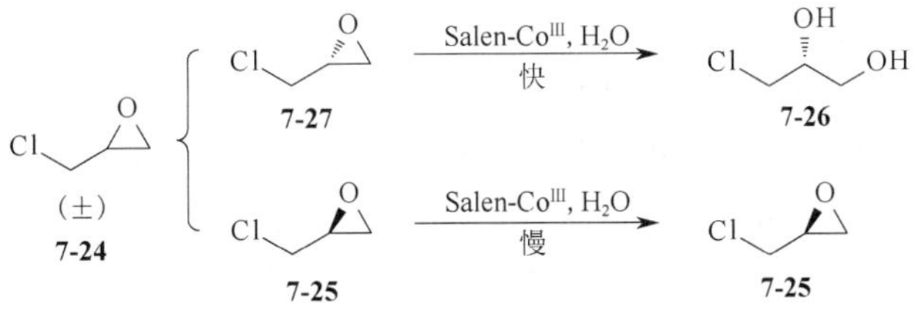

图 7-12 外消旋环氧氯丙烷的水解动力学拆分

除了以上方法，对于外消旋体的拆分还包括酶法拆分、生物膜拆分、色谱法拆分等技术。总体而言，每种拆分方法均有其优缺点，在具体工作中应根据手性药物或其手性中间体的性质来决定所选用的拆分手段，同时也要注意各种分离拆分方法之间相互佐证，以确保拆分的正确性和高效性。

第三节　不对称合成反应

1894 年，E. Fischer 首次提出"不对称合成"的概念。按照 Morrison 和 Mosher 的定义，不对称合成是"一个有机反应，其中底物分子整体中的非手性单元由反应剂以不等量地生成立体异构产物的途径转化为手性单元"。即不对称合成可以将潜手性单元转化为手性单元，并产生不等量的立体异构产物。这里，反应剂可以是化学试剂、催化剂、溶剂或物理因素。

不对称合成反应

不对称合成一直是化学合成的研究重点和热点，也是制备手性药物的一类重要方法。2001 年，诺贝尔化学奖被授予在不对称合成领域做出突出贡献的三位有机化学家 W. S. Knowles、R. Noyori 和 K. B. Sharpless。20 世纪 70 年代初，Knowles 教授在美国孟山都（Monsanto）公司利用不对称氢化法实现了工业合成治疗帕金森病的手性药物 L-多巴(L-Levodopa)，成为世界上第一例工业化手性合成的例子。此后，Noyori 教授对其工作进行了创造性的发展，发明了以手性双膦 BINAP[2,2'-双(二苯膦基)-1,1'-联萘]为代表的配体分子，通过与合适的金属配位形成了一系列新颖高效的手性催化剂用于不对称催化氢化反应，得到高达 100％的产物立体选择性，日本高砂（Takasago）公司用此技术进行了 L-薄荷醇的大规模生产。Sharpless 教授开发了一系列关于烯烃的不对称环氧化反应、不对称羟胺化反应和不对称双羟基化反应，这些反应具有极高的适用性，可用于合成抗艾滋病药物、三唑类广谱抗真菌抗生素等药物。

不对称合成通常有三种方式达到制备手性产物的目的：①利用手性化合物作为起始反应物（即手性底物），通过手性底物控制不对称反应；②若起始反应物为非手性化合物，可将光学纯的手性辅助试剂与反应物结合后，利用手性辅助试剂控制不对称反应；③利用手性试剂、手性溶剂、手性催化剂等构建手性环境，促进不对称合成的进行。

一、手性底物控制的不对称反应

$$S^* \xrightarrow{R} T^*$$

手性底物控制的不对称反应又称手性源法，是指通过反应物（S^*）中原有手性中心的诱导，在产物（T^*）中形成新的手性中心。在反应中，新手性单元的结构常常通过与非手性试剂反应而产生，而该手性单元的立体构型则是由与之相邻的底物原有手性单元所诱导生成。该类型反应的优点是无需额外加入手性试剂诱导产物中新手性单元的形成，但缺点是有时手性底物控制或诱导新手性中心的效果不理想。

（3R,4R）-3-[（R）-1-叔丁基二甲基硅氧乙基]-4-乙酰氧基-2-氮杂环丁酮（4-AA，7-28）是合成青霉烯和碳青霉烯类抗生素的关键中间体。目前，已有不少关于从小分子合成 4-AA 的文献报道，其中一类方法便是采用 L-苏氨酸（L-Thr）、L-丝氨酸（L-Ser）、L-天冬氨酸（L-Asp）、糖类等廉价易得的手性原料出发，利用其手性中心作为手性源进行的不对称合成。如采用 L-苏氨酸（L-Thr，7-29）为原料时，经重氮化、溴化得溴代产物（7-30）。该溴化物（7-30）在氢氧化钾作用下分子内亲核取代得环氧化物（7-31），所得环氧化物（7-31）与取代的苯胺（7-32）生成酰胺（7-33）。酰胺（7-33）在碳酸钾作用下闭环得到具有 3 个手性中心的内酰胺（7-34），再经一系列转化得到 4-AA（7-28，图 7-13）。其中，溴化产物（7-

30）溴原子立体构型由其前体（**7-29**）中羟基（—OH 基）连接的碳原子手性诱导形成，而内酰胺（**7-34**）的立体构型则是受到了其前体（**7-33**）中环氧结构的手性影响。

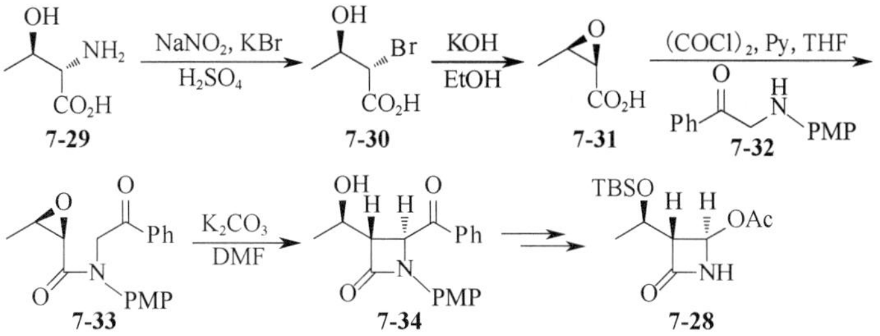

图 7-13 手性底物控制的 4-AA 不对称合成

二、手性辅助试剂控制的不对称反应

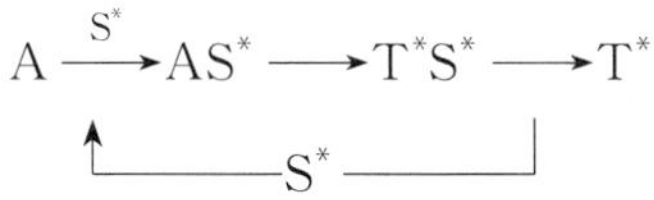

$$A \xrightarrow{S^*} AS^* \longrightarrow T^*S^* \longrightarrow T^*$$

手性辅助试剂法是指将手性辅助试剂或基团（**S***）与无手性单元的反应底物（**A**）先行作用生成手性化合物（**AS***），利用所引入的手性辅助试剂或基团（**S***）的手性诱导进行后续的不对称合成反应，并得到手性产物前体（**T*S***），最后脱去并回收该手性辅助试剂或基团（**S***）后得到目标手性分子（**T***）。用于不对称合成的手性辅助试剂通常需要具备以下条件：①便宜易得且具有很高的光学纯度；②该手性辅助试剂或基团诱导的不对称反应选择性高；③新生成的手性中心或其他手性元素易与该手性辅助试剂或基团分离，且不发生外消旋化；④该手性辅助试剂或基团的回收率高且回收后不降低其光学纯度。

与手性底物控制的不对称反应相比，本方法需要先将反应底物（**A**）与手性辅助试剂或基团（**S***）作用，待目标手性中心构建完毕后再将其脱去，故操作比较麻烦；同时，本方法需要使用至少与反应底物等当量的手性辅助试剂或基团（**S***），故成本相对较高。但手性底物控制的不对称反应只能是单一底物控制的反应，而本方法具有更为广泛的应用范围，如（*R*）-和（*S*）-1-氨基-2-甲氧甲基吡咯烷（RAMP 和 SAMP）既可用于各种酮，也可用于醛邻位的不对称烷基化；其次，本方法反应所得的非对映异构体的选择性有时不一定很好，但容易通过纯化得到较高光学纯度的产物，而手性底物控制的不对称反应相对比较困难；第三，许多手性辅助试剂或基团的两种对映异构体都可以得到，因此通常可通过相同途径分别用于制备目标产物的对映异构体，而手性底物控制的不对称反应难以实现。

在制药工业中，有许多利用手性辅助试剂或基团合成手性药物的例子，如（*S*）-萘普生［（*S*）-Naproxen，**7-4**］的合成。萘普生是一种良好的非甾体消炎解热镇痛药，其（*S*）-对映异构体的抗炎活性是（*R*）-对映异构体的 28 倍。将（*S*）-萘普生（**7-4**）应用于临床，可避免（*R*）-对映异构体所引起的副作用。在（*S*）-萘普生（**7-4**）的合成路线中，（2*R*，3*R*）-酒石酸二甲酯（**7-39**）作为手性辅助试剂与反应中间体萘缩酮（**7-38**）生成手性缩酮（**7-40**）后，利用酒石酸二甲酯片段的手性中心对酮羰基 α-位的溴化反应进行立体选择性诱导。得到具有较高立体选择性的溴化物（**7-41**）后，通过重排、水解、还原脱溴得到目标产物（*S*）-萘普生（**7-4**，图 7-14）。

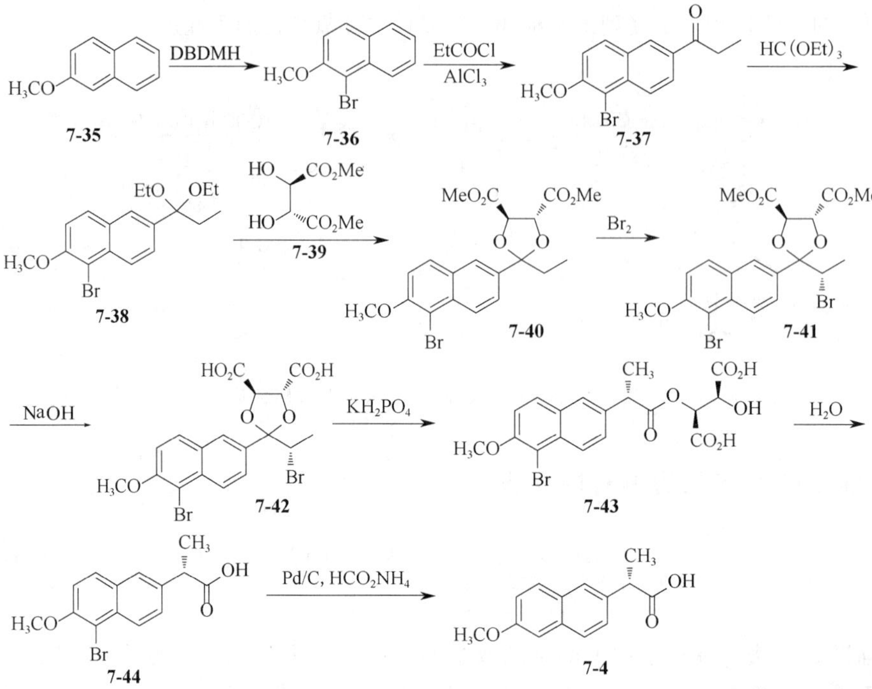

图 7-14 手性辅助剂控制的（S）-萘普生不对称合成

三、手性催化剂控制的不对称反应

$$A \xrightarrow{\text{Cat}^*} T^*$$

与手性辅助试剂法类似，手性催化剂（Cat*）控制的不对称反应也是通过催化剂对反应底物作用（通常是活化反应物）后提供的手性环境而进行反应的不对称性诱导，但本方法无需加入与反应底物等当量的手性催化剂。手性催化剂控制的不对称反应又称不对称催化反应，其具体反应过程是：在反应体系中加入少量手性催化剂（Cat*），其通过活化反应底物（A）后形成活性很高的中间体，而手性催化剂（Cat*）中的手性单元可以控制该中间体后续反应的立体选择性，从而得到手性产物（T*），而该手性催化剂（Cat*）可以在反应中循环使用。

如前所述，世界上第一例工业化手性合成的例子便是美国孟山都（Monsanto）公司利用不对称催化氢化法实现的手性药物 L-多巴（L-Levodopa，**7-45**）的合成（图 7-15）。虽然不对称催化法在化学合成领域是研究热点，但工业化实例不是很多，其局限性主要在于：①催化剂的选择性，包括化学选择性和立体选择性。虽然手性催化剂具有手性增殖或手性放大效应，但所得产物的光学纯度通常难以一次性满足药物的要求，仍需进一步纯化。②手性催化剂所用金属及配体的价格；在很多情况下，催化剂所用的金属为贵重金属，如金、银、铑、钯、钌等，且其手性配体有时需要复杂地合成，这在一定程度上限制了其在工业化生产中的应用，尤其是针对低值产品，手性拆分法相对而言成本更低。③手性催化剂体系对空气和湿度的敏感程度较高。④手性催化剂在产物中的分离与回收难度较大。尤其是对于一些毒性较大的金属手性催化剂，如不严格控制其在产物中的残留，会严重影响药物的安全性和有效性。

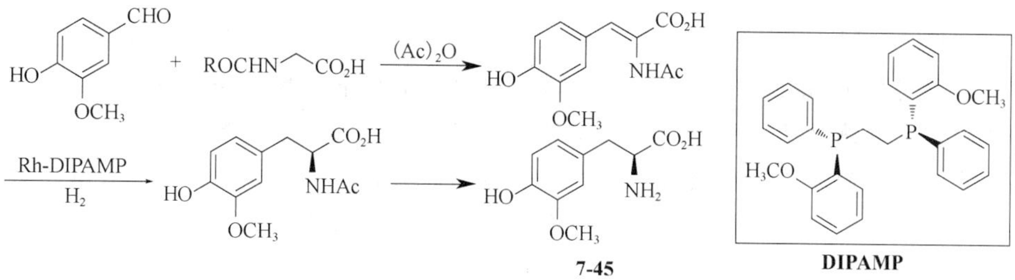

图 7-15　手性催化剂控制的 L-多巴不对称合成

目前，除了化学法制备手性药物，利用酶促反应或微生物转化等生物法制备手性药物或其手性中间体的方式越来越受到人们的重视。相比于化学法，生物酶法具有许多明显的优势，如反应条件温和，一般在接近中性的溶液中室温下反应；酶催化的效率和反应速率极高，通常为化学催化的 $10^6 \sim 10^{12}$ 倍；酶催化的立体选择性好、副反应少、产率高；生物酶对环境友好等。但是，能用于工业化生产的生物酶和微生物种类仍十分有限，能够催化的反应类型也比较少，对工业生产的条件要求也比较苛刻；此外，生物酶的开发周期比较长，稳定性较差，价格也比较昂贵。

对于手性药物或其手性中间体的制备，要结合相关化合物的性质、产品所需的光学纯度等质量标准、手性单元构建的成本等多方面因素，综合考虑生产中应采取的制备方式，例如：①虽然收率很重要，但在多步反应中缩短反应步骤比提高收率的影响更大，因为在多步反应的放大中，会面临更多的风险和工艺问题；②不对称诱导合成工艺中，如果使用大分子量的手性辅助试剂，其结果往往没有拆分工艺经济，因为回收再生手性辅助试剂的费用更高；③拆分过程尽可能安排在整条工艺路线的前面，除非可以进行动力学拆分。总之，从工业角度考虑的合成工艺路线才是经济、一流的。

阅读材料

20 世纪最大的药物灾难——"反应停"事件

1954 年，联邦德国格兰泰（Chemie Grünenthal）公司在研究沙利度胺（即反应停）对中枢神经系统的作用时，发现这种药物不但具有良好的镇静催眠作用，还可以抑制妊娠期妇女的呕吐反应。同时，该药物在对老鼠、兔子、狗等动物进行实验后，表现出几乎没有副作用。于是，格兰泰公司于 1957 年 10 月将沙利度胺以"反应停"为药品名正式投放欧洲市场，并在当时的广告语中宣称"反应停"是没有任何副作用的抗妊娠反应药物，是孕妇的理想之选。在眼花缭乱的广告轰炸之下，"反应停"几乎被吹成了神药。此后不到一年内，"反应停"便风靡欧洲、非洲、澳大利亚和拉丁美洲。到了 1959 年，仅联邦德国就有 100 万人服用过反应停。

1960 年，美国梅瑞尔（Richardson Merrell）公司与格兰泰公司签订销售协议，开始将"反应停"向美国食品药品监督管理局（FDA）申报在美国上市。当时刚到 FDA 任职的弗朗西斯·凯尔西（Frances Kelsey）医生负责审批该项申请。凯尔西医生既是医学博士，又是药理学博士，"反应停"是她审批的第一个药物。凯尔西医生在审评中对梅瑞尔公司申请的报告很不满意，认为其提交的临床试验和动物试验的数据很不充分，个人证词多于科学证据，研究时间都不足一年，因此要求梅瑞尔公司提交更详尽的数据。她还注意到，有医学报告说该药会导致病人周围神经病变，而药物对神经系统产生损害意味着药物可能会导致婴儿先天畸形。于是，凯尔西医生要求梅瑞尔公司拿出能证明"反应停"对孕妇无损害的证据，但是梅瑞尔公司拿不出来。因此，凯尔西医生暂时没有批准"反应停"在美国上市。

在"反应停"热销的同时，一些国家的医生不久便开始注意到某些地区的畸形婴儿出生率出现了异常上升的现象。这些可怜的孩子，有的腭裂，有的是聋人或盲人，还有的内脏畸形。其中一种症状比较严重的婴儿长骨短小或者缺失，手脚像海豹的鳍一样长在躯干上，因此被称为"海豹儿"。而这些孩子有一个共同的特点就是，母亲曾经在怀孕期间服用过"反应停"。1961 年，著名医学杂志《柳叶刀》刊登了澳大利亚产科医生威廉·麦克布里德（William McBride）的报告——"反应停"能导致婴儿畸形。实际早在 1957 年，联邦德国就出现了第一例海豹肢症婴儿。到了 1961 年，在欧洲和加拿大已经发现了 8000 多名海豹肢症婴儿，麦克布里德第一个把这些病例和"反应停"联系起来。直到 1961 年 11 月，终于由德国医生通过流行病学研究确定了导致这些畸形婴儿的共同祸根正是"反应停"。于是，联邦德国卫生部随即紧急取缔"反应停"，其他国家和地区也迅速撤销了"反应停"的销售许可。1962 年 3 月，梅瑞尔公司撤回了"反应停"在美国上市的申请，并撤回该药在全球的销售。从"反应停"1956 年进入市场至 1962 年停止销售，在全世界 30 多个国家和地区（包括中国台湾）共出现海豹肢症婴儿 12000 余例，另外还有数千名婴儿在出生前就因畸形而死亡。出于商业考虑，此事件的主角——格兰泰公司只是在 1970 年 4 月 10 日与受害者们达成和解，答应赔偿 1.1 亿马克作为补偿，草草地为此事画上句号，丝毫不顾及以后会有多少人生活在痛苦中。

此次事件，美国由于凯尔西医生的职业精神和专业素质得以幸免。为嘉奖凯尔西医生的杰出贡献，肯尼迪总统于 1962 年授予她"杰出联邦公务员奖"。"反应停"事件的发生，促使美国国会关于药品上市监管以及上市前研究进一步严格化的讨论迅速激烈起来。由于 1938 年通过的《食品、药品和化妆品法》（Food，Drug and Cosmetic Act，FDCA）并不要求对研究用新药进行安全性审批，美国国会 1962 年迅速通过了《科沃夫-哈里斯修正案》（Kefauver-Harris Amendments）对其进行完善，第一次要求制药公司在新药上市前必须向 FDA 提供经临床试验证明的药物安全性和有效性双重信息。该修正案创建了现代药品审评程序，开启了现代药品监管方法，FDA 也由此逐渐成为世界食品药品检验最权威的机构。

通过进一步研究，人们发现采用外消旋沙利度胺给药时，其中的 R-构型对映异构体能起到镇静与抗妊娠反应的作用，而 S-构型对映异构体具有强烈的致畸性。同时，即使人体摄入单一结构的 R-沙利度胺，其也会在人体内的代谢作用下转化成为外消旋体，所以并不能通过控制沙利度胺手性结构的方式完全消除其致畸风险。随着对沙利度胺的不断深入研究，FDA 和制药公司都开始越发重视手性药物中关于不同立体异构体的药理、毒理研究，使药物的研发得以不断规范和完善。

思考题

1. 我国关于手性药物的定义是什么？
2. 手性药物的主要获取途径是什么？

3. 手性药物的研究过程中，应注意哪些主要方面的问题？

4. 外消旋混合物与外消旋化合物有何异同？

5. 外消旋体拆分法与不对称合成法各有何优劣之处？

参考文献

［1］国家药品监督管理局药品审评中心. 手性药物质量控制研究技术指导原则. 北京：国家药品监督管理局，2006.

［2］Berglund R A. Asymmetric synthesis：US 5362886. 1994.

［3］Shiraiwa T，Shinjo K，Kurokawa H. Facile production of (R)-proline by asymmetric transformation of (S)-proline. Chem Lett，1989，212(8)：1413-1414.

［4］张雅文，金筱青，李明，等. Co(Ⅲ)(Salen)催化的外消旋环氧化合物不对称开环. 有机化学，2001，21(2)：150-154.

［5］黄文才，杨玉社. 青霉烯和碳青霉烯类抗生素关键中间体4-AA的合成研究进展. 中国医药工业杂志，2008，39(2)：130-135.

［6］刘文强，李莉. 手性药物及其中间体拆分方法的研究进展. 药学学报，2018，53(1)：37-46.

［7］刘天天，王爱平，靳洪涛. 手性药物研发进展与相关指导原则介绍. 药学评价研究，2018，41(12)：2362-2368.

［8］王耀国，赵绍磊，杨一纯，等. 手性药物结晶拆分的研究进展. 化工学报，2019，70(10)：3651-3662.

第八章

质量源于设计

🎯 **本章学习要求**

1. 了解："质量源于设计"理念在化学制药工艺研发中的应用。
2. 熟悉："质量源于设计"理念的核心策略。
3. 掌握："质量源于设计"理念的基本内容。

第一节　概　述

近年来，国际上药品质量管理的理念不断发生变化，从"药品质量是通过检验来控制的即质量源于检验（Quality by Test，QbT）"到"药品质量是通过生产过程控制来实现的即质量源于生产（Quality by Production，QbP）"，进而又发展到"药品质量是通过良好的设计而生产出来的即质量源于设计（Quality by Design，QbD）"。这种发展意味着药品从研发开始就要考虑最终产品的质量，在配方设计、工艺路线确定、工艺参数选择、物料控制等各个方面都要进行深入研究，积累翔实的数据，并依此确定最佳的产品配方和生产工艺。

20世纪70年代，日本丰田公司为了提高汽车质量创造性提出了"质量源于设计"的相关理念，并经过在通信、航空等领域的发展逐渐形成相关理论。2002年，美国制药企业认为FDA监管过严，使企业在生产过程中没有丝毫的灵活性。例如，通常一个新药的专利保护期有10多年，在这10多年中，尽管科学技术有很大突破，但制药企业几乎都不愿意改进工艺和管理规程，因为修改必须向FDA提出申请，既耽误时间，又有风险。于是，FDA考虑给予制药企业一定的生产灵活性，但前提是要让FDA了解包括产品质量属性、工艺对产品的影响、变量的来源、关键工艺参数等内容，即药品质量审评的范畴。换言之，即制药企业要把这些研究信息与FDA共享，以增加FDA的信心。因此，如果制药企业对产品质量属性有透彻的理解，在研发和工艺设计阶段对产品的工艺和管理规程设计有充分的认识，工艺的科学研究有大量实验和数据支持,对质量风险有科学的评估,而不是简单地满足药监法规和检测标准,则该企业可以在一定程度上改进工艺和管理规程设计,而不必重新申报。而面对成千上万的药物主文件(Drug Master File,DMF),由于 FDA 药品审评人员有限,以及这些有限的人力资源要用在现场 cGMP 认证的现场检查和突发事件处理,因此,用于质量审评的人员数量非常有限。为了协调各方面的矛盾,药品的"质量源于设计"理念应运而生,它有利于药品监管机构、企业界和患者的三方共赢。

2004 年,美国 FDA 发布《Pharmaceutical cGMPs for the 21st Century——A Risk-Based Approach》(《21 世纪制药 cGMP——基于风险的方法》),首次提出药品的"质量源于设计"概念,并被国际人用药品注册技术要求协调理事会(International Council for Harmonization,ICH)纳入药品质量管理体系中。2006 年,FDA 正式推出指导药物研发的"质量源于设计"原则,并于 2013 年后不再接受无"质量源于设计"要素的注册文件。2010 年,我国颁布的新版 GMP 法规中,也引入了部分"质量源于设计"内容。2012 年 5 月,ICH 发布的《原料药开发和生产(化学实体和生物技术/生物实体药物)Q11》指南中,指出原料药的开发可以按照传统方法、"质量源于设计"方法或联合两种方法进行。

一、"质量源于设计"的概念

"质量源于设计"是以预先设定的目标产品质量概况(Quality Target Product Profile,QTPP)为研发的起点,在了解关键物料属性(Critical Material Attribute,CMA)的基础上,通过试验设计(Design of Experiments,DOE),理解药品的关键质量属性(Critical Quality Attribute,CQA),确立关键工艺参数(Critical Process Parameter,CPP),在原料特性、工艺条件、环境等多个影响因素下,建立能满足药品性能的且工艺稳健的设计空间(Design Space,DS),并根据设计空间,建立质量风险管理,确立质量控制策略和药品质量体系(Product Quality System,PQS)。整个过程强调对药品和生产的认识。"质量源于设计"包括上市前的药品设计和工艺设计,以及上市后的工艺实施。简单地说,"质量源于设计"就是在确定研究对象和想要达到目标的基础上,通过大量的处方筛选和工艺研究,找到影响处方和工艺的关键变量以及这些变量的变化范围,由此建立药品的质量体系。从数学角度上讲,"质量源于设计"是药品(API)、辅料、工艺和包装的函数。即药品、辅料、工艺和包装都是自变量,药品质量是因变量。

"质量源于设计"的理念强调通过设计来提高药品的质量,是一种全面主动的药品开发方法,标志着药品质量管理模式的重大变迁,即从过去单纯依赖最终药品的检验,到对生产过程的控制,再到药品的设计和研究阶段的控制。

1. "质量源于检验"

该模式是药品质量管理的第一阶段,即"检验控制质量"。它是在生产工艺固定的前提下,以药典标准为基础,按其质量标准进行检验,合格后放行出厂。其劣势主要体现在两个方面:其一,检验仅是一种事后的行为,一旦药品检验不合格,虽说可以避免劣质药品流入市场,但毕竟会给企业造成较大的损失;其二,每批药品的数量较大,检验时只能按比例抽取一定数量的样品,当药品的质量不均一时,受检样品的质量并不能完全反映整批药品的质量。

2. "质量源于生产"

该模式又称为"生产控制质量",它将药品质量控制的支撑点进行了前移,即结合生产环节来综合控制药品的质量，是药品质量管理的第二阶段。这一模式的关键是首先要保证药品的生产严格按照经过验证的工艺进行，然后再通过终产品的质量检验，能较好地控制药品的质量。这一模式抓住了影响药品质量的关键环节，综合控制药品的质量，比单纯依靠终药品检验的"检验控制质量"模式有了较大的进步。但是，"生产控制质量"模式并不能解决所有的问题，其不足之处在于，如果药品的研发阶段，该药品的生产工艺并没有经过充分的优化、筛选、验证，那么即使严格按照工艺生产，仍不能保证所生产药品的质量。

3. "质量源于设计"

即"设计控制质量"模式。本阶段将药品质量控制的支撑点进一步前移至药品的设计与研发阶段，其目的在于消除因药品及其生产工艺设计不合理而可能对产品质量带来的不利影响。根据这一模式，在药品的设计与研发阶段，首先要进行全面的考虑，综合确定目标药品，然后通过充分的优化、筛选、验证，确定合理可行的生产工艺，再根据"生产控制质量"模式的要求进行生产、"检验控制质量"的模式要求进行检验，从而比较全面地控制药品的质量。

"质量源于设计"理念贯穿于药品的整个生命周期，其对药品的研发、生产、工程、质量管理、上市、退市等进行了系统、规范化的管理。

二、"质量源于设计"的基本内容

"质量源于设计"首先在药品开发阶段应定义药品期望的性能，确定药品的关键质量属性，指导设计配方和生产工艺，以达到药品的关键质量属性。然后是了解与目标药品相关的物料属性和工艺参数可能对药品质量的影响，确认并控制物料与生产工艺的变异，在生产时持续监测并更新生产工艺以确保药品质量。传统的制药开发是凭经验的单变量实验，"质量源于设计"强调的是系统的多变量实验，在生产时各种参数可在设计空间内调整，并可持续修正。

"质量源于设计"的基本内容具体包括以下几个方面：

1. 目标产品质量概况（Quality Target Product Profile，QTPP）

指理论上可以达到的并将药品的安全性和有效性考虑在内的关于药品质量特性的前瞻性概述。通俗地说，就是药品最终制定的质量标准。这种质量标准或质量目标可确保药品在生产时质量可控、在使用时安全有效。例如，对于口服速释固体制剂而言，典型的目标产品质量概况一般包括性状、鉴别、含量或含量均匀性、纯度或有关物质、溶出度等。又如在一个片剂中，主药含量应为标示量的$90\%\sim110\%$，单个最大杂质对应的峰面积不应大于主峰面积的0.5%，30min时药物溶出度应在80%以上等。

由于不同制剂药品对原料药质量要求不同，对于原料药的研发，必须以其制剂药品相适应作为目标产品，总结出原料药的质量概况。目标产品质量概况是研发的起点，应该包括药品的质量标准，但不仅局限于质量标准。

2. 关键质量属性（Critical Quality Attribute，CQA）

即影响药品质量的关键特征，包括药品的某些物理和化学性质、微生物学或生物学（生物制品）特性，且必须在一个合适的限度或范围内分布时，才能确保预期药品质量符合要求。一般来说，药品的关键质量属性与原料药、辅料、中间体（过程中物质）相关。对于原料药、原材料和中间体来说，关键质量属性主要包括会影响制剂CQA的属性（如粒径分布、堆密度等）。

从目标产品质量概况和/或已有的知识中，可以初步获得所研发药品的关键质量属性，从而指导药品和工艺研发。在选择处方和生产工艺时，随着对药品知识和工艺的不断了解，可以调整这些初步确立的关键质量属性。在后续的评价过程中，可运用质量风险管理，再对关键质量属性进行优先排序。通过反复的质量风险管理过程，以及评价参数变化对药品质量影响程度的实验，可以最终确定相关的关键质量属性。

原料药的关键质量属性通常包括那些影响鉴别、纯度、生物活性和稳定性的属性或特征。如杂质可能会对药物制剂的安全性产生潜在的影响，因此杂质是原料药一类重要的关键质量属性。当物理性质对药物制剂的生产或性能产生重要影响时，也可将其指定为关键质量属性。在原料药研发中，如果涉及多步化学或生物反应或分离时，每一步产物都应有其关键质量属性，中间体的质量属性对成品有决定作用。通过进行工艺实验研究和风险评估，可确定关键质量属性。

3. 关键物料属性（Critical Material Attribute，CMA）

为达到目标药品质量，关键物料的物理、化学、生物、生物药剂性质必须限定、控制在一定范围内，或在一定范围内分布。物理性质一般包括粒径、形态、粒径分布、不同 pH 下溶解度、吸湿性、熔点、多晶型等；化学性质包括 pK_a（酸碱解离常数）、对酸、碱、光照、氧、湿、热等的稳定性等；生物性质包括油水分配系数、膜通透性、生物利用度等；生物药剂学性质包括剂型、以其在剂型中体内外可能产生药物水合物或脱水物或复合物的性质。这些关键物料属性的了解过程，一般可称为处方前研究。通过处方前研究，可评估在不同的工艺中物质的稳定性，并进一步理解它对处方和工艺产生的影响。如 200 目乳糖，小于 $45\mu m$ 的应占 $50\%\sim65\%$，小于 $100\mu m$ 的应大于 99%。又如药用的十二烷基硫酸钠，其含量不应低于 85% 等。

4. 关键工艺参数（Critical Process Parameter，CPP）

在一个工艺中，关键工艺参数可能是一个或多个工艺参数，其改变会对关键质量属性产生影响。因此，该关键工艺参数应予以监控，以保证这个工艺能生产出符合预期质量的产品。如在片剂生产过程中，混合时混合的方式与时间，制粒时搅拌速率、剪切速率和制粒时间，干燥时干燥的方式与温度，压片时压力，包衣时喷速、进风温度和雾化压力等一般均为片剂的关键工艺参数。

在生产过程中，必须对关键工艺参数进行合理控制，并且能在可接受的区间内操作。有些参数虽然会对质量产生影响，但是否属于关键工艺参数取决于工艺的耐受性，即正常操作区间（Normal Operating Range，NOR）和可接受的区间（Proven Acceptable Range，PAR，即一个确定的工艺参数范围，在保持其他参数不变的前提下，在该参数范围内的任何运行均可生产出符合相关质量标准的产品）之间的相对距离。如果它们之间的距离非常小，就是关键工艺参数；如果距离比较大，就是非关键工艺参数；如果偏离中心，就是潜在关键工艺参数（图 8-1）。

5. 设计空间（Design Space，DS）

设计空间是指输入变量（如物料属性等）和经过验证能保证产品质量的工艺参数的多维组合和相互作用，其目的是建立合理的工艺参数和质量、标准参数。在设计空间内运行的属性或参数，由于受到 FDA 的批准，不被认为是改变，即可自行调整。但如果超出了设计空

图 8-1 非关键工艺参数、关键工艺参数和潜在关键工艺参数

间运行的属性或参数，则被视为变更，通常需要启动监管部门批准该变更，并应启动上市后的变更申请。设计空间由申报者提出，送交药品监督管理部门审评并批准。合理的设计空间通过验证后，可减少或简化药品批准后的程序变更。例如，若设计空间中证明产品质量与生产规模或设备无关，则生产规模、设备或地点的变更无需向食品药品监督管理部门进行补充申请，这为制药企业提供了很大的便利。

设计空间的建立是质量控制的重要保证，一般按照由外向内的顺序进行设计空间的探索（如图 8-2 所示）。首先，根据经验、知识、资料或文献等得到一个知识空间；其次，通过对知识空间的风险分析与试验设计，在知识空间内存在一个保证方法稳健性和耐用性的设计空间；最后，按质量标准或规定在设计空间内需确定一个或多个严格的控制空间，不同的控制空间有不同的控制策略。在设计空间范围内，采用任何一种可能的控制空间都能生产出符合要求的产品。随着一个产品在生命周期中不断向后发展，由于生产规模扩大、经济效应和其他因素的影响，原来的控制策略可能会不足以满足生产的需要，这就

图 8-2 设计空间的构成

需要改变工艺的控制策略，形成新的控制空间。只要所有的控制空间都在设计空间的范畴内，那么控制策略在各个控制空间之间移动时，如物料属性和工艺参数发生变化时，就不需要再进行注册。

对于化学原料药的开发与生产过程中设计空间界限的确定，取决于准确评估物料属性和工艺参数变动对原料药关键质量属性的影响和重要性，以及对工艺及产品的理解程度。设计空间的开发过程中，可以在先前知识、基本原则和/或对工艺的经验性理解的基础上进行，也可以使用模型（例如，定性或定量的模型）来支持多种规模和设备的设计空间。此外，可以确定每个单元操作（例如，反应、结晶、蒸馏、精制）的设计空间，也可以确定选用的单元操作的组合的设计空间。通常，为每个单元操作建立独立的设计空间比较简单，而覆盖整个工艺的设计空间则具备更大的操作灵活性。设计空间中单元操作的选择通常基于它们对原料药关键质量属性的影响，但不必是连续的。同时，应对工艺步骤之间的关联性进行评估，以便于控制杂质的累积产生和去除。一个跨多个单元操作的设计空间可以提供更大的操作灵活性。另外，确定物料属性或工艺参数的失败边缘（超出该空间则不能满足相关的质量属性）是有意义的。但是，确定失败边缘或阐述失败模式并不是建立设计空间的必需组成部分。

6. 控制策略（Control Strategy，CS）

建立有效、适当的控制策略是药品开发阶段的重要任务之一，制订控制策略的目的是确保能持续地生产出符合质量要求的药品。根据 ICH 发布的《药物研发 Q8（R2）》指南，控制策略是指一套源于对当前药品和工艺过程的理解，确保过程性能和药品质量的一系列有计

划的控制。对于化学原料药的开发和生产，控制策略可以包括（但不限于）以下内容：①对物料属性的控制（包括原材料、起始原料、中间体、试剂、直接接触原料药的内包材等）；②内含在生产工艺设计中的控制（例如试剂的加入顺序）；③过程控制（包括过程检测及工艺参数）；④原料药的控制（例如放行检测）。

对原料药质量有重要影响的物料属性和工艺参数应采用控制策略进行控制。对于化学药物的开发而言，主要关注对于杂质的了解和控制。理解杂质的形成、转化（杂质是否发生反应和发生结构的转变）和清除（杂质是否能够通过重结晶，萃取等操作去除）以及与原料药关键质量属性的最终杂质之间的关系非常重要。由于杂质通过多个工艺步骤产生，因此应当通过评价工艺来建立合适的杂质控制策略。

控制策略的开发可以结合各种方法进行，对一些关键质量属性、步骤或单元操作采用传统的方式，对其他方面可以采用"质量源于设计"方式。在传统的生产工艺开发及控制策略中，通常为了确保生产的一致性，基于试验数据所设定的参数及操作范围通常都很窄。传统方式更侧重于对原料药阶段的关键质量属性的评估（即最终产品的检测）。在操作范围变化方面，传统方式仅能提供有限的灵活性。与传统方式相比，采用"质量源于设计"方式开发的生产工艺可以获得对工艺和产品更深入的理解，因而可用更加系统的方法来确认发生变化的根源。这就允许开发更有意义和更有效的参数、属性和过程控制。在产品的生命周期中，随着对工艺的理解水平不断加深，可以通过多次循环的方式来开发控制策略。在解决操作范围的变化情况方面，基于"质量源于设计"方式的控制策略可以为工艺参数提供灵活的操作范围。

7. 试验设计（Design of Experiment，DOE）

试验设计是一种结构化、组织化地确定影响工艺属性的变量之间关系的方法，相关变量可以是物料属性（如粒径），也可以是工艺参数（如混合的速度和时间）等。试验设计应该具有坚实的、可靠的科学基础，并且要被制药领域所公认，而不是用数据多少来衡量。同时，设计的生产工艺要有实践性，对于试验的选择和工艺参数的设置等可以通过系列的实验和控制操作手段来完成。因此，试验设计既要根据生产条件而设计，又要符合 cGMP 的要求。

8. 全生命周期管理（Product Life-Cycle Management，PLM）

生命周期就是从药品的研发开始，经过上市，到药品退市和淘汰所经历的全部历程。全生命周期管理就是对原料药产品、生产工艺的开发和改进贯穿于药品的整个生命周期，并对生产工艺的性能和控制策略进行定期评价，系统管理涉及原料药及其工艺的知识，如工艺开发活动、技术转移活动、工艺验证研究、变更管理活动等。全生命周期管理需要不断加强对制药工艺的理解和认识，采用新技术和知识持续不断改进工艺。

三、"质量源于设计"的实施流程

结合药品开发要素及流程，"质量源于设计"理念在药品生命周期中的实施应用一般有以下三个阶段（图8-3）。①产品理解：以预想设定的目标产品质量概况（QTPP）作为研发的起点，确定目标产品的关键质量属性（CQA），包括理化性质、生物学特性及其他质量相关性质。②工艺理解（过程理解）：利用风险分析，确定关键工艺参数（CPP）、起始物料属性与关键质量属性（CQA）之间的关系，开发出药品生产工艺的设计空间（DS）。③过程控制：开发控制策略，形成控制空间（Control Space，CS）。大生产开始后，对生产过程进行实时检测和控制，持续改进工艺，保证目标药品质量的稳定性。

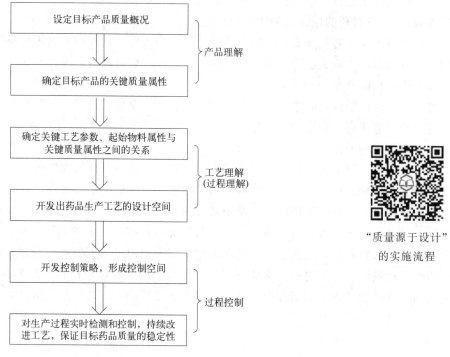

图 8-3 "质量源于设计"的实施流程

在实施"质量源于设计"的时候，必须关注以下五个关键因素：工艺理解，设计空间，生产设计，工艺改进和工艺异常。

1. 工艺理解

依照"质量源于设计"理念，产品的质量不是靠最终的检测来实现的，而是通过工艺设计出来的，这就要求在生产过程中对工艺过程进行"实时质量保证"，保证工艺的每个步骤的输出都是符合质量要求的。

要实现"实时质量保证"，就需要在工艺开发时明确关键工艺参数，要充分理解关键工艺参数的形成及其与产品关键质量属性之间的关系，即关键工艺参数是如何影响产品关键质量属性的。这样在大生产时，只要对关键工艺参数进行实时的监测和控制，保证关键工艺参数是合格的，就能保证产品质量达到要求。例如，湿法制粒工序中的混合转速和时间、粉碎转速和时间；总混工序中的混合转速及时间等。

2. 设计空间

工艺开发得到的生产工艺可能具有多个控制空间，不同的控制空间有不同的控制策略，这些控制空间总称为设计空间。在设计空间范围内，采用任何一种可能的控制空间都能生产出符合要求的产品。随着一个产品在生命周期中不断向后发展，由于生产规模扩大、经济效应和其他因素的影响，原来的控制策略可能会不足以满足生产的需要，这就需要改变工艺的控制策略，形成新的控制空间。确定新控制空间的科学依据通常来自实际大生产中对工艺中异常、偏差、事故的处理。

根据 ICH-Q8（R2）指南，工艺输入（物料属性和工艺参数）和关键质量属性间的联系可在设计空间中进行描述。可以在对工艺进行注册之前，开发出"设计空间"，设计空间是通过对知识空间的风险分析与试验设计而取得的。因此，只要所有的控制空间都在设计空间的范畴内，那么控制策略在各个控制空间之间移动时，就不需要再进行注册。这样企业就可以减少申报费用，节约时间，提高工艺改进的速度，最终达到增加利润的目的。

3. 生产设计

由于控制空间和设计空间的开发是建立在工艺研发和生产制造小组先前的试验及产品知识基础上的，是小规模或中等规模的试验，其生产环境和商业生产有很大的不同，所以在大生产条件下所进行的试验对于设计下一步的工艺步骤具有指导意义。通过对大生产条件下的试验数据的收集、整理与分析，可以评估此时生产工艺的生产能力。通过分析评估，可以检测与识别关键工艺参数（CPP）和关键质量属性（CQA），加深对它们之间关系的理解，使商业化大生产的工艺得到更好的控制。

另一生产设计中使用到的数据来源是在生产出现异常情况时收集的关键工艺参数（CPP）与关键质量属性（CQA）的相关信息。这些生产上出现的异常和设计性大生产试验一样，也可以揭示出之前没有发现的关键工艺参数，这些参数的控制也需要通过设计试验进一步加以研究和控制。

4. 工艺改进

持续改进和提高是"质量源于设计"理念的一部分，能够提高实际生产中的灵活性，并且使得关键技术能够在研发和生产之间得到交流。工艺改进可以通过对不同部分的生产数据（如自动报告、工艺趋势、控制图）的分析来检测关键质量属性（CQA）的变化。如果检测到的关键质量属性（CQA）的变异来源不明，可以将其和标准做比较，使用过程能力分析（Process Capability Analyses，PCA）来判断此关键质量属性（CQA）的变异概率。如果关键质量属性（CQA）的变异不在可接受的范围内，就要进行调查分析和工艺改进，找出原因并实施改进纠正措施。改进后的控制策略如果不在现有的控制空间内，那就会产生新的控制空间，新的控制空间最好在原有的设计空间内。如果知道导致关键质量属性（CQA）产生变异的原因，可以使用现有的质量标准或操作规程对修改后的工艺进行测试，以证明新的控制策略达到了目标效果。新的工艺监测方法可能需要更先进的能够对关键质量属性（CQA）进行在线实时检测的仪器。这些来自过程分析技术（Process Analytical Technology，PAT）的实时检测数据具有"实时质量保证"的作用。通过控制图和其他类型的数据分析方法可以看出工艺是否处于有效的控制中。例如，过程监控、趋势图、过程能力分析都是常见的分析数据的方法。

5. 工艺异常

如果对工艺趋势的分析表明了关键质量属性（CQA）的变异已经得到了足够有效的控制，就不需要进行工艺改进。然而，实际大生产中工艺异常的出现是不可避免的。工艺异常就相当于在大生产规模下的试验，可能揭示出之前没有发现的关键工艺参数，了解这些之后便可以实施改进。工艺异常在开始大生产到真正实现"实时质量保证"这个时间段内，是在不断减少的。

第二节 "质量源于设计"的核心策略

相比于传统的药品研发方案，"质量源于设计"理念在药物研发过程中所采用策略与传统药品研发理念有较大的差异（如表 8-1 所示）。"质量源于设计"理念将风险评估和过程分析技术、试验设计、模型与模拟、知识管理、质量体系等重要工具进行了综合，并应用于药品的研发、生产、分析和质量管理。同时，"质量源于设计"系统建立了可以在一定范围内调控的变量，排除了不确定性，从而保证了能够稳定药品质量的生产工艺，并持续改进，实现药品和工艺的生命周期管理。

"质量源于设计"的核心策略

表 8-1 不同药品研发策略比较

项目	传统药品研发方案	QbD 药品研发方案
总体药品研发	· 主要根据经验制定 · 研究通常一次只针对一个变量	· 对物料属性和工艺参数与药品 CQA 间关系的系统化、相关机理的理解 · 通过多变量试验来理解产品和工艺 · 建立设计空间 · 使用过程分析工具
生产工艺	· 固定的 · 验证主要以最初全规模批次为基础 · 注重优化和重现性	· 在设计空间内可调节 · 在生命周期内进行验证,更理想的是采用持续性的工艺确认 · 注重控制策略和稳健性 · 采用统计学过程控制方法
工艺控制	· 进行过程中检验主要是为了决定工艺是否继续 · 离线分析	· 采用过程分析工具,并结合适当的前馈控制和反馈控制 · 追踪工艺操作并倾向于批准后的持续改进
产品质量标准	· 作为主要的控制方式 · 以注册时的批次数据为依据	· 作为总体质量控制策略的一部分 · 以所需的产品性能及相关支持数据为依据
控制策略	· 主要通过中间体（过程中物质）和成品检验控制药品质量	· 在充分了解产品和工艺的基础上,通过风险控制策略来确保药品的质量 · 质量控制向上游移动,有进行实时放行检验或减少成品检验的可能性
全生命周期管理	· 被动的（即:解决问题,采取纠正措施）	· 预防措施 · 鼓励持续改进

在制药工艺研究中，"质量源于设计"理念的核心策略主要包括风险评估、控制策略和试验设计。

一、风险评估

风险是危害发生的可能性及其严重性的集合体。风险评估就是对风险进行识别、分析、评价和控制。通过风险识别，可以确认风险的潜在根源，包括历史数据、理论分析、实验数据和实践经验等；通过风险分析，可以对这些来源的危害程度和可检测能力进行估量；通过风险评价，借助概率论和数理统计等方法，与给定的风险相比较，可以对这些风险进行定量或定性的评价，确定风险的危害和重要程度；风险控制就是通过减轻、避免风险的发生，把风险降低到可接受的程度。在制药工艺中，应采用风险评估工具，结合实验研究，确定关键参数和变量，建立合适的控制策略。

ICH 为了推进各国药品监管和质量审评的统一，近年来推出了多个指南文件。2005 年 11 月，ICH 批准实施了《质量风险管理 Q9》指南，提出将质量风险管理作为质量管理整体的一部分。其中，风险评估是质量风险管理的一个重要的、以科学为依据的过程，其有助于确定哪些物料属性和工艺参数对产品的关键质量属性有影响。通常，风险评估在药品研发的早期进行，根据先期具有的知识和初始实验数据，可利用风险评估工具确定可能会影响产品质量的参数（如工艺、设备和物料），并对其进行排序。最初确立的参数可能是很广泛的，但通过进一步的研究（如通过实验设计组合、机理模型等），可以对这些参数加以调整和优化，明确各个变量的重要性及其潜在的相互作用。一旦确定了重要参数，可以对其作进一步研究（如通过实验设计组合、数学模型或相关的机理研究），从而对工艺有更深的了解。因此，随着所获得的信息和知识的增加，风险评估的过程需反复进行。

风险评估的方法主要有以下几种：

1. 风险排序

风险排序的核心思想是对风险概率和风险影响集成效应的量化评估，从一定程度上看，评估结果越高，风险排序位次越高，其管控的重要性和紧迫性越强。在制药工业中，风险排序主要是基于产品的药效、PK/PD、免疫性和安全性进行评估后进行的，主要考虑严谨性和不确定性。

2. 决策树模型

考虑到风险的不确定性结果，决策树模型以序列方式表示决策选择和结果。类似于事件树，决策树开始于初因事项或是最初决策，同时由于可能发生的事项及可能做出的决策，它需要对不同路径和结果进行建模。在制药工业中，一般用于过程中非生物活性成分对安全性的评价，用以体现杂质安全系数在产品中的水平。

3. 失败模型与效应分析

该方法适用于常用过程参数，是基于控制策略的风险评估分析，包括相关因素的严重性、发生质量问题的可能性即可检测性。在制药工业中，风险评估通常要结合以往的文献和法规要求、平台资料、实验数据以及动物实验和临床数据进行分级，没有任何数据支持的评估是高风险的。本方法通常结合文献报告和实验数据进行评估，且数据越充分，评估越可靠，因此最为常见。

下面以某原料药的酸化结晶工艺为例，说明风险评估的过程。该酸化结晶工艺是将上一工序的反应液搅拌降温至 10℃ 以下后，用盐酸调节反应液 pH 值为 2.0～3.0，搅拌反应液至浑浊。然后进入结晶工序，控制温度为 10℃±2℃，搅拌速率为 （50±10）r/min，搅拌时间为 6h±0.5h。对该工艺进行风险评估时，首先进行评价和排序。从结晶角度分析，温度和 pH 是两个主要影响结晶的工艺参数，控制不当或造成偏差将具有引起产品质量问题的风险。其他次要风险源包括盐酸浓度和质量、搅拌速率和搅拌时间等。其次，确定关键控制点及限制值，如 pH 值必须控制在 2.0～3.0 之间。再次，进行风险控制，建立监控程序和控制措施，如使用高精度传感探头精密控制参数变化、结晶阶段增加中控检测次数、取样复核各参数是否在合理范围内等。最后，建立验证程序，制定良好的标准操作规程，做好记录并形成文件后妥善保存。

二、控制策略

制订控制策略的目的是确保能持续地生产出符合质量要求的产品，实时放行检验（Real Time Release Testing，RTRT）和过程分析技术（Process Analytical Technology，PAT）是其中两个重要的内容。

实时放行检验（RTRT）是指根据工艺数据评价并确保中间产品和/或成品质量的能力，通常包括已测得物料属性和工艺控制的有效结合。即如果所有与实时放行检验相关的产品关键质量属性（CQA）均通过工艺过程参数监测和（或）物料检验来保证，则批放行决策可能就不需要终产品检验。但产品仍要建立质量标准，并在被检测时可以通过。例如，在美国FDA推荐的缓释片实例中，经过研发，刻痕片达到了含量、含量均匀度和释放度等方面的成品要求。因此，无需在成品放行时进行日常检测，只需在生产过程中分别达到速释颗粒、缓释包衣微丸和示例缓释片（此步涉及总混合压片）控制策略所要求的物料属性和工艺参数即可放行。不过，若需要对终产品进行检测，则需满足成品质量标准。

过程分析技术（PAT）是指通过使用一系列的工具，实时测定（如在工艺过程中测定）原料、中间体和过程中的关键质量和性能属性，建立一个设计、分析及生产控制体系，以确保最终产品质量。其目的是为提高生产效率和产品质量，营造一个良好的监管环境。与传统的离线分析不同，"质量源于设计"理念要求对工艺过程实现实时监控，主要包括数据采集和统计分析（如表 8-2 所示）。目前在国际上使用的 PAT 工具包括：过程分析仪器、多变量分析工具、过程控制工具、持续改善（CI）/知识管理（KM）/信息管理系统（ITS）等。过程分析技术（PAT）在应用上的优点包括：①更大规模地抽样；②快速反应时间；③有限的或无样品制备，而且是非破坏性的；④实时检验工艺性能，使得工艺过程中中间体或成品的实时质量保证成为可能。在线测试结果有助于工艺的调整，因此即使原料或其他方面发生了变化，也同样能确保产品的质量。过程分析技术（PAT）的应用确保了整个批次产品质量，同时能够防止报废批次和再加工，并减少生产周期时间。

表 8-2 可用于化学原料药工艺研发的过程分析技术（PAT）

单元操作	应用对象	近红外光谱	拉曼光谱	FTIR	FBRM
反应监测	终点测定	√	√	√	
	动力学和机理	√	√	√	
	选择性控制	√	√	√	
结晶	核化生长		√		√
	过饱和		√		
	晶体大小				√
	晶形	√	√		
过滤，干燥，研磨	粒度				√
	粒形	√	√	√	

三、试验设计（DOE）

"质量源于设计"理念中，试验设计是对多变量在一定设计空间内进行的试验设计和结果统计，同时确定各变量的变化对产品质量的影响。通过试验设计，可以知道如何安排实验，使其在不同规模和条件下进行，从而对生产工艺进行开发和优化，提高产品收率和质量。

　　试验设计的三个基本原理是重复、随机化以及区组化。所谓重复，即基本试验的重复进行。重复有两条重要的性质。第一，允许试验者得到试验误差的一个估计量。这个误差的估计量成为确定数据的观察差，其是否是统计上的试验差的基本度量单位。第二，如果样本均值用作为试验中一个因素的效应的估计量，则重复允许试验者求得这一效应的更为精确的估计量。如 S^2 是数据的方差，而有 n 次重复，则样本均值的方差是 S^2/n。这一点的实际含义是，如果 $n=1$，如果 2 个处理的 $y_1=145$，$y_2=147$，这时我们可能不能作出 2 个处理之间有没有差异的推断，也就是说，观察差 $147-145=2$ 可能是试验误差的结果。但如果 n 合理得大，试验误差足够小，则当我们观察的 y_1 随机化是试验设计使用统计方法的基石。所谓随机化，是指试验材料的分配和试验的各个试验进行的次序都是随机地确定的。统计方法要求观察值（或误差）是独立分布的随机变量。把试验进行适当的随机化亦有助于"均匀"可能出现的外来因素的效应。区组化是用来提高试验的精确度的一种方法。一个区组就是试验材料的一个部分，相比于试验材料全体，它们本身的性质应该更为类似。区组化牵涉到在每个区组内部对感兴趣的试验条件进行比较。

　　试验设计的基本步骤包括：确定目标、剖析流程、筛选原因、快速接近、析因试验、回归试验和稳健设计。试验设计需要成本的投入，在设计试验时必须确定其必要性，以及选取最优的设计方案。此外，要注意充分分析流程，不要遗漏关键的因素，尽可能地利用专业知识和历史数据，在确认其可靠性后提取对试验有用的信息，来尽量减少试验投资和缩短试验周期。试验设计并不能提供解决所有问题的途径，要全面考虑解决问题的方式，选取最有效、最经济的解决途径。除了试验设计涉及的因素外，要尽量确定所有的环境因素是稳定和符合现实的。如果做不到，可以用随机化、区组化来尽量避免。最后，试验设计后要关注试验过程，保证试验意图和方案的彻底执行，并注意结果的验证和控制，尽量保证试验的仿真性，避免一些理想的试验环境。

　　常见的试验设计方法可分为单因素试验设计法和多因素试验设计法。前者主要针对只引入一个影响因素的两个或多个水平，当因素和变量较多时难以完成所有试验，故在制药工艺中比较少用。事实上，制药工艺研究中影响因素较多，且具有比较复杂的相互作用，因此多采用多因素试验设计法进行研究。本节主要就其中两种进行简单介绍：一类是析因试验设计法，另一类是正交试验设计法。

1. 析因试验设计法

　　析因试验设计法又称析因设计、析因试验等。它是研究变动着的两个或多个因素效应的有效方法。许多试验要求考察两个或多个变动因素的效应，将所研究的因素按全部因素的所有水平（位级）的一切组合逐次进行试验，称为析因试验，或称完全析因试验，简称析因法。该方法可用于新产品开发、产品或过程的改进以及安装服务，通过较少次数的试验，找到优质、高产、低耗的因素组合，达到改进的目的。

　　当选用析因法作为试验设计时，要注意几点：①每组水平组合至少做两次独立重复实验；②在具体实验时，全部因素是同时施加的，换句话说，实验因素不是分期分批出现在实验过程中的；③在进行统计分析时，将全部因素视为对观察指标的影响是同等重要的。但由于析因试验设计是将每个因素的所有水平都互相组合，因此，总的试验数是各因素水平的乘积。例如，4 个因素同时进行实验，每个因素取 2 个水平，实验组合总数为 $2^4=16$；如果水平是 3，则实验组合总数为 $3^4=81$；水平数是 4，则 $4^4=256$。由此可见，对于析因法进行的试验设计，水平不能过多，否则计算十分烦琐，一般以 4 因素以内为佳。

2. 正交试验设计法

正交试验设计法是研究与处理多因素、多水平试验的一种科学方法。它利用一种规格化的表格——正交设计表，挑选试验条件，安排试验计划和进行试验，并通过较少次数的试验，找出较好的生产条件，即最优或较优的试验方案。该方法主要用于调查复杂系统（产品、过程）的某些特性或多个因素对系统（产品、过程）某些特性的影响，识别系统中更有影响的因素、其影响的大小，以及因素间可能存在的相互关系，以促进产品的设计开发和过程的优化、控制或改进现有的产品（或系统）。

（1）正交设计表。正交设计表记为 $L_n(q^m)$，L 为正交设计表，n 为需要做的实验次数，q 为因素的水平数，m 为因素数（包括交互作用、误差等）。正交设计表可分为标准正交表和非标准正交表（如混合正交表），其优点是"均匀分散性"和"整齐可比"，旨在用少量的实验获得较多的信息。该方法针对无交互作用因素水平和有交互作用因素水平均有效果，可以显著减少工作量。但正交设计的缺点是不能对各因素和交互作用一一分析，当交互作用复杂时，可能会出现混杂现象。

（2）正交试验方案的设计与实施。对制药工艺进行正交试验设计时，首先要查阅文献，结合已有的经验等，在对工艺全面调研和了解的基础上，提出需解决的工艺问题。然后分析工艺的影响因素，从众多影响因素中，选出需要进行试验的因素。影响较大、未知的因素优先考虑。在工艺试验研究中，经常需要以收率或产量经济指标作为重要参数，以起始原料选择、杂质和副产物生成等作为关键质量参数，以化学反应条件（温度、压力、配料比、溶剂、催化剂等）作为关键工艺参数。选择关键参数的数目（即变量数或因素数）后，确定每个参数的取值范围和具体值（即水平数和水平值，一般选择 2~4 个水平，水平值太多时会使试验次数剧增）。在能安排参数和交互作用的前提下，尽可能选择较小的正交表，以减少试验次数。设计表格时，如果不研究交互作用，各参数可随机安排在各列中；如果有交互作用，则应严格安排各参数，防止交互作用的混杂。把正交表中的因素和水平转换成实际的工艺参数和水平值，就形成了正交试验方案。最后根据该方案进行试验，并进行测定和记录，收集原始数据。

（3）正交试验的整理与结果分析。数据整理就是对原始数据的第一次演算，获得指标值，填入正交表。结果分析则是以数据为基础，分析各因素及其交互作用的主次顺序，判断各因素对指标的贡献程度，找出因素和水平的最佳组合。分析因素和水平变化时，要掌握变化趋势和规律，即指标是如何变化的；并了解各因素之间的交互作用强度，估计试验误差，即试验的可靠性。

结果分析的方法主要有极差分析和方差分析两种方法。前者是一种直观分析，可以帮助判断主次因素，确定优水平和优组合。极差值是指某因素在最大水平和最小水平时试验指标的差值，即该因素在取值范围内试验指标的差值。极差越大，表明该因素对试验指标影响越大，该因素越重要。某列因素的平均极差值可判断该列因素的优水平和优组合。不同试验批次和不同试验条件下的结果是否具有统计学意义，还需要进行数理统计的方差分析。方差分析的基本过程是：首先，计算因素偏差平方和误差偏差平方和，构成总偏差平方和；计算因素的自由度和误差自由度，构成总自由度。其次，计算因素的方差和误差的方差，即 F 值（因素方差除以误差方差），一般假设的置信度可取 5% 或 1%，进行假设检验。如果 F 值超出了置信区间，表明该因素对试验指标有显著影响，反之则无。因素对试验指标没有影响，说明该差异是由误差引起，而非因素引起。

第三节 "质量源于设计"与化学制药工艺研发

"质量源于设计"是 21 世纪发展起来的质量管理理念，也是我国制药行业追赶国际水平的一个重要机会。目前，包括辉瑞在内的多家跨国制药公司已经将"质量源于设计"理念纳入药物开发中，并将其应用到上市注册、药品生产和药品生命周期管理。在我国，不少制药企业也已经关注"质量源于设计"的理念，特别是"质量源于设计"理念在活性药物成分和旧药品上的应用。

"质量源于设计"与制药工艺研发

对于制药企业而言，采用"质量源于设计"理念开发一个药品项目需投入大量的人力、物力和财力。要想得到稳健的处方和工艺，可能需试验数百至数千次处方与工艺，可能需数十个人组成团队才能在数年内完成，同时该药品项目涉及原料供应商、辅料供应商（包括包材供应商）、质量检验方、质量监督方、生产车间方、成本核算方等多方的协同运作，这些是企业不愿意做的。但从长远来看，"质量源于设计"理念的实施有利于企业节约生产成本、提高生产收益和劳动效率。药品研发的目的在于设计一个高质量的产品，以及能持续生产出符合其预期质量水平的产品的生产工艺。传统的生产中，由于没有经过合理科学的试验设计，没有确立关键工艺参数，没有建立设计空间，不合格产品在生产中时有发生，高额罚款和强制召回事件也频见报端。由于设备的改变、物料的变更、环境的差异以及生产人员的经验不同，造成产品批次间质量的不稳定。这些可能迫使企业需进行生产变更，变更后的工艺需向国家药品监督管理局进行补充申请。而实施"质量源于设计"理念后，不合格产品少了、罚款没了、投诉少了。此外，生产工艺的灵活性、质量管理的高水准，以及药品质量的高性能，为企业的市场竞争力增加砝码，为后续产品的开发增添指导性，为进一步开拓国际市场奠定坚实的基础，为保护健康、造福社会承担企业自身的社会责任，这些都符合企业的长远发展。

采用"质量源于设计"理念进行药品工艺研发，其目的是建立一个能够始终如一地生产预期质量的药品制造工艺。因此，"质量源于设计"理念必须贯穿于工艺开发的全过程，包括工艺设计阶段、工艺确认阶段和工艺验证阶段。

一、工艺设计阶段

工艺设计阶段是制药工艺开发的重点，其主要目标是：基于工艺设计人员已有的知识和经验，确定产品和商业化生产工艺，并建立控制策略。此阶段的大致过程是：首先，确定目标产品质量概况（QTPP）和产品关键质量属性（CQA），选择物料，并定义生产工艺；其次，对所选择的产品与工艺进行各种理解活动，如处方优化或工艺特性研究等；最后，建立相应的控制策略。

1. 确定目标产品质量概况（QTPP）

目标产品质量概况（QTPP）是从理论上对产品的质量属性进行前瞻性总结，以确保临床的有效性和安全性。通过着眼于以终为始的质量目标，研发出可靠的产品和稳健的生产工艺，并有可行的控制策略来确保工艺性能和产品质量。因此，目标产品质量概况（QTPP）是"质量源于设计"理念的基本元素，并构成工艺设计的基础。目标产品质量概况（QT-

PP）中应包含所有与产品相关的质量要求，而且要更新，以补充药品研发过程中产生的新数据。

对于化学原料药来说，目标产品质量概况（QTPP）一般需要重点关注的内容见表 8-3。

表 8-3　化学原料药 QTPP 常见关注项和内容

分类		内容
有关物质	有机杂质	药典杂质、大于定量限的工艺杂质、基因毒性杂质、异构体杂质
	无机杂质	是否引入元素杂质，重点关注 1 类、2A 类元素杂质
	残留溶剂	是否有 1 类、2A 类溶剂残留等
	其他	符合既定药典或者 ICH 要求
含量		ICH 对于原料药的要求一般为 98.0%～102.0%，针对目标产品具体分析
其他指标		外观、鉴别、重金属、水分、干燥失重、炽灼残渣等

2. 确定产品关键质量属性（CQA）

关键质量属性（CQA）是包括成品在内的输出物料的某种理化、生物学或微生物学性质或特征，这一性质或特征必须保持在一个合适的限度、范围或分布内，以确保预期产品质量和临床的有效性与安全性。从药品研发的角度而言，仅能研究可能受产品（处方）和（或）工艺变量影响较大的关键质量属性（CQA）的一部分，并在此基础上建立合适的控制策略。此外，产品关键质量属性（CQA）的确定也是一个始于药品研发早期的持续性活动，需要随着产品和工艺知识的不断增加而更新。

关键质量属性（CQA）设定依据通常包括：①各国药典规定、ICH 指导原则；②前期研发同类产品的知识与经验；③已上市同类产品厂家的质量控制信息，特别是原研产品质量信息；④分析制剂产品的质量属性以及控制要求，用以评估原料药的关键质量属性（CQA）。

3. 产品开发和理解

产品开发和理解相当于在目前预先设定的控制目标（检测项目和标准）内，对所得到的产品或者对照品进行相关控制项目的检测，以判断产品是否达到目标产品质量概况所设定的预期目标。

产品开发和理解主要包括以下步骤：①选择所得到的产品或者对照品；②找出所有可能影响产品性能的已知物料属性和用量；③用风险评估和科学知识来确定高风险物料属性和用量；④选择这些高风险物料属性的等级或范围；⑤进行试验方案设计和试验研究，必要时可采用试验设计（DOE）；⑥分析数据，确定所研究的属性是否关键，当物料属性的实际变化显著影响产品属性时，该物料属性属于关键属性，需对风险评估进行更新；⑦建立合适的控制策略，对于关键物料属性（CMA），需确定可接受范围；对于非关键物料属性，需研究可接受范围。

对于原料药的开发和理解，可通过检索《化学品安全说明书》（Material Safety Data Sheet，MSDS）了解所用原材料、溶剂和试剂的理化性质，尤其是它们的化学反应性质、本身的毒性、毒性防护和应急处理措施等。可进行同类原材料、溶剂和试剂的筛选研究，根据研究结果综合考虑物料的选择。为减少原料药残留溶剂的影响，所选溶剂应尽量避免使用已被证实具有明显毒性的溶剂。一般情况下，有多个活性官能团的原材料和试剂应尽可能避免使用，最好不采用能形成遗传毒性中间体或原料药杂质的物料。此外，需结合大生产的实际情况，考虑大生产设备的功能性和限制性，为大生产研究筛选所需的物料，并使物料对环境的潜在不利影响降至最低。

　　原料药起始物料的选择非常重要，其应当是具备明确化学性质和结构的物质，不能被分离的中间体通常不被认为是合适的起始物料。对半合成原料药而言，微生物发酵或植物提取获得的组分可以作为起始物料，也可将化学合成中分离出的中间体作为起始物料。虽然生产工艺早期引入或产生的杂质通常比生产后期生成的杂质有更多机会通过精制除去，在原料药产品开发和理解时，仍然要强化起始物料的质量控制，尤其是对其杂质谱和潜在污染物等的控制，必要时还需对起始物料进行精制。同时，接近生产工艺末端使用的原材料比上游使用的原材料更有可能将杂质引入原料药。因此，生产企业应评估是否应该对此类物料的质量采取比上游使用的类似物料更加严格的控制。通常，起始物料的选择应主要考虑：①分析方法和程序检测起始物料中杂质等的能力；②在后续工艺步骤中起始物料所含杂质及其衍生物等的转化与清除；③建立的起始物料质量标准如何有助于建立控制策略。

4. 工艺开发和理解

　　工艺开发和理解通常是通过研究一系列的单元操作来得到所需质量的产品。每一个单元操作都是一个独立的活动，其中包括各种物理或化学反应。研发一个好的生产工艺，通常可以识别和理解所有主要变异的来源，使工艺能很好地控制物料变异的影响，并能准确可靠地预测产品质量属性。因此，工艺的开发和理解在工艺设计阶段至关重要。

　　建立工艺开发和理解的过程如图 8-4 所示，其实施步骤可总结为：①定义一个生产工艺；②找出所有可能影响工艺性能和产品质量的已知物料属性和工艺参数；③用风险评估和科学知识来确定高风险物料属性和（或）工艺参数；④选择这些高风险物料属性和（或）工艺参数的水平或范围；⑤进行试验设计（DOE）和试验研究；⑥分析数据，以确定物料属性或工艺参数是否关键，当某种属性或参数试剂变化显著影响输出物质质量时，该属性参数就是关键物料属性（CMA）或关键工艺参数（CPP）；⑦建立工艺控制策略，对于关键物料属性（CMA）或关键工艺参数（CPP），需定义可接受范围；对于非关键属性和参数，需研究可接受范围。在获得良好的中试运行结果并进行了充分的风险评估后，基于"质量源于设计"理念的工艺设计阶段通常便可结束，工艺开发进入下一阶段——基于"质量源于设计"理念的工艺确认。

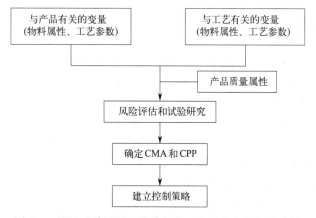

图 8-4　基于"质量源于设计"的工艺开发和理解示意图

二、工艺确认阶段

工艺确认是指采集并评价来自工艺设计阶段的数据，确定整个生产工艺过程中的关键控制点及关键工艺参数，建立科学依据，表明该工艺可持续生产出符合预期质量要求的产品。

工艺确认阶段的主要目标是：对已经设计好的工艺进行评价，证明这个工艺能进行重复性商业化生产。其主要工作包括厂房设施设备的确认和工艺性能确认。首先，要对相关厂房、公用系统和设备等进行确认，以证明其符合工艺要求。其次，应在小试和中试实验等基础上，基于风险管理的方式，建立相应的生产工艺规程、标准操作规程和批生产记录样稿等，并使相关人员都经过相应的培训。随后，要起草、审查和批准工艺性能确认方案。方案中应包括目的、范围、职责、参考法规和指南、产品和工艺描述、取样计划和评估标准、设计空间、工艺性能确认执行、工艺性能确认总结及偏差报告等。完成上述一系列准备工作后，即可在GMP条件下进行商业规模的批生产，以证明商业化生产工艺能达到预期表现（即具备工艺稳健性）。工艺性能确认完成后，要形成工艺性能确认报告，对整个确认过程进行评价，并提出建议。

对工艺性能确认的具体工作，应注意以下6点：①对工艺设计阶段已建立的关键物料属性（CMA）和关键工艺参数（CPP）等进行确认；②对药物制剂的工艺性能进行确认，通常可选择不同批次的原料药和辅料；③仅在工艺设定点对批内和批间一致性进行确认，而工艺的最大或最小条件的确定应在工艺设计阶段完成；④一般情况下，工艺性能确认需要至少连续3批成功的商业化生产，但这并非法规要求，批次数量基于风险评估，取决于但不限于所确认工艺的复杂性、工艺变异程度以及可获得的针对特定工艺的实验数据和（或）工艺知识；⑤工艺性能确认的批量应能够保证统计学置信区间的需要；⑥对于无菌药品，无菌或灭菌工艺性能确认的要求要更加严格。

与工艺相关的技术转移也可看作从研发到生产的工艺确认，故技术转移与工艺确认可分开进行，也可合并进行。技术转移的过程对于接受方来说，是一个从无到有的过程，应重点控制以下几个方面。①转移前工作：工艺设计数据通常由转移方准备，并提交给接受方；技术转移筹备会要详细讨论转移方案，并按照方案进行分工，配备资源，制定投产计划等。②物料采购和供应商审计。③物料检验。④产品放样：根据转移方案在接受方实施批量生产，成品必须合格。

三、工艺验证阶段

工艺验证是工艺在设定参数范围内运行时，能有效地、可重复地运行以制备出符合预定质量标准及质量属性的原料药或中间体。工艺验证阶段也可以看作为持续工艺确证阶段，其与药品商业化生产阶段GMP相一致。工艺从小试规模经过中试规模，再经过多批次的放大验证，到最终的商业化规模，伴随着生产规模的逐级放大，可能会伴随放大效应。在商业化生产期间，通常需要持续监测和评价工艺性能，不断调整工艺参数和控制范围，以保证生产工艺处于受控状态和目标产品质量。换言之，本阶段的目的是使工艺的受控状态能在日常生产中通过质量体系和持续改进得到持续保证。

该阶段包括一系列持续改进活动：①确定具体问题和目标；②确认当前工艺的关键环节，并采集相关数据；③分析数据，调查和核实出现问题的因果关系，确保所有因素均已考虑在内，如有缺陷，要找出缺陷的根本原因；④以应用确证试验设计（DOE）等的数理分析为依据，改善或优化当前工艺，创建新的未来状态工艺；⑤监测生产工艺，确保来自目标的所有偏差均在导致缺陷前得以纠正，实施控制策略，并持续监测生产工艺，使生产工艺始终处于受控状态。

工艺验证阶段应建立一整套完整的符合 GMP 要求的管理体系，并配备充足的监测手段，对整个商业化生产过程进行持续不断的监测，以防止偏离预期工艺控制范围的情况出现。

采用"质量源于设计"理念进行的化学制药工艺开发与优化，其关键点主要包括：①强调预期目标——目标产品质量概况（QTPP）；②明确产品关键质量属性（CQA）；③明确能影响产品关键质量属性（CQA）的关键物料属性（CMA）和关键工艺参数（CPP）；④基于已有的知识空间建立设计空间，并建立合适的控制策略；⑤将该方法合并入商业计划，以促进产品质量在其生命周期内不断提高。但是，采用"质量源于设计"理念并不是全面否定传统方法，而是对传统方法的强化，其目的是使所开发或优化的工艺更有效、更有针对性、更能保证产品质量属性和工艺性能的一致性。

📚 阅读材料

新版《药品管理法》出台，QbD 和 PAT 成为制药发展新潮流

2019 年 8 月 26 日，新版《中华人民共和国药品管理法》由第十三届全国人民代表大会常务委员会第十二次会议修订通过，并已于 2019 年 12 月 1 日起正式施行。随着新版《药品管理法》的颁布实施，标志着我国引进和实施了 20 多年的"药品生产质量管理规范"（Good Manufacturing Practice，GMP）认证正式退出历史舞台，取而代之的是药品监督管理部门随时对 GMP、GSP 等执行情况进行检查。

我国通过 20 多年来实施的 GMP 认证，在一定程度上抑制了制药工业的低水平重复发展，促进了制药产业的结构调整和升级，但并不能代表我国制药工业已达到国际先进水平。我国执行的是由世界卫生组织（World Health Organization，WHO）制定的适用于发展中国家的 GMP 规范，偏重对生产设备等硬件的要求，标准低。而美国、欧洲和日本等执行的是 cGMP(Current Good Manufacture Practices)，即动态药品生产管理规范。cGMP 遵循的原则是保证患者健康不受潜在危险的损害，即要求产品在生产和物流的全过程都必须进行和得到验证。一个质量完全"合格"的药品未必是符合 cGMP 要求的"合格"，因为它的过程存在出现偏差的可能，如果不对全过程有严格的规范要求，潜在危险就不能被质量报告所发现。在新版《药品管理法》中，第六条明确规定"国家对药品管理实行药品上市许可持有人制度。药品上市许可持有人依法对药品研制、生产、经营、使用全过程中药品的安全性、有效性和质量可控性负责。"，传递的正是类似 cGMP 的管理理念。

在 cGMP 管理中，质量的概念是贯穿整个生产过程中的一种行为规范。2004 年，美国食品药品监督管理局（Food and Drug Administration，FDA）正式提出"质量源于设计"（Quality by Design，QbD）理念，并被国际人用药品注册技术要求协调理事会（ICH）纳入药品质量管理体系中。FDA 认为，QbD 理念是 cGMP 管理的基本组成部分，是科学的、基于风险的全面主动的药物开发方法，从产品概念到工业化均精心设计，是对产品属性、生产工艺与产品性能之间关系的透彻理解。在 ICH 发布的《药品研发 Q8（R2）》指南中，也明确提出"产品的质量无法通过检验赋予，而是通过设计赋予的，认识这一点非常重要。"对按照 QbD 理念开发的药品，FDA 在审评的过程中将乐意更多地与企业进行沟通，并在日

常的监管中对于设计空间范围内的操作变更不再进行审批，实行更为宽松的"弹性监管"。这一切都是因为 FDA 对申报项目有了更多的了解，这增加了 FDA 的信心，也有利于申报项目获得批准。

QbD 理念是从产品的工艺开发阶段就进行严格控制，在生产阶段建立一种可以在一定范围内调节偏差来保证产品质量稳定性，并在商业化大生产开始后对工艺进行连续改进。而过程分析技术（Process Analytical Technology，PAT）无疑是帮助 QbD 顺利实施的有效工具。PAT 的基本原理包括风险管理思想、综合系统的理念和实时放行。简单地说，就是 PAT 通过对工艺过程中最能影响产品关键质量属性（CQA）的关键工艺参数（CPP）和起始物料的关键物质属性（CMA）进行实时测量与分析，判断过程的终点，从而减少时间和资金的消耗，保证最终产品的质量，达到实时放行的目的。通过这样一种对过程进行实时监控且不打断工艺的正常运行，可及时地获取在线工艺参数和物料参数的技术，能够有效实现知识空间、设计空间、控制策略的建立和工艺的持续改进，并最终保证药品质量。

"加强药品管理，保证药品质量"是《药品管理法》制定的宗旨。同时，随着人民对健康生活的更高追求，消费者在追求物美价廉的同时，更加注重药品的安全性和有效性。为了在瞬息万变而且无法预测的市场中保持竞争力，制药企业需要不断审视如何确保和提高药品质量。因此，遵守法律法规要求，不断进行理念和技术的创新，无疑是制药企业适应市场，并在激烈的市场竞争中立于不败之地的最好保障。

思考题

1. 什么是"质量源于设计（QbD）"理念？其与"质量源于检验（QbT）""质量源于生产（QbP）"有何不同？
2. "质量源于设计（QbD）"理念的基本要素包括哪些内容？
3. "质量源于设计（QbD）"理念的实施流程是什么？
4. 如何应用"质量源于设计（QbD）"理念进行化学制药工艺的开发？

参考文献

[1] Yu L X. Pharmaceutical quality by design: product and process development, understanding, and control. Pharm Res, 2008, 25: 781-791.

[2] ICH. Q8(R2): Pharmaceutical Development. 2009.

[3] ICH. Q9: Quality Risk Management. 2005.

[4] ICH. Q10: Pharmaceutical Quality System. 2008.

[5] ICH. Q11: Development and Manufacture of Drug Substances (Chemical Entities and Biotechnological/Biological Entities). 2012.

[6] 籍利军. 质量源于设计——药品监管新理念. 中国食品药品监管, 2009(7): 31-32.

[7] 仲小燕, 梁毅. 实施"质量源于设计"的五个关键因素. 机电信息, 2011(23): 14-17.

[8] 王明娟, 胡晓茹, 戴忠, 等. 新型的药品质量管理理念"质量源于设计". 中国新药杂志, 2014, 23(8): 948-954.

[9] 仲小燕, 梁毅. 浅析 PAT 在实施 QbD 中的作用. 机电信息, 2011(32): 15-18.

[10] 王兴旺. QbD 与药品研发：概念和实例. 北京：知识产权出版社, 2014.

[11] 王春山. 基于质量源于设计（QbD）理念的原料药工艺开发思路和方法. 化工与医药工程, 2021, 42(6): 30-33.

第九章

氯霉素生产工艺

本章学习要求

1. 了解：氯霉素的分子结构特点和药用价值。
2. 熟悉：氯霉素的生产工艺原理及过程。
3. 掌握：氯霉素生产工艺路线的设计与评价。

第一节　概述

氯霉素（Chloramphenicol，**9-1**，图 9-1），化学名称为 D-苏型-(－)-N-[α-(羟基甲基)-β-羟基对硝基苯乙基]-2,2-二氯乙酰胺（D-threo-(－)-N-[α-(hydroxy-methyl)-β-hydroxy-p-nitrophenethyl]-2,2-dichloro-acetamide），为白色或微带黄绿色的针状、长片状结晶或结晶性粉末，味苦，熔点 149～153℃，比旋度 $[\alpha]_D^{25}$ 为＋18.5°～＋21.5°（无水乙醇），在甲醇、乙醇、丙酮或丙二醇中易溶，在水中微溶。

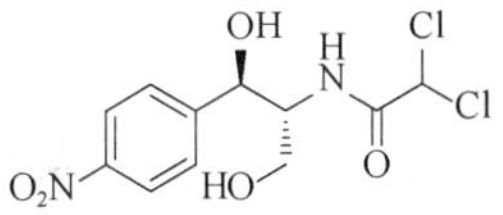

9-1

图 9-1　氯霉素分子结构式

1947 年，氯霉素（**9-1**）首次从委内瑞拉链霉菌（*Streptomyces venezuelae*）发酵液中发现，是第一个被称为广谱的抗生素。由于其结构简单，目前已用化学法生产并可制备成各种盐类及衍生物。氯霉素（**9-1**）主要用于伤寒杆菌、痢疾杆菌、脑膜炎球菌、肺炎球菌等感染，对多种厌氧菌感染有效，亦可用于立克次体感染。近年来，由于氯霉素本身的毒副作用以及其他抗生素迅速发展的影响，使氯霉素的临床应用受到一定的限制。但是，由于氯霉素（**9-1**）疗效确切，尤其对伤寒等疾病仍是目前临床首选药物，依然是一个不可替代的抗生素品种。

氯霉素（**9-1**）的分子结构特点是存在两个手性中心，因而共有 4 种立体异构体（图 9-2）。这 4 种异构体为两对对映异构体，其中一对的构型分别为 D-苏型（$1R$，$2R$ 型，**9-1**）和 L-苏型（$1S$，$2S$ 型）；另一对的构型分别为 D-赤型（$1R$，$2S$ 型）和 L-赤型（$1S$，$2R$ 型）。未经拆分的苏型消旋体即为合霉素（Syntomycin），抗菌活性为氯霉素（**9-1**）的一半，现已不用。药典收载的氯霉素为 D-苏型，其他三种立体异构体均无疗效。

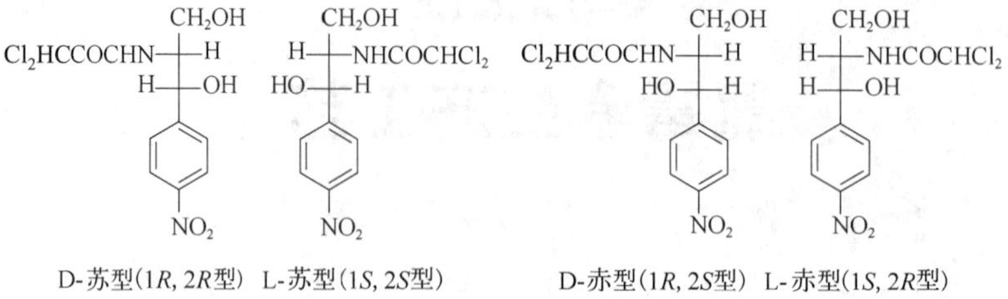

图 9-2　氯霉素的立体异构体

我国于 20 世纪 50 年代开始对氯霉素的合成进行研究，60 年代开始生产。在几十年的生产实践中，我国的科技工作者对氯霉素（**9-1**）的合成路线、生产工艺及副产物的综合利用等方面做了大量的工作，使其生产技术水平大幅提高，已成为化学制药工艺学的研究典范。

第二节　氯霉素生产工艺路线的设计与评价

一、分子结构的逆合成分析

通过逆合成分析，可以发现氯霉素（**9-1**）分子结构的核心骨架是苯基丙烷，所包含的官能团包括苯环硝基、C1 和 C3 原子所连羟基及 C2 原子所连氨基（图 9-3），而此核心骨架的合成主要需解决两个问题：第一，如何从便宜易得的工业化原料构建具有 3 个碳原子的链状烷烃结构；第二，如何引入两个手性中心，即如何从四种立体异构体中得到所需的 D-苏型产物。

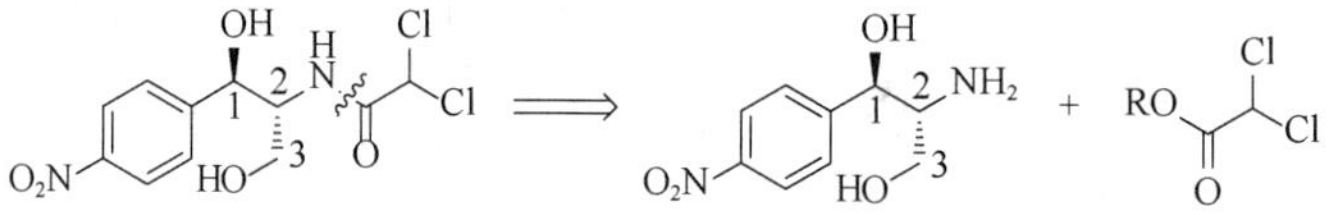

图 9-3　氯霉素的逆合成分析

（1）苯基丙烷骨架的构建。主要有两种方式：以具有苯甲基结构的化合物为起始原料，如苯甲醛或对硝基苯甲醛[图 9-4（a）]；以具有苯乙基结构的化合物为起始原料，如苯乙酮、对硝基苯乙酮、苯乙烯或对硝基苯乙烯等[图 9-4（b）]。

（2）由于氯霉素（**9-1**）有两个手性碳原子，故反应可能产生四种立体异构体。因此，构建苯基丙烷骨架和引入所需官能团时，都必须考虑手性中心的立体构型和所得化合物的光学纯度，这也是《手性药物质量控制研究技术指导原则》的基本要求。为了解决手性中心如何引入的问题，可采用的基本思路为：①使产物为所需的一对苏型异构体，然后对消旋体的

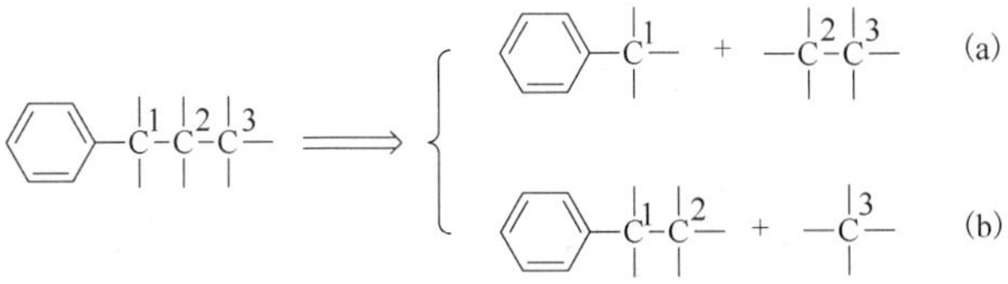

图 9-4 苯基丙烷骨架的构建方式

拆分顺序和拆分方法进行研究；②采用不对称合成的方法立体定向合成所需的单一光学异构体。

此外，要解决氯霉素（**9-1**）立体构型问题，还应注意以下几点：

① 可采用具有刚性结构的原料或中间体，使产物不易产生差向异构体。如使用反式溴代苯乙烯或反式肉桂醇为原料合成氯霉素时，产物为符合要求的苏型化合物。

② 可利用空间位阻效应。如甘氨酸可先与对硝基苯甲醛反应生成席夫碱，后者再进行反应时，由于立体位阻的影响，产物主要是苏型异构体。

③ 使用具有立体选择性的试剂。如应用异丙醇铝为还原剂使氯霉素中间体羰基还原时，所得生成物中苏型异构体占优势；而用硼氢化钠还原时，所得产物则无立体选择性。

二、合成路线的设计与选择

(一) 以具有苯甲基结构的化合物为起始原料

1. 以对硝基苯甲醛 (9-2) 为起始原料的合成路线

以对硝基苯甲醛（**9-2**）为起始原料时，可以采用两种方式引入 C2 和 C3 骨架：第一种是以甘氨酸（**9-3**）作为 C2 和 C3 的来源；第二种是以乙醛作为起始来源。

以甘氨酸（**9-3**）作为 C2 和 C3 骨架来源时，其特点是在对硝基苯甲醛（**9-2**）与甘氨酸（**9-3**）缩合时，不仅形成了基本骨架，还同时引入了 C1 与 C2 上所需的羟基和氨基。此外，对硝基苯甲醛（**9-2**）与甘氨酸（**9-3**）的氨基生成席夫碱后，由于该席夫碱具有空间位阻效应，可使另一分子对硝基苯甲醛的羰基与缩合物的亚甲基进行加成时形成的 2 个手性中心几乎全是苏型结构，并经 D-酒石酸拆分可得到单一立体异构体（图 9-5）。这条路线的优点是合成步骤少，所需物料品种与设备少。我国曾经用过此法生产，由于合成方法中存在的实际问题，现在已经不再使用该方法。此法的缺点是缩合时消耗过量的对硝基苯甲醛（**9-2**），若减少用量，则得到的产物全是不需要的赤型立体异构体，另外需要解决还原剂硼氢化钙等原料的来源问题。

2. 以对硝基苯甲醛 (9-2) 和乙醛为起始原料的合成路线

以乙醛作为 C2 和 C3 骨架起始来源时，对硝基苯甲醛与乙醛可以通过羟醛缩合得到反式对硝基肉桂醛（**9-4**），实现苯基丙烷基本骨架的构建。随后，采用还原剂将醛（**9-4**）还原成醇（**9-5**），然后经加成、环氧化、L-酒石酸铵拆分等步骤而得氯霉素（**9-1**）（图 9-6）。本路线的特点是使用符合立体构型要求的反式对硝基肉桂醇为中间体，经溴水加成一次引入 2 个官能团，而且最终产物为符合要求的苏型。这条路线的合成步骤不多，各步收率不低。

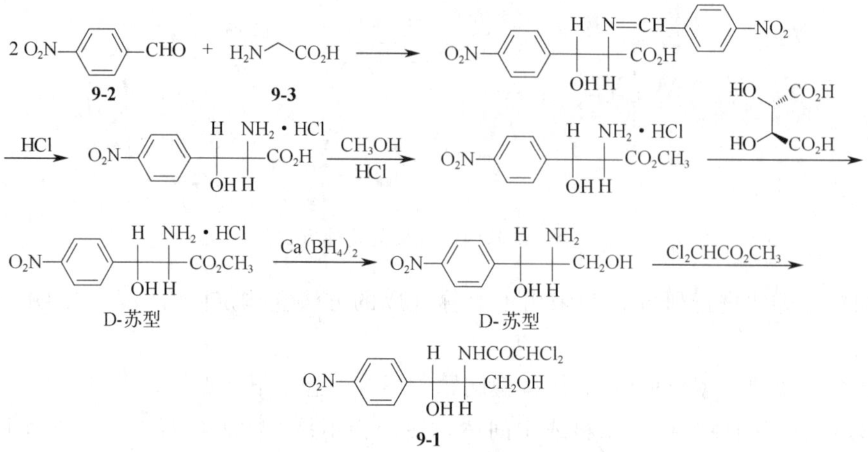

图 9-5　以对硝基苯甲醛和甘氨酸为原料制备氯霉素

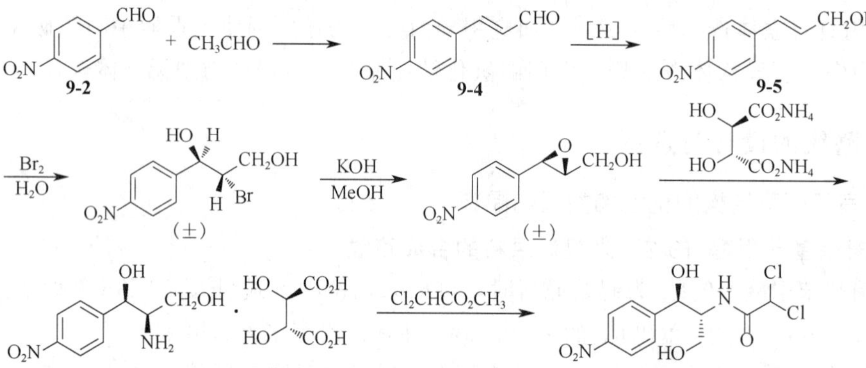

图 9-6　以对硝基苯甲醛和乙醛为原料制备氯霉素

3. 以苯甲醛（9-6）和乙醛为起始原料的合成路线

与以上方法类似，苯甲醛（**9-6**）可与乙醛反应后再经还原得到反式肉桂醇（**9-7**），并经溴水加成引入羟基和溴原子。随后，C1 和 C3 的羟基转化为缩酮（**9-8**）保护后，将溴原子通过氨解转化为氨基。最后，经过 L-酒石酸拆分、酰胺的制备和硝化反应完成氯霉素（**9-1**）的制备（图 9-7）。这条路线的特点是最后引入硝基，这是由于缩酮化物分子中酮基空间掩蔽效应的影响使硝基利于进入对位，使硝化反应的对位产物收率可达 88%。但硝化反应需在低温条件下进行，因此对反应设备的要求较高。

（二）以具有苯乙基结构的化合物为起始原料

1. 以乙苯（9-9）为起始原料的合成路线

1949 年，Long 和 Troutman 发表了以对硝基甲苯为原料，通过关键中间体对硝基苯乙酮（**9-11**）合成氯霉素（**9-1**）的方法。其中，对硝基苯乙酮（**9-11**）的合成是将对硝基甲苯通过氧化和酰氯化转化为对硝基苯甲酰氯后，在乙醇镁的作用下与丙二酸二乙酯反应，后经硫酸处理得到，难以实现工业化生产。

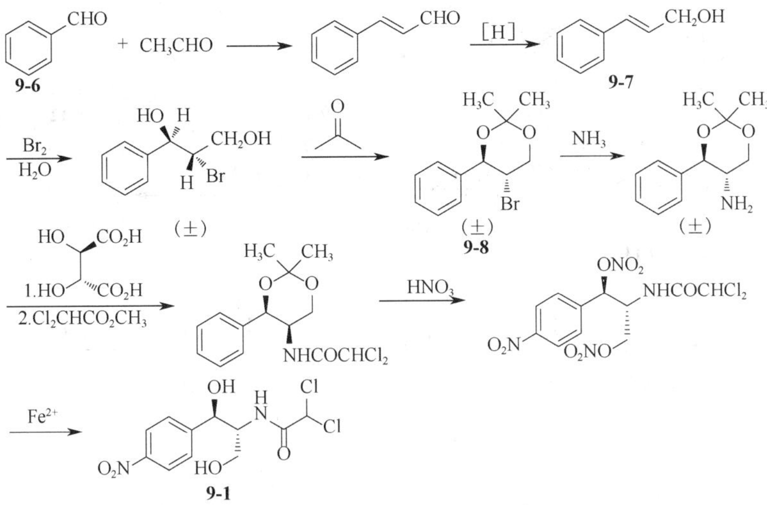

图 9-7　以苯甲醛和乙醛为原料制备氯霉素

随后，我国的科研人员——沈家祥、郭丰文等大胆制定了以乙苯（**9-9**）为原料合成关键中间体对硝基苯乙酮（**9-11**）的方案，并组织了研发队伍成功解决了这个关键中间体的生产问题。同时，他们对氯霉素（**9-1**）的合成路线和生产工艺进行了系统的研究，为我国氯霉素（**9-1**）的生产奠定了基础。首先，乙苯（**9-9**）通过硝化和氧化转变为对硝基苯乙酮（**9-11**），并经溴代后可得溴代对硝基苯乙酮（**9-12**）。该中间体（**9-12**）与乌洛托品发生 Delépine 反应，可将溴原子转化为伯胺盐酸盐（**9-13**），并采用乙酰化保护。氨基被保护的乙酰氨基对硝基苯乙酮（**9-14**）与甲醛发生羟醛缩合，完成苯基丙烷基本骨架构建的同时，引入了 C3 的羟基，并产生了第一个手性中心。所得外消旋中间体（**9-15**）采用异丙醇铝/异丙醇体系进行还原后，可将 C1 的羰基还原为羟基，并产生第二个手性中心。但是，由于根据中间体（**9-15**）的结构特性采用了特定的还原剂，使该还原反应具有高度的立体选择性，所得产物（**9-16**）几乎为苏型异构体，而对应的赤型异构体很少。最后，脱保护的中间体（**9-17**）经手性拆分得到所需的 D-苏型中间体（**9-18**）后，使其与二氯乙酸酯反应得到氯霉素（**9-1**）（图 9-8）。这条路线的优点是起始原料廉价易得，各步反应收率较高，技术条件要求不高。缺点是合成步骤较多，有大量的中间体、副产物和"三废"的产生。

在上述反应路线中，乙苯硝化时除了可以得到对硝基乙苯（**9-10**），还可得到几乎与之等量的邻硝基乙苯，二者需通过精馏的方式进行分离。此精馏过程不仅操作烦琐，而且具有一定的爆炸危险性。为了解决这一问题，人们研究了将对硝基乙苯通过亚硝化转化为对硝基苯乙酮肟（**9-19**），后经 Neber 转位生成对硝基-α-氨基苯乙酮盐酸盐（**9-13**）（图 9-9），后续步骤与前述路线相同。该方法的优点是乙苯硝化后的产物无需分离，成肟后对位异构体可从反应溶液中析出，而邻位异构体则留在母液中。但其缺点是工艺过程复杂，原料品种繁多，且邻位异构体的综合利用困难，相比前一种路线没有体现出太多的优越性。

2. 以苯乙烯（9-21）为起始原料的合成路线

本方案主要有两种方法，最大优点为原料苯乙烯（**9-21**）便宜易得。

第一种方法是在氢氧化钠的甲醇溶液中，苯乙烯（**9-21**）与氯气反应生成氯代甲醚化物

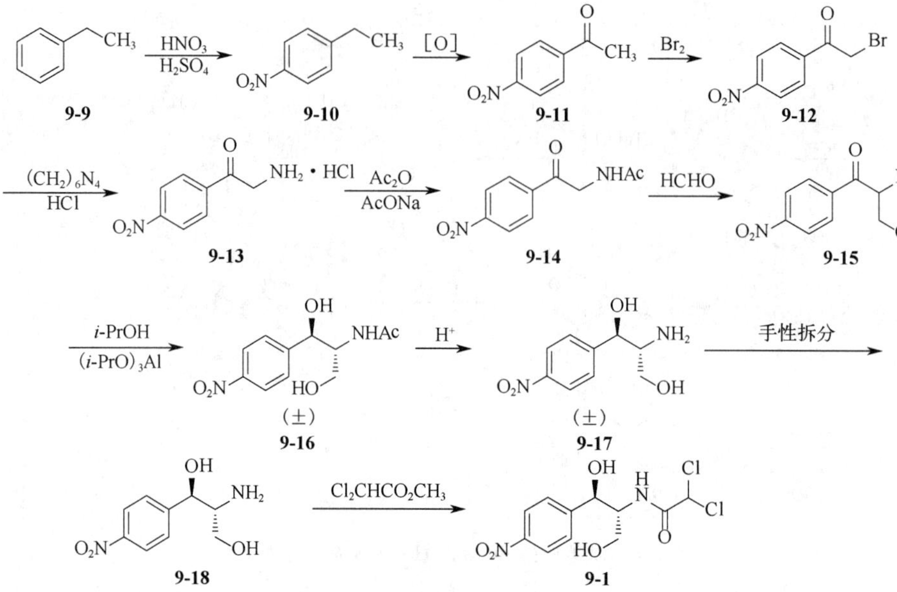

图 9-8　以对硝基苯乙酮为中间体制备氯霉素

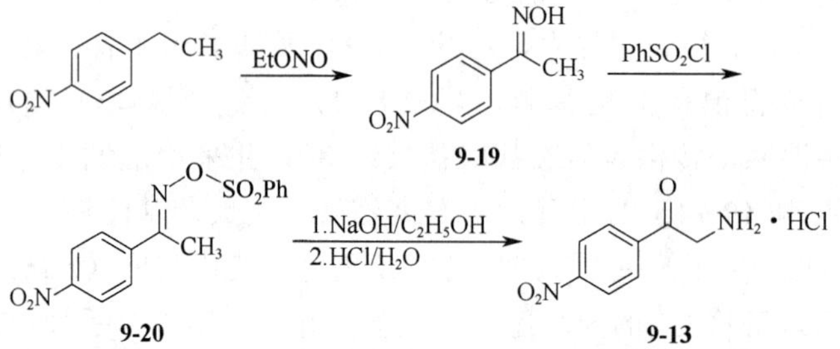

图 9-9　以对硝基苯乙酮肟为中间体制备氯霉素

（**9-22**）。硝化反应后，通过氨解得到 α-羟基对硝基苯乙胺（**9-22**），再经酰化、氧化得到乙酰氨基对硝基苯乙酮（**9-14**）（图 9-10）。后续步骤与图 9-8 所示路线相同。这条合成路线中，若硝化反应采用连续化工艺，则收率高、耗酸少、生产过程安全；缺点是胺化一步收率不够理想。

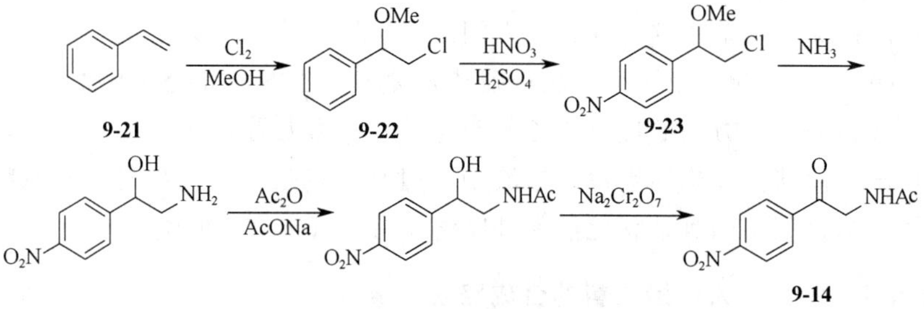

图 9-10　以 α-羟基对硝基苯乙胺为中间体制备氯霉素

第二种方法是我国化学家邢其毅教授开发的经 Prins 反应的路线。其具体路线是苯乙烯（**9-21**）与溴水加成生成 β-溴代苯乙醇（**9-24**），后通过反式消除得到反式-β-溴代苯乙烯（**9-25**）。后经 Prins 反应，反式-β-溴代苯乙烯（**9-25**）可以转化为反式-4-苯基-5-溴代-1，3-二氧六环（**9-26**）。高压（10.13MPa，100atm）下，反式-4-苯基-5-溴代-1，3-二氧六环（**9-26**）进行氨解，通过 Walden 翻转，得到近乎 100％的顺式异构体（**9-27**）。酸解开环后，该顺式异构体（**9-27**）生成苏型苯丙二醇（**9-28**），后经手性拆分可得 D-苏型苯丙二醇（**9-29**）。最后，经硝化和与二氯乙酸酯反应得到氯霉素（**9-1**）（图 9-11）。这条合成路线前四步的中间体均为液体，可节省大量固体中间体的分离、干燥操作和相应的输送设备，减轻了劳动强度，有利于实现生产的连续化、自动化和提高劳动效率；缺点是氨解反应需要使用高压和高真空蒸馏设备，不利于生产的放大。

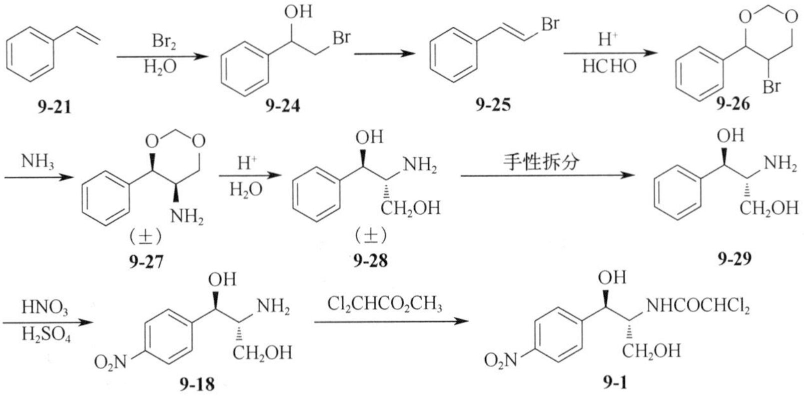

图 9-11　通过 Prins 反应制备氯霉素

除了上述常规反应后以拆分方式制备氯霉素（**9-1**）的方法，氯霉素（**9-1**）还可以采用不对称合成的方式进行制备。目前，虽然已报道的氯霉素（**9-1**）不对称合成法有十余种，包括手性催化剂控制法和手性辅助试剂控制法，但这些方法由于各种原因仍停留在学术研究层面，距离工业化生产尚存在一定距离，故本书不再一一介绍。

相比已报道的各种合成工艺，以乙苯（**9-9**）为原料和对硝基苯乙酮（**9-11**）为关键中间体的合成路线虽然经历了半个世纪，但仍然是具有强大竞争力的生产流程。下面，就以该生产路线的工艺原理进行详细叙述。

第三节　氯霉素生产工艺原理及其过程

一、对硝基乙苯的制备

1. 工艺原理

对于乙苯（**9-9**）的硝化，生产上采用浓硫酸与硝酸配制而成的混酸作为硝化剂（图 9-12）。采用混酸的原因为：①浓硫酸可使硝酸产生硝基正离子 NO_2^+，后者可与乙苯（**9-9**）发生亲电取代反应；②混酸的使用可使硝酸的用量减少至近乎理论量；③浓硫酸与硝酸混合物对铁的腐蚀性较小，使该反应可在铁质反应器中进行。此外，由于乙基为给电子基团，故乙苯（**9-9**）的硝化反应除了可以得到对硝基乙苯（**9-10**），还可以得到几乎与之等量的邻硝基乙苯（**9-30**）以及少量的间硝基乙苯（**9-31**）。

9-9　**9-10**　**9-30**　**9-31**

46%~48%　44%~46%　6%~8%

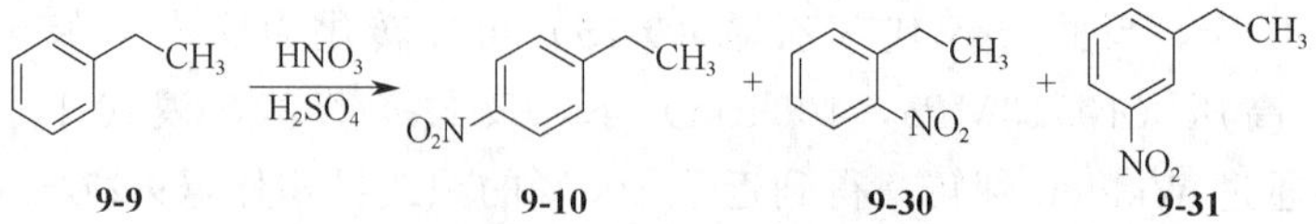

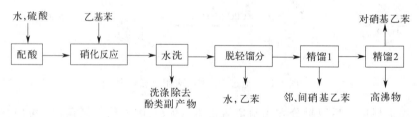

图 9-12　乙苯的硝化反应

在该步反应中，应注意以下问题：①在硝化过程中，当局部的酸浓度偏低且有过量的水存在时，硝基化合物生成后即刻能转变为其异构体亚硝酸酯，后者在反应温度升高时遇水分解成酚类化合物。②硝化过程中，反应不仅可以得到硝基乙苯类化合物，还可进一步硝化生成二硝基乙苯酚，后者在高温下能迅速分解。因此，在反应结束后应将其除去，否则在精馏分离的末期容易发生爆炸。具体的除去方法可采用碱洗法，因为二硝基乙苯酚的钠盐在水中溶解度不大，且其颜色为橘黄色，而二硝基乙苯酚为柠檬黄，故可根据产物颜色的变化来确认二硝基乙苯酚是否完全洗净除去。

2. 工艺流程框图

乙苯（**9-9**）硝化的工艺流程框图见图 9-13。

水，硫酸
乙基苯
对硝基乙苯
配酸
硝化反应
水洗
脱轻馏分
精馏1
精馏2
洗涤除去
酚类副产物
水，乙苯
邻、间硝基乙苯
高沸物

图 9-13　乙苯硝化的工艺流程框图

3. 工艺过程

（1）混酸的配制。在装有推进式搅拌器的不锈钢（或搪玻璃）混酸罐内，加入浓度为92％以上的硫酸。开启搅拌，在冷冻条件下，以细流方式缓慢加水，并控制体系温度在40～45℃之间。加水完毕后，降温至 35℃，继续加入浓度为 96％的硝酸，控制温度不超过40℃。随后，将配制完毕的混酸冷却至 20℃，并取样化验。配制的混酸中，要求硝酸含量约为 32％，硫酸含量约为 56％。

生产上，混酸的配制方式与实验室不同。在实验室中，通常无需考虑酸对容器的腐蚀问题，而在生产中则必须非常重视。一般情况下，20％～30％的硫酸对铁的腐蚀性最强，而浓硫酸则较弱。混酸中浓硫酸的用量大大超过水的用量，因此采用将水加入浓硫酸的方式可大大降低酸对铁质混酸罐的腐蚀。此外，在良好的搅拌和冷却条件下，水以细流的方式加入浓硫酸所产生的热量可被快速分散，因此不会发生酸液四溅的现象。

（2）硝化反应。在装有旋桨式搅拌的铸铁硝化罐中，先加入乙苯（**9-9**），并开动搅拌。将温度调至 28℃后，滴加已配制好的混酸，并控制反应温度在 30～35℃。混酸滴加完毕后，保温并继续搅拌 1h，使反应完全。随后，将反应体系冷却至 20℃，静置分层。下层废酸液分去后，用水洗去上层硝化产物中的残留酸，再用碱液洗去酚类副产物，最后用水洗去残留

碱液，剩余溶液送往蒸馏岗位。蒸馏时，首先将未反应的乙苯（**9-9**）和水减压蒸出，然后将剩余的部分送往高效分馏塔。在较高真空条件下（控制分馏压力在 5300Pa 以下），在分馏塔顶馏出邻硝基乙苯，塔底馏出的高沸物再减压蒸馏一次后得到精制的对硝基乙苯（**9-10**）。由于间硝基乙苯与对硝基乙苯（**9-10**）的沸点十分接近，故产物中仍含有约 6% 的间硝基乙苯。

（3）工艺安全注意事项。第一，由于浓硝酸是强氧化剂，遇纤维、木材等会迅速将其氧化，所产生的热量易使硝酸剧烈分解而引起爆炸；第二，浓硫酸、浓硝酸均有强腐蚀性，使用时应注意安全防护；第三，配制混酸和硝化反应中会产生大量的热量，应注意温度控制，配制过程中不得停止搅拌和冷却；第四，精馏结束时，不得在高温下解除真空，以免热残渣（含多硝基化合物）与空气接触后氧化爆炸。

4. 工艺条件及影响因素

（1）温度对反应的影响。对于本反应而言，若反应温度过高，不仅会产生大量如二硝基乙苯等副产物，而且由于反应释放出大量的热量会引起爆炸。因此，在反应过程中，应注意保持良好的搅拌和冷却，及时将反应所释放的热量进行有效分散，做好温度的控制，使反应正常进行。

（2）配料比对反应的影响。为避免二硝基乙苯的生成，反应所使用的硝酸不宜过多，以接近理论量为宜（乙苯与硝酸的摩尔比为 1∶1.05）。硫酸的脱水值（DVS 值）也不宜过高，应控制在 2.56 左右。

（3）乙苯（**9-9**）质量对反应的影响。作为原料，乙苯（**9-9**）的质量应严格控制，其含量应高于 95%，且外观和水分等各项指标应符合质量标准。若乙苯（**9-9**）含水量过高，色泽不佳，易使硝化反应速率降低，且对硝基乙苯（**9-10**）含量降低。

二、对硝基苯乙酮的制备

1. 工艺原理

由于亚甲基比甲基容易被氧化，因此对硝基乙苯（**9-10**）中的亚甲基可在较缓和的条件下被氧化为羰基。但若氧化条件过于剧烈，则对硝基乙苯（**9-10**）中的乙基被完全氧化为羧基（图 9-14）。因此，对硝基乙苯（**9-10**）的氧化过程中应注意控制反应条件，尽量减少过度氧化产物——对硝基苯甲酸（**9-32**）的生成。

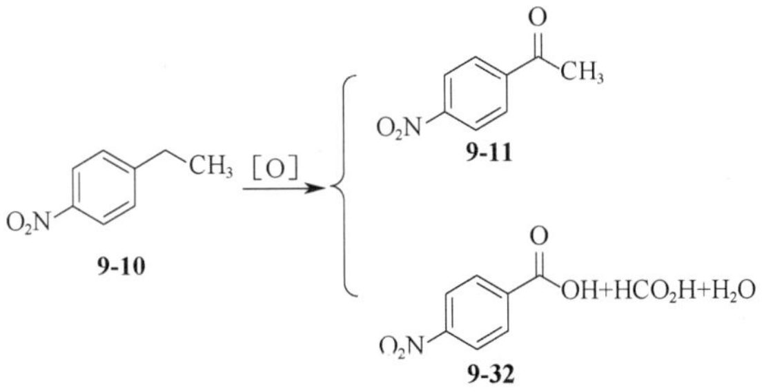

图 9-14　对硝基乙苯的氧化反应

本反应是对硝基乙苯（**9-10**）在催化剂（如硬脂酸钴/乙酸锰）的作用下与氧化剂

（O$_2$）发生的自由基反应：

（1）自由基引发阶段（图 9-15）。该阶段主要是通过加热诱导生成一定数量的对硝基乙苯-α-自由基（**9-33**），而催化剂的作用是降低反应活化能，从而缩短反应时间、降低反应温度。

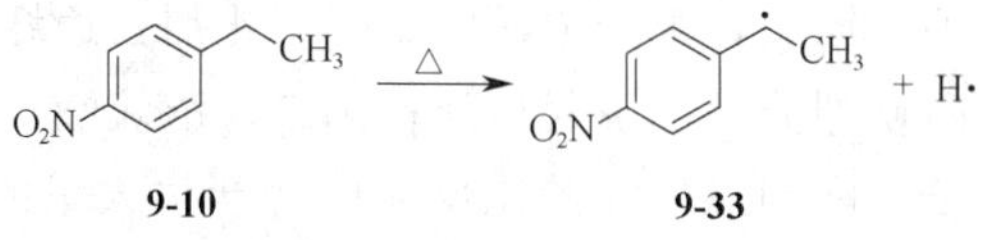

图 9-15　对硝基乙苯-α-自由基的引发

（2）链式反应阶段（图 9-16）。自由基引发阶段所生成的对硝基乙苯-α-自由基（**9-33**）与氧分子作用，生成对硝基乙苯-α-过氧自由基（**9-34**）。该自由基再与另一分子的对硝基乙苯（**9-10**）作用生成对硝基乙苯-α-自由基（**9-33**）和对硝基乙苯-α-过氧化物（**9-35**）。前者继续重复上述反应，后者在催化剂的作用下分解为对硝基苯乙酮（**9-11**）。

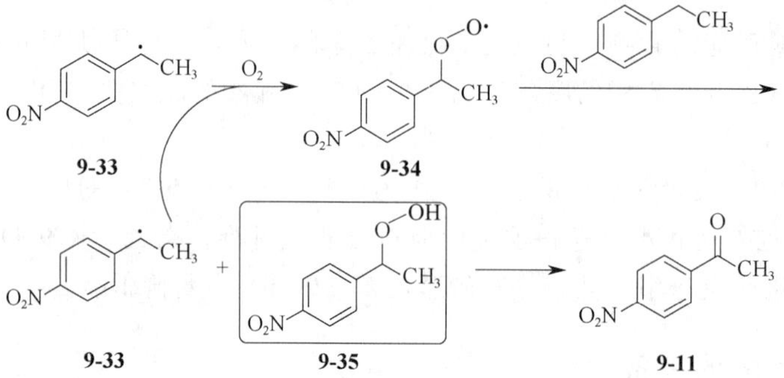

图 9-16　对硝基乙苯-α-自由基的链式反应

（3）链式反应终止阶段（图 9-17）。在氧化过程的最后阶段，若自由基之间相互反应，则由于无新的自由基生成而导致反应终止。

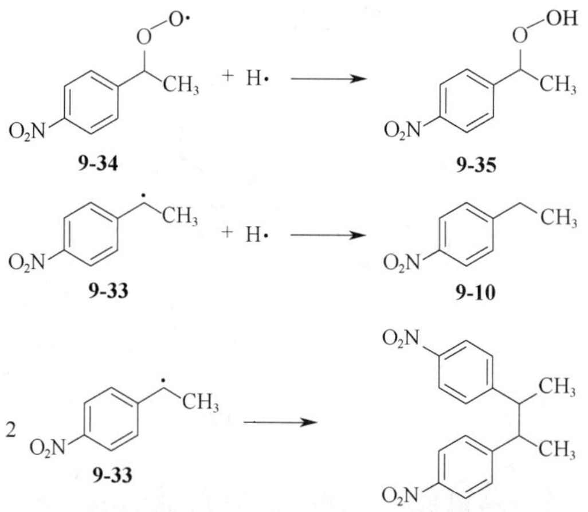

图 9-17　对硝基乙苯氧化的链终止反应

2. 工艺流程框图

对硝基乙苯（**9-10**）氧化的工艺流程框图见图 9-18。

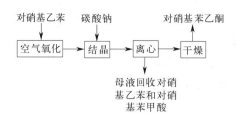

图 9-18　对硝基乙苯氧化的工艺流程框图

3. 工艺过程

将对硝基乙苯（**9-10**）和其质量十万分之五的硬脂酸钴/乙酸锰催化剂（内含载体碳酸钙 90%）加入氧化塔中，从塔底通入压缩空气，使塔内压力达到 0.49MPa（5kgf/cm²），并调节尾气压力至 2900Pa 左右。逐渐升温至 150℃以引发反应，待反应进入链式反应阶段并放热后，适当向反应塔夹层通水使反应温度平稳下降至 135℃。维持该温度，收集反应生成的水，并根据汽水分离器分出的冷凝水量判断反应的进程。当反应生成的热量逐渐减少，生成水的数量和速率降到一定程度时停止反应，稍冷后放出物料。

该反应所得副产物主要为对硝基苯甲酸（**9-32**）。在对硝基苯乙酮（**9-11**）未析出前，可根据反应物的含酸量加入碳酸钠溶液，使对硝基苯甲酸（**9-32**）转化为相应的钠盐。反应体系充分冷却后，对硝基苯乙酮（**9-11**）可充分析出，并通过过滤、洗涤、干燥得到纯品。同时，过滤所得滤液主要含有未反应的对硝基乙苯（**9-10**）和对硝基苯甲酸钠，前者可用亚硫酸氢钠分解除去过氧化物后，蒸馏回收使用；后者可将母液酸化处理后，得到副产物对硝基苯甲酸（**9-32**）。

4. 工艺条件及影响因素

（1）催化剂对反应的影响。对于本反应而言，催化剂的选择十分关键。如铜盐、铁盐等催化剂对过氧化物的分解作用过于强烈，会削弱链式反应，故不宜使用，且反应中应防止微量铁的混入。乙酸锰的催化作用较为温和，同时以碳酸钙作为载体可保护过氧化物不致过速分解，从而可使反应过程平稳，提高氧化收率。但乙酸锰作为催化剂的缺点是反应周期长，且产物收率仍不理想。通过大量筛选，我国科技工作者发现采用硬脂酸钴是一种性能更好的催化剂，其突出优点是可使反应温度比用乙酸锰时降低 10℃，且反应时间可减少一半，收率也有所提高，而催化剂的用量仅为乙酸锰的 1/15。在改用空气氧化法后，该工艺则采用了碳酸钙负载的硬脂酸钴/乙酸锰混合催化剂。

此外，苯胺、酚和铁盐等物质均对该催化氧化反应有强烈的抑制作用，故应防止这些物质混入反应体系。此外，进入反应系统的压缩空气应通过过滤设备净化，防止机油随空气进入反应液。

（2）反应温度对反应的影响。由于对硝基乙苯（**9-10**）的反应过程是自由基反应，因此开始阶段要供给一定的热量促使自由基的生成。但当进入链式反应阶段后，反应会放出大量的热量，因此要注意控制反应在适当的温度下进行。若反应温度过高，易促使自由基生成加快，反应体系温度快速上升而发生爆炸；若反应温度过低，又会使得链式反应中断，反应过早停止。

（3）反应压力对反应的影响。相比于纯氧氧化，采用空气氧化法较为安全。但空气中氧浓度较低，且该氧化反应会持续消耗氧分子，若采用空气常压氧化，反应进行十分缓慢，生产周期长。因此，生产中通常采用加压的方式促进反应的进行，但人们发现反应压力超过0.49MPa（5kgf/cm^2）后对硝基苯乙酮（**9-11**）的收率增加不显著，故生产中采用0.49MPa的加压空气氧化法。

（4）对硝基乙苯（**9-10**）质量对反应的影响。对硝基乙苯（**9-10**）是通过乙苯（**9-9**）的硝化反应制备的，若其中所含杂质较多，其氧化收率会急剧下降，且成品含量低、晶型碎、外观差。

三、对硝基-α-溴代苯乙酮的制备

1. 工艺原理

对硝基-α-溴代苯乙酮（**9-12**）的制备是通过对硝基苯乙酮（**9-11**）与溴素反应得到的（图9-19）。该反应属于离子型反应，具体过程为溴素与对硝基苯乙酮（**9-11**）的烯醇式互变异构体（**9-36**）双键发生加成，后脱去一分子溴化氢。

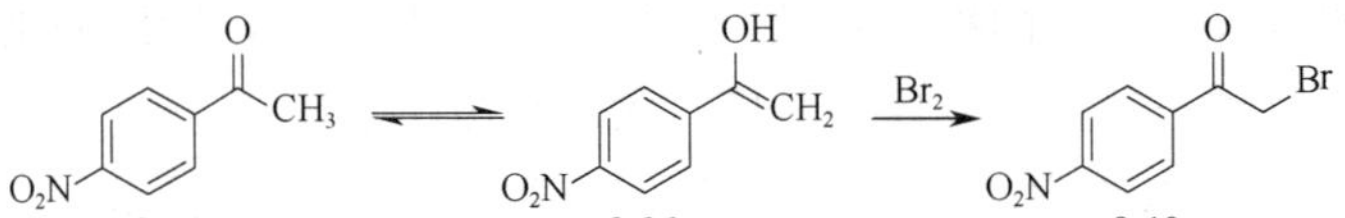

图9-19　对硝基-α-溴代苯乙酮的制备

由于反应是通过对硝基苯乙酮（**9-11**）的烯醇式互变异构体（**9-36**）进行的，溴化反应的速率取决于烯醇化的速率，因此需要将对硝基苯乙酮（**9-11**）不断向其烯醇式互变异构体转化。幸运的是，该溴代反应生成的溴化氢可作为烯醇化的催化剂，但刚开始反应时所生成的溴化氢较少，需要经过一段时间的积累才能产生足够的溴化氢，从而使得反应以稳定的速率进行。这即是本反应有一段"诱导期"的原因。

2. 工艺过程

将对硝基苯乙酮（**9-11**）及氯苯（含水量低于0.2%，可反复套用）加到溴化罐中，搅拌下先加入少量溴素（约占总量的2%～3%）。当有大量溴化氢生成且红棕色的溴素消失时，表示反应开始。保持反应温度在26～28℃，逐渐将剩余溴素加入，并将反应生成的溴化氢用真空抽出，通过水吸收制成氢溴酸回收（注意真空度不宜过高，只要使溴化氢不从别处逸出即可）。溴素滴加完毕后，继续反应1h，然后升温至35～37℃，通压缩空气以排走反应体系中残留的溴化氢。静置0.5h，将澄清的反应液直接送至下一步反应。罐底残液可用氯苯洗涤，洗液可回收套用。

3. 工艺条件及影响因素

（1）本反应要严格控制溶剂中的水分，否则会使"诱导期"延长，甚至反应不进行。

（2）本反应应避免与金属（如铁）接触，否则可能引起芳环发生溴化反应。

（3）虽然反应生成的溴化氢可作为催化剂，当反应结束后，应尽量排走反应体系中残留的溴化氢，否则会严重影响下一步反应。

四、对硝基-α-氨基苯乙酮盐酸盐的制备

1. 工艺原理

对硝基-α-氨基苯乙酮盐酸盐（**9-13**）是通过对硝基-α-溴代苯乙酮（**9-12**）的 Delépine 反应得到的（图 9-20）。对硝基-α-溴代苯乙酮（**9-12**）与六亚甲基四胺首先成盐，后在酸性条件下水解，便得到了相应的伯胺盐酸盐。

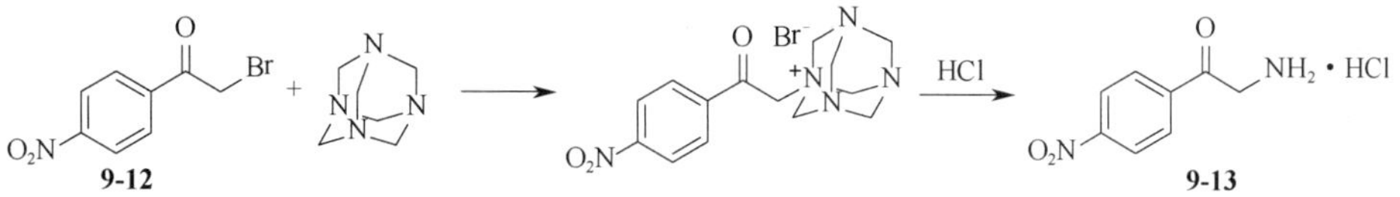

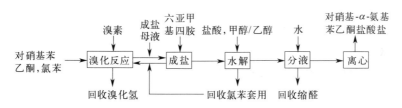

图 9-20　对硝基-α-氨基苯乙酮盐酸盐的制备

2. 工艺流程框图

对硝基-α-氨基苯乙酮盐酸盐（**9-13**）的制备工艺流程框图见图 9-21。

图 9-21　对硝基-α-氨基苯乙酮盐酸盐的制备工艺流程框图

3. 工艺过程

将脱水的氯苯加入干燥的反应罐中，搅拌条件下加入干燥的六亚甲基四胺（比理论量稍过量），用冰盐水冷至 5～15℃后，抽入上一步的反应液，并升温至 33～38℃反应 1h，通过检测确定反应结束。

在另一搪玻璃罐中加入盐酸，降温至 7～9℃后，搅拌下加入已反应得到的对硝基-α-溴代苯乙酮六亚甲基四胺盐溶液。继续搅拌至对硝基-α-溴代苯乙酮六亚甲基四胺盐转变为颗粒状后，停止搅拌并静置。将氯苯分出，加入甲醇和乙醇，搅拌升温，在 32～34℃反应 4h（在反应开始 3h 后测反应体系的酸含量，使其保持在 2.5% 左右，以确保反应在强酸下进行）。反应完毕后，降温，分去酸水，再水洗剩余物。洗涤完毕后，加入温水分出二乙醇缩甲醛，再加入适量水搅拌下冷至 −3℃，离心分离，得到对硝基-α-氨基苯乙酮盐酸盐（**9-13**）。

4. 工艺条件及影响因素

（1）对硝基-α-溴代苯乙酮（**9-12**）与六亚甲基四胺成盐过程中，要严格控制溶剂和六亚甲基四胺所含水分，以及上一步反应液中的溴化氢残留量，否则水和酸的存在可使六亚甲基四胺分解［式(9-1)］。此外，反应体系中的水分可与生成的对硝基-α-溴代苯乙酮六亚甲基四胺盐发生 Sommelet 反应，并将其转化为对硝基苯乙酮醛。

$$(CH_2)_6N_4 + 4HBr + 6H_2O \longrightarrow 6HCHO + 4NH_4Br \tag{9-1}$$

（2）对硝基-α-溴代苯乙酮六亚甲基四胺盐转变为伯胺时，必须在强酸条件下进行。反

应进行是否完全，不仅与盐酸的用量有关，还与其浓度有关。随着反应的进行，盐酸被不断消耗，其浓度不断下降，故在反应过程中应做好反应体系中酸含量的监控，保证其在 2.5%左右。

若反应在 pH 值为 3.0~6.5 之间进行时，伯卤烃将发生 Sommelet 反应而转变为醛。此外，若酸含量不够（如低于 1.7%），得到的部分对硝基-α-氨基苯乙酮盐酸盐（**9-13**）会发生酸解离，释放出的氨基会发生双分子间的席夫碱缩合，再与空气中的氧接触后继续氧化成紫红色的吡嗪化合物（图 9-22）。因此，对硝基-α-氨基苯乙酮的氨基必须在强酸条件下才能通过成盐后被保护，其制备过程不能通过对硝基-α-溴代苯乙酮（**9-12**）的直接氨气氨解或 Gabriel 反应制得。

图 9-22　对硝基-α-氨基苯乙酮的分子间缩合及氧化

五、对硝基-α-乙酰氨基苯乙酮的制备

1. 工艺原理

该反应是常用的以乙酸酐为酰化剂保护氨基的反应（图 9-23）。

图 9-23　对硝基-α-乙酰氨基苯乙酮的制备

2. 工艺流程框图

对硝基-α-乙酰氨基苯乙酮（**9-14**）的制备工艺流程框图见图 9-24。

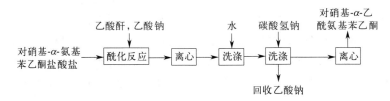

图 9-24　对硝基-α-乙酰氨基苯乙酮的制备工艺流程框图

3. 工艺过程

向反应罐中加入母液，冷至 0~3℃后，加入对硝基-α-氨基苯乙酮盐酸盐（**9-13**）。开动搅拌，将结晶打碎成浆状，加入乙酸酐，搅拌均匀后，先慢后快地加入 38%~40%的乙酸钠溶液。此时反应温度逐渐上升（注意控制乙酸钠溶液加完后不要超过 22℃），在 18~22℃下反应 1h，并经过检测确定反应结束（取少量反应液过滤，滤液中加入碳酸钠中和至碱性应不显红色）。反应液冷却至 10~13℃时析出结晶，离心。先用水洗结晶，再用 1.0%~

1.5％的碳酸氢钠溶液洗至 pH 值为 7 后，所得产物避光保存。滤液中可回收乙酸钠。

4. 工艺条件及影响因素

（1）为了使对硝基-α-氨基苯乙酮的氨基可以与乙酸酐发生酰化反应，其相应的盐酸盐必须首先发生酸解离以释放氨基。但如前所述，由于对硝基-α-氨基苯乙酮的氨基在未成盐的条件下易发生分子间缩合，在反应加料过程中必须严格遵守先加乙酸酐、后加乙酸钠的顺序，使对硝基-α-氨基苯乙酮的氨基在进行分子间缩合前先被乙酸酐酰化。

（2）根据经验，反应液的 pH 值最好控制在 3.5～4.5 之间。若 pH 值过低，产物对硝基-α-乙酰氨基苯乙酮（**9-14**）在酸作用下会进一步环合为噁唑类化合物；若 pH 值过高，不仅对硝基-α-氨基苯乙酮会如前所述发生分子间缩合和进一步被氧化为吡嗪类化合物，对硝基-α-乙酰氨基苯乙酮（**9-14**）也会发生双分子缩合而生成吡咯类化合物（图 9-25）。

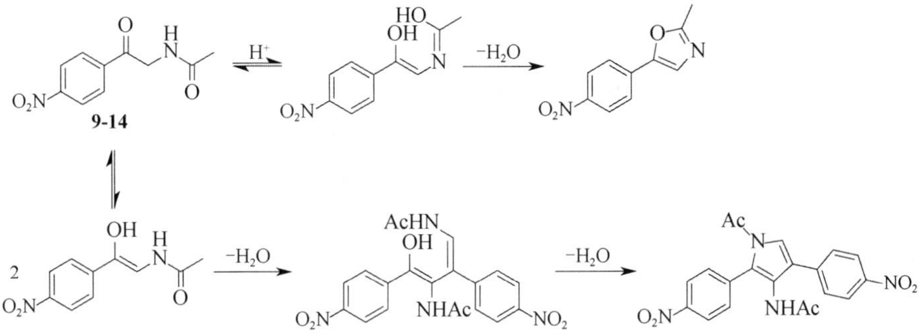

图 9-25　对硝基-α-乙酰氨基苯乙酮的副反应

六、对硝基-α-乙酰氨基-β-羟基苯丙酮的制备

1. 工艺原理

在碱催化剂的作用下，对硝基-α-乙酰氨基苯乙酮（**9-14**）可与甲醛发生羟醛缩合反应，生成对硝基-α-乙酰氨基-β-羟基苯丙酮（**9-15**，图 9-26）。同时，本反应引入了氯霉素（**9-1**）的第一个手性中心，但由于反应过程中没有任何手性诱导，因此所得产物为一对外消旋体。

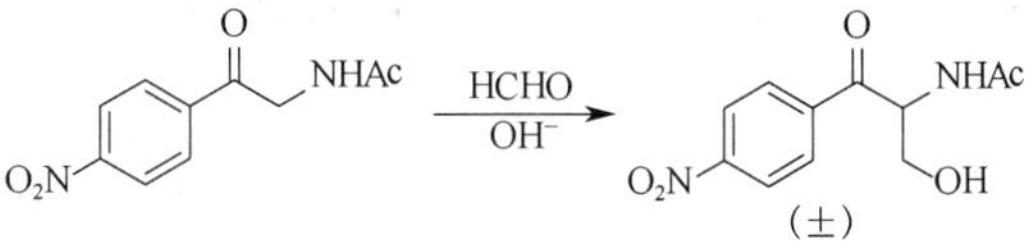

图 9-26　对硝基-α-乙酰氨基-β-羟基苯丙酮的制备

2. 工艺流程框图

对硝基-α-乙酰氨基-β-羟基苯丙酮（**9-15**）的制备工艺流程框图见图 9-27。

3. 工艺过程

首先，将对硝基-α-乙酰氨基苯乙酮（**9-14**）加水搅拌成糊状，测定其 pH 值应为 7。随后，将甲醇加入反应罐内，升温至 28～33℃，搅拌下加入甲醛溶液后，再加入对硝基-α-乙酰氨基苯乙酮（**9-14**）和碳酸氢钠，测定反应混合物 pH 值（pH 值应为 7.5）。随着反应的

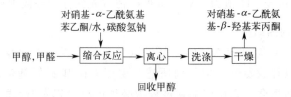

图 9-27　对硝基-α-乙酰氨基-β-羟基苯丙酮的制备工艺流程框图

进行，体系放热，温度逐渐上升。此时，可不断取出反应液置于玻片后用显微镜观察，可以看到对硝基-α-乙酰氨基苯乙酮（**9-14**）的针状结晶不断减少，而对硝基-α-乙酰氨基-β-羟基苯丙酮（**9-15**）的长方柱状结晶不断增多。当确认针状结晶全部消失后，即为反应终点。反应完毕后，降温至 $0\sim5℃$，离心过滤，滤液中可回收甲醇。产物经洗涤、干燥至含水量低于 0.2% 后，送至下一步还原工序。

4. 工艺条件及影响因素

（1）酸碱度对反应的影响。由于本反应属于羟醛缩合反应，因此需要控制好反应体系的 pH 值。根据经验，反应液 pH 值在 $7.5\sim8.0$ 为最佳（如上一步反应未将生成的乙酸彻底除去，可适当补加一些碱，使反应体系呈弱碱性）。若 pH 值过低，反应速率很慢，甚至反应难以进行；若 pH 值过高，反应所得产物易继续与甲醛发生羟醛缩合，形成双羟基化合物（**9-37**，图 9-28）。

图 9-28　对硝基-α-乙酰氨基-β-羟基苯丙酮的副反应

（2）温度对反应的影响。反应中，应适当控制反应温度。如反应温度过高，甲醛容易挥发；若过低，甲醛容易聚合，而聚合的甲醛需要解聚后方能参加反应，其结果会大大影响羟醛缩合的反应速率和时间。

七、DL-苏型-1-对硝基苯基-2-氨基-1,3-丙二醇的制备

1. 工艺原理

DL-苏型-1-对硝基苯基-2-氨基-1,3-丙二醇（**9-17**）的制备工序分为四个阶段：①异丙醇铝的制备；②通过六元环过渡态，羰基被还原为羟基；③水解，脱去氨基的乙酰基保护；④氨基游离（图 9-29）。

羰基还原为羟基的方法很多，但多数情况下其过程立体选择性较差，有时会将羰基与硝基一同还原。本反应根据对硝基-α-乙酰氨基-β-羟基苯丙酮（**9-15**）的结构特点，采用了异丙醇铝/异丙醇体系还原法（Meerwein-Ponndorf-Verley 还原法），单一还原底物（**9-15**）中的羰基，并使产物主要形成苏型立体异构体。

还原过程中，异丙醇铝的铝原子脱去一分子异丙醇后与 C1 的羰基和 C3 的羟基配位，形成一种六元环结构的过渡态，从而使可以自由旋转的 C1 与 C2 之间的碳-碳键得以固定。同时，由于 C2 所连乙酰氨基的位阻效应，使得异丙氧基的氢原子向 C1 转移时，优先选择

从位阻较小的一面进攻，使所得产物主要为苏型异构体（图 9-30）。

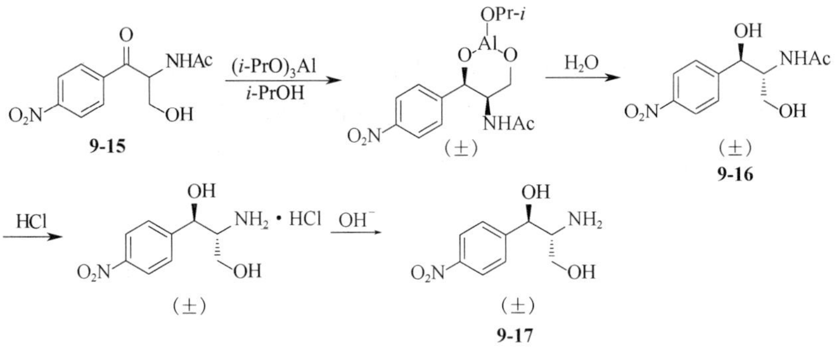

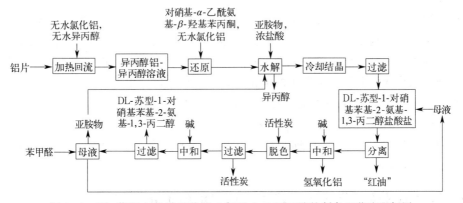

图 9-29　DL-苏型-1-对硝基苯基-2-氨基-1,3-丙二醇的制备

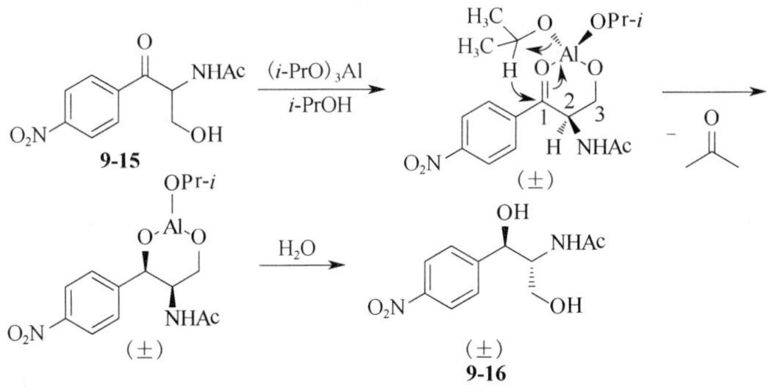

图 9-30　对硝基-α-乙酰氨基-β-羟基苯丙酮的还原过程

2. 工艺流程框图

DL-苏型-1-对硝基苯基-2-氨基-1,3-丙二醇（**9-17**）的制备工艺流程框图见图 9-31。

图 9-31　DL-苏型 1 对硝基苯基-2-氨基-1,3-丙二醇的制备工艺流程框图

3. 工艺过程

（1）异丙醇铝的制备。将洁净干净的铝片加入干燥的反应罐内，再加入少许无水氯化铝及无水异丙醇，升温使反应液回流。此时由于反应释放大量热量和氢气，反应温度可达

110℃，并产生回流。待回流缓和后，缓缓加入剩余异丙醇，并保持反应体系回流。异丙醇加入完毕后，加热回流至铝片全部溶解且反应不再放出氢气为止。稍冷后，将制得的异丙醇铝-异丙醇溶液转入还原反应罐中。

（2）还原反应。将还原反应罐内溶液温度降至 35～37℃，加入无水氯化铝，升温至 45℃左右反应 0.5h，使部分异丙醇铝转变为氯代异丙醇铝。然后向还原反应罐中加入对硝基-α-乙酰氨基-β-羟基苯丙酮（**9-15**），并于 60～62℃下反应 4h。

（3）酸式水解。还原反应结束后，将反应物转至已加入水及少量盐酸的水解罐中，在搅拌下将异丙醇蒸出后，稍冷，加入上一批次的"亚胺物"及浓盐酸并升温至 76～80℃。在反应的同时，减压回收异丙醇。1h 左右后，将反应物冷却至 30℃，使 DL-苏型-1-对硝基苯基-2-氨基-1,3-丙二醇（**9-17**）的盐酸盐结晶析出后过滤。

（4）氨基游离。将过滤所得 DL-苏型-1-对硝基苯基-2-氨基-1,3-丙二醇（**9-17**）的盐酸盐加母液溶解，分离除去上层红棕色油状物（俗称"红油"），加碱调节溶液 pH 值为 7.0～7.8，使铝盐变为氢氧化铝析出。过滤，滤液加入活性炭于 50℃下脱色，再一次过滤除去活性炭后，滤液加碱调节 pH 值为 9.5～10，使 DL-苏型-1-对硝基苯基-2-氨基-1,3-丙二醇（**9-17**）缓慢析出。将反应混合物冷至 0℃后过滤，过滤所得产物可直接用于下一步拆分而无需干燥。滤液一部分可作为母液套用于溶解 DL-苏型-1-对硝基苯基-2-氨基-1,3-丙二醇（**9-17**）的盐酸盐；另一部分可加入苯甲醛，使其中所含 DL-苏型-1-对硝基苯基-2-氨基-1,3-丙二醇（**9-17**）与苯甲醛反应生成席夫碱（或称"亚胺物"），过滤后用于下一批次的盐酸盐水解工序，以提高收率。

4. 工艺条件及影响因素

（1）水分对反应的影响。由于异丙醇铝为活泼的烷基金属化合物，遇水容易分解，故其制备及相应的还原反应必须在无水的条件下进行，所用异丙醇的含水量应在 0.2% 以下。实验证明，其他条件不变时，若异丙醇含水量从 0.1% 上升至 0.5%，还原反应收率下降 6%～8%；若含水量再增高，还原反应不发生。

（2）异丙醇铝的制备对反应的影响。①制备异丙醇铝时，加入少量无水氯化铝作为催化剂可促使反应迅速开始。②在制备异丙醇铝时，由于金属铝中含有其他杂质，反应液灰色浑浊。虽然可通过减压蒸馏得到异丙醇铝纯品，但实践证明含微量杂质的异丙醇铝-异丙醇溶液的还原效果更好，故生产中无需对制备的异丙醇铝进行精制。③研究发现，在制备完成的异丙醇铝中加入一定量氯化铝时，二者可相互作用生成氯代异丙醇铝。由于氯原子电负性较强，其可增强氯代异丙醇铝中铝原子的电正性，促使还原反应更有效进行。

（3）异丙醇用量对反应的影响。对于 Meerwein-Ponndorf-Verley 还原法，该反应是可逆的，即异丙醇铝的异丙氧基可被氧化成丙酮，丙酮亦可在相同环境下发生 Oppenauer 氧化而转化为异丙醇。因此，异丙醇应大大过量，除了可以作为溶剂使用外，可以抑制 Oppenauer 氧化的发生。

八、DL-苏型-1-对硝基苯基-2-氨基-1,3-丙二醇的拆分

1. 工艺原理

DL-苏型-1-对硝基苯基-2-氨基-1,3-丙二醇（**9-17**）的拆分主要有两种方法（图 9-32）：

第一种方法是以 L-酒石酸为拆分试剂，通过其与 DL-苏型-1-对硝基苯基-2-氨基-1,3-丙二醇（**9-17**）的外消旋体形成的一组非对映异构体在甲醇中的溶解度差异进行拆分。这种方

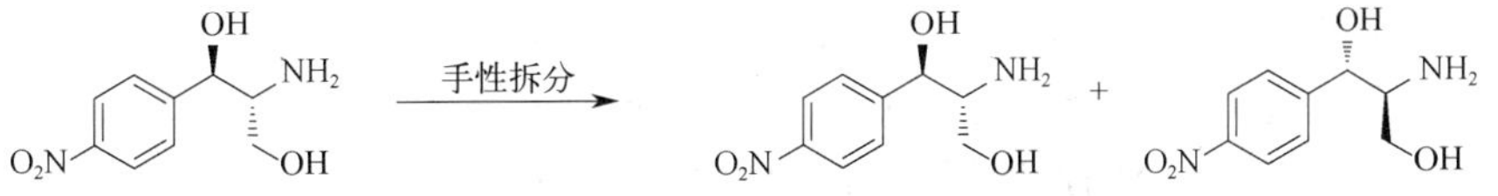

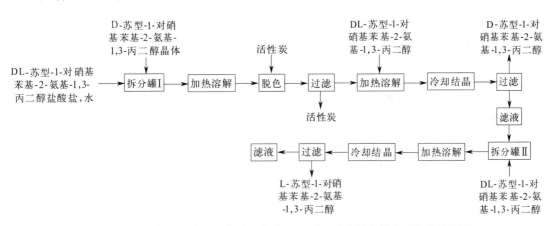

图 9-32　DL-苏型-1-对硝基苯基-2-氨基-1,3-丙二醇的拆分

法的特点是拆分所得 D-苏型-1-对硝基苯基-2-氨基-1,3-丙二醇（**9-18**）光学纯度高，但缺点是生产成本较高。

　　第二种方法是采用结晶拆分法，其具体操作为：在 DL-苏型-1-对硝基苯基-2-氨基-1,3-丙二醇（**9-17**）的外消旋体饱和水溶液中加入任何一种光学纯的单一异构体结晶作为晶种，溶液中便生长并析出与此种单一异构体相同的结晶，迅速过滤后可得外消旋体中的一种异构体；再向剩余溶液中加入 DL-苏型-1-对硝基苯基-2-氨基-1,3-丙二醇（**9-17**）外消旋体形成适当的过饱和溶液，则另一种单一异构体便会结晶析出。如此循环，可多次拆分。这种方法的特点是原料损耗少、设备简单、成本低廉；但缺点是拆分所得 D-苏型-1-对硝基苯基-2-氨基-1,3-丙二醇（**9-18**）的光学纯度较低，需进一步精制，且工艺条件的控制要求精度较高。

2. 工艺流程框图

　　DL-苏型-1-对硝基苯基-2-氨基-1,3-丙二醇（**9-17**）的结晶拆分工艺流程框图见图 9-33。

图 9-33　DL-苏型-1-对硝基苯基-2-氨基-1,3-丙二醇的结晶拆分工艺流程框图

3. 工艺过程（以结晶拆分法为例）

　　根据确定的比例将水、DL-苏型-1-对硝基苯基-2-氨基-1,3-丙二醇（**9-17**）的盐酸盐及 D-苏型-1-对硝基苯基-2-氨基-1,3-丙二醇（**9-18**）加入拆分罐，升温至 50～55℃，待固体全溶后，加入活性炭脱色。过滤除去活性炭，化验滤液中的总胺、游离胺及旋光含量，符合要求后，加入 DL-苏型-1-对硝基苯基-2-氨基-1,3-丙二醇（**9-17**），加入量为 D-苏型-1-对硝基苯基-2-氨基-1,3-丙二醇（**9-18**）的 2 倍，在一定真空条件（$2.1×10^4$Pa，160mmHg）下加热搅拌，升温至全溶（约在 60～65℃），保温蒸发水分，然后逐渐冷却使 D-苏型-1-对硝基苯基-2-氨基-1,3-丙二醇（**9-18**）析出。冷至 35℃后，停止减压及冷却，过滤。滤出的 D-苏型-1-对硝基苯基-2-氨基-1,3-丙二醇（**9-18**）用热水洗涤，收率约为投入 D-苏型-1-对硝基苯

基-2-氨基-1,3-丙二醇（**9-18**）的 2 倍。

合并后的洗液与滤液加入拆分罐内，再次加入 DL-苏型-1-对硝基苯基-2-氨基-1,3-丙二醇（**9-17**），重复上述操作。由于合并的洗液与滤液中 L-苏型-1-对硝基苯基-2-氨基-1,3-丙二醇的含量更高，此步拆分的产物为 L-苏型异构体（**9-38**）。

将过滤收集 L-苏型异构体后的洗液与滤液合并，再次加入 DL-苏型-1-对硝基苯基-2-氨基-1,3-丙二醇（**9-17**），继续重复以上操作，可以交替得到 D-苏型异构体（**9-18**）和 L-苏型异构体（**9-38**）。当拆分重复至一定次数后，拆分所得产物质量不易合格，且母液脱色和调整配比无效时，可从该母液中回收 DL-苏型-1-对硝基苯基-2-氨基-1,3-丙二醇（**9-17**）的盐酸盐。该盐酸盐通过脱色、碱化后，得到的 DL-苏型-1-对硝基苯基-2-氨基-1,3-丙二醇（**9-17**）可回收套用。

4. 工艺条件及影响因素

（1）DL-苏型-1-对硝基苯基-2-氨基-1,3-丙二醇（**9-17**）与其盐酸盐的配比对拆分的影响。游离的 DL-苏型-1-对硝基苯基-2-氨基-1,3-丙二醇（**9-17**）在水中溶解度较小，故生产上采用了使其一部分转化为盐酸盐的方法。DL-苏型-1-对硝基苯基-2-氨基-1,3-丙二醇（**9-17**）与 HCl 的摩尔比在 1.0∶(0.6～0.85)的范围内均可拆分。DL-苏型-1-对硝基苯基-2-氨基-1,3-丙二醇（**9-17**）的盐酸盐所占的比例越大，每次拆分所得的 D-苏型异构体（**9-18**）或 L-苏型异构体（**9-38**）越少；若其所占比例过小，则单位容积拆分效率过低。

（2）DL-苏型-1-对硝基苯基-2-氨基-1,3-丙二醇（**9-17**）与加入晶种的配比对拆分的影响。一般情况下，加入的晶种量越多，诱导出的单一异构体反而越少。

九、氯霉素的制备

1. 工艺原理

本反应是 D-苏型-1-对硝基苯基-2-氨基-1,3-丙二醇（**9-18**）与二氯乙酸甲酯之间发生的酰胺化反应（图 9-34）。

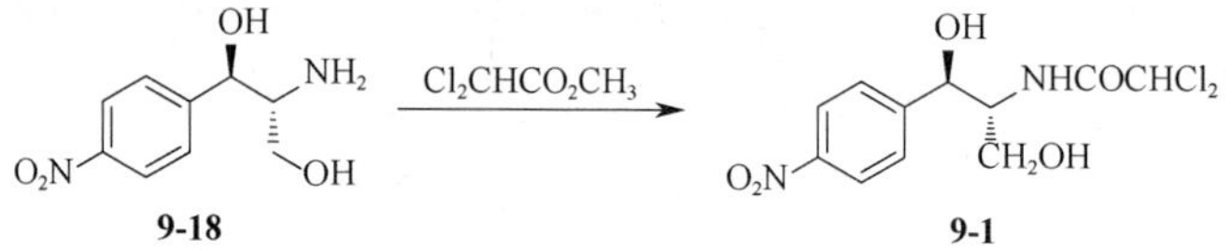

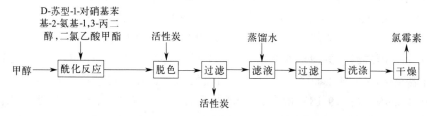

图 9-34　氯霉素的制备

2. 工艺流程框图

氯霉素（**9-1**）的制备工艺流程框图见图 9-35。

图 9-35　氯霉素的制备工艺流程框图

3. 工艺过程

将甲醇（含水量在 0.5% 以下）加入干燥的反应罐内，搅拌下加入二氯乙酸甲酯和 D-苏型-1-对硝基苯基-2-氨基-1,3-丙二醇（**9-18**），于 65℃ 左右反应 1h 后，加入活性炭脱色。过滤除去活性炭，搅拌下向滤液中加入蒸馏水使氯霉素析出。将所得混合物冷至 15℃ 后过滤，所得氯霉素经洗涤、干燥后即为成品。

4. 工艺条件及影响因素

（1）水分对反应的影响。本反应须在无水条件下进行，否则二氯乙酸甲酯易水解，所生成的二氯甲酸可与 D-苏型-1-对硝基苯基-2-氨基-1,3-丙二醇（**9-18**）成盐，影响反应进行。

（2）配比对反应的影响。二氯乙酸甲酯的用量应略高于理论量，以保证反应的完全。

十、副产物的综合利用与废水处理

以乙苯（**9-9**）为原料制备氯霉素（**9-1**）的方法虽然具有原料便宜易得、各步反应收率较高且操作较简便等优点，但合成步骤长，所需的原辅料多，生产所产生的副产物和"三废"也比较多。本节将对这些副产物和"三废"如何进行有效的利用和治理做一些简要介绍。

1. 副产物的综合利用

（1）邻硝基乙苯（**9-30**）的利用。邻硝基乙苯（**9-30**）是氯霉素（**9-1**）合成的第一步反应副产物，其生成量与该步目标产物对硝基乙苯（**9-10**）几乎相等。因此，邻硝基乙苯（**9-30**）作为副产物产量很大，需对其进行有效利用。其中一种方式是将其作为起始原料用于制备除草剂——杀草安（**9-39**，图 9-36）。

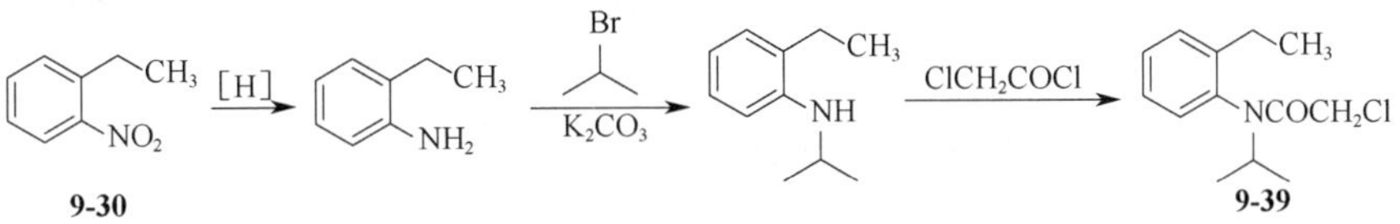

图 9-36　杀草安的制备

20 世纪 80 年代，武汉制药厂利用生产氯霉素得到的邻硝基乙苯（**9-30**），开发了将其转化成为 L-色氨酸（**9-40**）的工艺路线（如图 9-37 所示）。邻硝基乙苯（**9-30**）经还原、闭环生成吲哚（**9-41**）后，依次与甲醛、二甲胺缩合得到 3-二甲氨甲基吲哚（**9-42**），随后经氨基取代、水解、酸化脱羧后得到外消旋 DL-乙酰色氨酸（**9-43**）。最后用固定化 α-氨基酰化酶进行拆分水解制得 L-色氨酸（**9-40**）。

（2）L-苏型-1-对硝基苯基-2-氨基-1,3-丙二醇（**9-38**）的利用。L-苏型-1-对硝基苯基-2-氨基-1,3-丙二醇（**9-38**）作为 DL-苏型-1-对硝基苯基-2-氨基-1,3-丙二醇（**9-17**）的拆分副产物，产出量也很大，同样需要进行有效利用。L-苏型-1-对硝基苯基-2-氨基-1,3-丙二醇（**9-38**）可以采用以下方式进行综合利用：

① 制备对硝基苯甲酸（**9-32**，图 9-38）。

② 将 L-苏型-1-对硝基苯基-2-氨基-1,3-丙二醇（**9-38**）进行酰化、氧化、水解处理后，再进行消旋化可得对硝基-α-乙酰氨基-β-羟基苯丙酮（**9-15**，图 9-39），进而进行回收套用于制备 DL-苏型-1-对硝基苯基-2-氨基-1,3-丙二醇（**9-17**）。

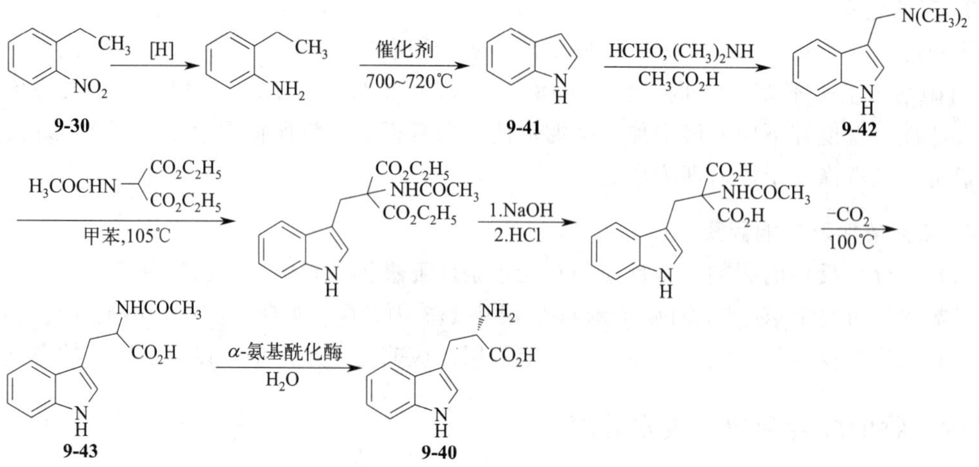

图 9-37　邻硝基乙苯制备 L-色氨酸的反应路线

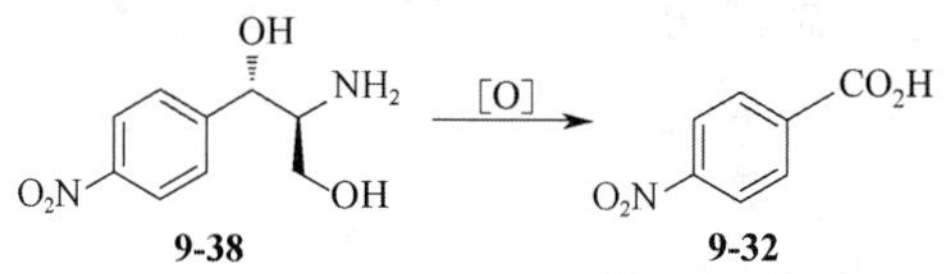

图 9-38　L-苏型-1-对硝基苯基-2-氨基-1,3-丙二醇制备对硝基苯甲酸

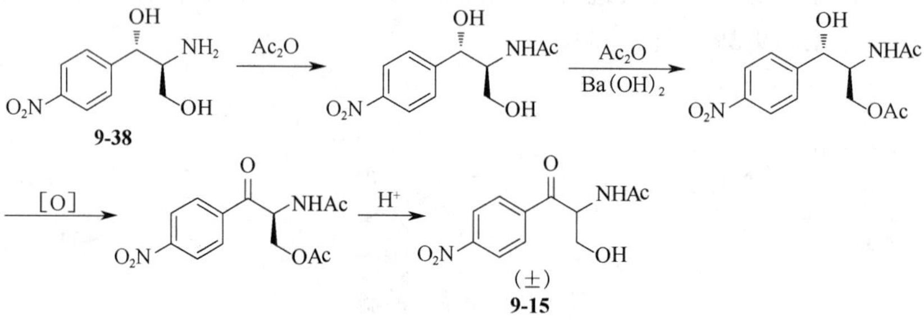

图 9-39　L-苏型-1-对硝基苯基-2-氨基-1，3-丙二醇的转化回收

2. 废水处理

氯霉素（**9-1**）的生产会产生各种大量的工业废水，其中含有多种中间体及各种杂质，成分复杂，直接排放会对环境造成严重污染。实验发现，这些废水可经生物氧化法处理后，结合物理化学法，采用新型吸附材料进行处理，使处理后的废水达到排放标准。

此外，部分反应溶剂可回收套用，如溴化工序及后续制备对硝基-α-氨基苯乙酮盐酸盐（**9-13**）中使用的氯苯经回收处理后纯度可达 98％以上。

阅读材料

不平凡之路——氯霉素的开发历程

"雄赳赳，气昂昂，跨过鸭绿江⋯⋯"这是中国人民志愿军军歌。在那场艰苦卓绝的战争中，中国军队几乎是凭借血肉之躯在与武装到牙齿的美军作战。当时，最有效的抗感染药物（主要是伤寒杆菌）是氯霉素，中国没有能力生产。

新中国成立之初，百废待兴。中国医药工业的基础非常薄弱，大部分药品依赖进口。中国要想得到氯霉素，只有一条路——自力更生，而沈家祥是当时最合适的带头人。沈家祥不仅拥有在英国伦敦大学留学获得的药物化学博士学位，而且还经常利用假期深入工厂实习和了解生产工艺过程。在掌握制药科技前沿知识的同时，积累了丰富的一线生产经验。更重要的是，他具有合成氯霉素的经验。

沈家祥回国后，被分配到大连科学研究所（即今天的中国科学院大连化学物理研究所）工作。在选择科研课题时，他从防治严重危害人民健康的疾病需要出发，选择了氯霉素的化学合成为主要研究课题。在当时极其有限的实验条件下，他与同事摸索和比较了不同的合成路线，最后利用库房里仅存的一小瓶日伪时期遗留下来的对硝基甲苯为起始原料，在不到一年的时间里完成了十余步反应，打通了氯霉素外消旋体的合成路线，这在20世纪50年代初期可以说是一项突破。

1952年3月，沈家祥被调到沈阳东北化学制药厂（即后来的东北制药总厂）工作，接受了发展氯霉素工业生产的任务。新中国成立初期，我国面临最大的问题是西方实施的封锁禁运，一切化工原料和试剂供应都必须立足于国内。而那时鞍钢刚恢复生产不久，炼焦厂的分馏设备尚未全部就绪，只能供应苯而不能供应甲苯。另外，从对硝基甲苯出发的路线也过于烦琐。在此情况下，沈家祥和工厂研究室主任郭丰文一起，大胆制订了通过对硝基乙苯合成关键中间体对硝基苯乙酮的方案。他组织了一个30人的实验队伍，开始了夜以继日的工作。他们通过苯和乙烯制备乙苯，而乙烯是通过乙醇脱水获得。沈家祥自己指导工人做催化剂，自己设计催化用的管状电炉。乙苯硝化后分离邻位和对位硝基乙苯所用的减压分馏全套装置也是沈家祥设计并绘图交工厂制作。在进行对硝基乙苯氧化为对硝基苯乙酮的实验时，第一次放大分馏硝基乙苯便发生了爆炸。通过分析研究，大家认为硝化过程中产生的酚类副产物是引起爆炸的原因，于是在蒸馏前增加了碱水洗涤的措施，很快解决了问题。为解决对硝基乙苯的氧化，他们同时从两个方面着手：一是用氧气（或空气）进行催化氧化。这个方法文献虽有少量报道，但转化率和收率都很低，又有着火爆炸的危险。二是通过化学氧化进行。工厂研究室的李承祯、汤斐烈等参考了类似的反应，经过多次实验发现，用高锰酸钾在中性条件下氧化对硝基乙苯，能得到满意收率的对硝基苯乙酮。从1952年4月份开始，沈家祥等研究人员仅用了4个月的时间，便成功完成了这条以乙苯为原料的新工艺路线，得到了外消旋体氯霉素样品，为下一步氯霉素的顺利投产奠定了基础。由于战场的紧急需要，他们没有等待光学异构体分拆工艺的成熟，决定以外消旋体（疗效为氯霉素的一半）先行投产，定名为"合霉素"。接着，沈家祥负责了年产6t的车间设计和施工，并于1955年4月正式投产。

从原料制备开始，到开发全新的生产工艺路线（包括建立全新的氧化反应），最后到车间投产，整个历程不过3年时间。之所以取得这样的成绩，应该说是以沈家祥为代表的一批科研人员苦干、实干、巧干的结果。1955年夏天，沈家祥对氯霉素的合成工艺又进行了一次卓有成效的改造。经过对催化剂的系统筛选和对反应条件的细致观察，发现了以碳酸钙为载体的醋酸锰能有效地催化和控制反应，使反应进行到对硝基乙酮含量达62%，然后结晶析出，从而完成了氧气氧化法制备对硝基苯乙酮工艺的发明。随后，他又完成了还原、水解等重大技术革新和对映异构体的拆分，使氯霉素的生产工艺得到极大改善。

　　沈家祥和同事们开发的氯霉素生产新流程（包括后来操作上的改进和提高）经受住多年的时间考验，一直是世界上最有竞争力的生产流程之一。氯霉素也是中国科学院成立后向工业推广的第一个研究成果。

 思考题

1. 以对硝基苯甲醛和甘氨酸为原料制备氯霉素的方法（图9-5）中，为何第一步反应得到的产物几乎都是苏型结构？
2. 以乙苯为原料制备氯霉素的方法（图9-8）中，为何第一步反应（即乙苯的硝化反应）结束后，用碱液洗涤反应液的目的是什么？
3. 以乙苯为原料制备氯霉素的方法（图9-8）中，氯霉素分子中的两个手性中心分别采用了何种方法进行构建？
4. 请综合评价本章第三节所介绍的氯霉素合成工艺的优缺点。

参考文献

［1］　张公正，李云政.L-苏型-1-(对硝基苯基)-2-氨基-1,3-丙二醇的消旋工艺研究.中国医药工业杂志，1994(1)：34-35.
［2］　武汉制药厂研究室.利用氯霉素副产物邻硝基乙苯合成 L-色氨酸.氨基酸和生物资源，1984(1)：53.
［3］　雷金铃，李洲.氯霉素生产废液中回收氯苯（含对硝基苯乙酮）及甲醛缩二乙醇的工艺研究.中国医药工业杂志，2001，32(3)：136-138.
［4］　王凯还，杨增军，王琦，等.乙苯合成氯霉素方法探讨.科技致富向导，2015(4)：49，202.

第十章

奥美拉唑生产工艺

本章学习要求

1. 了解：奥美拉唑的分子结构特点和药用价值。
2. 熟悉：奥美拉唑的生产工艺原理及过程。
3. 掌握：奥美拉唑生产工艺路线的设计与评价。

第一节　概述

奥美拉唑（Omeprazole，**10-1**，图 10-1），化学名称为 5-甲氧基-2-{[（4-甲氧基-3,5-二甲基-2-吡啶基）甲基]亚磺酰基}-1*H*-苯并咪唑{5-methoxy-2-[（4-methoxy-3,5-dimethylpyridin-2-yl）methylsulfinyl]-1*H*-benzimidazole}，为白色或类白色结晶状粉末，无臭，遇光易变色，熔点为 156℃。奥美拉唑（**10-1**）在二氯甲烷中易溶，在水、甲醇或乙醇中微溶，几乎不溶于乙腈和乙酸乙酯。

奥美拉唑（**10-1**）是第一个上市的质子泵抑制剂，能特异性作用于胃壁细胞膜中的 H^+/K^+-ATP 酶（质子泵），从而阻断胃酸分泌的终端步骤，有效抑制胃酸的分泌。在治疗消化道溃疡方面，比受体拮抗剂如西咪替丁和雷尼替丁的作用更好，具有迅速缓解疼痛、疗程短、病变愈合率高的优点。该药无严重副作用，耐受性良好，临床上广泛用于治疗与胃酸相关的疾病，如胃溃疡、十二指肠溃疡、反流性食管炎和卓-艾氏综合征等，是 20 世纪用于治疗消化性溃疡上具有里程碑意义的药物。

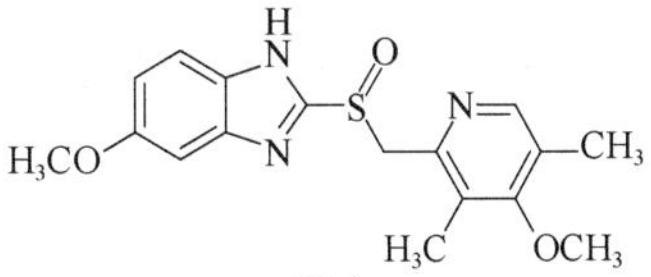

图 10-1　奥美拉唑分子结构式

奥美拉唑（**10-1**）由瑞典阿斯特拉（Astra）公司研制开发，商品名为洛赛克（Losec），于 1988 年首次上市，到 1992 年已有 65 个国家批准使用。1998 年，奥美拉唑（**10-1**）的销售额达 40.47 亿美元，并自该年起连续三年为全球最畅销药物。2000 年 10 月，奥美拉唑（**10-1**）化合物专利期满后，阿斯特拉（Astra）公司在其基础上推出了 *S*-对映异构体——埃索美拉唑（Esomeprazole，**10-2**，图 10-2，又称依索拉唑），商品名为耐信（Nexium）。埃索美拉唑（**10-2**）的适应证与奥美拉唑（**10-1**）基本相同，但作用效果更强，在控制胃酸水平、减轻疼痛症状和促进愈合方面更有效，成为药物开发领域的一个典范。

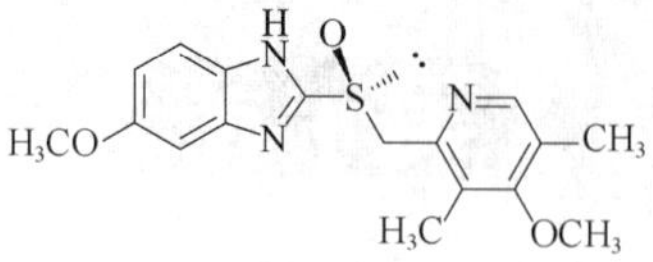

10-2

图 10-2　埃索美拉唑分子结构式

第二节　奥美拉唑合成工艺路线的设计与评价

一、分子结构的逆合成分析

第二章中，本书对奥美拉唑（**10-1**）的分子结构逆合成分析进行了阐述，将其结构主要分为苯并咪唑片段 **A** 和吡啶片段 **B** 经亚硫酰基连接而成（图 10-3）。

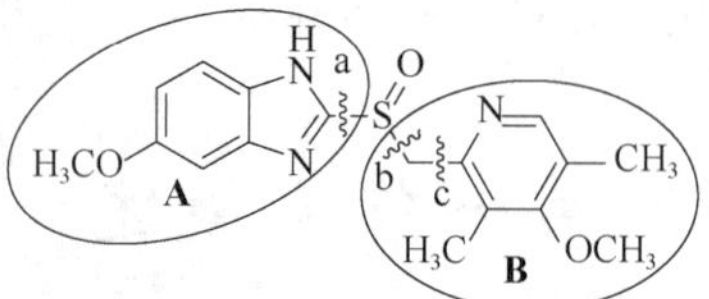

10-1

图 10-3　奥美拉唑的分子结构分析

对于苯并咪唑片段 **A** 和吡啶片段 **B** 的连接，如在 a 处连接，奥美拉唑（**10-1**）分子可分解为受电子合成子 2-氯-5-甲氧基苯并咪唑（**10-3**）和供电子合成子 4-甲氧基-3,5-二甲基-2-吡啶基甲硫醇（**10-4**）；如在 b 处连接，奥美拉唑（**10-1**）分子可分解为供电子合成子 5-甲氧基-1H-苯并咪唑-2-硫醇（**10-5**）和受电子合成子 2-氯甲基-3,5-二甲基-4-甲氧基吡啶（**10-6**）；如在 c 处连接，奥美拉唑（**10-1**）分子可分解为供电子合成子甲基亚磺酰基甲氧基苯并咪唑碱金属盐（**10-7**）和受电子合成子 4-甲氧基-3,5-二甲基吡啶（**10-8**）（图 10-4）。

此外，由于苯并咪唑片段 **A** 含有两个氮原子，人们研究了通过该杂环的合成进行奥美拉唑（**10-1**）制备的方式（切断方式 d，图 10-5）。

二、合成路线的设计与选择

1. 切断方式 a

根据逆合成分析，采用该种切断方式需首先分别制备 2-氯-5-甲氧基苯并咪唑（**10-3**）和 4-甲氧基-3,5-二甲基-2-吡啶基甲硫醇（**10-4**），二者反应生成硫醚（**10-11**）后，再通过氧化得到奥美拉唑（**10-1**，图 10-6）。

（1）2-氯-5-甲氧基苯并咪唑（**10-3**）的制备。以对甲基苯甲醚（**10-12**）为原料，经氨

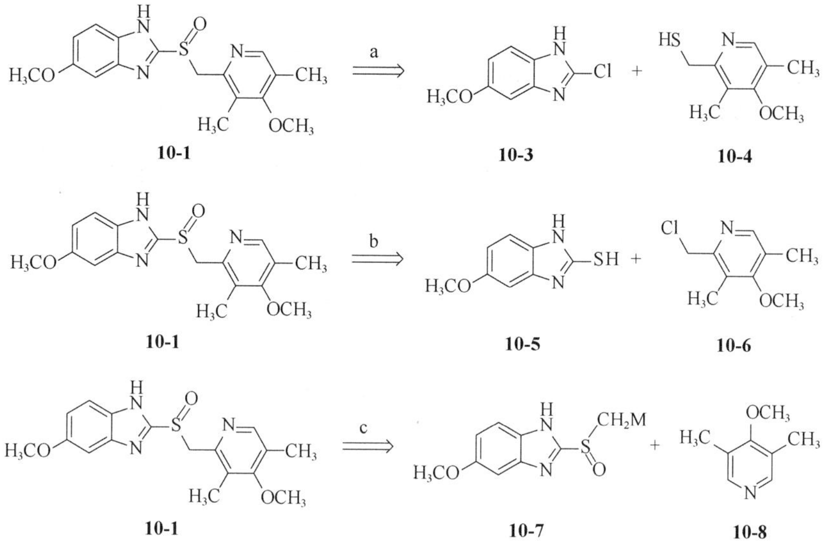

图 10-4　奥美拉唑的逆合成路线分析

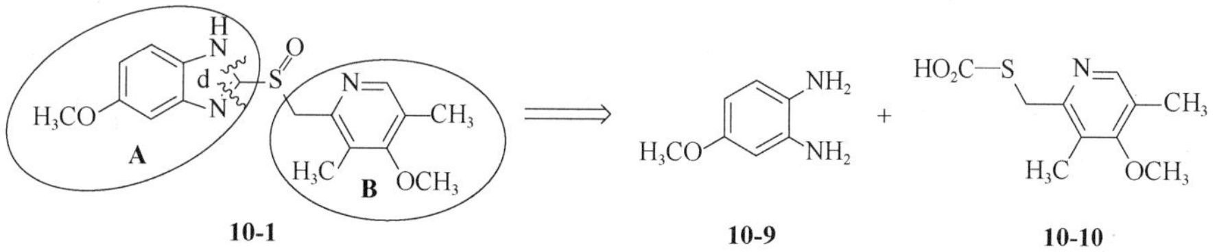

图 10-5　奥美拉唑的关环逆合成路线分析

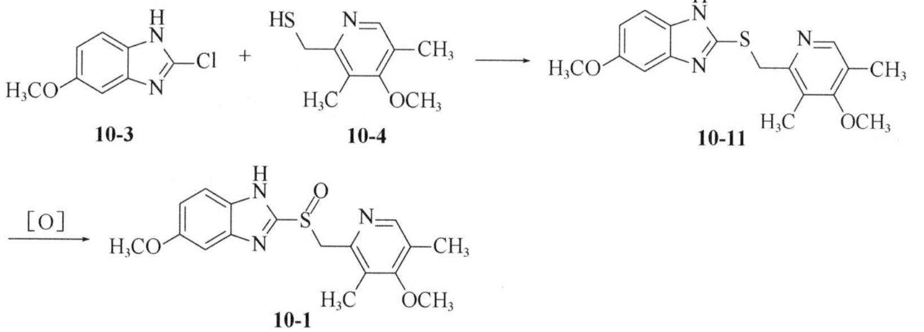

图 10-6　以氯代苯并咪唑和吡啶甲硫醇为原料合成奥美拉唑

基保护和硝化反应得到 4-甲氧基-2-硝基乙酰苯胺（**10-13**），脱去乙酰保护后得 4-甲氧基-2-硝基苯胺（**10-14**），再用 $SnCl_2/HCl$、Fe/HCl 或催化氢化法还原硝基后得到 4-甲氧基邻苯二胺（**10-9**）。最后，经过关环、氯代可制得 2-氯-5-甲氧基苯并咪唑（**10-3**，图 10-7）。

（2）4-甲氧基-3,5-二甲基-2-吡啶基甲硫醇（**10-4**）的制备。可利用 2-氯甲基-3,5-二甲基-4-甲氧基吡啶（**10-6**）与硫氢化钠反应制得（图 10-8）。

综合分析切断方式 a，可以发现两种核心原料 2-氯-5-甲氧基苯并咪唑（**10-3**）和 4-甲氧

197

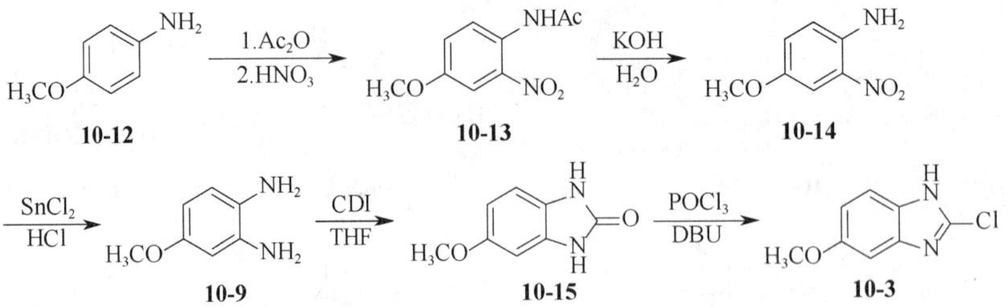

10-12　10-13　10-14　10-9　10-15　10-3

图 10-7　2-氯-5-甲氧基苯并咪唑的制备

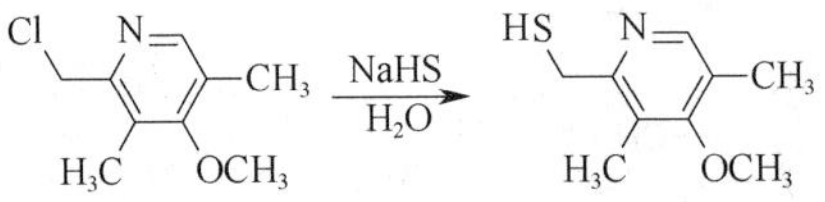

10-6　10-4

图 10-8　4-甲氧基-3,5-二甲基-2-吡啶基甲硫醇的制备

基-3,5-二甲基-2-吡啶基甲硫醇（**10-4**）的制备比较麻烦，且原料来源困难。如前者的制备需使用 N,N'-羰基二咪唑（CDI）进行关环反应，原子利用率低。此外，氯化反应时使用的1,8-二氮杂二环十一碳-7-烯（DBU）合成时需高压催化加氢，对反应设备要求较高。后者的制备需使用危险化学品硫氢化钠，且相比于切断方式 b，此步反应多余。因此，采用切断方式 a 的合成路线实用价值不大。

2. 切断方式 b

与切断方式 a 类似，本方法亦属于苯并咪唑片段 **A** 和吡啶片段 **B** 通过生成硫醚（**10-11**）后再氧化的连接（图 10-9），其关键中间体分别为 5-甲氧基-1H-苯并咪唑-2-硫醇（**10-5**）和 2-氯甲基-3,5-二甲基-4-甲氧基吡啶（**10-6**）。

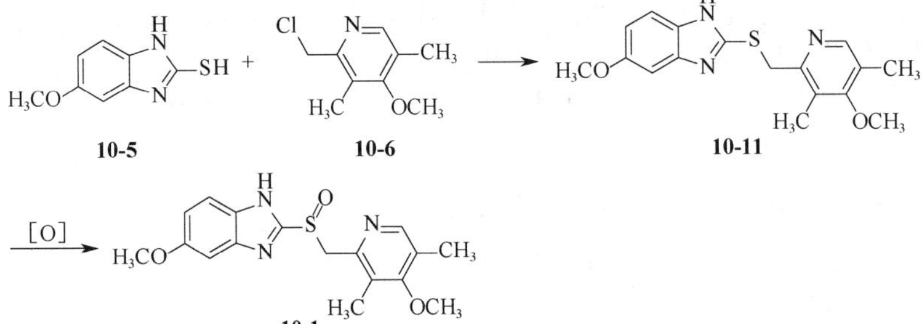

10-5　10-6　10-11　10-1

图 10-9　以苯并咪唑硫醇和氯甲基吡啶为原料合成奥美拉唑

（1）5-甲氧基-1H-苯并咪唑-2-硫醇（**10-5**）的制备。5-甲氧基-1H-苯并咪唑-2-硫醇（**10-5**）的制备有两种途径。

① 以对氨基苯甲醚（**10-12**）为原料，经过氨基的乙酰化保护和硝化反应得到 4-甲氧基-2-硝基乙酰苯胺（**10-13**），不进行脱乙酰基反应，而直接进行氨基还原将其转化为 2-氨基 4-甲氧基乙酰苯胺（**10-16**）。后者与异硫氰酸苯酯或异硫氰酸烯丙酯反应，再加热回流环合，

从而得到 5-甲氧基-1H-苯并咪唑-2-硫醇（**10-5**，图 10-10）。该方法从 2-氨基 4-甲氧基乙酰苯胺（**10-16**）到产物的两步反应收率可达 65%，但异硫氰酸酯的来源比较困难，从而限制了其在生产上的应用。

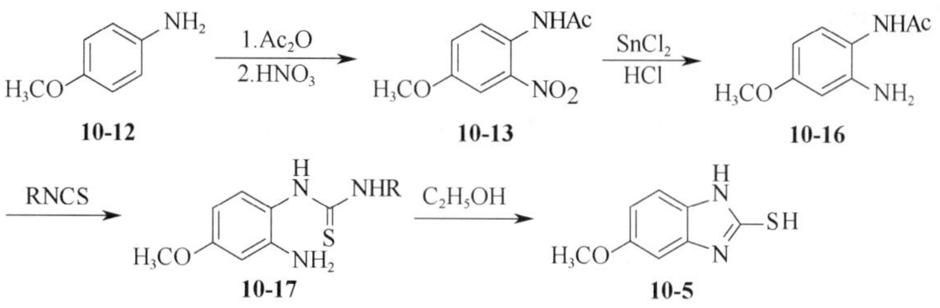

图 10-10　以异硫氰酸酯为硫源制备 5-甲氧基-1H-苯并咪唑-2-硫醇

② 以对氨基苯甲醚（**10-12**）为原料，经过与 2-氯-5-甲氧基苯并咪唑（**10-3**）合成类似的过程，将其转化为 4-甲氧基邻苯二胺（**10-9**）后，在 CS_2/KOH/EtOH 条件下关环得到 5-甲氧基-1H-苯并咪唑-2-硫醇（**10-5**）；或者所得 4-甲氧基邻苯二胺（**10-9**）不经纯化，直接与乙氧基黄原酸钾作用制得产物（图 10-11）。这种方法条件温和、工艺成熟，是国内厂家生产奥美拉唑（**10-1**）的主要方法。

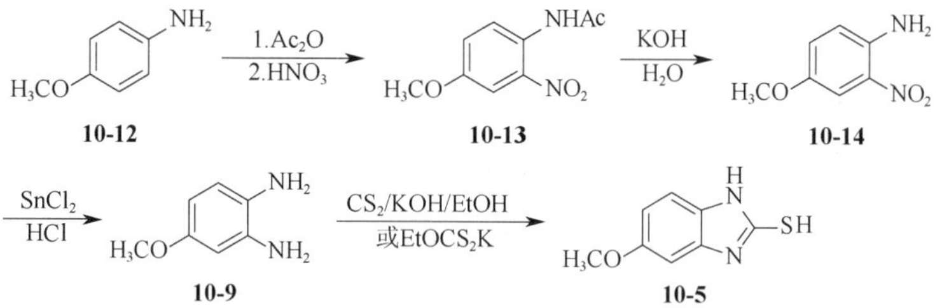

图 10-11　以二硫化碳为硫源制备 5-甲氧基-1H-苯并咪唑-2-硫醇

（2）2-氯甲基-3,5-二甲基-4-甲氧基吡啶（**10-6**）的制备。2-氯甲基-3,5-二甲基-4-甲氧基吡啶（**10-6**）的制备根据原料的不同，主要有两种方法。

① 以 3,5-二甲基吡啶（**10-18**）为原料，经氧化、硝化和醚化，生成 3,5-二甲基-4-甲氧基吡啶-N-氧化物（**10-19**）。在硫酸二甲酯和连二硫酸铵的作用下，该 N-氧化物（**10-19**）发生重排反应，得到 2-羟甲基-3,5-二甲基-4-甲氧基吡啶（**10-20**）。最后，经氯化亚砜作用发生氯化反应，得到 2-氯甲基-3,5-二甲基-4-甲氧基吡啶（**10-6**）的盐酸盐（图 10-12）。

这种方法曾在工业生产上广泛采用，但 3,5-二甲基-4-甲氧基吡啶-N-氧化物（**10-19**）重排生成 2-羟甲基-3,5-二甲基-4-甲氧基吡啶（**10-20**）的收率较低（仅为 40%），在 2,3,5-三甲基吡啶（**10-21**）的来源得到解决后，该路线被逐渐代替。

② 以 2,3,5-三甲基吡啶（**10-21**）为原料，经过与前述类似的氧化、硝化和醚化反应，得到 2,3,5-三甲基-4-甲氧基吡啶-N-氧化物（**10-24**）。在乙酸酐的作用下，该 N-氧化物（**10-22**）发生重排，生成 2-羟甲基-3,5-二甲基-4-甲氧基吡啶（**10-20**），后经氯化得到 2-氯甲基-3,5-二甲基-4-甲氧基吡啶（**10-6**）的盐酸盐（图 10-13）。目前，工业上主要采用此方

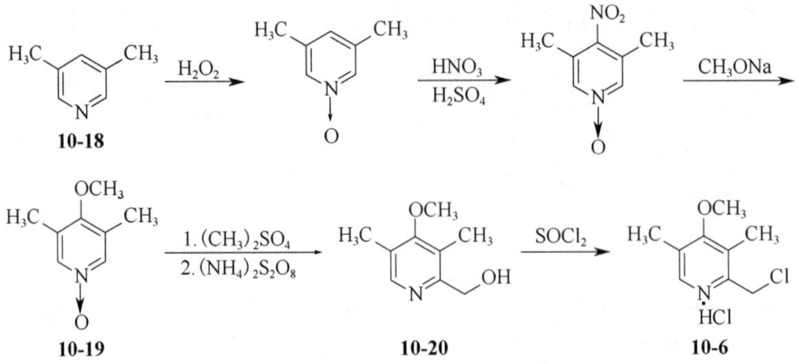

图 10-12　以 3,5-二甲基吡啶为原料制备 2-氯甲基-3,5-二甲基-4-甲氧基吡啶

法生产奥美拉唑（**10-1**）。

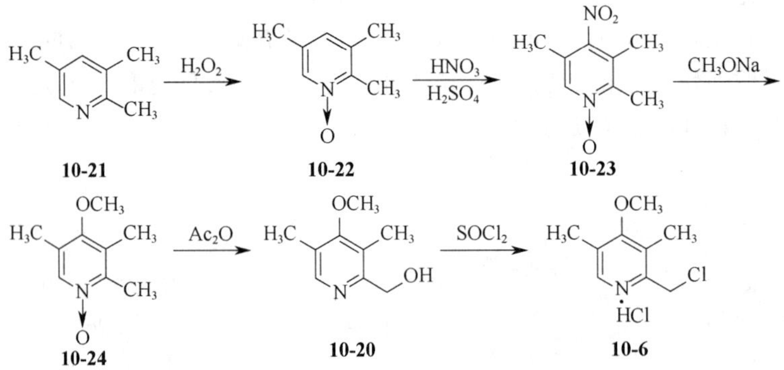

图 10-13　以 2,3,5-三甲基吡啶为原料制备 2-氯甲基-3,5-二甲基-4-甲氧基吡啶

3. 切断方式 c

该方法是在低温条件（－15℃）下，5-甲氧基-2-甲基亚磺酰基-1*H*-苯并咪唑（**10-25**）与丁基锂作用，所得锂盐（**10-26**）再与 1,4-二甲氧基-3,5-二甲基吡啶鎓盐（**10-27**）反应后得到奥美拉唑（**10-1**，图 10-14）。该方法需要使用丁基锂等危险的烷基金属试剂，且反应需在低温下进行，故在实际生产中具有很大困难。

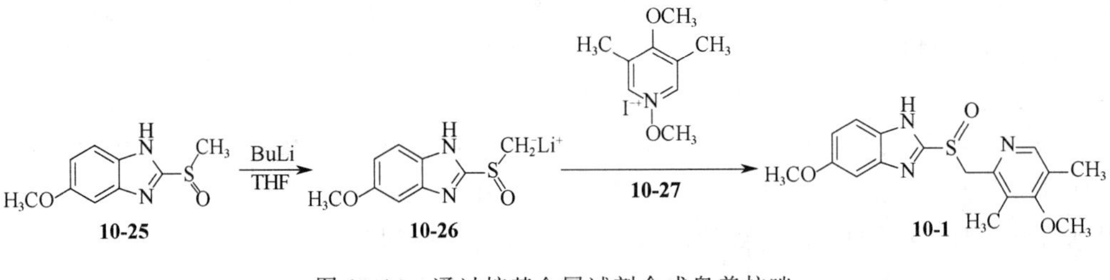

图 10-14　通过烷基金属试剂合成奥美拉唑

4. 切断方式 d

以对氨基苯甲醚（**10-12**）为原料，将其转化为 4-甲氧基邻苯二胺（**10-9**）后，再与 2-[(3,5-二甲基-4-甲氧基-2-吡啶基)甲硫基]甲酸（**10-10**）在酸性条件下完成咪唑环的环合，

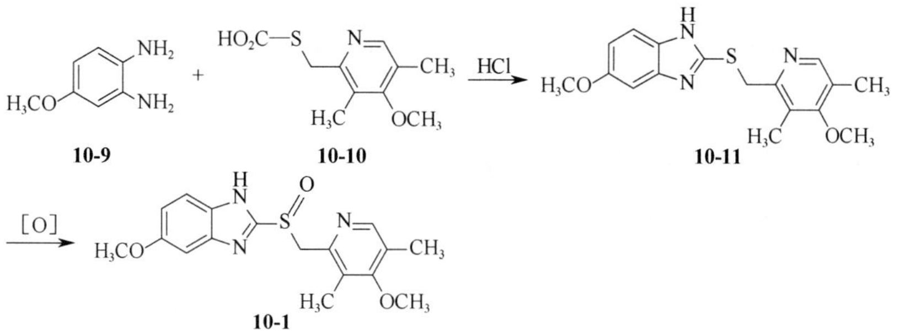

图 10-15　通过环合苯并咪唑制备奥美拉唑

最后通过氧化得到奥美拉唑（**10-1**，图 10-15）。该方法主要问题在于 2-[(3,5-二甲氧基-2-吡啶基)甲硫基]甲酸（**10-10**）的合成路线长，制备困难，故不利于放大生产。

经过以上的合成路线设计与评价，可以看出切断方式 b 为最佳路线，对应的两个关键中间体分别为 5-甲氧基-1*H*-苯并咪唑-2-硫醇（**10-5**）和 2-氯甲基-3,5-二甲基-4-甲氧基吡啶（**10-6**），可分别采用对氨基苯甲醚（**10-12**）和 2,3,5-三甲基吡啶（**10-21**）为原料（图 10-16）。

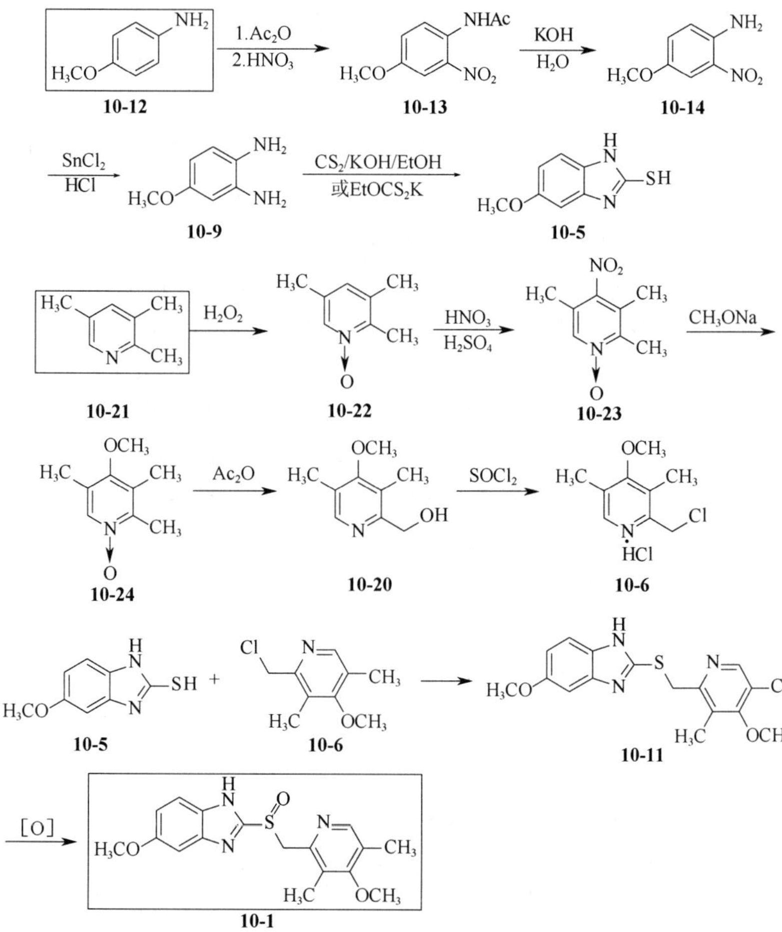

图 10-16　奥美拉唑的合成工艺路线

第三节 生产工艺原理及其过程

一、5-甲氧基-1*H*-苯并咪唑-2-硫醇的制备

1. 4-甲氧基-2-硝基乙酰苯胺（10-13）的制备

（1）工艺原理。本步反应采用了"一锅法"方式，以对氨基苯甲醚（**10-12**）为原料，经乙酰化保护和硝化反应，再通过结晶、抽滤、干燥等后处理操作制得 4-甲氧基-2-硝基乙酰苯胺（**10-13**，图 10-17）

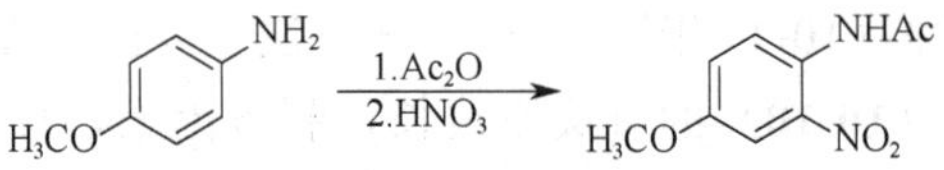

图 10-17　4-甲氧基-2-硝基乙酰苯胺的制备

硝化反应前，对氨基苯甲醚（**10-12**）的乙酰化保护目的主要为：首先，防止氧化反应的发生。因为芳伯胺容易发生氧化反应，而所用的硝酸除了可以作为硝化剂，还具有较强的氧化能力。其次，避免氨基在酸性条件下成为铵盐，因为铵盐具有强吸电子能力，会使氨基的芳环定位方式由邻/对位变为间位，同时减缓硝化反应速率。

芳环上的硝基取代反应在药物合成中十分常见，常见的硝化剂有硝酸、硝酸与浓硫酸混合液（混酸）、硝酸盐/硫酸和硝酸/乙酸酐等。本反应中采用了浓硝酸作为硝化剂。与混酸体系不同，硝酸作为硝化剂的活性物质不是硝基正离子（NO_2^+），而是亚硝基正离子（NO^+）。由于硝酸中存在痕量的亚硝酸，其所分解的亚硝基正离子（NO^+）受芳环的 π-电子云吸引，发生亲电取代反应后所生成的亚硝基化合物被硝酸进一步氧化成硝基化合物，同时又生成亚硝酸。因此，亚硝酸在反应中起到了催化剂的作用。硝酸作为硝化剂时，反应生成的水可使其稀释，从而减弱甚至使其失去硝化作用。因此，硝酸作为硝化剂只适用于高活性芳香族化合物的硝化。对于对氨基苯甲醚（**10-12**）乙酰化后的产物，其芳环中包含甲氧基（—OCH_3）和乙酰氨基（—NHAc）两种强供电子基团，芳环的电子云密度增高。芳环活性的增加有利于亲电取代反应的进行，故可采用硝酸作为硝化剂。此外，亚硝基正离子（NO^+）进入苯环的位置是由甲氧基（—OCH_3）和乙酰氨基（—NHAc）两个取代基共同作用决定的。这两个取代基均具有邻/对位定位能力，但乙酰氨基（—NHAc）的作用更强，故 4-甲氧基-2-硝基乙酰苯胺（**10-13**）是主要产物。

（2）工艺流程框图。4-甲氧基-2-硝基乙酰苯胺（**10-13**）的制备工艺流程框图见图 10-18。

图 10-18　4-甲氧基-2-硝基乙酰苯胺的制备工艺流程框图

（3）工艺过程。将对氨基苯甲醚（**10-12**）、冰醋酸和水按照一定比例在反应罐中混合，搅拌至溶解。加入碎冰，在 0～5℃下加入乙酸酐，搅拌下有结晶析出。冰浴冷却下，加入浓硝酸，在 60～65℃下保温 10min。冷却至 25℃后，结晶完全析出，抽滤，用冰水将晶体洗至中性，干燥，得黄色结晶状 4-甲氧基-2-硝基乙酰苯胺（**10-13**）。

（4）工艺条件及影响因素。

① 以乙酸酐作为酰化剂的芳伯胺乙酰化反应很快，要严格控制反应温度为 0～5℃。若温度过高，反应容易产生二乙酰化物。

② 对氨基苯甲醚（**10-12**）进行乙酰化后，其产物在乙酸和水的混合液中的溶解度低于前者，因此会从反应液中析出。由于本步采用了"一锅法"方式，可通过加热使析出的乙酰化物溶于反应液，再自然冷却析出细小结晶，从而有利于硝化反应的进行。

③ 提高硝化反应温度，有利于加快反应速率。但反应温度不能过高，防止短时间内硝化反应释放大量的热量而发生危险，同时防止多硝基化合物的产生。

2. 4-甲氧基-2-硝基苯胺（10-14）的制备

（1）工艺原理。本反应是在碱性条件下（Claisen 碱液）水解脱去保护氨基的乙酰基（图 10-19）。

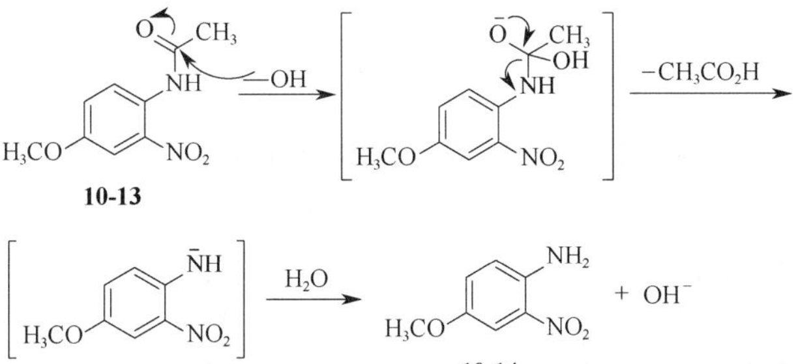

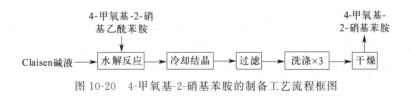

图 10-19 4-甲氧基-2-硝基苯胺的合成过程

（2）工艺流程框图。4-甲氧基-2-硝基苯胺（**10-14**）的制备工艺流程框图见图 10-20。

图 10-20 4-甲氧基-2-硝基苯胺的制备工艺流程框图

（3）工艺过程。将 4-甲氧基-2-硝基乙酰苯胺（**10-13**）加到已配制好的 Claisen 碱液中，回流 15min 后，加水并继续回流 15min，冷却至 0～5℃，抽滤，固体用冰水洗涤三次，得砖红色的 4-甲氧基-2-硝基苯胺（**10-14**）。

（4）工艺条件及影响因素。

① Claisen 碱液的配制比例为：176gKOH 溶于 126mL 水中，再加甲醇至 500mL。

② 反应中加水稀释的目的是使水解反应完全。

3. 4-甲氧基邻苯二胺（10-9）的制备

（1）工艺原理。将硝基还原为氨基的方法有多种，如酸性条件下的金属（Zn、Sn 或 Fe

等）还原、催化氢化、水合肼还原、硫化钠还原或 $SnCl_2/HCl$ 还原等。其中，铁酸还原法成本低廉，是工业上常用的硝基还原法，但反应后铁被氧化成四氧化三铁（俗称铁泥），处理困难，在环保要求日益严格的今天面临着很大的困难。相比而言，采用 $SnCl_2/HCl$ 体系还原硝基是比较适宜的（图 10-21），该方法不会产生大量的固废，后处理相对容易，且成本较催化氢化法也比较低。

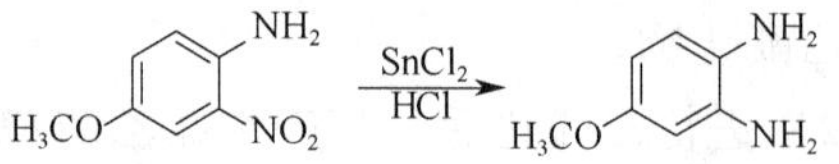

图 10-21　4-甲氧基邻苯二胺的制备

4-甲氧基-2-硝基苯胺（**10-14**）的硝基还原是通过硝基与金属离子之间的电子转移实现的，其具体过程见图 10-22：

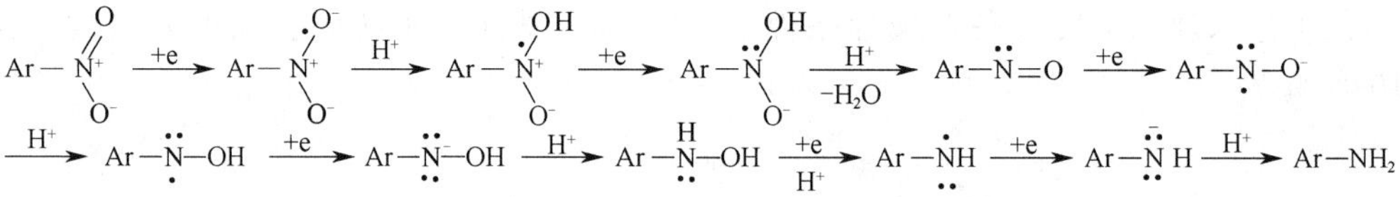

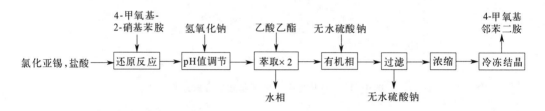

图 10-22　硝基的还原过程

（2）工艺流程框图。4-甲氧基邻苯二胺（**10-9**）的制备工艺流程框图见图 10-23。

图 10-23　4-甲氧基邻苯二胺的制备工艺流程框图

（3）工艺过程。将氯化亚锡和盐酸混合并搅拌溶解后，在 20℃ 下加入 4-甲氧基-2-硝基苯胺（**10-14**），搅拌 3h。然后，滴加 40% 的氢氧化钠溶液至 pH 值为 14，并控制体系温度不超过 40℃。用乙酸乙酯萃取反应混合物两次，所得有机相合并后水洗，用无水硫酸钠干燥。过滤除去干燥剂后，减压浓缩，得黄色油状物，冷冻后可得结晶状产物。

（4）工艺条件及影响因素。

① 中和速度与温度对反应的影响。本还原反应在浓盐酸中进行，还原产物成盐酸盐溶于水中，故采用 40% 氢氧化钠水溶液调节 pH 值至 14，从而使产物的氨基游离。在中和过程中，由于发生了强酸与强碱的反应，溶液体系会释放热量。因此，应注意控制中和速度，使体系温度不超过 40℃，否则产物容易被空气氧化；但温度也不要低于 20℃，否则反应体系中的无机盐容易析出，影响萃取效果。

② 产物 4-甲氧基邻苯二胺（**10-9**）性质不稳定，遇空气容易氧化，故不宜存放，应现制现用。

4. 5-甲氧基-1*H*-苯并咪唑-2-硫醇（10-5）的制备

（1）工艺原理。二硫化碳与氢氧化钾在95％乙醇中反应生成乙氧基黄原酸钾，并在反应的同时与4-甲氧基邻苯二胺（**10-9**）反应，环合生成5-甲氧基-1*H*-苯并咪唑-2-硫醇（**10-5**，图10-24）。

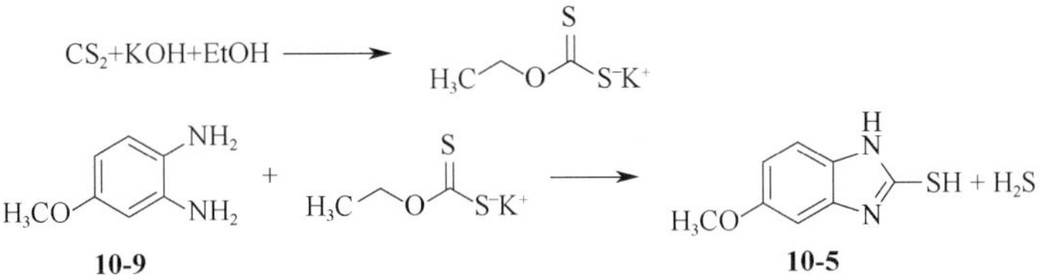

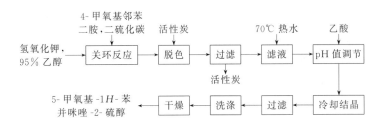

图10-24　5-甲氧基-1*H*-苯并咪唑-2-硫醇的制备

（2）工艺流程框图。5-甲氧基-1*H*-苯并咪唑-2-硫醇（**10-5**）的制备工艺流程框图见图10-25。

图10-25　5-甲氧基-1*H*-苯并咪唑-2-硫醇的制备工艺流程框图

（3）工艺过程。搅拌下，将二硫化碳和4-甲氧基邻苯二胺（**10-9**）加到95％乙醇和氢氧化钾的混合液中，加热回流3h。加入活性炭，回流10min。趁热过滤，滤液与70℃热水混合，搅拌下滴加乙酸至pH值为4～5，此时有结晶析出。将体系冷至5～10℃，使结晶完全析出，抽滤，用水将固体洗至中性，干燥后得土黄色结晶状产物。

（4）工艺条件及影响因素

① 原料配料比对反应的影响。为使反应完全，二硫化碳和氢氧化钾应稍过量。乙醇由于同时作为反应物和溶剂，故过量较多。

② 产物5-甲氧基-1*H*-苯并咪唑-2-硫醇（**10-5**）呈酸性，反应中生成的钠盐溶于乙醇和水，后处理时，滴加乙酸至产物游离析出。

③ 反应中有硫化氢作为副产物释放，应注意用碱性水溶液进行吸收。

二、2-氯甲基-3,5-二甲基-4-甲氧基吡啶的制备

1. 2,3,5-三甲基吡啶-*N*-氧化物（10-22）的制备

（1）工艺原理。在过氧化氢的作用下，冰醋酸被氧化成过氧乙酸，后者在质子化条件下与2,3,5-三甲基吡啶（**10-21**）反应生成相应的*N*-氧化物（**10-22**，图10-26）。

（2）工艺流程框图。2,3,5-三甲基吡啶-*N*-氧化物（**10-22**）的制备工艺流程框图见图10-27。

$$CH_3COOH+H_2O_2 \longrightarrow CH_3COOOH+H_2O$$

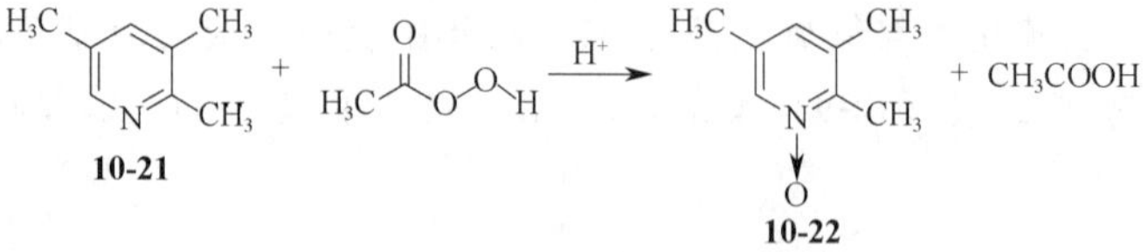

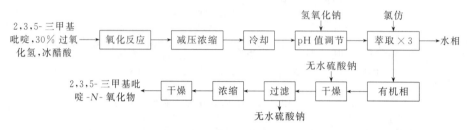

图 10-26　2,3,5-三甲基吡啶-*N*-氧化物的制备

图 10-27　2,3,5-三甲基吡啶-*N*-氧化物的制备工艺流程框图

（3）工艺过程。将 2,3,5-三甲基吡啶（**10-21**）、30%过氧化氢和冰醋酸混合，搅拌下缓慢升温至 80～90℃，反应 24h。减压蒸去溶剂，冷却后用 40%氢氧化钠水溶液调节 pH 值为 14，然后用氯仿萃取反应混合物三次。所得有机相合并，用无水硫酸钠干燥后减压浓缩，剩余物在 50～60℃下真空干燥，得淡黄色固体。

（4）工艺条件及影响因素

① 过氧乙酸和过氧化氢均为弱氧化剂，需要较强的反应条件，因此氧化反应的温度较高（80～90℃），且反应时间较长（24h）。在这样的反应条件下，2,3,5-三甲基吡啶（**10-21**）仅发生 *N*-氧化反应，而吡啶环和吡啶环上的甲基不受影响。

② 后处理时，用 40%氢氧化钠调节反应体系的 pH 值至 14，可将残余的乙酸转化为盐，从而与氧化的 *N*-氧化物分离。

2. 4-硝基-2,3,5-三甲基吡啶-*N*-氧化物（10-23）的制备

（1）工艺原理。与对氨基苯甲醚（**10-12**）的硝化反应不同，由于吡啶环属于缺电子芳环，2,3,5-三甲基吡啶-*N*-氧化物（**10-22**）的硝化反应采用了浓硝酸与浓硫酸组成的混酸作为硝化剂。硝酸解离生成的硝基正离子（NO_2^+）与芳环发生亲电取代反应（图 10-28）。由于吡啶-*N*-氧化物中氧原子与吡啶环可以形成供电子的 p-π 共轭，使得吡啶-*N*-氧化物中吡啶环的电子云密度高于单一的吡啶环，因此较容易进行硝化反应。此外，在 *N*-氧化物和三个甲基的共同作用下，硝基进入电子云密度更高的 4-位，而所得的 6-位硝化产物较少。

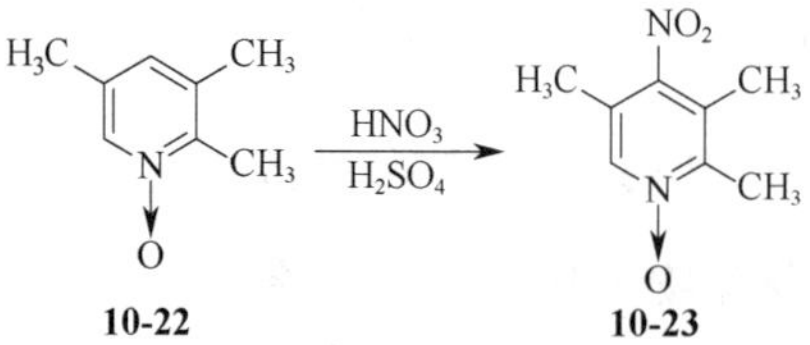

图 10-28　4-硝基-2,3,5-三甲基吡啶-*N*-氧化物的制备

（2）工艺流程框图。4-硝基-2,3,5-三甲基吡啶-*N*-氧化物（**10-23**）的制备工艺流程框图见图 10-29。

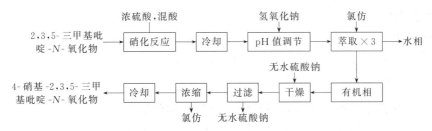

图 10-29 4-硝基-2,3,5-三甲基吡啶-*N*-氧化物的制备工艺流程框图

（3）工艺过程。搅拌条件下，将反应罐温度控制在 90℃以下，将浓硫酸滴加到 2,3,5-三甲基吡啶-*N*-氧化物（**10-22**）中，再缓慢滴加混酸（浓硫酸：浓硝酸＝1：1.10）。滴加完毕后，于 90℃下保温反应 20h。冰浴冷却下，缓慢滴加 40％氢氧化钠水溶液至反应体系的 pH 值为 3～4，然后用氯仿萃取三次。所得有机相合并后，用无水硫酸钠干燥，再减压浓缩回收氯仿。残留物冷却后固化，得黄色固体。

（4）工艺条件及影响因素。反应温度对反应的影响：反应温度提高，硝化反应速率加快。但随着温度的升高，氧化、断键、多硝化和硝基置换等副反应也有可能发生或增加。此外，硝化反应为放热反应，反应活性高的化合物硝化时，短时间内可释放出大量的热量。如果不及时冷却，热量积聚，促使温度骤然上升，易引发热分解等副反应的同时，还易发生安全事故，操作时要十分小心。

3. 4-甲氧基-2,3,5-三甲基吡啶-*N*-氧化物（10-24）的制备

（1）工艺原理。由于吡啶为缺电子芳环，4-位硝基在强碱的作用下容易发生亲核取代反应。本反应中，4-位硝基被甲氧基亲核进攻取代后，生成相应的芳基甲基醚（图 10-30）。

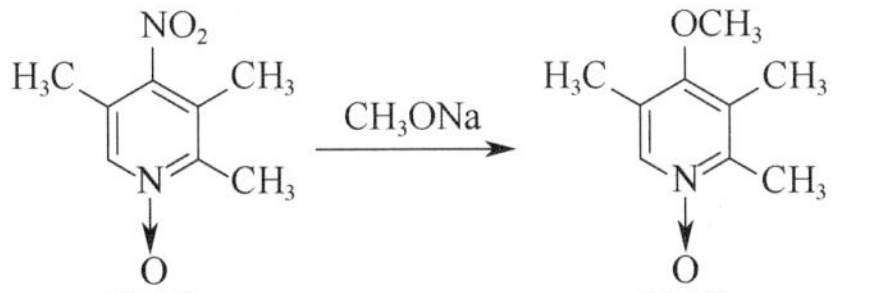

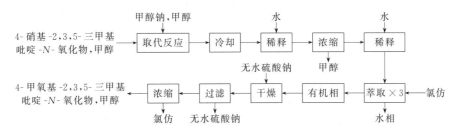

图 10-30 4-甲氧基-2,3,5-三甲基吡啶-*N*-氧化物的制备

（2）工艺流程框图。4-甲氧基-2,3,5-三甲基吡啶-*N*-氧化物（**10-24**）的制备工艺流程框图见图 10-31。

图 10-31 4-甲氧基-2,3,5-三甲基吡啶-*N*-氧化物的制备工艺流程框图

（3）工艺过程。将 4-硝基-2,3,5-三甲基吡啶-*N*-氧化物（**10-23**）和无水甲醇混合，充分搅拌并加热回流，再滴加甲醇钠的甲醇溶液（甲醇钠：甲醇＝1：3.85）后回流反应 12h。冷至室温，加水稀释反应液，减压回收甲醇。残留液加水稀释后，用氯仿萃取三次，所得有机相合并后用无水硫酸钠干燥。加压浓缩回收氯仿后，得棕黄色固体。

（4）工艺条件及影响因素

① 配料比对反应的影响。4-硝基-2,3,5-三甲基吡啶-N-氧化物（**10-23**）与甲醇钠的配料为 1.0：1.5，通过增加甲醇钠的配比，可提高前者的转化率。

② 产物容易吸潮，应存放于干燥处。

4. 3,5-二甲基-2-羟甲基-4-甲氧基吡啶（10-20）的制备

（1）工艺原理。首先，4-甲氧基-2,3,5-三甲基吡啶-N-氧化物（**10-24**）与乙酸酐作用，再通过 3,3-σ 重排，生成 2-位乙酰氧甲基，然后在碱性条件下水解生成 2-位羟甲基（图 10-32）。

（2）工艺流程框图。3,5-二甲基-2-羟甲基-4-甲氧基吡啶（**10-20**）的制备工艺流程框图见图 10-33。

（3）工艺过程。将 4-甲氧基-2,3,5-三甲基吡啶-N-氧化物（**10-24**）与乙酸酐混合，搅拌下于 110℃反应 3h。减压浓缩回收乙酸酐，将残留液、甲醇、氢氧化钠和水混合，加热回流 3h。减压浓缩回收甲醇，残留物加水稀释后，用氯仿萃取三次。所得有机相合并，用无水硫酸钠干燥，减压浓缩后得棕黄色固体。

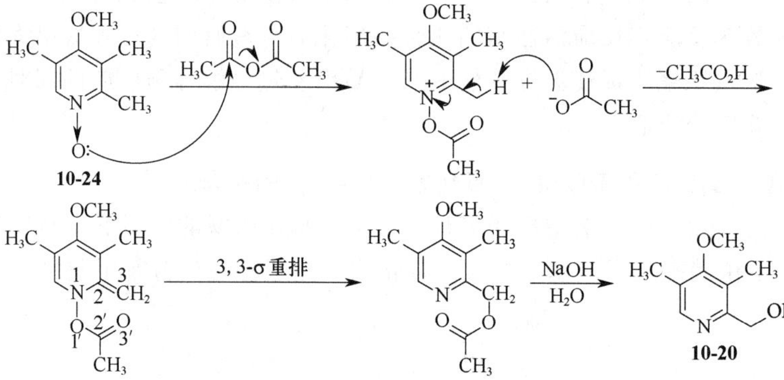

图 10-32　3,5-二甲基-2-羟甲基-4-甲氧基吡啶的制备

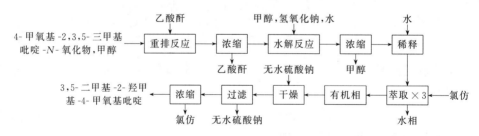

图 10-33　3,5-二甲基-2-羟甲基-4-甲氧基吡啶的制备工艺流程框图

（4）工艺条件及影响因素

① 重排反应温度为 110℃，低于乙酸酐沸点，其目的在于防止乙酸酐水解。

② 重排反应为无水操作，微量的水对脱质子反应不利，可阻断重排反应进行。

③ 重排反应中乙酸酐具有反应物和反应溶剂双重作用，将过量的乙酸酐回收套用可降低成本。

5. 2-氯甲基-3,5-二甲基-4-甲氧基吡啶（10-6）盐酸盐的制备

（1）工艺原理。在羟基的氯化反应中，二氯亚砜是常用的氯化剂，反应中生成的氯化氢和二氧化硫均为易挥发气体，故无残留物，后处理方便。反应过程中，二氯亚砜与羟基首先

生成氯化亚硫酸酯，氯化亚硫酸酯分解释放出二氧化硫，所得中间体与反应体系中游离的氯离子结合后完成氯化过程（图 10-34）。

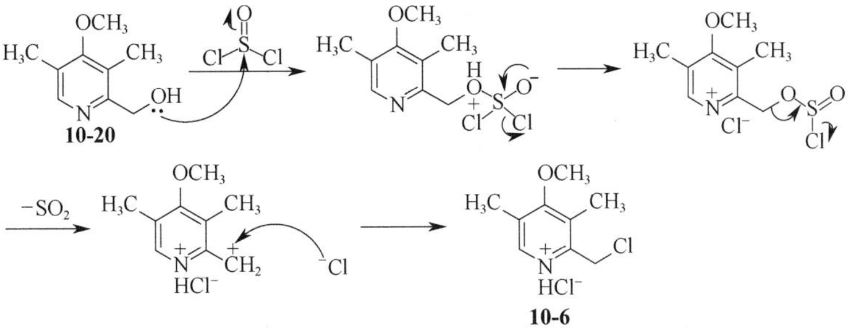

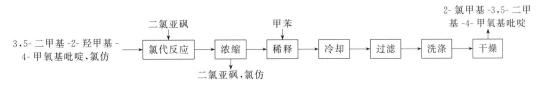

图 10-34　2-氯甲基- 3,5-二甲基-4-甲氧基吡啶的制备

（2）工艺流程框图。2-氯甲基- 3,5-二甲基-4-甲氧基吡啶盐酸盐（**10-6**）的制备工艺流程框图见图 10-35。

```
                    二氯亚砜              甲苯                                      2-氯甲基-3,5-二甲
                     ↓                   ↓                                        基-4-甲氧基吡啶
3,5-二甲基-2-羟甲基-    ┌──────┐   ┌────┐   ┌────┐   ┌────┐   ┌────┐   ┌────┐   ┌────┐
4-甲氧基吡啶,氯仿  →   │氯代反应│→ │浓缩│→ │稀释│→ │冷却│→ │过滤│→ │洗涤│→ │干燥│
                     └──────┘   └────┘   └────┘   └────┘   └────┘   └────┘   └────┘
                          ↓
                     二氯亚砜,氯仿
```

图 10-35　2-氯甲基- 3,5-二甲基-4-甲氧基吡啶的制备工艺流程框图

（3）工艺过程。将 3,5-二甲基-2-羟甲基-4-甲氧基吡啶（**10-20**）和氯仿加入反应罐中，冷却至 0℃以下后，搅拌下缓慢滴加二氯亚砜。滴加完毕后升至室温反应 2h，减压浓缩回收过量的二氯亚砜和氯仿。残留物中加入甲苯，冷却至 0℃后过滤，不溶物用少量甲苯洗涤、干燥，得白色固体。

（4）工艺条件及影响因素

① 生成氯化亚硫酸酯的反应放热，因此滴加二氯亚砜时应控制滴加温度在 0℃以下。滴加完毕后，氯代反应在室温下进行。

② 二氯亚砜和氯化亚硫酸酯遇水分解，因此应注意控制反应原料和溶剂中的水分含量。

③ 反应生成的副产物氯化氢和二氧化硫是酸性气体，应做好尾气吸收工作。

三、奥美拉唑的制备

1. 硫醚（10-11）的制备

（1）工艺原理。5-甲氧基-1H-苯并咪唑-2-硫醇（**10-5**）先与氢氧化钠反应后转化为硫醇钠，后者再与氯化物 2-氯甲基-3,5-二甲基-4-甲氧基吡啶（**10-6**）盐酸盐进行 Williamson 缩合得到硫醚（**10-11**，图 10-36）。

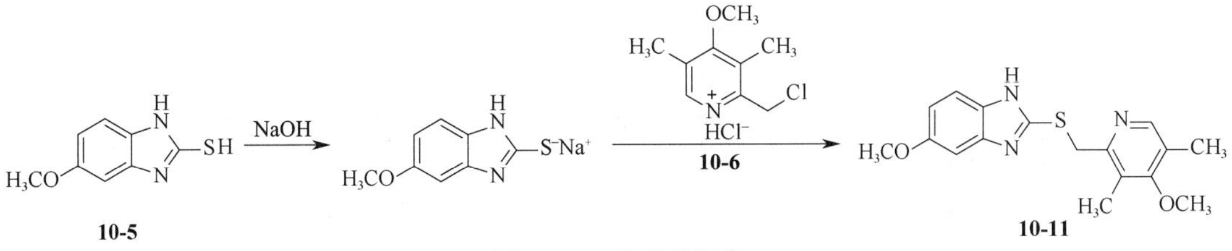

图 10-36　硫醚的制备

（2）工艺流程框图。硫醚（**10-11**）的制备工艺流程框图见图 10-37。

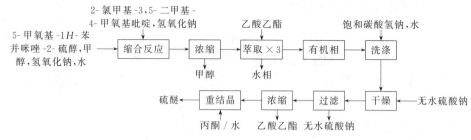

图 10-37　硫醚的制备工艺流程框图

（3）工艺过程。将 5-甲氧基-1*H*-苯并咪唑-2-硫醇（**10-5**）、甲醇、氢氧化钠和水混合，搅拌溶解后，加入 2-氯甲基-3,5-二甲基-4-甲氧基吡啶（**10-6**）盐酸盐，回流状态下，滴加氢氧化钠水溶液（氢氧化钠：水＝1：4），再回流反应 6h。减压蒸除甲醇，用乙酸乙酯萃取残留液三次，所得有机相合并后依次用饱和碳酸氢钠水溶液和水洗涤，无水硫酸钠干燥，减压浓缩得棕红色粗产物。该粗产物用丙酮和水重结晶，可得白色固体。

（4）工艺条件及影响因素

① 以甲醇和水为混合溶剂，使 5-甲氧基-1*H*-苯并咪唑-2-硫醇（**10-5**）和 2-氯甲基-3,5-二甲基-4-甲氧基吡啶（**10-6**）盐酸盐均可顺利溶解，有利于反应进行。

② 重结晶产物可不经进一步提纯用于下一步反应。

2. 奥美拉唑（10-1）的制备

（1）工艺原理。可将硫醚氧化成亚砜的氧化剂有多种，如 30% 的 H_2O_2、$NaIO_4$ 或叔丁基次氯酸酯（*t*-BuOCl）等。本反应采用间氯过氧苯甲酸（mCPBA）为氧化剂将硫醚（**10-11**）氧化为亚砜（图 10-38）。

图 10-38　奥美拉唑的制备

（2）工艺流程框图。奥美拉唑（**10-1**）的制备工艺流程框图见图 10-39。

（3）工艺过程。搅拌条件下，将硫醚（**10-11**）溶于氯仿，并将所得溶液冷却至 −10℃ 以下，滴加间氯过氧苯甲酸的氯仿溶液（间氯过氧苯甲酸：氯仿＝1：15.11），室温搅拌 15min。依次用饱和碳酸氢钠水溶液和水洗涤反应液，无水硫酸镁干燥，减压浓缩至干，得棕黑色粗产物。该粗产物用乙腈处理，可得白色或类白色粉末。

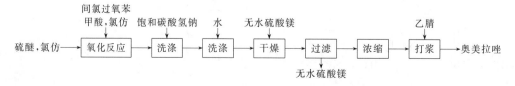

图 10-39　奥美拉唑的制备工艺流程框图

（4）工艺条件及影响因素。

① 间氯过氧苯甲酸与硫醚的摩尔比为 1∶1。若间氯过氧苯甲酸用量不足，易使氧化不完全，产物中含有未被氧化的硫醚（**10-11**）；若间氯过氧苯甲酸用量大于 1 当量，可能会发生硫醚（**10-11**）被过度氧化成砜（**10-28**）或吡啶环被氧化为 N-氧化物（**10-29**，图 10-40）。

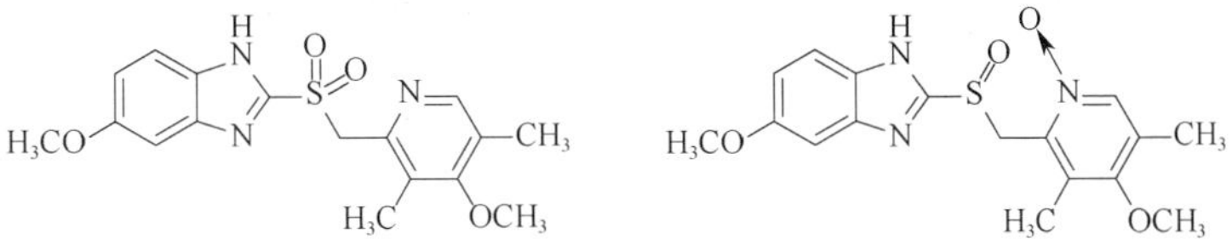

图 10-40　硫醚氧化副产物

② 奥美拉唑（**10-1**）易被氧化分解（图 10-41），故其纯化不能采用加热重结晶的方法，且应避光于干燥阴凉处存放。

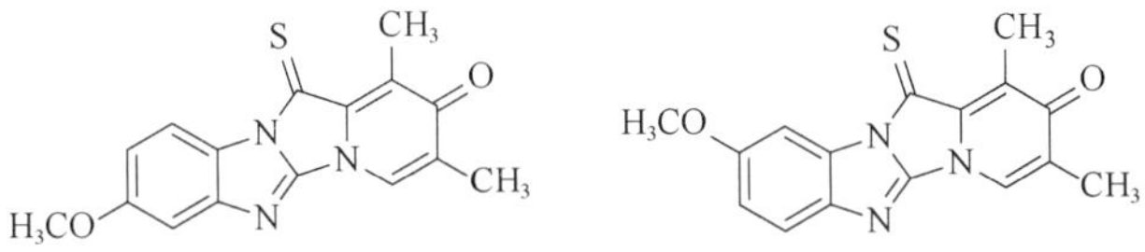

图 10-41　奥美拉唑分解产物

四、反应过程废弃物的处理

1. 废液的处理

（1）在生产过程中，产生了多种酸性或碱性废水。可将各步反应中的废水合并，中和至规定的 pH 值，静置、沉淀后排入总废水管道进行后续处理，直至达到排放标准。

（2）反应中使用的有机溶剂，如氯仿、乙酸乙酯、乙腈、甲醇、乙醇或异丙醇等由于所含组分比较单一，故可回收并返回系统套用。

对于氯仿、乙酸乙酯或乙腈的回收，可首先采用水洗至中性，分去水层后常压蒸馏。如回收氯仿，需收集 60～62℃馏分；如回收乙酸乙酯，需收集 76～78℃馏分；如回收乙腈，需收集 81～83℃馏分。

对于甲醇、乙醇或异丙醇的回收，需采用分馏塔蒸馏。如回收甲醇，需收集 64～65℃馏分；如回收乙醇，需收集 78～79℃馏分；如回收异丙醇，需收集 81～83℃馏分。

2. 废气的处理

反应中主要生成如硫化氢、二氧化硫、氯化氢等酸性气体，可采用碱性溶液吸收。

阅读材料

三十年磨一剑，重磅炸弹药——奥美拉唑和埃索美拉唑的发现史

多年前，治疗与胃酸相关的疾病成为医药界的挑战，抑制胃酸分泌的药物成为新药研发的焦点。胃酸具有帮助胃肠道消化蛋白，吸收钙、铁离子及帮助人体抵御胃肠道细菌感染等作用，但是过多的胃酸分泌则可能会导致胃食管反流性疾病（Gastroesophageal Reflux Disease，GERD），临床表现为烧心、嗳气、消化道溃疡等。非正常的胃酸水平使几百万人陷

入痛苦之中，而且如果不进行治疗的话甚至会危及生命。但当时治疗方法有限，如消化性溃疡，主要治疗方案是服用抑酸剂中和过量的胃酸，但这只能暂时缓解症状；另一种疗法是手术治疗（切除胃的一部分和/或切断胃部迷走神经），但手术疗法会产生严重的副作用。因此长期以来一直期望实现对胃酸分泌复杂机制的药理学控制。

到了20世纪70年代，葛兰素史克（Glaxo Smith Kline，GSK）公司上市了一种组胺受体（H2）阻滞剂西咪替丁（Cimetidine）。西咪替丁与后来作用机制相类似的药物如雷尼替丁（Ranitidine）、法莫替丁（Famotidine）等可显著地抑制胃酸分泌。这类药物能显著改善病情，提高患者的生活质量，是成千上万胃酸过多患者的"大救星"。但H2受体阻滞剂可能会受到食物的刺激而不能完全地抑制胃酸分泌，因此作用时间相对较短。

20世纪60年代开始，瑞典的阿斯特拉 [Astra，与英国捷利康（Zeneca）公司于1999年合并成为阿斯利康（AstraZeneca）] 公司开展了一项胃肠研究计划，意图通过麻醉剂的类似合成物来抑制胃酸分泌。该项研究以利多卡因为基础，合成了多种相关化合物。1970年，阿斯特拉（Astra）公司合成了对大鼠胃酸抑制有很好效果，但是对人体无效的化合物H81/75，使得该项研究几近搁浅。到了1972年，抑制胃酸的项目以新的方法重新被启动，通过文献检索，科研工作者发现了施维雅（Servier）公司开发了一个抑制胃酸分泌的化合物CMN131，缺点是存在急性毒性，但事后证实该化合物中的硫代酰胺是引起毒性的主要原因，那么对其进行结构的修饰掩盖是否就可以降低其毒性呢？1973年，科学家们发现了较为安全的苯并咪唑H124/26。但是遗憾的是该化合物已被其他公司的专利覆盖，最终以H124/26的代谢物H83/69（替莫拉唑，Timoprazole）作为先导化合物进行进一步研究。然而，研究又发现该化合物存在着引起甲状腺肿大（后来发现是由替莫拉唑抑制碘摄取引起）及胸腺萎缩的长期慢性毒性，因而对H83/69再次进行结构修饰势在必行，由此得到了化合物H149/94（吡考拉唑，Picoprazole）。为了提高药物的膜穿透力、在酸性部位的聚集能力，科学家对H149/94再次进行了结构修饰，最终获得了奥美拉唑（Omeprazole）。奥美拉唑的新药申请在1980年提交，1982年进入实质性实验阶段。然而，在大鼠的终生大剂量毒性实验中，人们发现大鼠体内出现内分泌腺增生与肿瘤的严重问题，导致在1984年该药所有的临床研究被中止。但不久之后，在高剂量给予H2受体阻滞剂或者产生高胃泌素血症的外科手术的研究中也发生了内分泌肿瘤的病例，这使得对于奥美拉唑的研究得以重新开始。之后涉及13个国家的45个医学中心的多中心研究证实，奥美拉唑使用后，95%的胃溃疡和十二指肠溃疡可在6周内被治愈，胃及十二指肠溃疡的手术数量大幅度减少，结果表明奥美拉唑在治疗胃溃疡上的效果要优于雷尼替丁。历经三十年，奥美拉唑最终作为临床使用的第一个质子泵抑制剂于1988年在欧洲上市（商品名为Losec），1990年在美国上市（商品名为Prilosec）。奥美拉唑在20世纪90年代后期成为世界上最畅销的药物。

基于奥美拉唑的结构（在原始化学专利之外），其他公司同时开发的质子泵抑制剂在临床疗效上均不如奥美拉唑。那么，奥美拉唑需要改进吗？奥美拉唑的作用具有显著的个体差异，包括其药代动力学和对酸分泌的影响，并且大量患有酸相关疾病的患者需要更高或者更多的剂量来缓解症状和治愈。这种差异在慢速代谢和快速代谢患者之间尤为明显。在欧洲国家约2%~4%的个体缺乏P450酶系中的同工酶——2C19，该同工酶对许多药物（包括奥美拉唑）的代谢很重要，缺乏这种酶的个体中药物代谢速率较慢，因此被称为慢代谢者。在东南亚和日本人中高达20%的人是慢代谢者。因此，阿斯特拉（Astra）公司于1987年启动了新的酸抑制剂的研究计划，旨在寻找一种肝脏清除率低的化合物，即高生物利用度药物。

化学方法是对奥美拉唑进行进一步修饰，改变吡啶和苯并咪唑的取代基。30 多位科学家合成了数百个化合物来寻找超过奥美拉唑的化合物。在 1989～1994 年期间，只有四个化合物通过了临床前试验，并且在大鼠体内的生物利用度高于奥美拉唑，然后在人体内进行了测试。经过评估所有关键参数，包括药代动力学特性、酸抑制作用和安全性问题等，只有一种化合物超过了奥美拉唑，那就是奥美拉唑所包含的 S-对映异构体——埃索美拉唑（Esome-prazole）。

思考题

1. 图 10-4 中，切断方式 a 和 b 都是基于威廉森（Williamson）合成法对硫醚键进行切断，为何在实际工业生产中不采用切断方式 a？

2. 对氨基苯甲醚硝化制备 4-甲氧基-2-硝基乙酰苯胺的过程中（图 10-17），为什么要先将氨基用乙酰基保护后再硝化？为什么可以只使用浓硝酸作为硝化试剂，而不采用混酸？

3. 以 4-甲氧基邻苯二胺的合成为例，相比于氯化亚锡/盐酸体系，分别分析采用铁酸还原和催化氢化还原硝基的优劣。

4. 结合文献检索，列举出 1～2 种 2,3,5-三甲基吡啶的合成方法。

5. 为何要先将 2,3,5-三甲基吡啶转化为氮氧化物后，再进行硝化反应？

参考文献

［1］ 赵临襄.化学制药工艺学.4版.北京：中国医药科技出版社，2015.

［2］ 闻韧.药物合成反应.4版.北京：化学工业出版社，2017.

［3］ 傅建渭，陶兴法，傅诏娟，等.奥美拉唑的合成.中国医药工业杂志，2007，38(2)：78-80.

［4］ 石浩强.奥美拉唑的"发家史".家庭用药，2022(1)：41.

第十一章

紫杉醇生产工艺

 本章学习要求

1. 了解：紫杉醇的分子结构特点和药用价值。
2. 熟悉：紫杉醇的生产工艺原理及过程。
3. 掌握：紫杉醇生产工艺路线的设计与评价。

第一节　概　　述

　　紫杉醇是近年来国际公认的疗效确切的重要抗肿瘤药物之一。1992 年，紫杉醇被美国食品药品监督管理局（FDA）首先批准用于治疗晚期卵巢癌。1994 年，其被批准用于治疗转移性乳腺癌；1997 年，FDA 批准使用紫杉醇治疗艾滋病关联的 Kaposi 恶性肿瘤；1998 年和 1999 年，FDA 又分别批准半合成紫杉醇与顺铂联合使用作为治疗晚期卵巢癌和非小细胞肺癌的一线用药；2004 年，FDA 批准白蛋白修饰的紫杉醇上市，用于治疗转移性乳腺癌。在销售高峰年间，紫杉醇全球市场规模一度超过 50 亿美元，位居世界抗癌药之首。

　　紫杉醇发现初期，其主要通过从红豆杉树皮中提取获得。由于受到各国严格限制砍伐红豆杉树的影响，极大制约了紫杉醇的原料来源。2000 年以前，全球紫杉醇原料药的年产量仅 500kg 左右。随后，人们发现以红豆杉枝叶中提取的 10-脱乙酰巴卡亭Ⅲ为起始原料，可以通过人工半合成的方式得到紫杉醇，使得半合成紫杉醇原料药产量迅速上升，2010 年全球紫杉醇原料药总产量首次突破 1000kg 大关，至 2017 年增至 2600 多千克。此外，自 20 世纪 90 年代末以来，西方研究人员又开发出第三种紫杉醇生产工艺，即"细胞培养法"（红豆杉树皮细胞营养液培养法）。此法不受资源和环境的影响，对环境污染也远远低于天然提取法和人工半合成法，故该新工艺很快得到推广。据国外媒体报道，目前细胞培养法生产的紫杉醇已达到每升培养液可提取出 $378 \sim 390$ mg 成品的极高水平。据英国知名信息服务公司——Datamonitor 公司报告披露，目前国际市场上的天然紫杉醇原料药（即以红豆杉树皮提取和细胞培养法提取的紫杉醇）产量和半合成紫杉醇原料药产品各占一半。2020 年，全球紫杉醇原料药市场规模约为 1.27 亿美元。预期到 2026 年，全球紫杉醇原料药市场将增至

1.9亿~2亿美元，总产量将比 2020 年增加 2000kg 以上。

一、紫杉烷类化合物

1. 紫杉醇 (11-1)

紫杉醇 (Paclitaxel，Taxol®，**11-1**，图 11-1)，化学名称为 5β,20-环氧-1β,2α,4α,7β,
10β,13α-六羟基紫杉醇烷-11-烯-9-酮-4,10-二乙酸酯-2-苯
甲酸酯-13-[(2′R,3′S)-N-苯甲酰基-3′-苯基异丝氨酸酯]，
英文名称为 (2′R,3′S)-N-carboxyl-3′-phenylisoserine,N-
methyl ester，13-ester with 5β,20-epoxyl-1β,2α,4α,7β,
10β,13α-hexahydroxytax-11-en-9-one-4,10-diacetate-2-benzoate。
紫杉醇为针状结晶（甲醇/水），熔点为 213~216℃（分
解），$[α]_D^{20}$ = −49°（甲醇），可溶于甲醇、乙醇、丙酮、
二氯甲烷，三氯甲烷等有机溶剂，难溶于水（在水中溶解

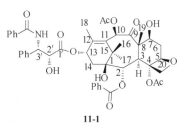

图 11-1　紫杉醇分子结构式

度仅为 0.006mg/mL），不溶于石油醚。与糖结合成苷后的水溶性大大提高，但在脂溶性溶
剂中溶解性降低。

1963 年，美国化学家 Wani 和 Wall 首次从生长在美国西部大森林中的太平洋杉（Pacif-
ic yew）树皮和木材中分离到了紫杉醇的粗提物。在筛选实验中，他们发现紫杉醇粗提物对
离体培养的鼠肿瘤细胞有很高活性，并开始分离这种活性成分。由于该活性成分在植物中含
量极低，直到 1971 年，他们才同杜克（Duke）大学的化学教授 McPhail 合作，通过 X 射线
分析确定了该活性成分的化学结构即整个分子由三个主环构成的二萜核和一个苯基异丝氨酸
侧链组成，并把它命名为紫杉醇（taxol）。

经临床验证，紫杉醇具有良好的抗肿瘤作用，特别是对癌症发病率较高的卵巢癌、子宫
癌和乳腺癌等有特效。紫杉醇的抗癌活性成分为紫杉烷类二萜及其生物碱，抗癌机制独特，
是一种新型抗微管药物。通过促进微管蛋白聚合，抑制解聚，紫杉醇可以保持微管蛋白稳
定，抑制细胞有丝分裂。体外实验证明，紫杉醇具有显著的放射增敏作用，可能是使细胞中
止于对放疗敏感的 G2 和 M 期。但紫杉醇的缺点是水溶性很差，需要使用增溶剂。

1992 年，美国百时美-施贵宝公司（BMS）将紫杉醇（**11-1**）成功上市，并在此后 8 年
一直作为紫杉醇（**11-1**）专利药的持有者。但在 2000 年，BMS 经过与 Ivax 公司一次旷日持
久的斗争后失去了该药在美国的专利保护，Ivax 公司的口服紫杉醇产品 Onxol 获准上市，
使美国向非专利紫杉醇（**11-1**）敞开了大门。紫杉醇（**11-1**）的专利权和排他权均于 1997
年 12 月 29 日到期。目前，已有多种非专利紫杉醇（**11-1**）药物上市，我国境内上市的紫杉
醇主要为 3 种，分别为紫杉醇注射液、注射用紫杉醇（白蛋白结合型）和注射用紫杉醇脂质
体，均为注射剂型。

2. 多烯紫杉醇 (11-2)

多烯紫杉醇（又名多西他赛，Docetaxel，Taxotere®，**11-2**，图 11-2）是在对紫杉醇
（**11-1**）结构改造过程中经人工半合成而得的紫杉醇衍生物，其结构与紫杉醇类似，不同之
处在于母环 10-位和侧链 3′-位的取代基不同。多烯紫杉醇（**11-2**）化学名称为 5β,20-环氧-
1β,2α,4α,7β,10β,13α-六羟基紫杉-11-烯-9-酮-4-乙酸酯-2-苯甲酸酯-13-[(2′R,3′S)-N-叔丁
氧羰基-3′-苯基异丝氨酸酯]，英文名称为 (2′R,3′S)-N-carboxyl-3′-phenylisoserine，N-t-

butyl ester，13-ester with 5β，20-epoxyl-1β，2α，4α，7β，10β，13α-hexahydroxytax-11-en-9-one-4-acetate-2-benzoate。

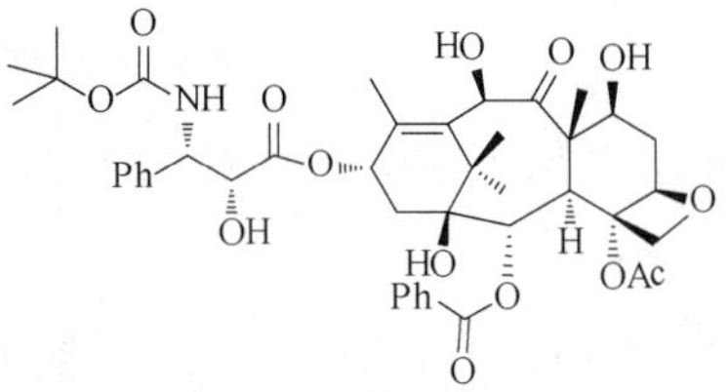

图 11-2　多烯紫杉醇分子结构式

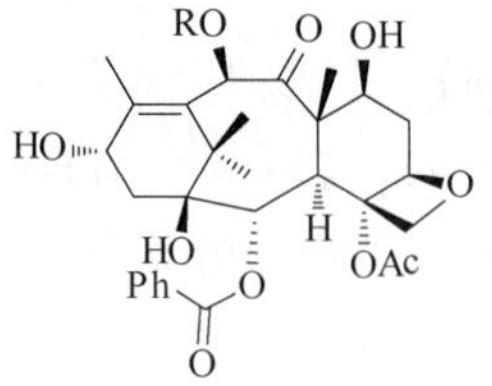

11-3　R=CH$_3$CO
11-4　R=H

图 11-3　巴卡亭Ⅲ与10-脱乙酰巴卡亭Ⅲ分子结构式

在对紫杉醇（**11-1**）的来源进行研究时，人们发现欧洲红豆杉（*Taxus baccata*）的针叶中富含一些结构与紫杉醇（**11-1**）的大环结构十分相似的化合物，其中最重要的是巴卡亭Ⅲ（Baccatin Ⅲ，**11-3**）和10-脱乙酰基巴卡亭Ⅲ（10-deacetylbaccatin Ⅲ，简称10-DAB，**11-4**，图 11-3），但活性远低于紫杉醇（**11-1**）。1985 年，法国罗纳普朗克-乐安（Rhone-Poulenc Rorer）公司与法国国家自然科学研究中心合作，以 10-脱乙酰巴卡亭Ⅲ（**11-3**）为母环骨架，通过人工化学半合成的方式成功开发出多烯紫杉醇（**11-2**）。目前，多烯紫杉醇（**11-2**）主要由法国赛诺菲（Sanofi）公司生产，并已在多国上市。1996 年，多烯紫杉醇（**11-2**）进入我国，现已有多家制药企业对其进行了成功的仿制。

多烯紫杉醇（**11-2**）是紫杉烷类家族第二代抗癌药物的代表，对晚期乳腺癌、卵巢癌、非小细胞肺癌有较好的疗效，对头颈部癌、胰腺癌、小细胞肺癌、胃癌、黑色素瘤、软组织肉瘤也有一定的疗效。多烯紫杉醇（**11-2**）与紫杉醇（**11-1**）的作用机理类似，通过促进微管双聚体装配成微管，同时防止去多聚化过程而使微管稳定，阻滞细胞于 G2 和 M 期，抑制细胞进一步分裂，从而抑制癌细胞的有丝分裂和增殖。多烯紫杉醇（**11-2**）的药理作用比紫杉醇（**11-1**）强，在细胞内浓度比紫杉醇（**11-1**）高 3 倍，并在细胞内滞留时间长。其对微管亲和力是紫杉醇（**11-1**）的 2 倍；作为微管稳定剂和装配促进剂，活性比紫杉醇（**11-1**）大 2 倍；作为微管解聚抑制剂，活性比紫杉醇（**11-1**）大 2 倍。在体外抗瘤活性试验中，已证实多烯紫杉醇（**11-2**）的抗瘤活性是紫杉醇（**11-1**）的 1.3～12 倍。

3. 卡巴他赛（11-5）

卡巴他赛（Cabazitaxel，Jevtana®，**11-5**，图 11-4）也是一种化学半合成的紫杉烷类小分子化合物，其结构与多烯紫杉醇十分类似，差别在于母环中 7-位与 10-位的羟基氢原子均被甲基取代。卡巴他赛（**11-5**）的化学名称

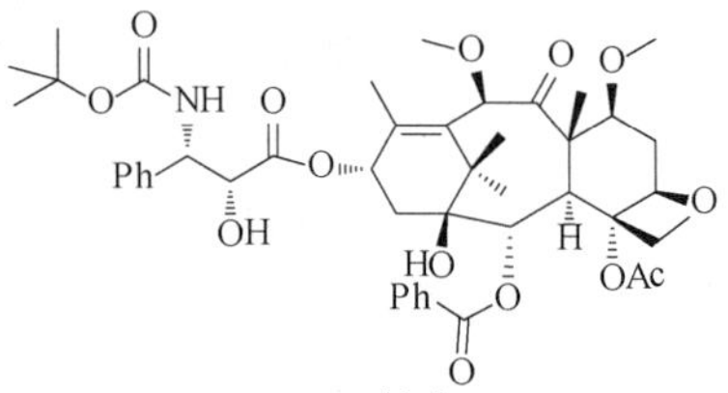

11-4

图 11-4　卡巴他赛分子结构式

为 4-乙酰氧基-2α-苯甲酰氧基-5β，20-环氧基-1-羟基-7β，10β-二甲氧基-9-氧代紫杉-11-烯-13α-基-（2R，3S）-3-叔丁氧基羰基氨基-2-羟基-3-苯基丙酸酯，英文名称为 4-acetoxy-2α-benzoyloxy-5β，20-epoxy-1-hydroxy-7β，10β-dimethoxy-9-oxotax-11-en-13α-yl-（2R，3S）-3-t-butoxycarbonyl amino-2- hydroxy-3-phenylpropanoate。

卡巴他赛（**11-5**）是法国赛诺菲（Sanofi）公司在紫杉醇（**11-1**）和多烯紫杉醇（**11-2**）的基础上研发的新一代紫杉烷类抗癌药物，于 2010 年 6 月由美国食品药品监督管理局（FDA）批准与泼尼松（Prednisone）联用治疗晚期前列腺癌。卡巴他赛（**11-5**）同样属于

微管蛋白抑制剂，其抗肿瘤机制与多烯紫杉醇相似。但卡巴他赛（**11-5**）与多烯紫杉醇（**11-2**）结构上微小的改变，却使得卡巴他赛（**11-5**）比多烯紫杉醇（**11-2**）对肿瘤细胞具有更高的抑制活性，尤其是对前列腺肿瘤。研究显示，两个甲基的引入既降低了卡巴他赛（**11-5**）与 P-gp（P-糖蛋白）的亲和力，解决了前列腺癌细胞对多烯紫杉醇（**11-2**）耐药性的问题，又提高了卡巴他赛（**11-5**）的穿透血脑屏障的能力，使其抗肿瘤活性更高。

二、紫杉醇的制备方法

目前，紫杉醇的制备方法主要包括天然提取法、化学合成法和生物合成法。本章将主要对化学半合成法进行介绍。

1. 天然提取法

天然提取是紫杉醇（**11-1**）最初的来源，主要通过从红豆杉属（*Taxus*）植物的树皮中分离得到。具体过程为：首先，以红豆杉树皮为原料通过萃取获得含有紫杉醇的提取物；其次，去除胶质，除去提取物中的胶质杂质；最后，分离纯化得紫杉醇含量≥99.5%成品。

天然提取的方式虽然可直接获得紫杉醇（**11-1**），但紫杉醇（**11-1**）在植物体中的含量相当低（目前公认含量最高的短叶红豆杉树皮中也仅有 0.069%），大约 13.6kg 的树皮才能提取出 1g 紫杉醇（**11-1**），治疗一个卵巢癌患者需要 3～12 棵百年以上的红豆杉树。而红豆杉属于珍稀濒危树种，生长十分缓慢，将其树皮剥离后会造成树木的死亡。在我国，野生红豆杉是国家一级珍稀濒危保护植物。为了保护我国的红豆杉资源，我国最高人民法院于 2002 年作出司法解释，凡采用红豆杉生产紫杉醇或经营其产品的企业或个人，均属非法生产和非法经营并以相应罪名处罚。我国目前所有用我国红豆杉植物提取紫杉醇的生产厂家以及经营企业全部被责令停产、关闭和依法查处，在我国采用红豆杉提取紫杉醇的时代已告结束。

2. 化学合成法

（1）化学全合成。紫杉醇（**11-1**）因其复杂和新颖的化学结构、独特的生物作用机制、可靠的抗癌活性和天然资源的严重不足引起了化学家们的极大兴趣，并成为 20 世纪后期有机合成化学领域的焦点。

经过 20 多年的努力，美国佛罗里达州立大学的化学家 Holton 和美国斯克瑞普斯研究所（The Scripps Research Institute）的化学家 Nicolaou 两个研究组于 1994 年几乎同时报道了紫杉醇（**11-1**）的化学全合成方法。Holton 以价廉易得的樟脑（camphor）为起始原料，采用了线性合成方法（先 A 环，后 AB 环，再 ABC 环系），其特点是步骤少、收率高，总收率可达到 2.7%。Nicolaou 采用的是汇聚式路线（先分别合成 A 和 C 环，再组装在一起形成 ABC 环系），虽具有较前者简明的优点，但其总收率却远远低于前者，仅为 0.07% 左右。之后，又有多个研究小组相继报道完成了紫杉醇（**11-1**）的全合成，如美国哥伦比亚大学的 Danishefsky 小组（1996 年），斯坦福大学的 Wender 小组（1997 年），日本的 Kuwajima 小组（1998 年）、Mukaiyama 小组（1999 年）和 Takahashi 小组（2006 年）。这些人工化学全合成路线虽然方法各异，但都具有优异的合成战略，将天然有机合成化学提高到一个崭新的水平。但从总体上看，化学全合成方法路径太长、合成步骤太多，不仅需要使用昂贵的化学试剂，而且反应条件极难控制，收率也偏低，不适合工业化生产。但是，在研究紫杉醇全合成过程中发现了许多新的、独特的反应，大量过渡金属有机催化剂、有机硅试剂的应用和反应过程中基团的保护、立体构型的建立转化，以及独到的战略思路与反应创新等，对有机合成化学以及有机反应理论起到重要的促进和补充。紫杉醇（**11-1**）全合成的研究成果仍为有机化学合成历史上的一座丰碑。

（2）化学半合成。为了避免合成紫杉醇（**11-1**）复杂的母环部分，人们在进行化学全成研究的同时，探索了化学半合成紫杉醇（**11-1**）的方法。1988 年，法国 Denis 等首次报道了以 10-脱乙酰巴卡亭Ⅲ（**11-4**）为原料半合成紫杉醇（**11-1**）的方法，随后，美国 Holton 教授和法国的 Potier 教授等也以巴卡亭Ⅲ（**11-3**）为原料对紫杉醇（**11-1**）化学半合成法进行了报道。

10-脱乙酰巴卡亭Ⅲ（**11-4**）是从欧洲红豆杉 *Taxus baccata* 的枝叶中分离出来的，其含量可达 0.1%。由于枝叶再生能力强，反复采集红豆杉植物的枝叶并从中提取巴卡亭Ⅲ（**11-3**）和 10-脱乙酰基巴卡亭Ⅲ（**11-4**）也不会造成植物死亡，因此可为紫杉醇（**11-1**）的化学半合成提供较为丰富的原料。1994 年，美国百时美-施贵宝公司（BMS）采用 Holton 教授半合成方法开始专利生产半合成紫杉醇（**11-1**）。1997 年，半合成紫杉醇（**11-1**）通过美国 FDA 批准上市。目前，紫杉醇（**11-1**）化学半合成法是最具有实用价值的制备工艺。

3. 生物合成法

紫杉醇（**11-1**）是红豆杉的次生代谢产物，但由于其在红豆杉属植物中的含量很低，人们在尝试采用化学合成的同时，研究了数种生物合成紫杉醇（**11-1**）的技术路线，以期解决其大量供应的问题。

（1）细胞培养。细胞培养是采用红豆杉的细胞或韧皮部的细胞进行细胞培养，然后分离纯化得到紫杉醇（**11-1**）。1989 年，美国农业部首先发现短叶红豆杉的植物细胞能产生紫杉醇（**11-1**）。目前，已有前体饲喂、添加诱导因子、添加抑制剂、两相培养等技术在红豆杉细胞培养中使用。意大利 Indena 公司是最早从事细胞培养法生产紫杉醇原料药的制药企业，目前全球细胞培养法生产紫杉醇规模最大的企业为德国 Python Biotech 公司，该公司目前细胞培养法规模保持在 3 万升级别。

（2）真菌发酵。1993 年，Stierle 等发现寄生于某一红豆杉上的真菌能产生紫杉醇（**11-1**）后，又陆续发现了很多能产生紫杉醇（**11-1**）的内生真菌。这一新发现震动了国际制药工业界，因为紫杉醇原料药长期供应短缺，一旦利用微生物发酵法来生产紫杉醇（如同抗生素生产方法一样），那么国际市场紫杉醇短缺问题将迎刃而解。此外，发酵法生产药物具有很多优点，首先是发酵法使用的原料主要是方便易得的淀粉，其次发酵法可以做大吨位生产（如抗生素发酵罐可达到百吨乃至千吨级），故产能巨大。目前，已发现的可产生紫杉醇的微生物包括放线菌类、分子孢子菌类（如 MD 2）、来自红豆杉属的 BT2、落羽杉（*Taxodium distichum*）和小孢拟盘多毛孢（*Pestalotiopsis microspora*）等。这些微生物均有可能成为未来的紫杉醇发酵法生产的主力菌种。但真菌发酵的产率很低，至今尚未有一家公司真正利用发酵法生产紫杉醇获得成功。

（3）基因工程。从紫杉醇（**11-1**）合成前体牻牛儿基牻牛儿基焦磷酸（Geranylgeranyl Pyrophosphate，GGPP）到紫杉醇（**11-1**）的合成约需 20 步酶促反应，主要包括 GGPP 合成酶、紫杉二烯合成酶（Taxadiene Synthase，TS）、羟基化酶、酰基化酶和变位酶等。从 20 世纪 80 年代开始，美国华盛顿州立大学 Croteau 研究小组完成了这些酶编码基因中的 12 个基因和紫杉烷 14β-基化酶、紫杉烷 5α-O-乙酰基转移酶的编码基因的克隆和鉴定，逐步阐明紫杉醇（**11-1**）生物合成的基本途径，包括四环母核的生成、侧链的生成以及母核与侧链的酯化反应三个阶段。

2010 年，美国麻省理工学院 Stephanopoulos 研究小组采取了一个多元模块（multivari-ate-modular）的策略，使有关基因的拷贝数和启动子的强度得到了最优化，成功地在大肠杆菌中过量表达包括紫杉二烯合成酶基因（*TS*）和紫杉烷 5α-羟基化酶基因（*T5H*）在内的两个合成紫杉醇前体的生物合成基因，大肠杆菌培养物中紫杉二烯的水平达到 1 g/L，而紫杉二烯 5α-醇（taxadiene 5α-ol）的产量也达到了（58±3）mg/L，大大增加了大肠杆菌中这两种紫杉醇（**11-1**）前体的产量。随后，该研究小组发明了一种含不同紫杉醇生物合成基因的大肠杆菌与酵母工程菌的共培养技术。这些工作为今后进一步利用合成生物学技术生产并提高紫杉醇（**11-1**）生物合成的能力奠定了良好基础，提供了强有力的理论指导。

第二节　紫杉醇侧链工艺路线的设计与评价

目前，化学半合成是制备紫杉醇（**11-1**）最主要的方法。紫杉醇（**11-1**）分子是由一个二萜母环和一个苯基异丝氨酸所组成，该二萜母环可来源于从红豆杉类植物中提取的巴卡亭Ⅲ（**11-3**）或 10-脱乙酰基巴卡亭Ⅲ（**11-4**），故化学半合成的主要目标是合成作为侧链的苯基异丝氨酸片段（或称 C13 侧链），主要分为直链型侧链和环状型侧链。

一、直链型侧链

直链型侧链指用于半合成紫杉醇（**11-1**）的 C13 侧链为直链状（2*R*,3*S*）-苯基异丝氨酸衍生物。在紫杉醇（**11-1**）化学半合成研究中，使用直链型侧链是最先报道的方法，也是被探索最多的一种方法。合成直链型侧链的方法有多种，比较具有代表性的有双键不对称氧化法和不对称羟醛反应法两种。

1. 双键不对称氧化法

（1）双键不对称环氧化法。本方法主要采用顺式肉桂酸醇（**11-6**）或酯（**11-11**）为原料，通过不对称环氧化反应（如 Sharpless AE 反应和 Jacobson 环氧化法反应）得到手性环氧化物，经叠氮化物或其他氨基化合物进攻开环后，再经氨基保护等反应得到直链状（2*R*，3*S*）-苯基异丝氨酸衍生物（图 11-5）。

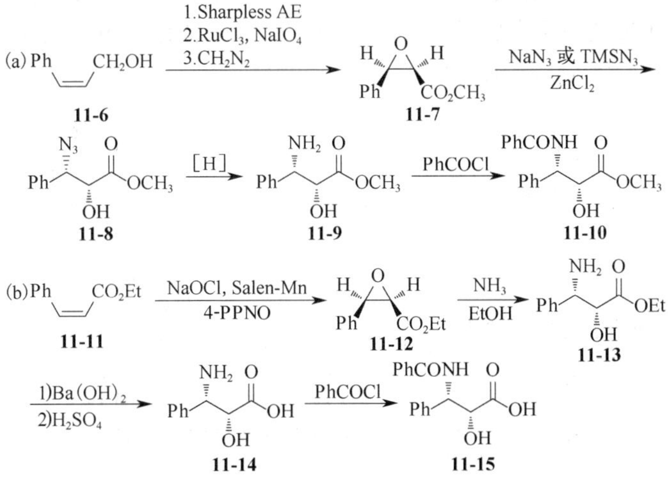

图 11-5　双键不对称环氧化法制备紫杉醇 C13 侧链

（2）双键不对称氨基羟基化法。本方法主要以反式肉桂酸酯（**11-16**）为原料，通过碳-碳双键的不对称氨基羟基化反应（Sharpless AA 反应）同时实现苯基异丝氨酸衍生物分别具有 2-位羟基和 3-位氨基两个手性中心的构建（图 11-6）。

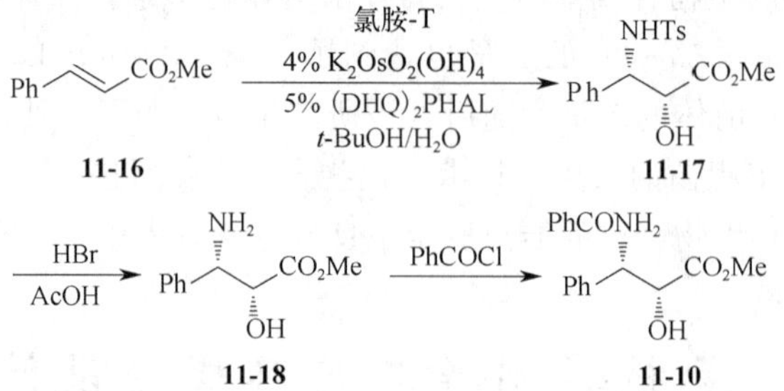

图 11-6　双键不对称氨基羟基化法制备紫杉醇 C13 侧链

（3）双键不对称双羟基化法。本方法同样采用反式肉桂酸酯（**11-16**）为原料，首先进行碳-碳双键的不对称双羟基化反应（Sharpless AD 反应），再通过一系列转换，将双羟基中间体（**11-19**）的 3-位羟基转化为氨基，最后通过氨基保护得到紫杉醇（**11-1**）的手性 C13 侧链（图 11-7）。

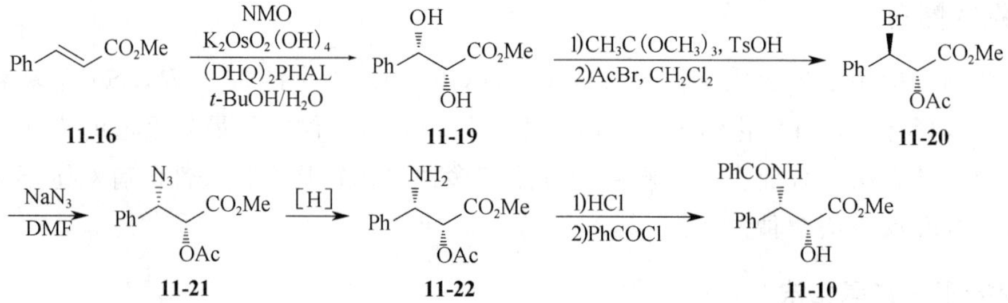

图 11-7　双键不对称双羟基化法制备紫杉醇 C13 侧链

2. 不对称羟醛反应法

不对称羟醛反应法是合成紫杉醇（**11-1**）手性 C13 侧链另一种有效的方法。如以手性芳基配合物（**11-23**）为原料，使其与巯基酮发生不对称羟醛缩合得到类似于双羟基化合物中间体（**11-24**），再通过胺类化合物进攻，将 3-位反式羟基转化为顺式氨基，最终经处理得到紫杉醇（**11-1**）手性 C13 侧链（图 11-8）。

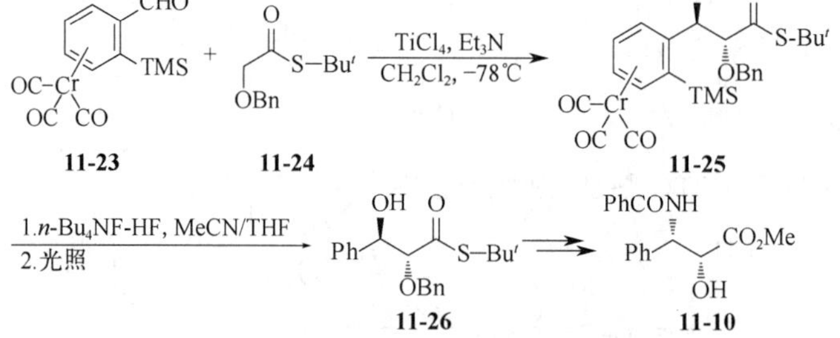

图 11-8　不对称羟醛反应法制备紫杉醇 C13 侧链

除了上述两种方法，直链型侧链的合成还有其他一些途径，如采用 Mannich 类反应等。

总体而言，合成直链型侧链的过程中需要使用比较昂贵的试剂或催化剂，且反应条件通常比较苛刻，因此限制了这些方法在工业化生产中的应用。

二、环状型侧链

环状型侧链是另一种用于半合成紫杉醇（**11-1**）的前体，常见的结构包括 β-内酰胺型（**11-27**）、噁唑烷酸型（**11-28**）和噁唑啉酸型（**11-29**）（图 11-9）。

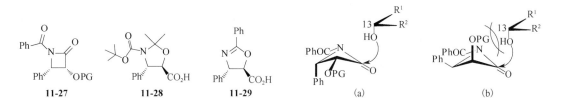

图 11-9　环状型紫杉醇手性 C13 侧链　　　图 11-10　外消旋 β-内酰胺型侧链与母环的选择性反应

1. β-内酰胺型侧链 （11-27）

β-内酰胺型侧链（**11-27**）是工业化半合成制备紫杉醇（**11-1**）常用的一种原料，可以通过外消旋化合物和单一异构体两种方式参与同母环的连接反应。当采用外消旋 β-内酰胺型侧链与母环反应时，母环 C13 位氧原子优先选择与位阻较小的 β-内酰胺型侧链反应 [图 11-10(a)]，因而所得产物具有一定的非对映选择性，可通过物理分离的方式得到紫杉醇（**11-1**）前体。但由于巴卡亭Ⅲ（**11-3**）和 10-脱乙酰基巴卡亭Ⅲ（**11-4**）的价格较高，采用外消旋 β-内酰胺型侧链反应会造成一部分母环的浪费。若使用光学纯 β-内酰胺型侧链（**11-27**）与母环反应，虽然可以避免母环的浪费，但带来的问题是如何制备此类光学纯原料。

β-内酰胺型侧链（**11-27**）的制备方式有多种，其中比较具有代表性的如下。

（1）以亚胺（**11-30**）和乙酰氧基乙酰氯（**11-31**）为原料，在三乙胺作用下发生 Staudinger 反应，得到顺式 β-内酰胺中间体（**11-32**），后经氨基和羟基的官能团保护/去保护反应得到外消旋 β-内酰胺型侧链 [**11-37**，图 11-11(a) 线路]。若拟合成光学纯 β-内酰胺型侧链（**11-27**），可对顺式 β-内酰胺中间体（**11-32**）进行生物酶拆分，得到单一对映异构

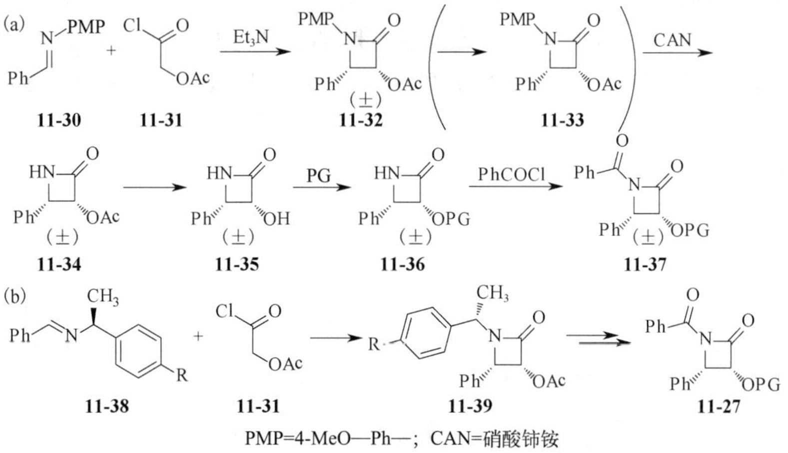

PMP=4-MeO—Ph—；CAN=硝酸铈铵

图 11-11　Staudinger 反应法制备 β-内酰胺型侧链

体（**11-33**）后继续上述反应；或采用手性亚胺（**11-38**）和乙酰氧基乙酰氯（**11-31**）为原料，同样经过 Staudinger 反应，得到具有较高选择性的非对映异构体（**11-39**）。重结晶纯化后，再经一系列氨基和羟基的官能团保护/去保护反应得到光学纯 β-内酰胺型侧链［**11-27**，图 11-11(b) 线路］。

（2）以亚胺（**11-40**）与羟基被保护的甘醇酸酯（**11-41**）为原料，在强碱作用下反应得到外消旋 β-内酰胺型侧链［**11-37**，图 11-12(a) 线路］。与上一方法类似，若要制备光学纯 β-内酰胺型侧链（**11-27**），可对顺式外消旋 β-内酰胺中间体（**11-36**）进行拆分，也可采用带有手性辅助基团的甘醇酸酯（**11-42**）为原料进行类似反应，得到光学纯 β-内酰胺型侧链［**11-27**，图 11-12(b) 线路］。

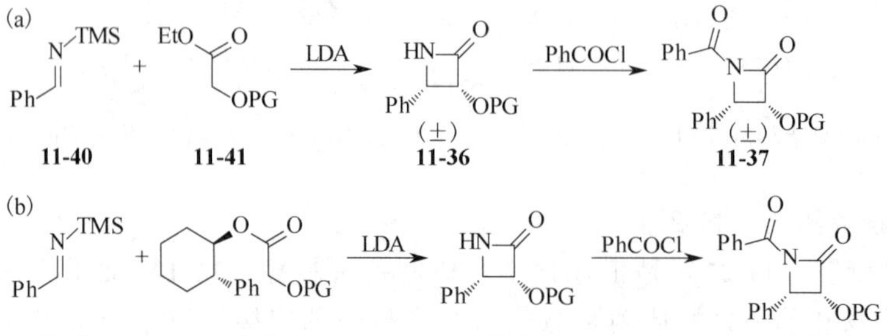

图 11-12　甘醇酸酯与亚胺反应制备 β-内酰胺型侧链

（3）将(S)-吖叮啶-2,3-二酮（**11-44**）还原，由于已有手性中心的诱导作用，可使产物成为单一的顺式异构体（**11-27**，图 11-13）。

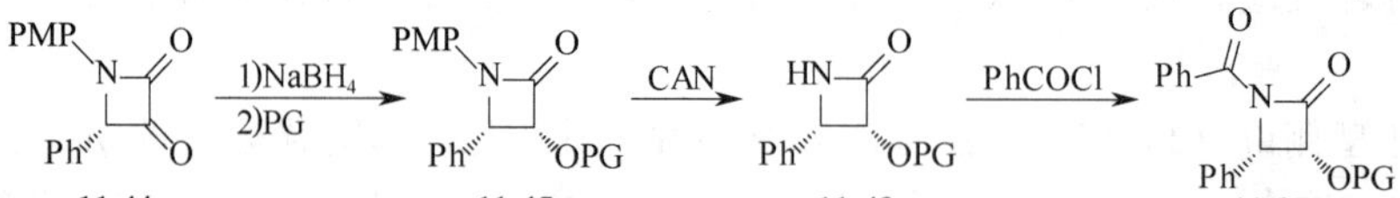

图 11-13　(S)-吖叮啶-2,3-二酮还原制备 β-内酰胺型侧链

2. 噁唑烷酸型侧链（11-28）

与 β-内酰胺型侧链（**11-27**）不同，噁唑烷酸型侧链（**11-28**）通常是单一的光学异构体，其制备方法是先制得光学纯直链型苯异丝氨酸酯侧链（**11-46**）后，将 2-位羟基和 3-位氨基采用保护试剂进行保护，最后进行酯基水解（图 11-14）。为了避免 2-位羟基在直链型侧链与母环进行酯化反应时发生差向异构化，故采用保护试剂将其与 3-位氨基进行保护，将直链型侧链转化为噁唑烷酸型侧链。

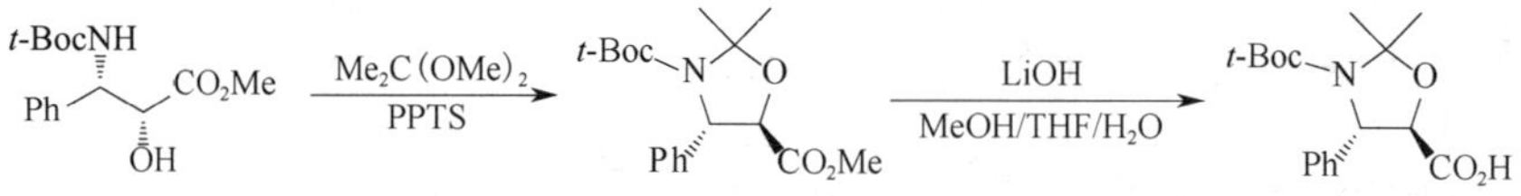

t-Boc—：叔丁氧羰基；PPTS：对甲苯磺酸吡啶盐

图 11-14　噁唑烷酸型侧链的制备

3. 噁唑啉酸型侧链（11-29）

与噁唑烷酸型侧链（**11-28**）类似，噁唑啉酸型侧链（**11-29**）也是单一的光学异构体，其制备过程亦采用了光学纯直链型苯异丝氨酸酯（**11-48**）为原料，通过分子内脱水成环，并最终通过酯基水解完成（图 11-15）。

11-48 **11-49** **11-29**

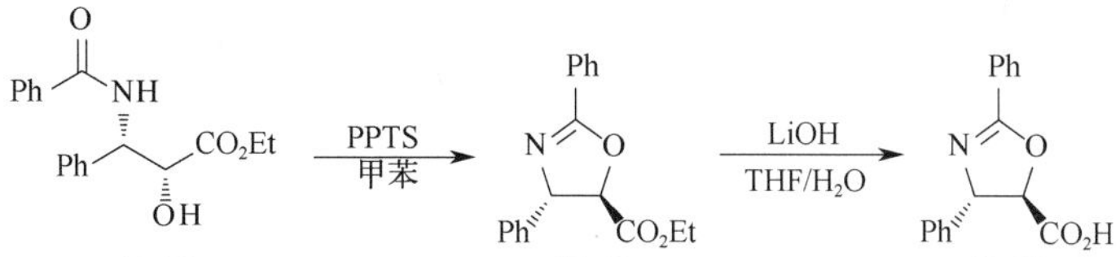

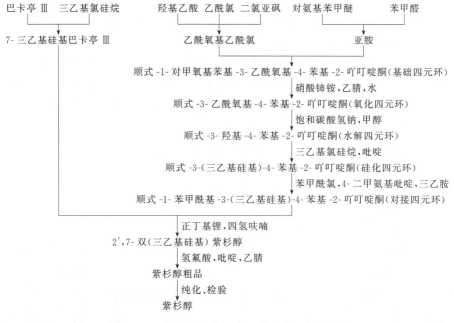

图 11-15 噁唑啉酸型侧链的制备

第三节 紫杉醇半合成生产工艺原理及其过程

采用不同的紫杉醇（**11-1**）C13 侧链，可以有不同的紫杉醇（**11-1**）半合成工艺。但是，所有的紫杉醇（**11-1**）半合成工艺均可分为三个阶段：首先，除了 C13-位羟基，对巴卡亭Ⅲ（**11-3**）或 10-脱乙酰基巴卡亭Ⅲ（**11-4**）剩余的羟基进行选择性保护；同时，根据企业的实际情况，制备合适的紫杉醇（**11-1**）C13 侧链；最后，将制备完成的紫杉醇（**11-1**）C13 侧链与羟基进行选择性保护的母环进行酯化连接，并将所得中间体中不需要的保护基团脱去，完成紫杉醇（**11-1**）制备。

上一节所介绍的各类紫杉醇（**11-1**）C13 侧链中，*β*-内酰胺型侧链在实际生产中使用较多，故本节将以其为代表介绍紫杉醇（**11-1**）的半合成工艺过程（图 11-16）。

图 11-16 紫杉醇的化学半合成生产工艺流程图

一、母环羟基的选择性保护

1. 巴卡亭Ⅲ（11-3）的羟基选择性保护（图11-17）

（1）工艺原理。在巴卡亭Ⅲ（11-3）的结构中，存在三个游离的羟基，分别位于C1-位、C7-位和C13-位，它们的反应活性为C7-位＞C13-位＞C1-位。因此，若使C13-位羟基可以同侧链发生酯化反应，必须首先对C7-位羟基进行选择性保护。

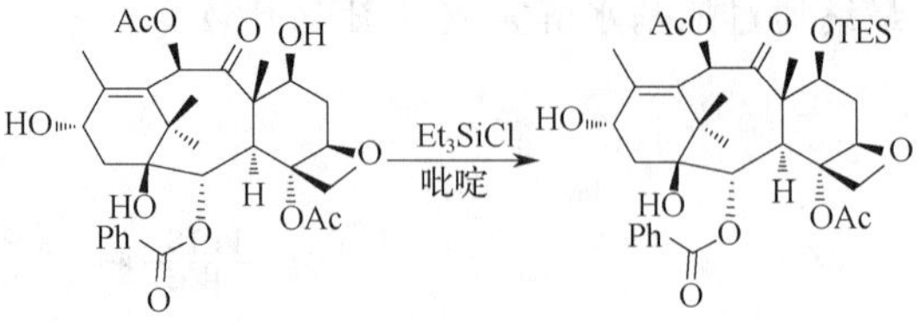

图 11-17　巴卡亭Ⅲ的羟基选择性保护

本反应中，采用了三乙基氯硅烷 Et_3SiCl 作为保护试剂，其原因在于该试剂与羟基的反应条件十分温和，反应中所使用的吡啶既可以作为溶剂，也可以作为用以吸收反应生成 HCl 的缚酸剂。此外，由于羟基被保护后生成的是硅醚，其 Si—O 键强度不高，同样可以在很温和的条件下脱去相应的三乙基硅基。

（2）工艺过程。在反应罐中，将巴卡亭Ⅲ（11-3）、三乙基氯硅烷和吡啶按照 1g：12mL：50mL 的配料比投料，室温下反应 10～12h 后，加乙酸乙酯稀释并过滤。滤液依次用饱和硫酸铜溶液和水洗涤，有机相用无水硫酸钠干燥后浓缩，残留物以适量石油醚稀释，析出结晶为产物（11-50）。

（3）工艺条件及影响因素。反应中，吡啶不仅作为溶剂使反应能够在均相中进行，也可作为缚酸剂吸收反应过程中产生的 HCl 促进反应的进行。但由于吡啶有紫外光谱吸收带，可能会给监测反应进程带来一定困难。但由于所生成的 7-三乙基硅基巴卡亭Ⅲ（11-50）中硅醚的 Si—O 键强度不高，在酸性条件下容易水解离去。因此，在反应结束后不宜采用酸中和的方式除去吡啶。由于吡啶所含氮原子具有孤对电子，故考虑其具有配位的能力而使用饱和硫酸铜溶液洗涤有机相，使硫酸铜与吡啶形成配合物而将其除去。

此外，反应物的配料比和反应时间对反应结果均有很大影响：当巴卡亭Ⅲ（11-3）与三乙基氯硅烷的摩尔比为 1：20 时，24h 以内几乎无反应发生；当巴卡亭Ⅲ（11-3）与三乙基氯硅烷的配料比提高到 1：30 时，24h 后可以得到少量 7-三乙基硅基巴卡亭Ⅲ（11-50）；当将配料比提高到 1：40，反应时间延长至 60h 后，巴卡亭Ⅲ（11-3）可完全转化为产物 7-三乙基硅基巴卡亭Ⅲ（11-50）。

2. 10-脱乙酰巴卡亭Ⅲ（11-4）的羟基选择性保护（图11-18）

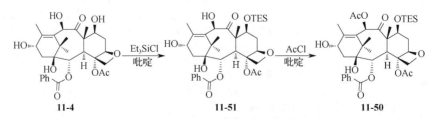

图 11-18　10-脱乙酰巴卡亭Ⅲ的羟基选择性保护

（1）工艺原理。与巴卡亭Ⅲ（11-3）相比，10-脱乙酰巴卡亭Ⅲ（11-4）在C10-位多一个游离的羟基，其反应活性介于C7-位和C13-位羟基。因此，若直接乙酰化C10-位羟基，

C7-位羟基会被首先乙酰化；脱乙酰化保护时，C10-位的乙酰基也会被部分去除，而使产物紫杉醇（**11-1**）的收率大大降低。因此，在乙酰化 C10-位羟基前，需采用不同的保护试剂对 C7-位羟基进行保护。

（2）工艺过程。

① 硅化反应：惰性气体保护下，将 10-脱乙酰巴卡亭Ⅲ（**11-4**）与三乙基氯硅烷按照 1∶40 的摩尔比投料，并在室温下反应 10～12h。

② 酰化反应：将硅化反应所得 7-三乙基硅基-10-脱乙酰巴卡亭Ⅲ（**11-51**）与乙酰氯按 1∶1.5 的摩尔比投料，在 0℃下反应 5h。

（3）工艺条件及影响因素。为了防止 C13-位羟基被乙酰化，在乙酰化反应过程中必须严格控制反应温度。

比较上述两种不同原料制备 7-三乙基硅基巴卡亭Ⅲ（**11-50**）的方法，当以巴卡亭Ⅲ（**11-3**）为起始原料时，最终紫杉醇（**11-1**）的收率可达 85% 以上；而当以 10-脱乙酰巴卡亭Ⅲ（**11-4**）为原料时，紫杉醇（**11-1**）的最高收率仅为 70% 左右。因此，尽管 10-脱乙酰巴卡亭Ⅲ（**11-4**）在红豆杉中的含量较巴卡亭Ⅲ（**11-3**）更高，价格也略便宜，但以巴卡亭Ⅲ（**11-3**）为原料合成紫杉醇（**11-1**）的经济效益更高。

二、β-内酰胺型侧链的制备

1. N-苯亚甲基-4-甲氧基苯胺（亚胺，11-30）的制备（图 11-19）

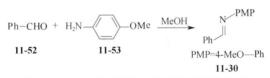

PMP=4-MeO—Ph
11-30

图 11-19　N-苯亚甲基-4-甲氧基苯胺的制备

（1）工艺原理。本反应以苯甲醛（**11-52**）和对氨基苯甲醚（**11-53**）为原料，通过席夫碱反应制备 N-苯亚甲基-4-甲氧基苯胺（**11-30**）。

（2）工艺过程。反应罐中，将苯甲醛（**11-52**）和对氨基苯甲醚（**11-53**）在甲醇中混合、搅拌，室温下反应 4h。

2. 乙酰氧基乙酰氯（11-31）的制备（图 11-20）

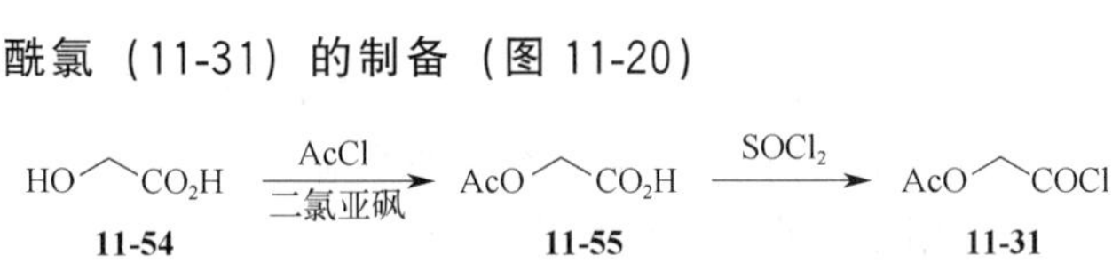

$$HO \diagup CO_2H \xrightarrow[\text{二氯亚砜}]{AcCl} AcO \diagup CO_2H \xrightarrow{SOCl_2} AcO \diagup COCl$$
11-54　　　　　　　　　　　**11-55**　　　　　　　**11-31**

图 11-20　乙酰氧基乙酰氯的制备

在反应罐中，将羟基乙酸（**11-54**）、乙酰氯和二氯亚砜按照 1∶3∶3 的配料比进行投料。第一步反应控制温度为 60℃，第二步反应控制温度为 60℃。

3. 顺式-1-对甲氧基苯基-3-乙酰氧基-4-苯基-2-吖叮啶酮（基础四元环，11-32）的制备（图 11-21）

（1）工艺原理。本反应名为 Staudinger 反应，其过程属于［2+2］环加成反应。反应中一个分子的碳-碳双键（或三键）与另一个含杂原子的不饱和分子发生环化反应生成四元杂环，且收率很高。

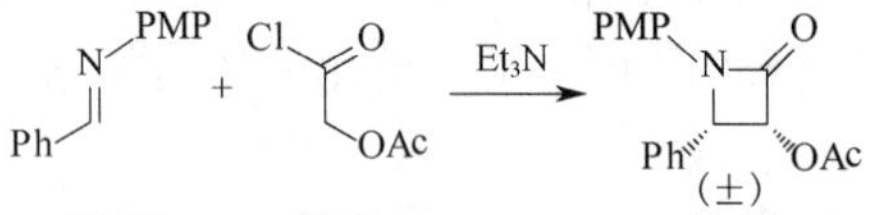

11-30　11-31　11-32

图 11-21　顺式-1-对甲氧基苯基-3-乙酰氧基-4-苯基-2-吖叮啶酮的制备

该反应的环化产物可为单一的顺式或反式异构体，其选择性取决于亚胺所含取代基的类型。若取代基为芳基、芳杂环、共轭烯烃时，环化产物为顺式异构体。其反应历程为：首先，在碱（如三乙胺）的作用下，乙酰氧基乙酰氯（**11-31**）脱去一分子氯化氢成为烯酮（**11-56**）。随后，亚胺（**11-30**）作为亲核试剂进攻烯酮（**11-56**），并生成烯醇式中间体（**11-57**）。最后，通过分子内关环得到顺式 *β*-内酰胺（**11-32**，图 11-22）。

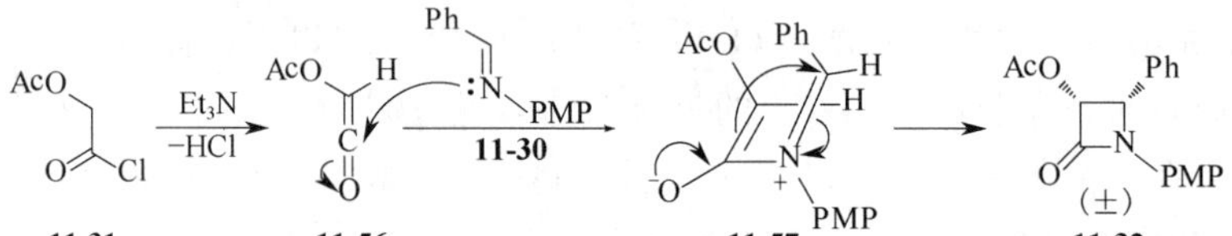

11-31　11-56　11-57　11-32

图 11-22　Staudinger 反应机理

（2）工艺过程。在反应罐中，将亚胺（**11-30**）、乙酰氧基乙酰氯（**11-31**）和三乙胺按照 1∶2∶3 的配料比投料，低温（<－20℃）下反应 8～10h。

4. 顺式-3-乙酰氧基-4-苯基-2-吖叮啶酮（氧化四元环，11-34）的制备（图 11-23）

（1）工艺原理。本反应是脱去 *β*-内酰胺（**11-32**）中氮原子所连接的 4-甲氧基苯基（简写为 PMP）。硝酸铈铵（简写为 CAN）作为氧化剂具有较强的氧化性，四价铈离子作为氧化剂可定量地与原料发生反应，并通过将 4-甲氧基苯基氧化为苯醌而使之离去。

（2）工艺过程。在反应罐中，将顺式-1-对甲氧基苯基-3-乙酰氧基-4-苯基-2-吖叮啶酮（**11-32**）与硝酸铈铵按照 1∶3 的摩尔配料比进行投料。

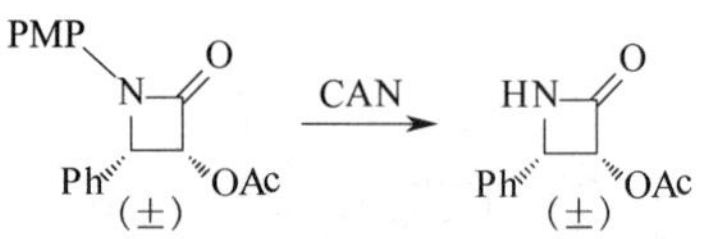

11-32　11-34

图 11-23　顺式-3-乙酰氧基-4-苯基-2-吖叮啶酮的制备

（3）工艺条件及影响因素

① 顺式-1-对甲氧基苯基-3-乙酰氧基-4-苯基-2-吖叮啶酮（**11-32**）与硝酸铈铵需要按照 1∶3 的摩尔配料比进行投料才能使氧化反应完全。尽管硝酸铈铵用量较大给产品的分离带来一定困难，但若硝酸铈铵用量较小，氧化反应不能彻底进行，将影响产物收率。

② 经过筛选，反应采用乙腈/水（或四氢呋喃/水）混合溶液作为反应媒介，这样可保证氧化反应在均相中进行。

③ 产品的分离纯化方法会对其收率产生一定的影响：

a. 使用有机溶剂对反应结束后的反应液进行萃取，所得有机萃取液用 5％碳酸钠溶液反复洗涤，直至洗涤液几乎无色为止，再用饱和碳酸氢钠溶液洗涤两次、饱和氯化钠洗涤一次。经无水硫酸钠干燥后，用乙酸乙酯重结晶。

b. 使用有机溶剂对反应结束后的反应液进行萃取，所得有机萃取液用水、饱和亚硫酸氢钠溶液和饱和碳酸氢钠分别洗涤三次，浓缩可得白色固体，再用乙酸乙酯-正己烷重结晶，可以得到较好晶型的晶体。

上述两种方法相比，方法 a 在分离过程中碳酸钠用量较大，产品在洗涤和萃取过程中损失严重。同时，在长时间的萃取与洗涤过程中，萃取液会变为黑色，其原因可能为由于温度升高，残留的硝酸铈铵进行深度氧化反应造成的，故在一定程度上影响了产品收率。方法 b 用饱和亚硫酸氢钠溶液洗去反应中生成的对苯二醌，洗涤次数较少、操作简便，所得产品的收率、晶型和纯度都比较理想。因此，工业化生产时通常选择方法 b 对氧化四元环产物进行分离纯化操作。

5. 顺式-3-羟基-4-苯基-2-吖叮啶酮（水解四元环，11-35）的制备（图 11-24）

本反应是乙酰保护基在碱性条件下的水解反应。由于 *β*-内酰胺易水解，故采用弱碱性的甲醇/饱和碳酸氢钠溶液为水解体系，将反应温度维持在室温，通过控制合适的反应时间，便可在维持 *β*-内酰胺结构不变的前提下将乙酰保护基除去。若采用较强的碱液，如 1mol/L 的氢氧化钠溶液，由于 *β*-内酰胺环易与强碱发生亲核反应而生成链状化合物，会影响产品收率。

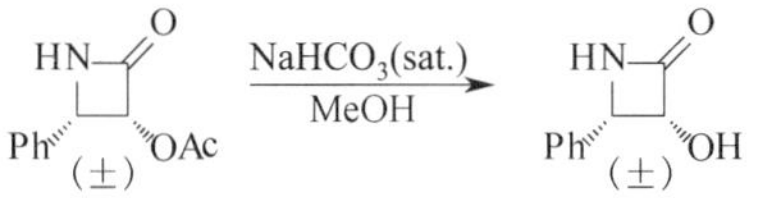

11-34　**11-35**

图 11-24　顺式-3-羟基-4-苯基-2-吖叮啶酮的制备

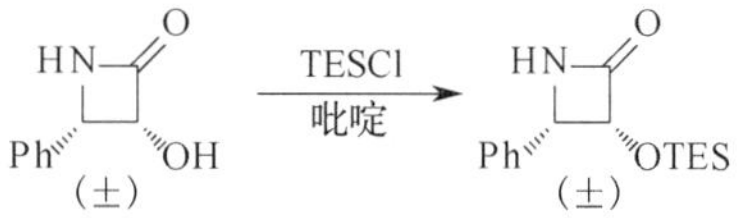

11-35　**11-36**

图 11-25　顺式-3-(三乙基硅基)-4-苯基-2-吖叮啶酮的制备

6. 顺式-3-(三乙基硅基)-4-苯基-2-吖叮啶酮（硅化四元环，11-36）的制备（图 11-25）

（1）工艺原理。由于羟基的活性高于 *β*-内酰胺的氮原子，故在对后者进行 *N*-苯甲酰化前，需要将羟基首先进行保护。在生产中，可选择三乙基氯硅烷或乙烯基乙醚作为保护试剂。由于前述巴卡亭Ⅲ（**11-3**）和 10-脱乙酰巴卡亭Ⅲ（**11-4**）在选择性保护 C7-位羟基时采用了三乙基氯硅烷作为羟基保护试剂，故本反应亦选用同样的保护试剂，便于侧链与母环连接后可在同一脱保护条件下除去侧链 2′-位和母环 C7-位的羟基。

（2）工艺过程。在反应罐中，将顺式-3-羟基-4-苯基-2-吖叮啶酮（**11-35**）与三乙基氯硅烷按 180g∶250mL 的配料比投料，并在室温下反应 8～12h。

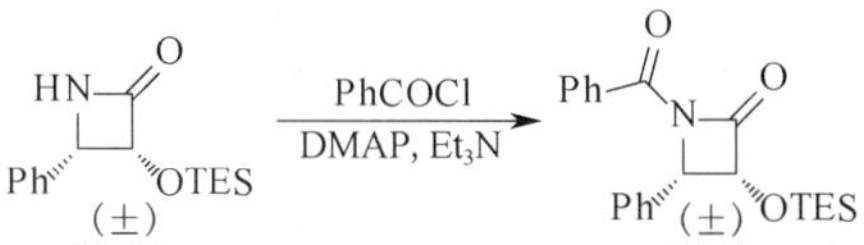

11-36　**11-37**

图 11-26　顺式-1-苯甲酰基-3-(三乙基硅基)-4-苯基-2-吖叮啶酮的制备

7. 顺式-1-苯甲酰基-3-(三乙基硅基)-4-苯基-2-吖叮啶酮（对接四元环，11-37）的制备（图 11-26）

（1）工艺原理。相比于氨基氮原子，*β*-内酰胺的氮原子亲核能力较弱，其与酰氯的反应较慢。因此，本反应采用了 4-二甲氨基吡啶（DMAP）作为催化剂，以加速反应的进行。其催化机理为：4-二甲氨基吡啶首先与苯甲酰氯形成活性中间体（**11-58**），由于吡啶 4-位 *N*,*N*-二甲氨基的共轭作用，提高了苯甲酰基中羰基碳原子的亲电能力，从而利于 *β*-内酰胺的氮原子的亲核进攻（图 11-27）。

此外，为了提高产品收率，需要除去反应中不断生成的 HCl，既防止其与亚氨基成盐，也防止其诱使羟基的三乙基硅基脱去。因此，反应中加入了三乙胺作为有机碱来除去 HCl。

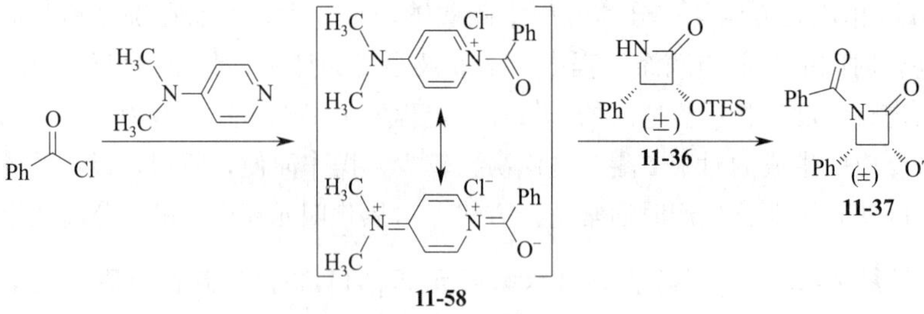

图 11-27　4-二甲氨基吡啶的催化机理

（2）工艺过程。在反应罐中，将顺式-3-（三乙基硅基）-4-苯基-2-吖叮啶酮（**11-36**）、苯甲酰氯和三乙胺按照 2g∶1mL∶2mL 的配料比投料，在室温下反应 8～12h。

（3）工艺条件及影响因素

① 为了保证整个反应体系的单一性，不可混入其他能被 DMAP 催化的活性物质，如含有羟基的醇、水等化合物。

② 反应时可加入过量的苯甲酰氯，以保证顺式-3-（三乙基硅基）-4-苯基-2-吖叮啶酮（**11-36**）的完全转化。

三、紫杉醇的制备

1. 2′,7-双（三乙基硅基）紫杉醇（11-59）的制备（图 11-28）

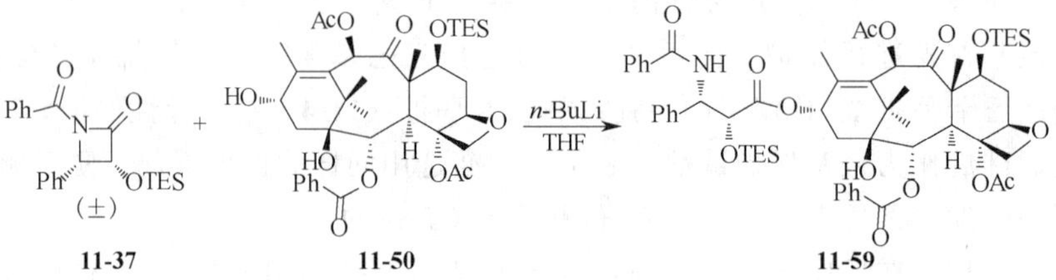

图 11-28　2′,7-双（三乙基硅基）紫杉醇的制备

（1）工艺原理。由于母环的位阻效应，β-内酰胺侧链（**11-37**）不能与之直接发生酯化反应。因此，需要筛选强碱先夺取母环 C13-位羟基的质子，使其转化为醇氧负离子后，再与 β-内酰胺侧链（**11-37**）反应并使其开环。

根据上一节关于 β-内酰胺侧链（**11-37**）的介绍，当外消旋的化合物与母环发生酯化反应时具有一定的非对映选择性，因此本酯化反应所得主要产物中 C13 侧链的 2′-位和 3′-位的手性与紫杉醇 C13 侧链相应手性中心一致。

（2）工艺过程。在反应罐中，将 7-三乙基硅基巴卡亭Ⅲ（**11-50**）、β-内酰胺侧链（**11-37**）和正丁基锂按照 1∶5∶2.5 的配料比进行投料，并控制正丁基锂的滴加温度为 −45～−30℃。正丁基锂滴加完毕后，在 1～1.5h 内将反应体系自然升温至 0℃，继续反应至完全。

（3）工艺条件及影响因素

① 本反应对水分和氧气及其敏感，故须严格处理反应试剂和控制反应条件。反应原料和溶剂必须经过严格的无水处理，整个反应过程也需要在惰性气体的保护下进行。

② 本反应中，正丁基锂的用量很关键。7-三乙基硅基巴卡亭Ⅲ（**11-50**）、对接四元环（**11-37**）与正丁基锂的用量以 1∶5∶2.5 为好，收率可达 90％以上。正丁基锂用量较小时，易使反应不完全，且溶剂的影响相对较大，稍微处理不够严格就会使产率大大降低；但若正

丁基锂用量过大，其接近 3 倍量时会破坏 β-内酰胺侧链（**11-37**）的四元环结构。此外，当反应体系升至 0℃反应时，过量的正丁基锂也会使 7-三乙基硅基巴卡亭Ⅲ（**11-50**）母环降解，从而使收率大大降低。

③ 本反应的温度控制也很重要。滴加正丁基锂时，温度若低于－45℃，正丁基锂与7-三乙基硅基巴卡亭Ⅲ（**11-50**）不能反应；若温度高于－20℃，正丁基锂会使 7-三乙基硅基巴卡亭Ⅲ（**11-50**）降解。因此，酯化反应过程中温度应控制在－45～－30℃。

2. 紫杉醇（11-1）的制备（图 11-29）

（1）工艺原理。如前所述，由于 C13 侧链 $2'$-位和母环 C7-位的三乙基硅醚中 Si—O 键的强度较小，故可通过氢氟酸水解除去。

（2）工艺过程。反应罐中，将 $2',7$-双(三乙基硅基)紫杉醇（**11-59**）和氢氟酸按照 1g：10mL 的配料比进行投料，在 0℃中反应 8h 后，升至室温再反应 10h。

（3）工艺条件及影响因素

① 由于紫杉醇（**11-1**）在许多有机溶剂中不稳定，易降解，因此反应后处理时要注意萃取所得有机相的迅速处理，溶剂蒸除过程中的温度也要严格控制。

② 水解所得的紫杉醇（**11-1**）粗品可用色谱法或重结晶法纯化。

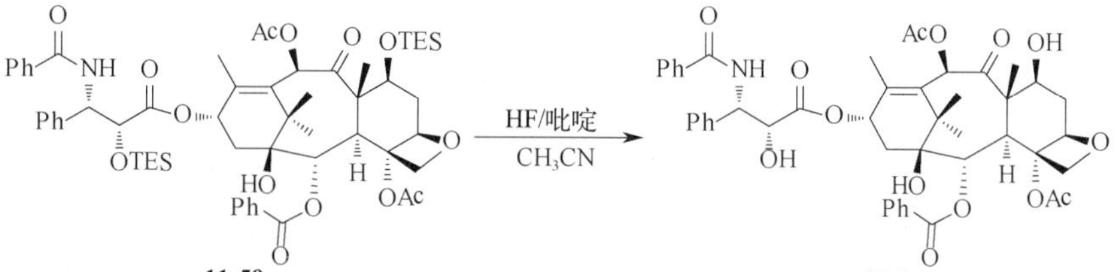

图 11-29　紫杉醇的制备

📚 **阅读材料**

紫杉醇全合成——天然产物合成界的珠峰

问世三十年来，紫杉醇仍然是目前市场上最优秀的天然抗肿瘤药物之一。通过作用于微管蛋白抑制肿瘤细胞有丝分裂，紫杉醇药物一直是卵巢癌、乳腺癌和非小细胞肺癌等肿瘤的一线治疗药物。

目前，紫杉醇市场需求巨大，但国际市场上的天然紫杉醇原料药（即以红豆杉树皮提取和细胞培养法提取的紫杉醇）和半合成紫杉醇原料药均需要以红豆杉作为起始原材料，而红豆杉属于珍稀濒危树种，生长十分缓慢。因此，紫杉醇的生产受到了严重的限制。此外，紫杉醇药物也存在一些缺点，如毒副作用大（比如全身酸痛、四肢末端麻木、脱发等），耐药性癌细胞出现，生物利用度过低，难溶于水等。因此，对紫杉醇仍然需要进一步开发结构修饰的新策略，以便发现更加优秀的紫杉烷类药物分子。

目前，虽然人工全合成紫杉醇尚难以实现工业化应用，但其不受限于红豆杉为原材料，同时对于紫杉醇分子的合成研究、新试剂和新反应的发现与应用、化学合成思路的创新等均起到了非常重要的补充和促进作用。从结构上来看，紫杉醇具有高度氧化的、复杂的 [6-8-6] 桥环体系和 11 个手性中心（包括多个季碳中心），被化学界公认是有机合成历史上最具挑战性的天然产物分子之一。全世界范围内有 40 多个研究小组曾从事紫杉醇全合成研究工作，实属罕见，合成竞争也非常激烈，但真正能完成全合成的课题组寥寥无几。从 1994 年到 2020 年期间，国际顶尖的合成化学家（包括 Nicolaou、Holton、Danishefsky、Wender、Mukaiyama、Kuwajima、Baran 等）课题组相继报道了紫杉醇的全合成，这些成果全部来自美国与日本。

2021 年，我国南方科技大学化学系李闯创教授课题组仅用 21 步反应，便高效简洁地完成了紫杉醇的不对称全合成，这是国际上目前为止已报道的最短紫杉醇全合成路线。该成果以 "Asymmetric Total Synthesis of Taxol（紫杉醇的不对称全合成）" 为题，发表于《美国化学会杂志》（*Journal of the American Chemical Society*）。李闯创团队一直致力于具有高张力桥环体系的天然产物全合成研究，历经 8 年完成了紫杉醇的不对称全合成。研究团队通过发展新的合成策略，经过巧妙的底物设计，采用二碘化钐介导的频哪醇偶联反应为关键策略，首次在分子的底部成功关上合成挑战性很大的八元环。此外，该研究还发展了光照条件下仿生的单线态氧气的烯反应构建 C4-C20 环外双键与 C5-羟基，还发明了一锅法进行C2-位苯甲酸酯合成及引入 C13-位侧链的串联反应。这些新发展的反应，极大地提高了合成的效率。该全合成采用汇聚式的多样性合成策略，所有的中间体都是新的化合物，为开发更优秀的紫杉烷类抗肿瘤药物提供了物质基础，为开发高效低毒的抗癌药物提供了新的机遇。

思考题

1. 紫杉醇的工业化生产中，为何不主要采用天然提取或人工全合成的方式？
2. 以 10-脱乙酰巴卡亭Ⅲ为原料制备紫杉醇时，为何要将 C7 羟基不用更加便宜易得的乙酰基进行保护？
3. 紫杉醇人工半合成生产工艺中，为何可采用外消旋的 β-内酰胺型侧链（**11-37**）与母环反应？
4. C7 位羟基保护的巴卡亭Ⅲ与 β-内酰胺侧链（**11-37**）进行酯化反应时，操作过程中应注意哪些要点？

参考文献

[1] 元英进. 制药工艺学. 2 版. 北京：化学工业出版社，2017.

[2] 邱德有，张彬，杨艳芳，等. 紫杉醇生物合成研究历史、现状及展望. 生物技术通报，2015，31(4)：56-64.

[3] Denis J N, Greene A E, Guénard D, et al. A highly efficient, practical approach to natural taxol. J Am Chem Soc, 1988, 110: 5917-5919.

[4] Wang Z M, Kolb H C, Sharpless K B. Large-scale and highly enantioselective synthesis of the taxol C13 side chain through asymmetric dihydroxylation. J Org Chem, 1994, 59: 5104-5105.

[5] Ojima I, Habus I, Zhao M, et al. New and efficient approaches to the semisynthesis of taxol and its C13 side chain analogs by means of β-lactam synthon method. Tetrahedron, 1992, 48: 6985-7012.

[6] 唐培，王锋鹏. 近年来紫杉醇的合成研究进展. 有机化学，2013，33：458-468.

[7] 徐铮奎. 原料来源扩大推动紫杉醇市场高速增长. 中国制药信息，2018，34(3)：27-29.

[8] 徐铮奎. 全球紫杉醇原料药产销新动向. 中国制药信息，2021，37(9)：37-39.

[9] Hu Y J, Gu C C, Wang X F, et al. Asymmetric total synthesis of taxol. J Am Chem Soc, 2021, 143(42): 17862-17870.

第十二章
头孢菌素类抗生素生产工艺

◎ 本章学习要求

1. 了解：头孢菌素类抗生素的分子结构特点和药用价值。
2. 熟悉：头孢菌素类抗生素的生产工艺原理及过程。
3. 掌握：头孢菌素类抗生素生产工艺路线的设计与评价。

第一节 概　　述

抗生素是临床上广泛使用的一类抗菌药物。根据原料来源的不同，抗生素的制备方式可分为微生物发酵法和化学合成法，后者可细分为化学全合成法和化学半合成法。其中，化学半合成抗生素是在天然抗生素的基础上发展而来，主要针对天然抗生素的稳定性低、毒副作用大和抗菌谱窄等缺点，通过化学结构改造，提高药物的稳定性、降低毒副作用、减少耐药性和改善生物利用度等，从而提高药物治疗的效果。

头孢菌素（Cephalosporin）是一类含有 β-内酰胺环并氢化噻嗪环的抗生素（图 12-1）。其中，β-内酰胺环是头孢菌素发挥生物活性的必需基团。在和细菌作用时，β-内酰胺环可与细菌发生酰化作用，由此改变细菌细胞膜的通透性，抑制蛋白质合成，并释放自溶素，因此有溶菌作用，或使之不分裂而成长纤维状。但是，由于 β-内酰胺环张力较大，其化学性质不稳定，易发生开环而导致其失活，因此人们不断

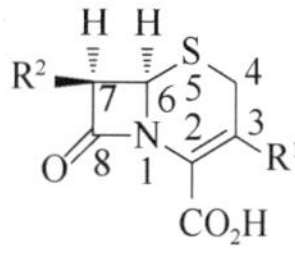

图 12-1　β-内酰胺环并氢化噻嗪环结构式

对头孢菌素类抗生素的构效关系进行研究，通过增强其稳定性和广谱抗菌性来开发新型头孢菌素类抗生素。目前，头孢菌素类抗生素已从第一代发展至第五代。

一、发展历史

20 世纪 40 年代，意大利人 Broyzn 首先分离得到一株能产生抗菌物质的顶头孢霉菌（*Cephalosporium acremonium*），并发现顶头孢霉菌的粗滤液可以抑制金黄色葡萄球菌的生长。1956 年，英国人 Abraham 和 Newton 从顶头孢霉菌的培养液中分离出头孢菌素 C

（Cephalosporin C）和 N，并于 1961 年用核磁共振技术确定了头孢菌素 C 的结构。他们发现头孢菌素 C 虽然抗菌作用不强，但毒性远低于青霉素，且通过化学法去除其侧链后，母环通过修饰所得化合物可具有抗菌活性。1962 年，美国礼来（Eli Lilly）公司通过化学裂解头孢菌素 C 的方法，获得了可合成头孢菌素的母环——7-氨基头孢烷酸（7-Aminocephalosporanic Acid，简称 7-ACA，**12-1**，图 12-2），由此开创了半合成头孢菌素类药物的研究。

图 12-2　7-氨基头孢烷酸结构（7-ACA）结构式

随后，人们根据头孢菌素类药物开发的年代和抗菌作用的特点，将其分为第一代至第五代。

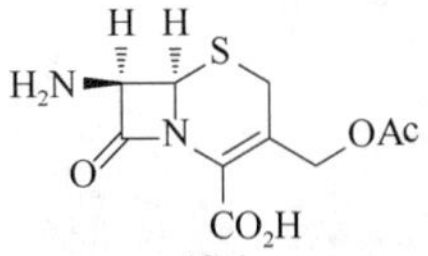

1. 第一代头孢菌素类药物

1962 年，礼来公司研制出第一个可应用于临床的头孢菌素类药物——头孢噻吩（Cephalothin），其对革兰氏阳性菌（G^+）有良好的作用。随后，头孢噻啶（Cefaloridine）、头孢唑啉（Cefamedin）和头孢氨苄（Cefalexin）等。第一代头孢菌素类药物多为半广谱抗菌药物，对金黄色葡萄球菌产生的青霉素酶稳定，并可与青霉素结合蛋白（PBPs）共价结合使其灭活，但对肠道细菌产生的多数 β-内酰胺酶不稳定，故对金黄色葡萄球菌的活性优于产 β-内酰胺酶的革兰氏阴性菌（G^-）。

2. 第二代头孢菌素类药物

第二代头孢菌素类药物多为 20 世纪 70 年代开发的产品，主要包括头孢孟多（Cefamandole）、头孢呋辛（Cefuroxim）、头孢尼西（Cefonicid）和头霉素类药物头孢西丁（Cefoxitin）等。除保留了第一代的对革兰氏阳性菌的作用外，由于它们对革兰氏阴性菌（G^-）产生的 β-内酰胺酶较第一代稳定，抗菌谱也较第一代广，所以显著地扩大和提高了对革兰氏阴性菌（G^-）作用。对革兰氏阳性菌（G^+），除对痢疾杆菌和沙门氏菌显示较强的抗菌活性外，对大肠杆菌、肺炎杆菌的抗菌作用优于第一代头孢菌素。它们对第一代头孢菌素抗菌作用较差的变形杆菌和产气杆菌亦有一定的抗菌活性，对不动杆菌的抗菌作用较差。对绿脓杆菌和粪链球菌均无抗菌活性。对金黄色葡萄球菌、脑膜炎球菌具有很强的抗菌活性，与第一代头孢菌素相近。

3. 第三代头孢菌素类药物

第三代头孢菌素类药物为 20 世纪 70 年代中后期至 80 年代初开发的产品，包括头孢磺啶（Cefsulodin）、头孢哌酮（Cefoperazone）、头孢噻肟（Cefotaxime）、头孢他啶（Ceftazidime）和头孢曲松（Cefatriaxone）等。第三代头孢菌素类药物中的部分品种如头孢曲松、头孢他啶和头孢噻肟等可进入脑脊液，故可用于肺炎球菌、脑膜炎球菌和某些敏感革兰氏阴性菌（G^-）等引起的脑膜炎。然而，广泛存在的 TEM-1 和 TEM-2 型 β-内酰胺酶能够水解部分第三代头孢菌素类药物，对它们的临床应用有一定影响。20 世纪 80 年代早期到中期上市的口服第三代头孢菌素类药物对 TEM 型 β-内酰胺酶的稳定性有所提高，这些药物经常以酯化物的形式出现，在保持对微生物良好活性的同时，口服生物利用度更高，常用的有头孢妥仑匹酯（Cefditoren Pivoxil）、头孢泊肟酯（Cefpodoxime Proxetil）、头孢布烯（Ceftibuten）和头孢地尼（Cefdinir）等。

4. 第四代头孢菌素类药物

第四代头孢菌素类药物为 20 世纪 80 年代中后期和 90 年代初开发的产品，包括头孢匹罗（Cefpirome）、头孢吡肟（Cefepime）、头孢唑兰（Cefozopran）、头孢噻利（Cefoselis）

和口服用的头孢匹美（Cefepime）。这些药物在保持第三代头孢菌素类药物优点的同时，对革兰氏阳性菌（G$^+$）的活性也与第二代头孢菌素类药物相似。第四代头孢菌素类药物的抗菌谱较第三代头孢菌素类药物宽，对多种革兰氏阳性菌（G$^+$）和革兰氏阴性菌（G$^-$）均有较强的活性，而且部分品种对一般头孢菌素类药物不敏感的粪链球菌也有较好的作用；对铜绿假单胞菌的抗菌活性与头孢他啶相当，尤其是对部分耐第三代头孢菌素类药物的革兰氏阴性菌（G$^-$）有活性，对 β-内酰胺酶的稳定性更高。第四代头孢菌素类药物对青霉素结合蛋白有高度亲和力，可通过革兰氏阴性菌（G$^-$）外膜孔道迅速扩散到细菌周质并维持高浓度，同时对染色体介导的和部分质粒介导的 β-内酰胺酶稳定，故对革兰氏阳性菌（G$^+$）、革兰氏阴性菌（G$^-$）和部分厌氧菌均显示有良好的抗菌活性，特别是对链球菌（包括肺炎链球菌）等有很强的活性。

5. 第五代头孢菌素类药物

目前，在研的第五代头孢菌素类候选药物并不多，已获批上市的包括头孢吡普（Ceftobiprole）和头孢洛林酯（Ceftaroline Fosamil）。第五代头孢菌素药物的特点是：具有超广的抗菌谱，对革兰氏阳性菌（G$^+$）的抑制作用强于前四代，尤其是对耐甲氧西林金黄色葡萄球菌（MRSA）最为有效，对革兰氏阴性菌（G$^-$）的抑制作用与第四代类似。对耐药株有效，且对 β-内酰胺酶的抵抗力很高，无肾毒性。

二、构效关系

头孢菌素是顶头孢菌的发酵产物，含有 β-内酰胺环并氢化噻嗪环。与青霉素相比，头孢菌素具有稳定性好、对人体的毒性低、抗菌活性强、构效关系明确、抗菌谱广、过敏反应发生率低等优点。此外，药物间彼此不引起交叉过敏反应，其原因是 β-内酰胺环打开后不能形成稳定的头孢噻嗪环，而是生成以侧链为主的各异抗原簇。由于没有共同的抗原簇，各头孢菌素之间或头孢菌素与青霉素之间只要侧链不同，就不会发生交叉过敏反应。

β-内酰胺环张力较大，易发生开环而导致失活。为了提高头孢菌素的稳定性和抗菌活性，药物化学家深入研究了头孢菌素母环的构效关系，结果发现母环中有 5 个部位可供结构修饰或改造，包括 2-位羧基、3-位侧链、5-位硫原子、7-位氢原子和 7-位酰氨基侧链。

（1）对 2-位羧基进行酯化等修饰可改善口服吸收，提高药物的生物利用度。

（2）3-位引入不同的杂原子取代基，可增强抗菌活性，并改变药物在体内的吸收分布及细胞的渗透等药物代谢动力学性质。

（3）5-位硫原子可影响抗菌效力，被氧原子或亚甲基取代后，分别称为氧头孢烯和碳头孢烯。

（4）7-位的 α-氢原子被甲氧基取代后称为头孢霉素。由于甲氧基的空间位阻，影响了它与酶分子的接近，从而增加其对 β-内酰胺酶的稳定性。

（5）7-位酰氨基部分是抗菌谱的决定性基团，对其进行结构修饰，可扩大抗菌谱并可提高抗菌活性，增加对 β-内酰胺酶的稳定性。

第二节　头孢菌素类药物及 7-氨基头孢烷酸的生产工艺

一、头孢菌素类药物的生产工艺

半合成头孢菌素类药物的方法主要有化学酰化法、微生物酰化法和青霉素扩环法。

1. 化学酰化法

通过化学酰化法半合成头孢菌素类药物主要有两种途径，其一是先修饰 7-位氨基，再修饰改造 3-位酯基；其二是采用与之相反的顺序。

（1）7-位酰化的合成工艺路线。该路线是以头孢母环 7-ACA（**12-1**）、7-氨基脱乙酰基头孢烷酸（7-Aminodesacetoxycephalosporanic Acid，7-ADCA）或其衍生物为原料，先将侧链的羧酸活化后，再将其与母环的 7-位氨基缩合制备相应的头孢类药物。

由于头孢母环的稳定性较差，侧链与其的酰化反应必须在低温下进行。但在低温条件下，7-位氨基的反应活性较低，侧链酸直接与其反应的收率不理想。头孢母环的价格昂贵，为提高其利用率，通常需要将要使用的侧链酸转化为酰氯或活性酯，以提高酰化反应的收率，降低成本。如在头孢哌酮（Cefoperazone，**12-2**）的生产工艺中，其侧链酸（**12-3**）需先与三氯氧磷反应成为酰氯（**12-4**）后，再与母环 7-TMCA（**12-5**）反应得到产物（图 12-3）。

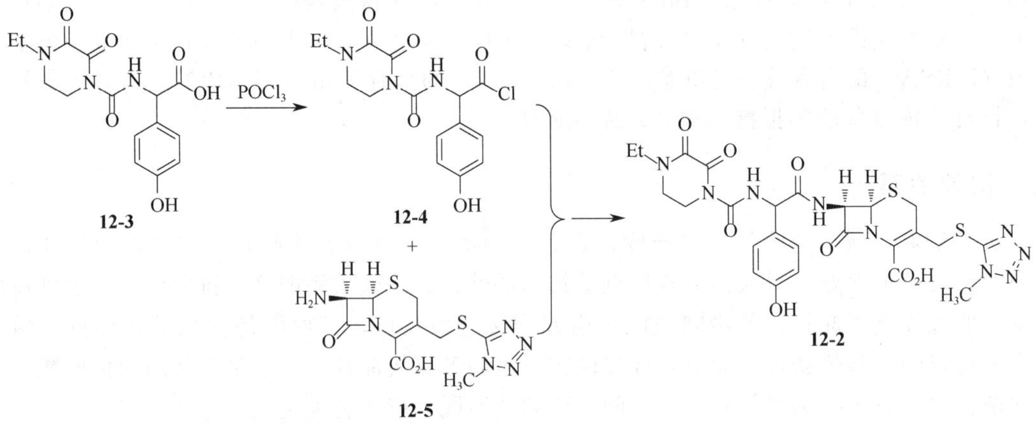

图 12-3　头孢哌酮的制备

若羧酸侧链的酰氯化比较困难，可以将其转化为活性酯后再与母环进行酰化。如头孢噻肟（Cefotaxime，**12-6**）的生产工艺中，其侧链羧酸前体——氨噻肟酸（**12-7**）酸性条件下易成季铵盐，故可在三苯基膦和三乙胺作用下，该侧链羧酸（**12-7**）与二（2-苯并噻唑）二硫醚（**12-8**）反应成活性酯（**12-9**），然后再与母环 7-ACA（**12-1**）反应（图 12-4）。

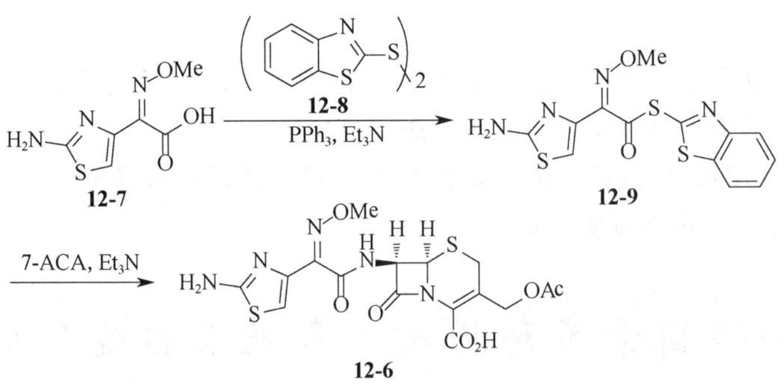

图 12-4　头孢噻肟的制备

此外，一些侧链羧酸中含有活性氨基，其会先于羧基反应而影响后续的合成，故需先对此氨基进行保护，再将羧基进行相应的活化。如头孢丙烯（Cefprozil，**12-10**）的生产工艺中，其侧链羧酸的原料为对羟基苯甘氨酸（**12-11**）。由于氨基反应活性太高，在有机碱的作用下，先将该氨基与乙酰乙酸甲酯反应成为邓氏钾盐（**12-12**），后者的羧基与叔戊酰氯反应成为活性酸酐（**12-13**），最后再与头孢丙烯母环（**12-14**）反应成为产物（图12-5）。

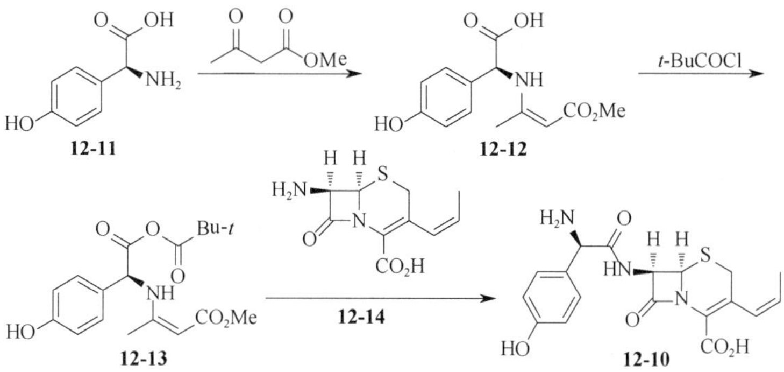

图 12-5　头孢丙烯的制备

（2）3-位取代的合成工艺路线。对于3-位取代的头孢菌素类药物，通常是以含氮或硫的亲核试剂，如吡啶、吡咯、杂环硫醇等取代 7-ACA（**12-1**）3-位的乙酰氧基。如头孢曲松（Ceftriaxone，**12-15**）的生产工艺中，以 7-ACA（**12-1**）为原料，在三氟化硼的催化下，三嗪环（Thiotriazinone，**12-16**）与 7-ACA（**12-1**）发生亲核取代，得到 7-氨基头孢三嗪中间体（**12-17**），后者再与 AE 活性酯（**12-9**）反应得到头孢曲松（**12-15**，图12-6）。

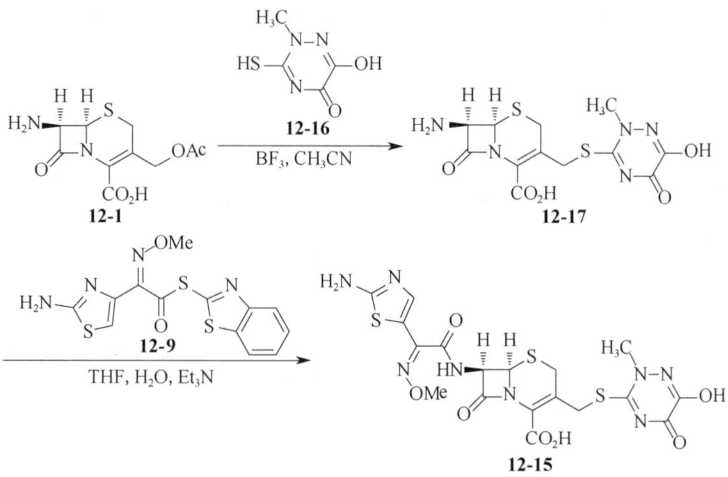

图 12-6　头孢曲松的制备

2. 微生物酰化法

化学酰化法制备头孢菌素类药物的合成工艺路线虽然比较成熟，但存在一些不足，如原子经济性较差、产生的"三废"较多等。随着生物制药技术的发展，微生物酰化法开始受到人们的关注。相比于化学酰化法，微生物酰化法具有反应步骤少、操作简便、环境污染小、产品收率高等优点。

头孢克洛（Cefaclor，**12-18**）的早期工艺是以头孢噻吩（Cephalothin）或 7-ACA（**12-**

1）为原料，工艺复杂且难度较大，导致生产成本居高不下。而后，人们使用固定化青霉素酰化酶（Penicillin G Amidase，PGA）对其进行合成，发现反应中无需保护活性基团，且产物立体选择性好。其具体过程为：将原料7-氨基-3-氯头孢烯酸（7-Amino-3-chloro-3-cephem-4-carboxylic acid，7-ACCA，**12-19**）溶于适量水中，用稀氨水调节体系pH值为8.0，使其完全溶解后投入酶反应罐中，并加入一定量的固定化青霉素酰化酶。将溶解侧链PGM-HCl（**12-20**）缓慢滴加到酶反应体系中，对反应转化率进行过程监控，大约2h后，转化率可达97%（图12-7）。

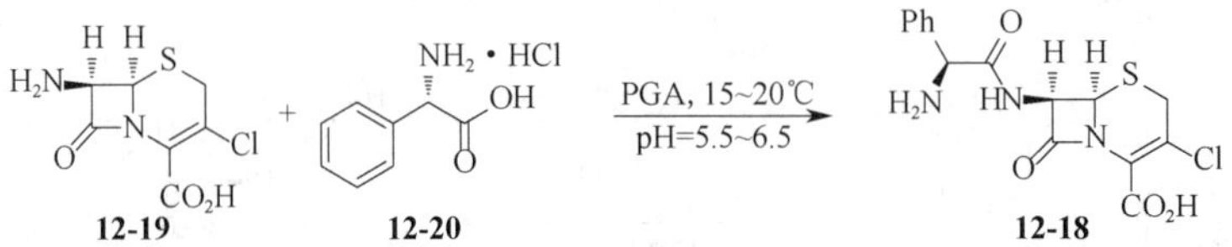

12-19 **12-20** **12-18**

图12-7　头孢克洛的微生物酰化法制备

3. 青霉素扩环法

青霉素扩环法是由日本大冢制药（Otsuka Pharmaceutical）公司首创，用以制备头孢母环中间体——7-苯乙酰氨基-3-氯甲基头孢烷酸对甲氧基苄酯（7-phenglacetamido-3-chloromethyl-3-cephem-4-carboxylic acid *p*-methoxybenzyl ester，GCLE，**12-21**）。其具体过程为：以青霉素G的钾盐（**12-22**）为原料，经与对甲氧基苄基氯成酯（**12-23**）后，再用过氧化氢将其氧化为亚砜青霉素（**12-24**），然后用芳亚磺酸铵盐进行扩环。扩环后的中间体（**12-25**）在饱和食盐水和硫酸的混合液中电解氯化，所得产物（**12-26**）与氨水作用关环得到GCLE（**12-21**，图12-8）。

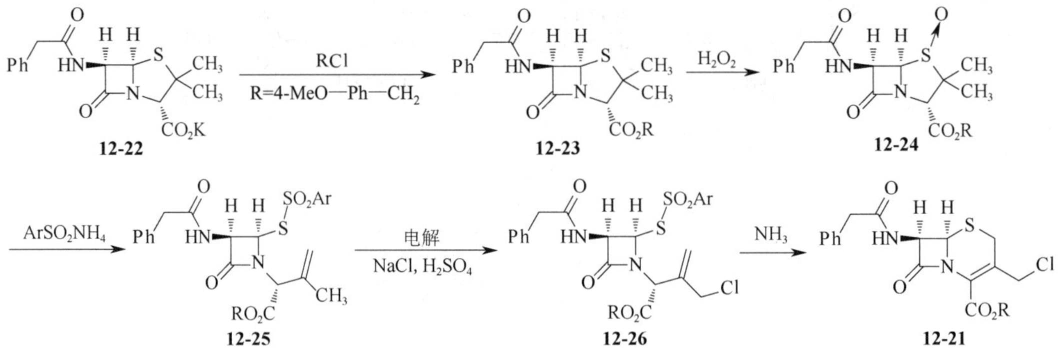

12-22 **12-23** **12-24** **12-25** **12-26** **12-21**

图12-8　青霉素扩环法制备GCLE

在以7-ACA（**12-1**）为中间体制备的头孢菌素类药物中，有60%以上的品种均可通过GCLE（**12-21**）进行生产。以GCLE（**12-21**）为中间体生产头孢菌素类药物时，产品收率更高、生产工艺更简单、生产条件更温和、产品成本更低，尤其是在第三代头孢菌素类药物——头孢地尼（Cefdinir）、头孢克肟（Cefminox）、头孢拉定（Cefradine）等品种的合成上比采用7-ACA（**12-1**）具有很大的优势。此外，GCLE（**12-21**）还可用于合成一些利用传统母环不能合成的新头孢菌素类药物，如头孢丙烯（Cefprozil）等。

二、7-氨基头孢烷酸（7-ACA）的生产工艺

7-氨基头孢烷酸（7-ACA，**12-1**）是半合成头孢菌素类药物最常用的母环之一，其制备方法主要包括化学裂解法和生物酶法。化学裂解法的优点是工艺稳定、成熟，通过不断的工艺改进，7-ACA（**12-1**）的收率可达 85％以上。但此法反应温度低，对设备要求高，且易产生大量的"三废"造成环境污染。

目前，化学裂解法已逐渐被生物酶法所取代。生物酶法生产的 7-ACA（**12-1**）不含溶剂和重金属，质量高，生产占地面积小，对环境友好，成本也较低。从 2007 年开始，我国的相关制药企业已逐步采用两步酶法替代化学裂解法生产 7-ACA（**12-1**）。

1. 7-ACA（12-1）的理化性质

7-ACA（**12-1**）的化学名称为（6R，7R）-7-氨基-3-[（乙酰氧）甲基]-8-酮-5-硫杂-1-氮杂二环[4.2.0]-2-烯-2-羧酸，英文名称为（6R，7R）-3-acetomethyl-7-amino-8-oxo-5-thia-1-az-abicyclo-[4.2.0]-oct-2-ene-2-carboxylic acid。该品为白色结晶状粉末，溶于酸性水溶液，不溶于有机溶剂。

7-ACA（**12-1**）中含有不稳定的 β-内酰胺结构和活性伯氨基，稳定性较差，不宜长期保存。此外，由于 β-内酰胺环张力较大，反应中易发生酰胺键断裂而开环，并进一步形成高分子聚合物，故在以其为原料制备头孢菌素类药物时，应注意随时监控产物品质，防止裂解杂质混入。

2. 化学裂解工艺

（1）工艺原理。化学裂解法是以头孢菌素 C 钠盐（**12-27**）为原料，通过化学方法脱去其母环 7-位的酰胺侧链，从而得到 7-ACA（**12-1**）的方法。首先，利用三甲基氯硅烷将头孢菌素 C 钠盐（**12-27**）的羧基进行保护，所得产物（**12-28**）与五氯化磷在二苯胺作用下发生氯化反应，反应生成的氯化物（**12-29**）醚化后水解得到 7-ACA（**12-1**，图 12-9）。

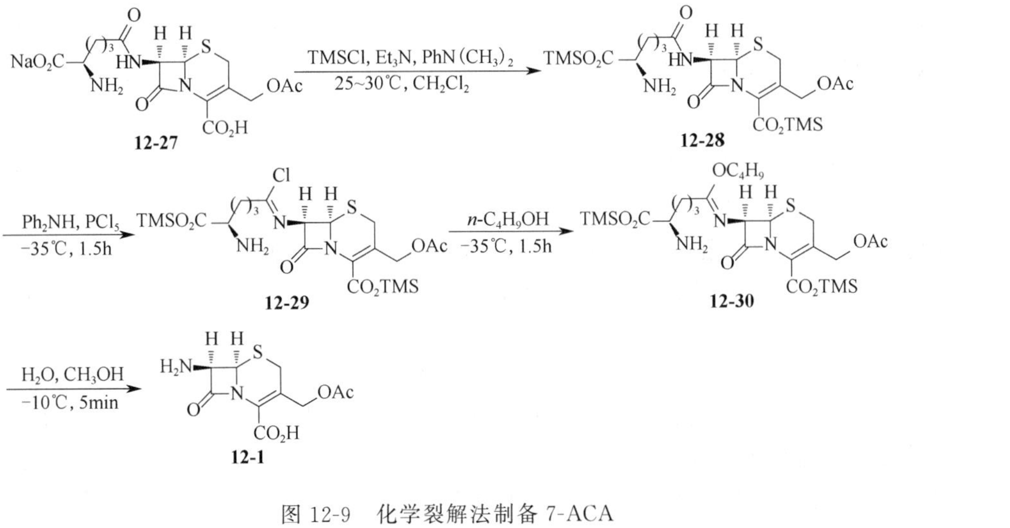

图 12-9 化学裂解法制备 7-ACA

（2）工艺过程。化学裂解法可分为四个工段：酯化、氯化、醚化和水解工段。

① 酯化工段。在反应罐中加入无水头孢菌素 C 钠盐（**12-27**）和二氯甲烷，再加入三乙

胺和二甲基苯胺。将所得混合物搅拌均匀后，开始滴加三甲基氯硅烷，并控制反应温度在35℃左右。滴加完毕后，继续在 25～35℃ 下反应 1～1.5h，得酯化液。

② 氯化工段。将酯化液加入氯化反应罐，冷却至 −40℃，缓慢加入二甲基苯胺和五氯化磷，控制体系温度不超过 −25℃，五氯化磷加入完毕后，于 30℃ 反应 1.5h 左右，得到氯化液。

③ 醚化工段。当氯化液及正丁醇温度均低于 −55℃ 时，开始滴加正丁醇。滴加完毕后，将反应混合物冷却至 −30℃，并在该温度下搅拌反应 1.5～2h，然后将料液转移至水解反应罐中。

④ 水解工段。向上一步的料液中加入甲醇和水，水解温度控制在 −10℃，时间为 5～15min。水解结束后，用浓氨水将反应体系的 pH 值调节至 3.5±0.1，搅拌 30min，放置结晶 1h，离心过滤，固体分别用 5% 甲醇水溶液、2.5% 柠檬酸水溶液和丙酮洗涤，真空干燥得 7-ACA（**12-1**）。

（3）工艺条件及影响因素

① 由于三甲基硅基易水解，故酯化反应应在无水的条件下进行，使用无水头孢菌素 C 钠盐（**12-27**）可显著提高反应收率。

② 氯化反应放热剧烈，故二甲基苯胺和五氯化磷需缓慢加入，并控制温度不超过 −25℃，可以减少杂质的产生。

（4）"三废"处理

① 在化学裂解法制备 7-ACA（**12-1**）的过程中，主要副产物是有机硅化合物、D-α-氨基己二酸正丁酯、HCl 气体以及过量的二氯甲烷、甲醇、正丁醇和有机胺等。

② 对于有机硅化合物，其主要包含六甲基二硅醚和三甲基硅醇，可进行回收再利用。具体过程为：废液经低温蒸馏回收二氯甲烷，再升高温度，回收六甲基二硅醚和三甲基硅醇，随后与 HCl 在氯化锌催化下再生得到三甲基氯硅烷。

③ D-α-氨基己二酸是一类非常有用的氨基酸，可作为合成头孢类抗生素的原料，并广泛应用于医药化工等行业。D-α-氨基己二酸可通过 D-α-氨基己二酸正丁酯的水解得到，其具体过程为：废液在氢氧化钠溶液中搅拌水解，然后用稀盐酸调节 pH 值至 D-α-氨基己二酸的等电点（pH=3.3），将析出的晶体过滤、洗涤、烘干后得到 D-α-氨基己二酸。

3. 生物酶法

虽然化学裂解工艺生产 7-ACA（**12-1**）得到了广泛的应用，但其存在明显的缺陷：① 该法必须使用无水头孢菌素 C 钠盐（**12-27**）作为原料，否则其含有的水分会增加三甲基氯硅烷的使用量；② 头孢菌素 C 钠盐（**12-27**）的羧基和氨基在裂解前均需进行保护，从而使生产过程中需消耗大量的三甲基氯硅烷；③ 氯化试剂五氯化磷是一种剧毒物质；④ 生产过程中产生大量的"三废"。

由于头孢菌素 C 钠盐（**12-27**）是一种水溶性化合物，因此人们考虑通过在水介质中以水解酶裂解头孢菌素 C 钠盐（**12-27**）所包含的酰胺键，从而得到 7-ACA（**12-1**）。但是长期以来，人们一直没有找到这种能够直接水解头孢菌素 C 钠盐（**12-27**）以去除 2-氨基己二酸的酶。但是，有一种已知的 7-ACA 戊二酰基酰化酶，它可以使与 7-ACA 连接的戊二酰结构被裂解。因此，人们开发了相应的酶促自发串联反应（即两步酶法）。首先，利用 D-氨基酸氧化酶将头孢菌素 C 钠盐（**12-27**）中的 α-氨基氧化成相应的 α-酮酸（**12-31**），而该步反应所生成的过氧化氢可自发促使 α-酮酸（**12-31**）脱羧，并生成具有戊二酰结构的化合物（**12-32**）。

最后，在 7-ACA 戊二酰基酰化酶的作用下得到 7-ACA（**12-1**）（图 12-10）。

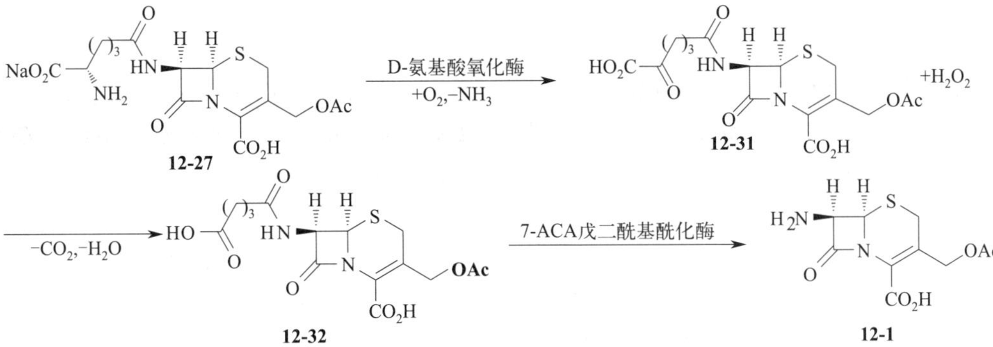

图 12-10　酶促自发串联反应法制备 7-ACA

2006 年，山德士（Sandoz）公司在德国法兰克福霍赫斯特（Frankfurt，Höchst）生产基地建立了一个直接通过水解酶裂解头孢菌素 C 钠盐（**12-27**）所包含的酰胺键工业化过程。该过程在水介质中运行，利用一种修饰的 7-ACA 戊二酰基酰化酶，可以直接得到 7-ACA（**12-1**）。

第三节　头孢噻肟钠生产工艺原理及其过程

头孢噻肟钠（Cefotaxime Sodium，**12-33**）属于第三代头孢菌素类抗生素，对大肠埃希菌、奇异变形杆菌、克雷伯菌属和沙门菌属等肠杆菌科革兰氏阴性菌（G^-）有强大活性。上一节中，对于头孢噻肟（**12-6**）的合成已做了一些简单介绍，本节将继续以其为例，从理化性质出发，通过分析头孢噻肟钠（**12-33**）的合成方法，介绍相应的生产工艺路线、工艺原理和"三废"处理，进一步对头孢菌素类药物的生产工艺进行详细介绍。

一、理化性质

头孢噻肟钠（**12-33**，图 12-11）又名氨噻肟头孢菌素、头孢氨噻肟、头孢泰克松、西孢克拉瑞等，其化学名称为（6R,7R）-3-[（乙酰氧）甲基]-7-[（2-氨基-4-噻唑基）（甲氧亚氨基）乙酰氨基]-8-氧代-5-硫杂-1-氮杂双环[4.2.0]-辛-2-烯-2-甲酸钠盐，英文名称为 sodium（6R,7R）-3-[（acetyloxy）methyl]-7-{[（2Z）-2-（2-amino-1,3-thiazol-4-yl）-2-（methoxyimino）acetyl]amino}-8-oxo-5-thia-1-azabicyclo[4.2.0]oct-2-ene-2-carboxylate。头孢噻

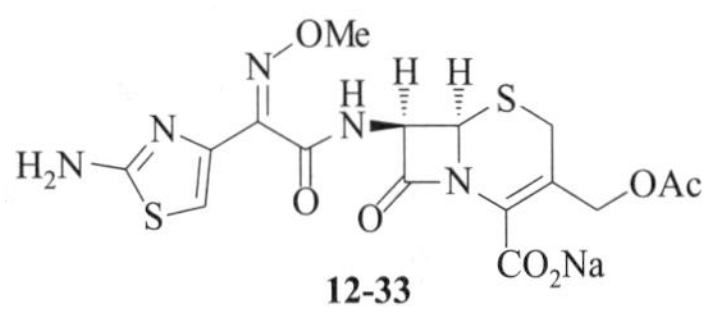

图 12-11　头孢噻肟钠分子结构式

肟钠（**12-33**）为白色、类白色或淡黄白色结晶，无臭或微有特殊臭；易溶于水，微溶于乙醇，不溶于氯仿；熔点为 162～163℃，比旋光度为 +56°～+64°。

头孢噻肟钠（**12-33**）是临床上广泛使用的第三代头孢类抗生素，由德国 Hoechst 和法国 Roussel 公司于 1977 年联合研制成功，1980 年上市，其粉针剂的商品名为 Claforan®。头孢噻肟钠（**12-33**）临床上主要应用于敏感微生物所致的呼吸道、泌尿生殖系统感染，败血症，细菌性心内膜炎、脑膜炎，骨关节、皮肤及软组织感染，胃肠道感染，烧伤及其他创伤；对危及生命的感染患者可与氨基糖苷类抗生素联合使用。

二、相关生产工艺路线

1. 头孢噻肟（12-6）的制备

头孢噻肟钠（**12-33**）是由头孢噻肟（**12-6**）的 2-位羧基成盐而来。由于头孢噻肟（**12-6**）侧链在酸性条件下不稳定，因此头孢噻肟（**12-6**）的合成方法目前主要采用活性酯法，包括含磷活性酯法、三嗪酮活性酯法、噁二唑活性酯法和 AE 活性酯法等。

（1）含磷活性酯法

① 工艺原理。此法主要的工艺原理是通过与二乙氧基硫代磷酰氯（**12-34**）反应，将头孢噻肟（**12-6**）侧链前体——氨噻肟酸（**12-7**）的羧基转化为含磷的活性酯（DAMA，**12-35**）后，再与 7-ACA（**12-1**）缩合得到头孢噻肟（**12-6**，图 12-12）。该工艺操作相对烦琐，且产生大量含硫和磷的废液，环境污染较大。

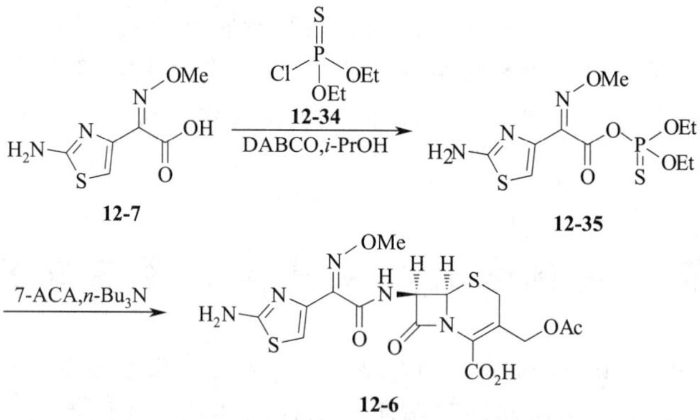

图 12-12　含磷活性酯法制备头孢噻肟

② 工艺过程。在异丙醇中，加入二乙氧基硫代磷酰氯（**12-34**）和催化量的三亚乙基二胺（DABCO），控制温度在 25℃以内。搅拌下，滴加含有氨噻肟酸（**12-7**）和三正丁胺的异丙醇溶液。滴加完毕后，保温搅拌 1h，加入 DAMA（**12-35**）晶种，继续保温反应 2h 后，降温至 0～5℃。过滤，所得 DAMA 产品（**12-35**）用冷的异丙醇洗涤，后在氮气保护下干燥。

室温下，将所得 DAMA 产品（**12-35**）与 7-ACA（**12-1**）溶于二氯甲烷和异丙醇的混合溶液中，加入适量的亚硫酸溶液，搅拌 10min。将温度控制在 20℃以下，缓慢加入三正丁胺，继续搅拌 1.5h。用稀盐酸溶液［按 156g 浓盐酸与 1.15L 异丙醇/水（10∶1.5）的比例混合而成］缓慢调节体系 pH 值至 3.0～3.5，同时加入头孢噻肟（**12-6**）晶种。过滤，固体用异丙醇洗涤两次，氮气保护下干燥。

（2）三嗪酮活性酯法。在三氯氧磷和 DMF 体系中，通过现制 Vilsmeier 盐，氨噻肟酸（**12-7**）与硫代三嗪酮（**12-16**）于 −20～−45℃下反应得到三嗪酮活性酯（**12-36**），后者再与 7-ACA（**12-1**）缩合得到头孢噻肟（**12-6**，图 12-13）。该法工艺反应条件苛刻，所得三嗪酮活性酯（**12-36**）收率不高，同时反应生成副产物硫代三嗪酮和大量含磷废水，后处理较麻烦。

（3）噁二唑活性酯法。在双（2-氧噁唑啉）磷酰氯的催化下，氨噻肟酸（**12-7**）与 2-巯基-5-苯基-1，3，4-噁二唑（**12-37**）反应得到噁二唑活性酯（**12-38**），后者再与 7-ACA（**12-1**）缩合得到头孢噻肟（**12-6**，图 12-14）。该工艺单元操作较多，需使用活性炭脱色，后处理较麻烦，生产周期长。

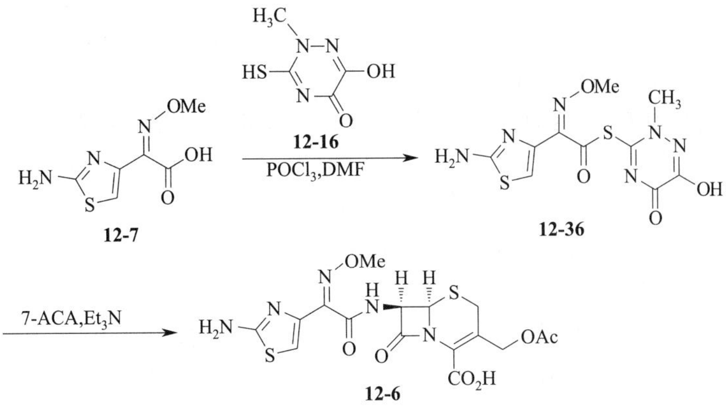

图 12-13　三嗪酮活性酯法制备头孢噻肟

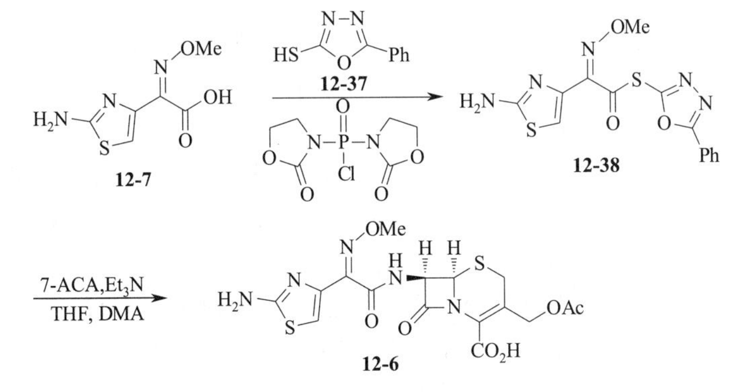

图 12-14　噁二唑活性酯法制备头孢噻肟

（4）AE 活性酯法

① 工艺原理。目前，工业化生产头孢噻肟（**12-6**）主要采用 AE 活性酯法，即氨噻肟酸（**12-7**）与二（2-苯并噻唑）二硫醚（**12-8**）反应成 AE 活性酯［2-甲氧亚氨基-2-（2-氨基-4-噻唑基)-(Z)-硫代乙酸苯并噻唑酯，MEAM，**12-9**］，然后再与母环 7-ACA（**12-1**）反应（图 12-15）。

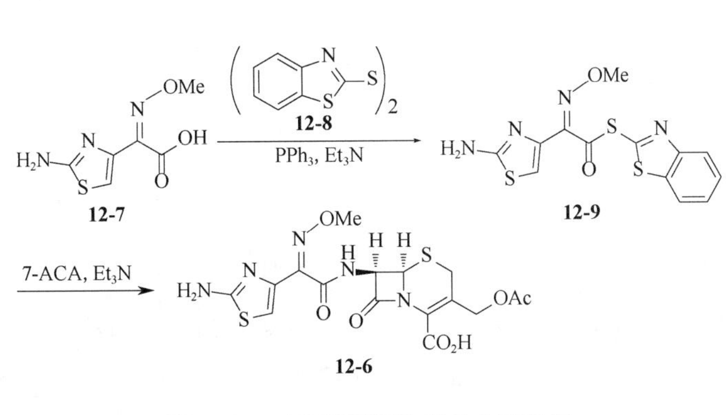

图 12-15　AE 活性酯法制备头孢噻肟

② 工艺过程。反应罐中加入适量二氯甲烷并开启搅拌，依次加入三苯基膦、氨噻肟酸 (**12-7**) 和二(2-苯并噻唑)二硫醚 (**12-8**)，冷却降温至 0℃，加入三乙胺，反应 3h 后，过滤。所得固体用乙酸乙酯洗涤 2 次后，再用四氢呋喃溶解，加入等体积的二氯甲烷，在 0℃ 下过滤，干燥得到产品 AE 活性酯 (**12-9**)。

将反应罐温度控制在 5~10℃ 内，并依次加入二氯甲烷、水、甲醇，混合均匀，并加入 7-ACA (**12-1**)。随后，搅拌下滴加三乙胺，滴加完毕后继续搅拌 5min，再加入 AE 活性酯 (**12-9**)。控温反应一段时间后，用 6 mol/L 盐酸调节反应体系 pH 值为 2~3。过滤，固体用丙酮洗涤、干燥，得白色粉末状头孢噻肟 (**12-6**)。

③ 工艺条件及影响因素

第一，投料比对反应的影响：7-ACA (**12-1**)、AE 活性酯 (**12-9**) 与三乙胺的摩尔比为 1 : 1.05 : 1.3，若三乙胺用量偏少，易导致反应不完全，反应时间较长，AE 活性酯 (**12-9**) 转化率低；若三乙胺用量偏多，反应体系 pH 值偏高，易导致反应速率偏快和产物降解，从而影响产品收率和品质。

第二，反应媒介对反应的影响：常用的反应媒介有二氯甲烷、三氯甲烷和四氢呋喃等，反应收率均比较理想。但三氯甲烷毒性较大，四氢呋喃易与水混溶而难以回收，故工业化生产中一般采用二氯甲烷作为反应媒介。此外，反应中通常还需添加辅助溶剂，如水、乙醇、异丙醇等，促使反应在均相条件下进行。

第三，反应温度对反应的影响：反应温度较低时，反应速率较慢，反应时间长，但产品的色级较好。与之相反，升高反应温度后，虽然反应加快，但产品的颜色偏红。通常情况下，反应中一般控温在 5~10℃ 内。

第四，结晶时 pH 值对产品的影响：反应结束后，头孢噻肟 (**12-6**) 以盐的形式存在，通过加入酸使体系呈酸性，并加入少量晶种诱导结晶。一般控制结晶体系的 pH 值在 2~3，因为在 pH 值 2.5 左右时，最接近头孢噻肟 (**12-6**) 的等电点，结晶效果好。

2. 头孢噻肟钠 (12-33) 的制备

(1) 工艺原理。以制得的头孢噻肟 (**12-6**) 为原料，通过其与异辛酸钠在水中作用，生成溶于水的头孢噻肟钠 (**12-33**，图 12-16)。由于头孢噻肟钠 (**12-33**) 在有机溶剂中的溶解度较低，可通过加入可溶于水溶液的有机溶剂，并在晶种的诱导下逐步使头孢噻肟钠 (**12-33**) 析出，再经过过滤、洗涤、干燥后得到纯品。

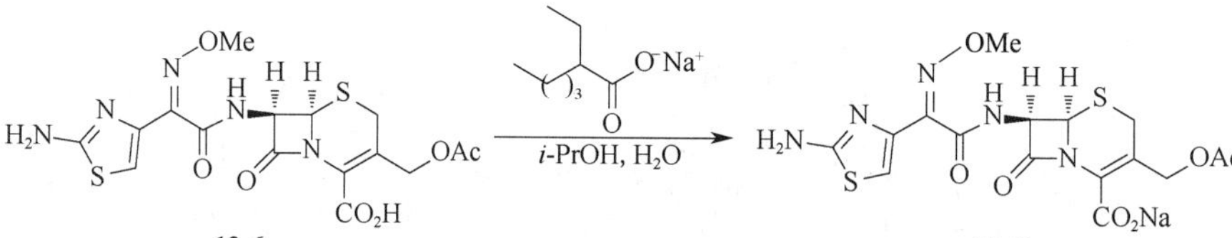

图 12-16 头孢噻肟钠的制备

(2) 工艺过程。在搪玻璃反应罐中，加入亚硫酸和异丙醇，搅拌均匀后，将溶于水中的异辛酸钠加入反应罐。0℃ 下，加入头孢噻肟 (**12-6**)，搅拌 1h 至反应体系基本澄清。加入活性炭脱色，抽滤除去不溶物。20℃ 下，向滤液中滴加异丙醇至溶液呈微浑浊，再加入少量头孢噻肟钠 (**12-33**) 晶种，搅拌约 1h。随着较多的晶体析出，继续滴加异丙醇约 2h。在

20℃下静置 3h，抽滤，晶体分别用异丙醇和丙酮洗涤，于 35～45℃内真空干燥，最终得白色晶体。

（3）工艺条件及影响因素

① 反应温度对反应的影响。在成盐反应时，应保持体系的温度较低，较佳的反应温度在 20℃。温度偏低，反应速率缓慢，反应时间长，且易发生已溶清的头孢噻肟钠（**12-33**）提前析晶；若温度偏高，产品的色级也会逐渐升高。

② 结晶溶剂的选择与用量对产品的影响。常用的结晶溶剂有乙醇、丙酮、异丙醇等，通常选用异丙醇。随着异丙醇用量的增加，产品收率随之提高，但生产成本也会随之增加。一般情况下，异丙醇的用量是头孢噻肟（**12-6**）的 10～12 倍。

③ 成钠剂的选择对产品的影响。采用三水合乙酸钠、碳酸氢钠、甲酸钠、异辛酸钠等均可使头孢噻肟（**12-6**）转化为相应的头孢噻肟钠（**12-33**）。经研究发现，使用乙酸钠/异辛酸钠作为混合成钠剂制得的头孢噻肟钠（**12-33**）含量最高，且收率也比较理想。

三、"三废"处理

在采用 AE 活性酯法制备头孢噻肟（**12-6**）的过程中，主要副产物是 2-巯基苯并噻唑，其对人体和环境有一定的危害，已被美国食品药品监督管理局（FDA）认定为严禁超标的杂质，必须从原料药中除去并达标。在头孢噻肟（**12-6**）经过滤分离后，所剩滤液可进行常压蒸馏，回收二氯甲烷与水的共沸液后，残留液冷却至室温，调节 pH 值至析出固体，过滤并精制后可得副产物 2-巯基苯并噻唑。

📚 阅读材料

全人类携起手，共同打败"超级细菌"

"超级细菌"，又被称作"多重耐药性细菌"。它不是特指某一种细菌，而是泛指那些对多种抗生素具有耐药性的细菌群体。目前，引起人们特别关注的"超级细菌"主要包括耐甲氧西林金黄色葡萄球菌（MRSA）、耐多药肺炎链球菌（MDRSP）、万古霉素肠球菌（VRE）、多重耐药性结核杆菌（MDR-TB）、多重耐药鲍曼不动杆菌（MRAB）、最新发现的携带有 NDM-1 基因的大肠杆菌和肺炎克雷伯菌等。由于大部分抗生素对其不起作用，"超级细菌"已对人类健康造成极大的危害。

细菌、病毒、真菌、立克次氏体、支原体、衣原体……这些低等生物体有一个统一的名字——微生物。作为其中一员，细菌也有"好"和"坏"之分。人类很早就会利用"好"细菌，如使用乳酸菌发酵酸奶。而当人体皮肤及黏膜受到损伤，或免疫系统出现异常时，"坏"细菌便有可能乘虚而入，进入人体后通过繁殖引起感染。长期以来，"医生，帮我开一些消炎药，来压一压炎症！"这种错误观念在患者中并不少见。殊不知这种错把抗生素当作所谓"消炎药"的行为，极易引起抗生素的滥用（因为抗生素仅对细菌感染引起的炎症有效），从而导致细菌产生耐药性，进而促使"超级细菌"的产生。这一论断并非危言耸听，微生物（尤其是细菌）耐药问题已成为全球公共健康领域的重大挑战。2022 年 1 月，著名医学期刊《柳叶刀》杂志发表的一项研究结果显示，2019 年，微生物耐药性感染直接导致全球 127 万人死亡，间接导致 495 万人死亡。因此，遏制微生物耐药已经上升到全人类生命健康的重大战略高度。2016 年，世界卫生组织发布了《抗微生物药物耐药性全球行动计划》。2020 年

5月，联合国粮食及农业组织、世界动物卫生组织和世界卫生组织召开协商会，决定扩大世界认识抗微生物药物范围，将重点从"抗生素"改为"抗微生物药物"。

2012年，我国便开始推行"限抗令"，严控抗生素类药物的使用。此后，国家卫生行政部门多次发布新规，抗生素使用的管控力度不断升级。2016年，我国14个部委联合印发了《遏制细菌耐药国家行动计划（2016—2020年）》，在国家层面采取综合治理措施应对细菌耐药，对药物研发、生产、流通、应用、环境保护等各个环节加强监管。2020年10月，全国人大常委会审议通过《中华人民共和国生物安全法》，将应对微生物耐药作为生物安全的八大领域之一。2022年10月，国家卫生健康委在评估总结过去几年工作效果的基础上，对包括细菌耐药在内的微生物耐药进行统筹考虑，联合12个部门共同制定了《遏制微生物耐药国家行动计划（2022—2025年）》，坚持预防为主、防治结合、综合施策的原则，聚焦微生物耐药存在的突出问题，创新体制机制和工作模式，有效控制人类和动物源主要病原微生物耐药形势。

抗生素是当前乃至今后维护人类和动物健康极其宝贵的资源，在挽救患者生命、提高养殖效益以及保障公共卫生安全中发挥着重要作用。科学合理使用抗生素等各类抗微生物药物需要全社会共同行动起来，形成合力，推动各项任务保质保量完成，为维护人民健康、环境安全、国家生物安全不懈努力。

思考题

1. 头孢噻肟钠的制备过程中，为何要先将侧链转化为活性酯，而非将侧链转化为酰氯后再与母环7-氨基头孢烷酸（7-ACA，**12-1**）进行酰胺化反应？
2. 头孢曲松的制备过程中（图12-6），为何不先将母环7-氨基头孢烷酸（7-ACA，**12-1**）的7-位氨基与AE活性酯反应后，再进行3-位的乙酰氧基取代？
3. 结合文献检索，分别以7-ACA和GCLE为原料设计头孢地尼的合成路线。
4. 相比生物酶法，化学裂解法生产7-氨基头孢烷酸（7-ACA，**12-1**）有何缺陷？

参考文献

[1] 元英进.制药工艺学. 2版.北京: 化学工业出版社, 2017.

[2] 孟现民, 董平, 姜旻, 等.头孢菌素类抗菌药物的开发历程与研究近况.上海医药, 2011, 32(5): 218-221.

[3] 隋妍蕾, 邱伟杰, 邱凤玲, 等.第五代头孢菌素类药物的药理学特点及临床应用.中国实用医刊, 2016, 43(10): 125-126.

[4] 郑光辉.头孢菌素类抗生素合成工艺的研究进展.河北化工, 2010, 33(7): 31-32.

[5] 万冬, 王静康.7-ACA 的制备及结晶工艺.化学工业与工程, 2003, 20(6): 506-510.

[6] 胡文滨.头孢噻肟酸的合成. 河北化工, 2010, 33(9): 40-41.

[7] Gröger H, Pieper M, König B, et al. Industrial landmarks in the development of sustainable production processes for the β-lactam antibiotic key intermediate 7-aminocephalosporanic acid（7-ACA）. Sustain Chem Pharm, 2017, 5: 72-79.

[8] 叶静, 肖婷婷, 王雪婷, 等.新型抗菌药物研究进展与临床应用.药学进展, 2021, 45(6): 403-412.

第十三章

地塞米松生产工艺

本章学习要求

1. 了解：甾体药物的分子结构特点和药用价值。
2. 熟悉：地塞米松的生产工艺原理及过程。
3. 掌握：地塞米松生产工艺路线的设计与评价。

第一节　甾体药物概述

一、甾体药物结构及其临床应用

甾体化合物（steroids）又称为类固醇，是一类分子结构中含有氢化程度不同的1,2-环戊烯并菲甾核的化合物。甾体化合物具有十分重要的生物学功能，其天然产物及合成衍生物可用于多种治疗冠心病、心绞痛、心肌缺血、脑动脉硬化和脑血栓后遗症、慢性肺源性心脏病等疾病的药物，如地奥心血康胶囊（有效成分：黄山药中的甾体皂苷）、心脑舒通（有效成分：蒺藜果实中的甾体皂苷）、盾叶冠心宁（有效成分：盾叶薯蓣根茎中的水溶性皂苷）等。目前，全世界生产的甾体药物品种已达400余种，其中最主要的为甾体激素药物，如常用的几种代表性人工半合成的甾体激素类药物——倍他米松（Betamethasone）、地塞米松（Dexamethasone）、泼尼松（Prednisone）、氢化可的松（Hydrocortisone）等，在用于癌症、重症感染和器官移植等危重病症时疗效显著。作为基础卫生体系的必备药物，甾体药物常作为战略性物资进行储备。值得一提的是，甾体药物在抗击非典和肆虐全球的新冠病毒中均发挥了重要的治疗作用。

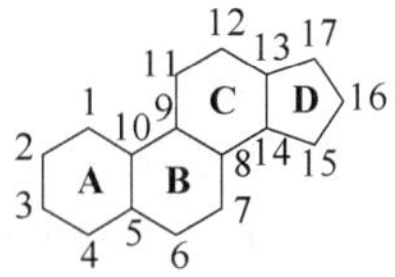

激素（hormones）是由内分泌腺以及具有内分泌功能的一些组织所产生的微量化学信息分子，对生物体有重要的生理作用。甾体激素（steroid hormone）是一类具有甾核的激素，其结构主要为环戊烷多氢菲核，由三个六元环和一个五元环组成，分别称为A、B、C和D环（图13-1）。其中，母核的第10、13位有角甲

图 13-1　甾体化合物的
环戊烷多氢菲核结构

基（—CH$_3$），第 3、11、17 位可能有羟基（—OH）或羰基（ 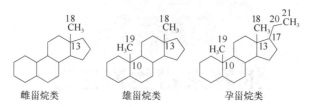 ），A、B 环可能存在部分双键，第 17 位有长短不同的侧链。按环戊烷多氢菲核中 C10、C13 和 C17 位上取代基情况的不同，甾体激素可分为雌甾烷类、雄甾烷类和孕甾烷类（图 13-2）。

图 13-2　雌甾烷类、雄甾烷类和孕甾烷类甾体激素结构

甾体激素是人们在研究哺乳动物内分泌系统时发现的内源性物质，广泛存在于动、植物组织或某些微生物细胞中，在调节性功能、促进机体发育、免疫调节、皮肤疾病治疗及生育控制方面具有明确的作用。自 20 世纪 50 年代以来，随着立体化学的迅速发展，甾体激素药物已成为临床上使用的一类重要药物，在世界范围内产量仅次于抗生素。根据不同的药理作用，甾体激素类药物主要包括肾上腺皮质激素、性激素和蛋白同化激素三大类：

（1）肾上腺皮质激素（adrennocroticosteroids）：又称为皮质激素，是肾上腺皮质受脑垂体前叶分泌的促肾上腺皮质激素的刺激而产生的一类激素。目前，肾上腺皮质激素药物用于临床的有醋酸可的松（Cortisoneacetate）、氢化可的松（Hydrocortisone）、醋酸地塞米松（Oexamethasone Acetate）、醋酸氟轻松（Fluocinonide）等，其主要功效为抗炎、解毒、抗过敏等，对风湿性关节炎、类风湿性关节炎、红斑狼疮等胶原性疾病有较为明显的治疗作用，同时对支气管炎、哮喘、严重皮炎、阿狄森内分泌疾病及过敏性休克也有独特疗效。

（2）性激素（sexsteroids）：目前，性激素类药物主要有孕酮（Progesterone）、雌酮（Oestrone）、睾丸酮（Testosterone）、炔诺酮（Norethisterone）等，临床上主要用于两性性机能不全所导致的各种疾病，如男性器官衰退和某些妇科疾病等。此外，性激素也是治疗乳腺癌、前列腺癌的辅助治疗药物，也是近年来口服避孕药的主要成分。

（3）蛋白同化激素（anabolic steroids）：主要用于促进蛋白质合成和抑制蛋白质异化、恢复和增强体力等，临床使用的药物主要有 17α-甲基去氢睾丸素（17α-Methyldehydro-testosterone）、苯丙酸诺龙（Nandrolonephylpropionate）等。

二、甾体药物的生产工艺路线

1. 甾体药物的研究历程

甾体药物的发现和工业化生产，是 20 世纪全球医药工业最成功的两大进展之一。从 20 世纪初发现甾体化合物具有强大的药用功效，到如今甾体制药已成为一个庞大的产业，其工业化过程大致经历了以下 4 个阶段。

（1）认知阶段（20 世纪 20 年代前）。早在 100 多年前，甾体化合物所具有的特殊生理活性就引起了人们的注意。但一直到 20 世纪 20 年代，人们对甾体化合物的研究仍停留在发现活性甾体物质的阶段。

（2）分离提取阶段（20 世纪 20～30 年代）。20 世纪 20 年代以后，人们成功从肾上腺、性腺等腺体中提取分离出多种天然甾体激素，如雌酮（1932 年）、雌二酮（1932 年）、睾酮

（1935 年）和皮质酮（1939 年）等结晶，并确定了它们的化学结构，促使甾体化学和甾体药物化学加快了快速发展的脚步。此阶段，3 位德国科学家 Wieland、Windaus 和 Butenandt 分别完成了胆酸，维生素 D 以及雌甾酮、雄甾酮、孕甾酮等性激素活性成分的鉴定，从而分别获得 1927 年、1928 年和 1939 年的诺贝尔化学奖。而由于动物腺体的成分复杂、甾体含量极低，加之收集比较困难，导致此阶段的甾体药物不仅供应种类有限，并且价格极其高昂。例如，当时从动物腺体提取的黄体酮，单价曾高达 1000 美元/g，远超黄金价格。

（3）化学合成及应用阶段（20 世纪 40～50 年代）。由于天然甾体来源有限、价格高昂，严重限制了甾体药物的临床应用普及。随着化学制药工业的兴起，人们开始尝试通过化学合成生产此类物质。

1937 年，Reichstein 成功合成了第一个肾上腺皮质激素——去氧皮质酮（desoxycorticosterone），开启了人工合成甾体化合物时代。1940 年，美国宾夕法尼亚州立大学的 Russel Marker 发现薯蓣属植物中存在一种甾体皂苷元（俗称薯蓣皂素），以此为原料经三步降解即可生成孕烯酮醇（又称双烯）。随后，Marker 又在墨西哥找到了富含薯蓣皂素的小穗花薯蓣，解决了原料来源问题。此后以薯蓣皂素为原料，经 Marker 降解生产不同的甾体药物得到了蓬勃发展，最终形成了沿用至今的"薯蓣皂素-双烯"半合成体系。除某些特殊激素类药物需从动物尿液中提取外，几乎所有的甾体药物都可以薯蓣皂素为起始原料进行生产。

（4）引入微生物转化阶段（20 世纪 50 年代至今）。由于甾体化合物结构复杂，不仅属于多环稠合，而且还具有多个手性中心。因此，化学全合成甾体化合物十分困难，且步骤繁多，人们将目光开始转向微生物转化法领域。

早在 1944 年，人们发现微生物具有转化甾醇生成有用代谢产物的能力。1952 年，美国普强（Upjohn）公司的 Peterson 和 Murray 发现少根霉菌（*Rhizopus arrhizus*），随后又使用黑根霉菌（*Rhizopus nigricans*）成功使黄体酮（**13-1**）一步转化为 11α-黄体酮（**13-1**，图 13-3），转化率高达 90％以上，且立体选择性好，从而开辟了甾体药物的微生物转化法合成新途径。

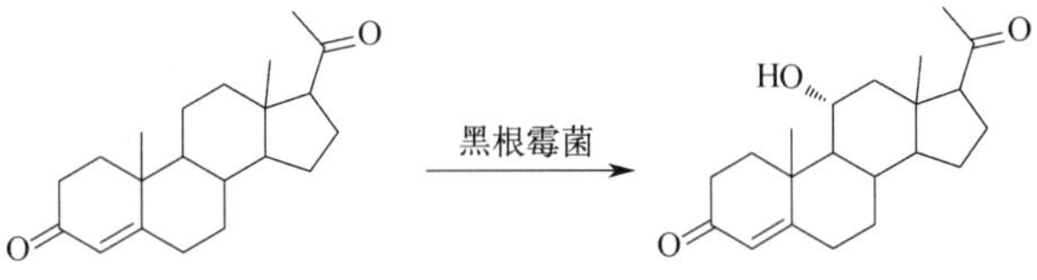

图 13-3　黄体酮的微生物转化

微生物对甾体化合物的转化方式多种多样，它们可以对甾体的每一个位置（包括甾体母核与侧链）所具有的原子或基团都进行生物转化，如氧化、还原、水解、酯化、酰化、异构化、卤化、A 环开环、侧链降解等，有时一种微生物还可对某种甾体化合物同时产生数种不同的转化反应。对于甾体化合物的转化，羟化反应是最重要的反应。化学法仅对 C17 位引入羟基较为容易，而微生物转化法能在甾体化合物的任何位置进行羟化反应。

2. 甾体药物的合成

甾体药物的合成方法主要有：化学半合成法、化学全合成法和微生物转化法。此外，基于合成生物学开发甾体药物的微生物全合成技术也已开始萌芽。在 1998 年和 2003 年，

Pompon 及 Dumas 课题组通过在酵母引入异源基因，改变内源的麦角甾醇合成路线，实现了黄体酮和氢化可的松等甾体激素的微生物全合成。虽然从产量来看，这种策略还仅仅是一种创新性的概念，但此工作有力证实了利用人工生物合成甾体药物的可行性，为甾体制药技术指出一个全新的方向。

目前，甾体药物的合成主要集中在以具有甾体母核结构的天然产物为原料，采用化学法和微生物转化法相结合的方式来合成甾体类药物。此外，甾体药物的化学全合成虽然难度较大，但随着甾体化学与合成化学的快速发展，甾体药物的化学全合成已实现了工业化，如抗早孕甾体药物左旋炔诺酮（Levonorgestrel）、米非司酮（Mifepristone）等（图 13-4）。

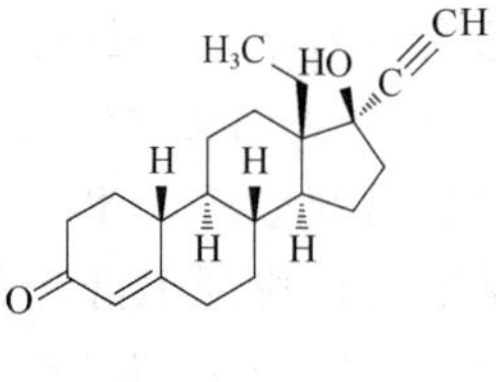

左旋炔诺酮 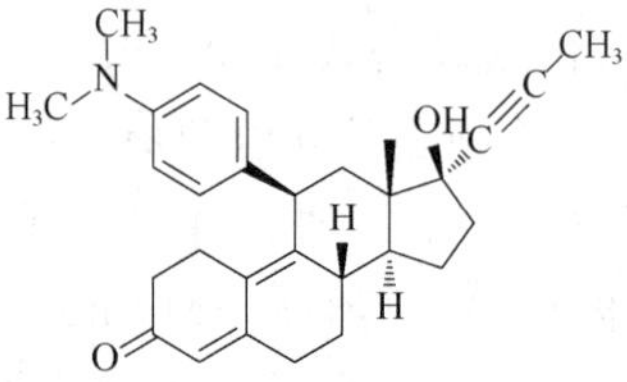　　　　　　　　　　米非司酮

图 13-4　左旋炔诺酮和米非司酮

国内甾体药物生产的工艺路线主要有两种。

（1）以薯蓣皂素（**13-3**）（或番麻皂素和剑麻皂素等皂素）为起始原料，将其转化为双烯醇酮醋酸酯（简称双烯，**13-4**）等核心原料后，用于生产甾体药物（即"薯蓣皂素-双烯"半合成体系，图 13-5）。

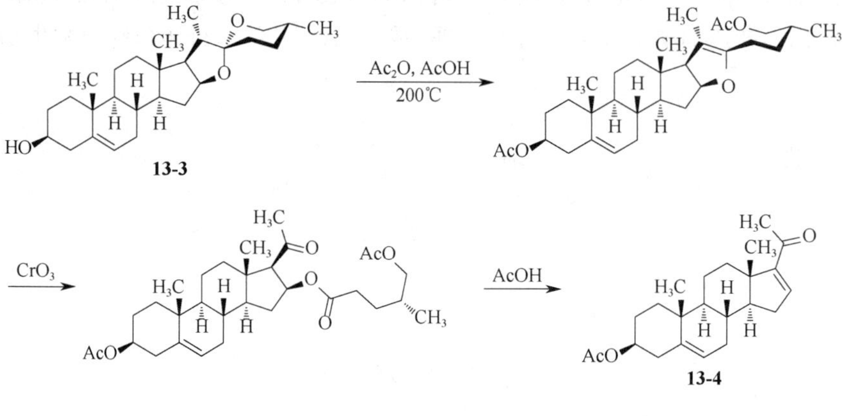

图 13-5　以薯蓣皂素为原料制备双烯醇酮醋酸酯

2000 年前后，薯蓣皂素（**13-3**）是我国生产甾体药物的主要起始原料，占总量的 95%。薯蓣皂素（**13-3**）的主要来源是黄姜，国内黄姜的人工种植始于 20 世纪 80 年代，高峰时期仅我国的种植面积即高达 4000 万亩（1 亩＝666.67m²，下同），年产薯蓣皂素约 5000t，可满足全球的生产需求。人工栽植的黄姜中的薯蓣皂素（**13-3**）含量平均约为 2%，即生产 4500t 薯蓣皂素（**13-3**）需要近 7 万公顷的黄姜种植面积，土地资源消耗巨大。此外，黄姜整体质量参差不齐，下游薯蓣皂素（**13-3**）提取企业的产业化程度较低等因素均加大了资源

浪费。生产工艺方面，薯蓣皂素（**13-3**）大多沿用自然发酵、稀盐酸水解、汽油提取的方式生产，因缺乏有效处理薯蓣皂素（**13-3**）废水的技术，经过水解和洗涤排出废液含有大量的无机酸和有机物，对当地生活用水和河流水质造成了严重的污染。而国内以黄姜生产薯蓣皂素（**13-3**）的加工区主要分布在南水北调的中线水源地——丹江口水库的上游，其生产污染物对进行南水北调的水质影响较大。基于《南水北调工程总体规划》和国内黄淮海地区水资源短缺的严峻形势，国家强制关闭了湖北、陕西等地环保不达标的薯蓣皂素（**13-3**）生产厂家。然而，国内外不断增长的甾体药物市场对相关原料的需求依然旺盛，从而导致双烯（**13-4**）价格不断上涨，促使甾体药物工业的生产开始转变。

（2）以胆固醇或豆甾醇、谷甾醇和菜油甾醇等植物甾醇为原料，通过微生物转化的方式将其侧链降解后转化为雄烯二酮（雄甾-4-烯-3,17-二酮，AD，**13-5**）、雄二烯二酮（雄甾-1,4-烯-3,17-二酮，ADD，**13-6**）、9-羟基雄烯二酮（9α-OH-AD）、21-羟基-23,24-二降胆-4-烯-3-酮（HBC）等甾体药物核心原料，进一步生产甾体药物（图13-6）。

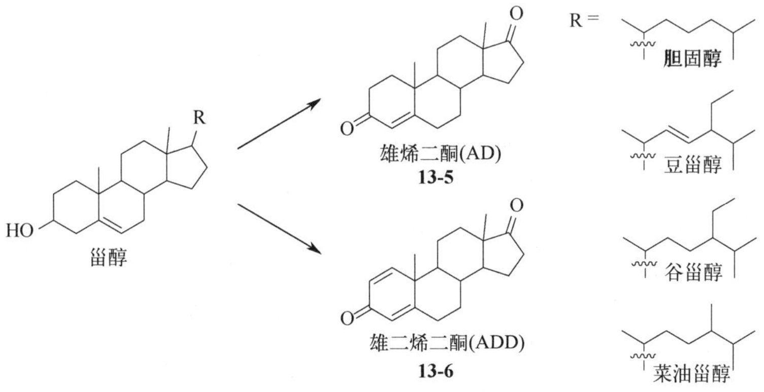

图 13-6　微生物法降解甾醇侧链制备 AD 和 ADD

雄烯二酮（AD，**13-5**）是一种重要的甾体药物中间体，因其独特的结构，利用它作为起始原料几乎可以合成所有甾体药物，如睾丸素、妊娠素、螺甾内酯、安体舒通、氢化可的松等甾体药物。此外，雄二烯二酮（ADD，**13-6**）极易发生芳香重排生成雌酮，而雌酮是合成雌二醇、雌三醇和炔雌醇等重要雌激素甾体药物的关键中间体，如将雌二醇还原，可得19-去甲基睾丸酮，由此还可以合成一系列 19-去甲甾体药物，如蛋白同化药物和女用口服避孕药炔诺孕酮、孕二烯酮等。目前，国内已逐步以植物甾醇为起始原料生产雄烯二酮（AD，**13-5**）等甾体药物中间体，以取代以稀缺的薯蓣皂素（**13-3**）为起始原料生产双烯（**13-4**）的工业体系（表13-1）。

表 13-1　甾体中间体及其下游药物

甾体中间体	下游甾体药物
雄烯二酮及其衍生产物	氢化可的松系列、波尼松龙系列、强的松系列等
雄二烯二酮及其衍生产物	睾酮等雄激素、雌酮和雌二醇等雌激素
9-羟基雄烯二酮及其衍生产物	氢化可的松系列、地塞米松系列、倍他米松系列、波尼松龙系列、强的松系列、依普利酮等

双烯类和雄烯二酮类化合物是生产甾体药物的两大核心原料。我国传统的甾体药物生产主要以"薯蓣皂素-双烯"技术为主，但在生产过程中存在严重的资源浪费和环保问题。近

年来，甾体药物原料药生产企业逐渐开始采取微生物发酵植物甾醇的生物技术路线生产雄烯二酮（AD，**13-5**）类产物。与传统工艺相比，植物甾醇来源广泛，且工艺过程对环境污染小，减轻了行业的资源浪费问题，消除了环保压力，有利于推动行业的可持续性发展。国外对采用微生物转化方式制备雄烯二酮类化合物的研究始于 20 世纪中后期，直到 80 年代末才在德国先灵（Schering）制药公司等得到应用，而我国直到 90 年代才开始对相关领域进行研究，在 2010 年左右取得突破，并迅速完成了对"薯蓣皂素-双烯"体系的取代。

第二节 地塞米松的生产工艺设计

一、地塞米松的理化性质及其临床应用

地塞米松（Dexamethasone，**13-7**，图 13-7）又名氟美松、氟甲强的松龙、德沙美松，化学名称为 16α-甲基-11β,17α,21-三羟基-9α-氟孕甾-1,4-二烯-3,20-二酮，英文名称为 16α-methyl-11β,17α,21-trihydroxy-9α-fluoro-pregna-1,4-diene-3,20-dione。本品为白色粉末，无臭，味微苦，性状稳定，略溶于甲醇、乙醇、丙酮或二氧六环，微溶于氯仿，于水中不溶。熔点为 255～264℃，比旋光度为＋72°～＋80°（c=1g/mL，二氧六环）。

地塞米松（**13-7**）是一种人工合成的肾上腺皮质激素，是甾体激素药物的代表品种之一。自从 20 世纪 50 年代研制成功后，由于其抗炎作用强大，用量较少，水钠潴留和排钾作用轻微，能减轻机体组织对损害性刺激所产生的病理反应，被广泛应用于临床，现已经成为治疗脑水肿、休克、过敏性疾病、减少炎症等方面的一线用药，被誉为"皮质激素之王"。目前，地塞米松（**13-7**）已被列入世界卫生组织推荐的基本药物目录和我国《国家基本医疗保险药品目录》，成为基础公卫体系必备药物之一。

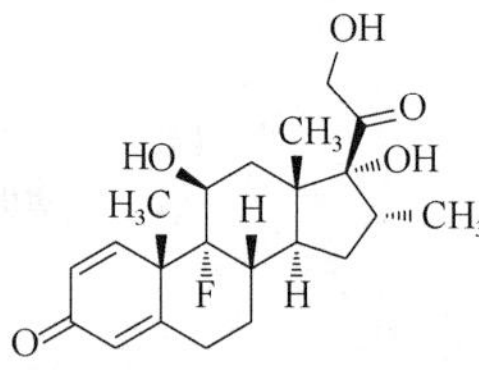

图 13-7 地塞米松结构式

相比于可的松（Cortisone）与氢化可的松（Hydrocortisone），地塞米松（**13-7**）于甾环 16α 位引入甲基可增加其代谢的稳定性，改善生物利用度，提高与激素受体亲和力，继而增强抗炎活性，且钠潴留副作用显著减少。地塞米松（**13-7**）与氢化泼尼松（Prednisolone）的临床生物等效剂量比为 0.75∶5，半衰期为 36～54h，属于长效类糖皮质激素。此外，地塞米松（**13-7**）的抗炎、抗过敏和抗休克作用比泼尼松（Prednisone）更显著，而对水钠潴留和排钾作用轻微，对垂体-肾上腺抑制作用较强。不仅如此，地塞米松（**13-7**）还可制成多种衍生物（图 13-8），如醋酸地塞米松（Dexamethasone Acetate，**13-8**）、地塞米松磷酸

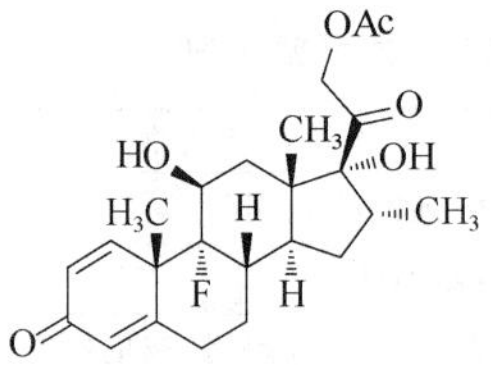

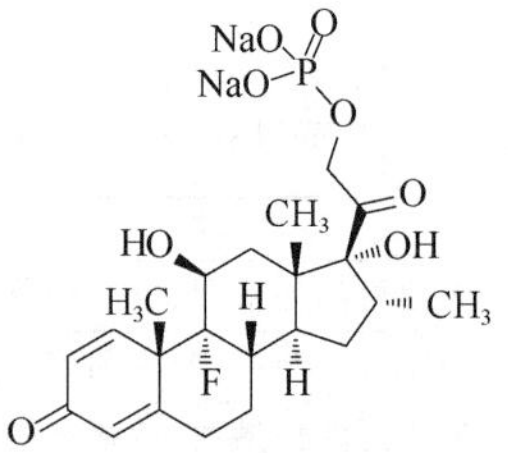

图 13-8 醋酸地塞米松和地塞米松磷酸钠

钠（Dexamethasone Sodium Phosphate，**13-9**）等，前者可用于口服给药，后者因其有水溶性而具有起效快的特点。

二、地塞米松的工艺路线设计与评价

1958 年，Arth 与 Oliveto 等分别合成了地塞米松（**13-7**），开启了人们对地塞米松（**13-7**）的合成研究。1960 年，默克（Merck）公司开始生产地塞米松磷酸钠。彼时，地塞米松（**13-7**）的合成单纯采用了化学全合成技术，反应步骤多、工艺过程复杂、合成效率低下，导致地塞米松（**13-7**）的收率很低、价格昂贵。随着薯蓣皂素被工业化应用于制备甾体药物，人们开始改用化学半合成的方式生产地塞米松（**13-7**），即从天然产物中提取含有甾体基本骨架的化合物作为原料，再通过化学的方法将其改造。

如前所述，目前全世界用于制备地塞米松（**13-7**）的原料有两大类：一类是从植物中提取的天然甾体皂素，包括薯蓣皂素（**13-3**）、剑麻皂素和番麻皂素；另一类是从制糖、食用油精炼等产生的工业废料中提取的豆甾醇、β-谷甾醇等植物甾醇。下面将主要介绍以薯蓣皂素（**13-3**）、番麻皂素和剑麻皂素为原料制备地塞米松（**13-7**）的方法。

1. 以薯蓣皂素（13-3）为原料的合成路线

相比于番麻皂素和剑麻皂素，薯蓣皂素（**13-3**）的结构与地塞米松（**13-7**）最为接近，其通过裂解、氧化、水解等一系列步骤转化为双烯醇酮醋酸酯（**13-4**，图 13-5）后，再经过：①A 环碳-碳不饱和双键的形成；②C11β、C17α 和 C21 端基位羟基的引入；③C9α 位氟元素的引入；④C16 位的甲基化等结构修饰完成地塞米松（**13-7**）的制备。

（1）首先进行 D 环修饰的合成路线。该路线的特点是：① 首先进行甾体母核中 D 环的修饰。以薯蓣皂素（**13-3**）为原料制得双烯（**13-4**）后，与甲基亚硝基脲反应生成 $16\alpha,17\alpha$-二氢吡唑环化合物（**13-10**），经脱氮后完成 C16 位甲基的引入（**13-11**）。②通过环氧化、开环、加氢还原和水解，完成 C17α 位羟基的生成，得 16α-甲基-17α-羟基中间体（**13-16**）。③通过氧化反应，构筑 A 环的 Δ^4-3-酮骨架，并通过碘代修饰 C21 位导入羟基，得乙酰基保护的 C21 羟基化合物（**13-19**）。④ 通过微生物氧化，得到 C11 位羟基中间体（**13-20**）。需要指出的是，由于所使用的黑根霉（*Rhizopus nigricans*）缺乏选择性，引入 C11 位羟基的同时能脱去保护 C21 位羟基的乙酰基，故需再次对 C21 位羟基进行保护。⑤将 C11 位羟基磺酰化后消除，得到 C9，C11 位双键，再利用二氧化硒脱氢，完成制备修饰 A 环的化合物（**13-23**）。⑥利用底物中相邻手性中心的诱导效应，将 C9，C11 位双键打开，完成 C9 和 C11 位手性中心的构建，并得到相应的碳-碳双键加成产物（**13-24**）。⑦ 经过环氧化、氟代完成 B 环和 C 环的修饰，先得到前体醋酸地塞米松（**13-8**），并最终水解得到地塞米松（**13-7**，图 13-9）。

该路线曾在生产上广泛应用，是国内企业改进和优化地塞米松（**13-7**）工艺路线借鉴的范例。但是，这条工艺路线仍存在一些缺陷：首先，整条工艺路线步骤较多，过程复杂，仅为完成 A 环和 D 环的修饰已使用了十四步反应；其次，用于引入 C16 位甲基的甲基亚硝基脲与 D 环碳-碳双键反应的同时，也可与 B 环的双键作用，且价格昂贵，易燃易爆，不利于工业化生产；最后，用于引入 C11 位羟基的黑根霉发酵收率不高，仅为 50% 左右，且有较多副产物生成。

（2）首先进行 A 环修饰并经四烯物的合成路线（图 13-10）。这条路线是我国研究人员设计并完成的一条最好的地塞米松（**13-7**）合成路线，总收率可达 30%。该路线的特点是

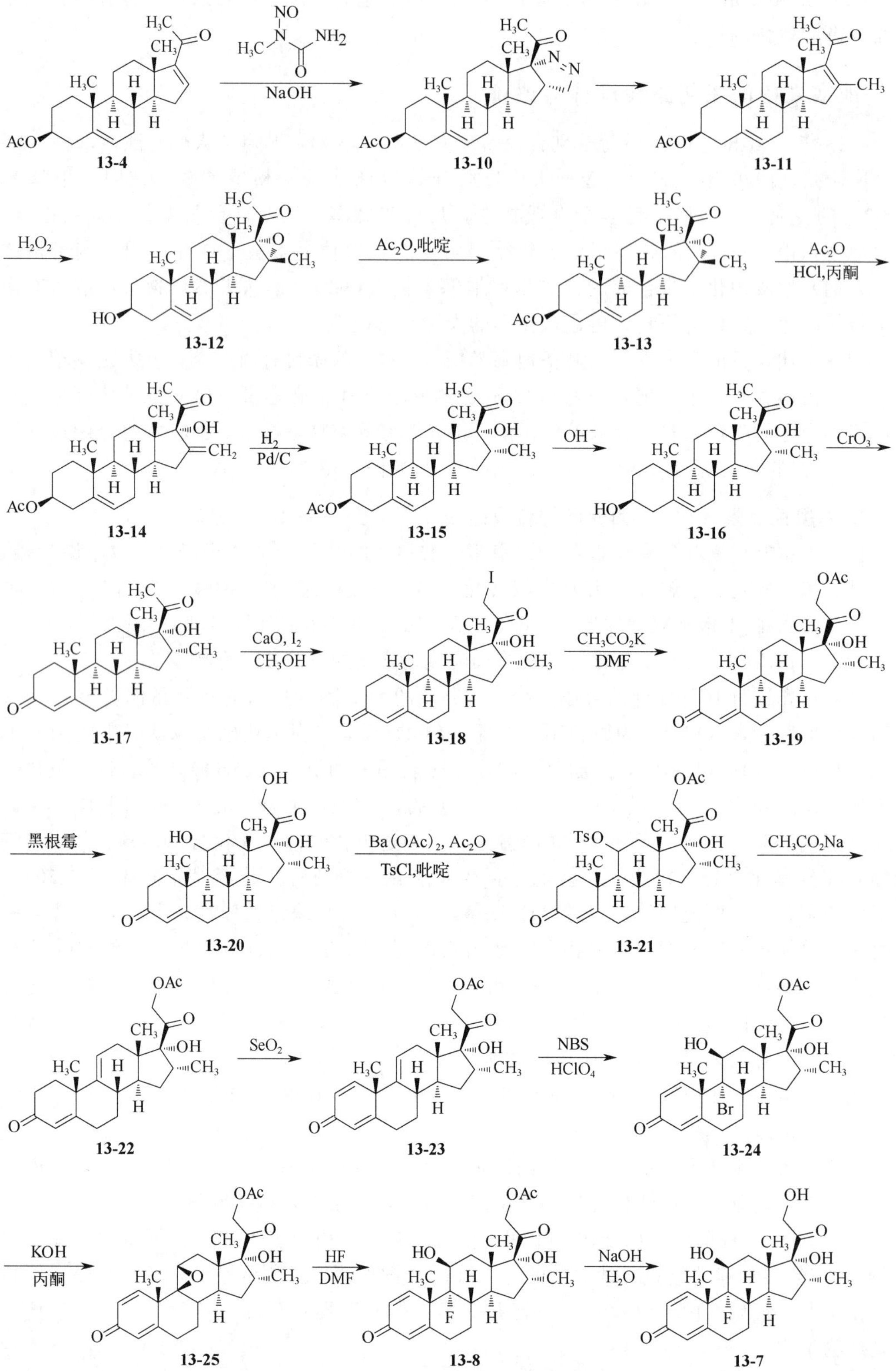

图 13-9　首先进行 D 环修饰的地塞米松合成路线

以四烯化合物（**13-31**）为关键中间体，且在该四烯化合物（**13-31**）的合成过程中，利用 Oppenauer 氧化反应完成了 A 环的 Δ^4-3-酮骨架的构筑，避免了三氧化铬的使用；此外，采用两步可连续进行的微生物转化，不仅引入了 C11 位的羟基，而且通过脱氢完成了 A 环的修饰。随后，该四烯化合物（**13-31**）可经一步格氏反应得到 17α-羟基-16α-甲基孕甾-1,4,9 (11)-三烯-3,20-二酮（**13-32**），从而完成 D 环的修饰。与先进行 D 环修饰的合成路线相比，本工艺大大缩短了 A 环和 D 环的修饰步骤。

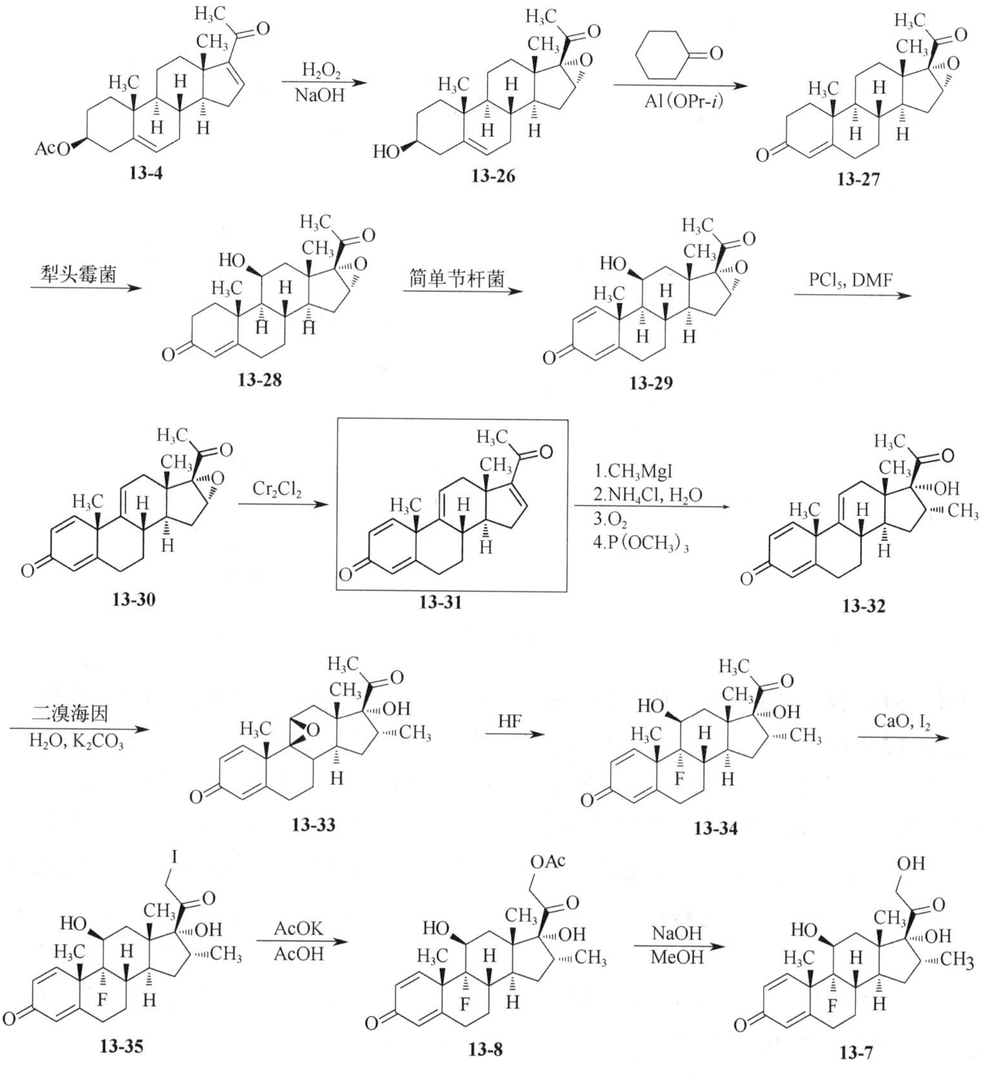

图 13-10　首先进行 A 环修饰并经四烯物的地塞米松合成路线

2. 以番麻皂素为原料的合成路线

番麻皂素（Hecogenin，**13-36**）又名海柯吉宁，可作为原料部分替代薯蓣皂素（**13-3**）用于甾体药物的制备。在我国，生长于云南热带、亚热带和干热河谷地区的龙舌兰科（石蒜科）的番麻（*Agave americana*）是生产番麻皂素（**13-36**）的优良植物，其纤维含量较低，番麻皂素（**13-36**）含量高达 0.2%～0.3%，加工番麻纤维后的废麻渣是提取番麻皂素（**13-36**）

的上好原料。

番麻皂素（**13-36**）的结构与薯蓣皂素（**13-3**）相比，其 C12 位具有一个酮羰基，无 C5，C6 双键，A/B 环为反式。由于 C12 位的羰基比较活泼，易在 C9，C11 位引入双键，可免去通过微生物转化生成的 C11 位羟基之消除反应得到该双键的步骤，故番麻皂素（**13-36**）用于合成含氟皮质激素较为经济。番麻皂素（**13-36**）需脱去皂素母环中的 E 环和 F 环，具体过程包括乙酰化、氧化脱氢、羰基还原和裂解开环，所得 5α-孕甾-9,16-二烯-3-醇-20-酮-3-乙酸酯（**13-37**）可用于进一步制备甾体药物（图 13-11）。

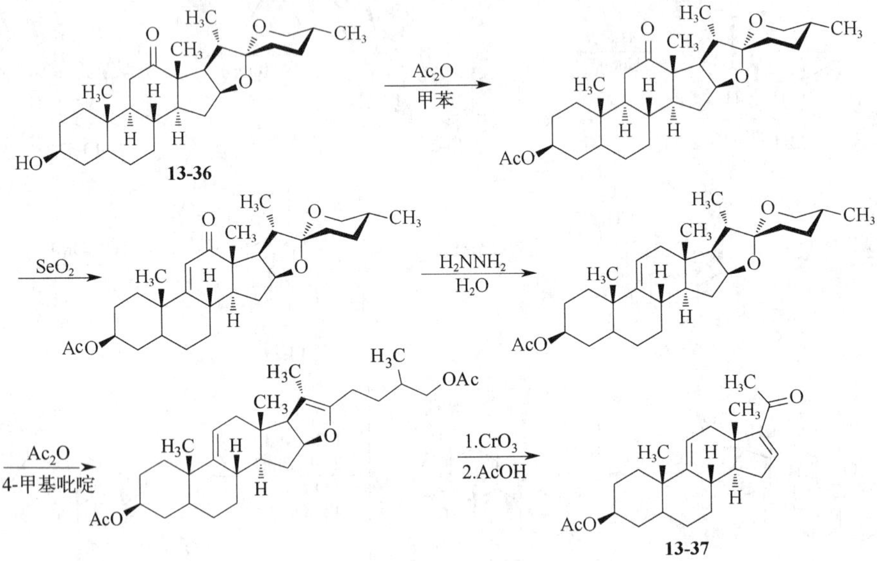

图 13-11　番麻皂素 E、F 环的去除

与以薯蓣皂素（**13-3**）转化所得双烯（**13-4**）为原料制备地塞米松（**13-7**）的方法类似，番麻皂素（**13-36**）裂解后得到的乙酸酯（**13-37**）也可采用相同的方法先修饰其 D 环，得到 16α-甲基-17α-羟基化合物（**13-43**）。该化合物（**13-43**）经水解、溴化、取代后，得到 C21 羟基衍生物（**13-46**）。随后，利用简单节杆菌（*Anthrobacter simplex*）和耻垢分枝杆菌（*Mycobacterium smegmatis*）的微生物转化，C21 羟基衍生物（**13-46**）可一步实现 $\Delta^{1,4}$-3-酮骨架的构筑，完成 A 环的修饰。最后，通过 C21 位羟基再次乙酰化、C9，C11 位双键加成-消去的环氧化、C9 位的氟化开环及相应的醋酸地塞米松（**13-8**）水解，完成地塞米松（**13-7**）的制备（图 13-12）。该工艺路线中，由于乙酸酯（**13-37**）已具备 C9，C11 双键，故实现 A、D 环的修饰仅用了十步反应，大大缩短了步骤。

3. 以剑麻皂素为原料的合成路线

剑麻皂素（Tigognin，**13-48**）又名替柯吉宁，是一种从剑麻叶片抽取纤维后的叶汁中提取的具有甾体骨架的化合物。与番麻皂素（**13-36**）类似，其在甾体药物合成中的应用也是为了摆脱对日益减少的薯蓣皂素（**13-3**）资源的依赖。

剑麻皂素（**13-48**）与薯蓣皂素（**13-3**）和番麻皂素（**13-36**）的结构类似，同样需要去除母核中的 E、F 环后，方可应用于甾体药物的制备（图 13-13）。但是，剑麻皂素（**13-48**）的结构中缺少前者 B 环中的 C5，C6 位双键和后者 C12 位的酮羰基，故在后续甾体药物的合

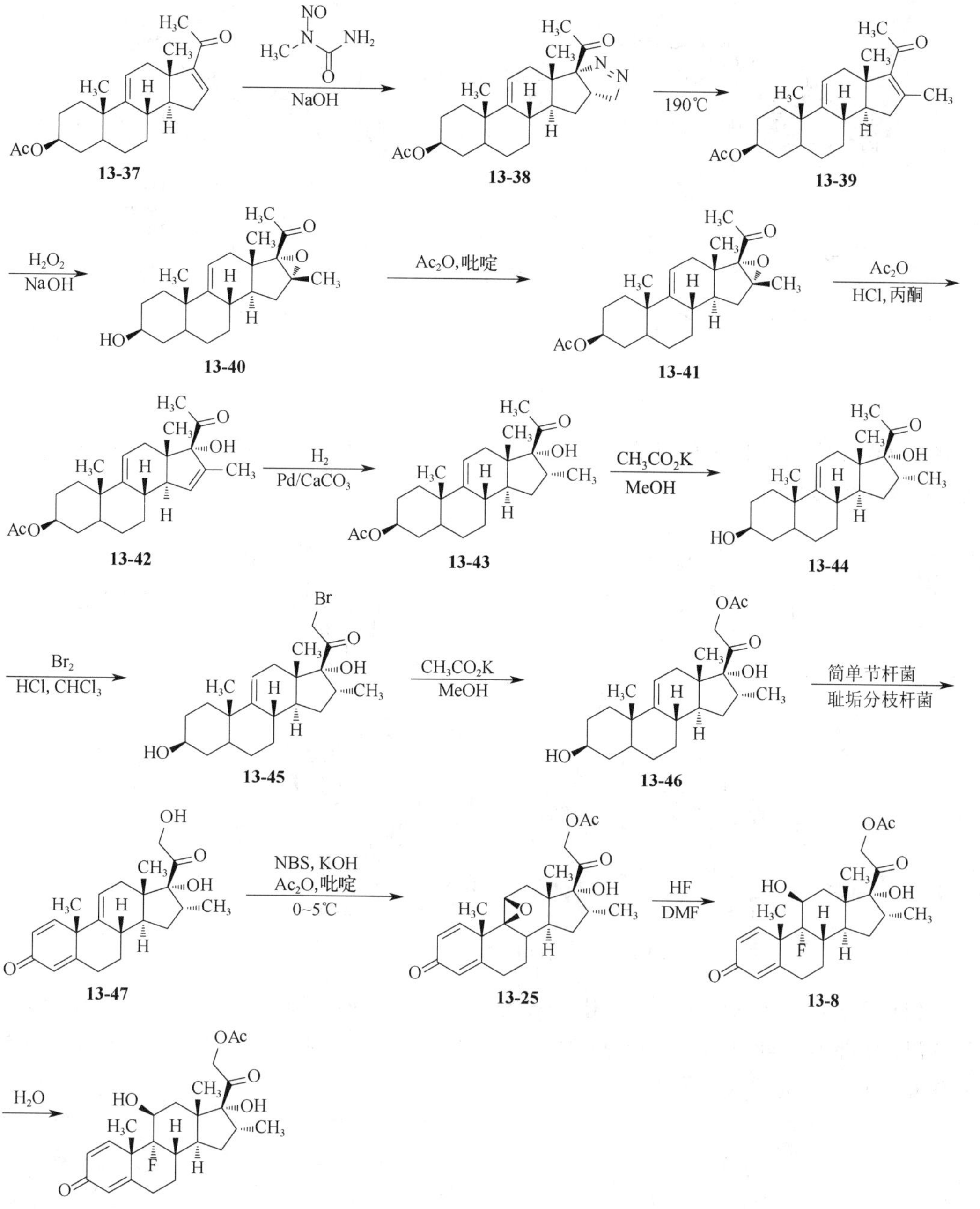

图 13-12　以番麻皂素为原料的地塞米松合成路线

成过程中需采用更多的步骤。

以剑麻皂素（13-48）的裂解产物（13-49）为原料制备地塞米松（13-7）时，也可采用先修饰 D 环，再完成 A 环 $\Delta^{1,4}$-3-酮骨架构筑的方式。

（1）D 环的修饰。由于剑麻皂素（13-48）与薯蓣皂素（13-3）、番麻皂素（13-36）的结构差异，其裂解产物（13-49）在进行 D 环修饰时，可通过格式反应、过氧酸氧化和水解三

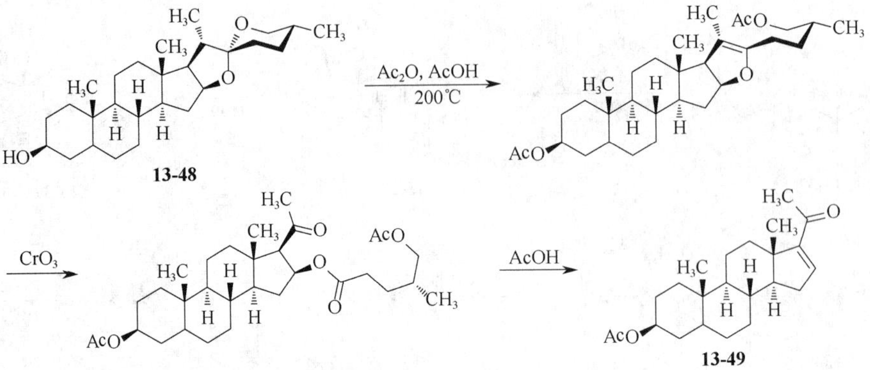

图 13-13　剑麻皂素的 E、F 环裂解

步完成（图 13-14）。相比利用重氮甲烷引入甲基及后经环氧化引入 17α-羟基的方法，本路线的收率有明显提高。

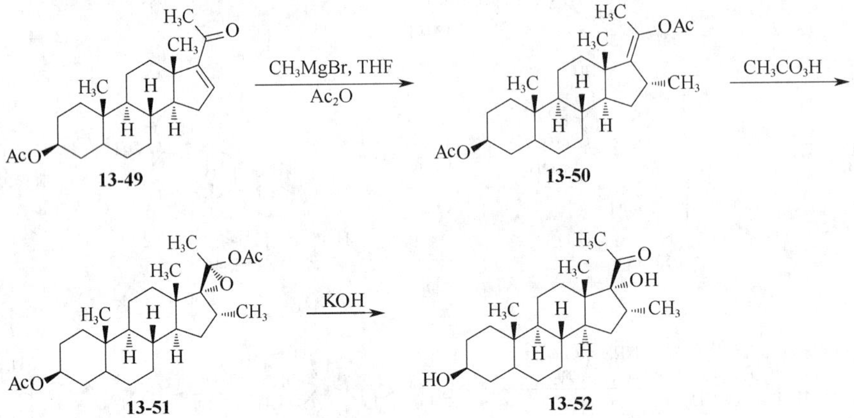

图 13-14　剑麻皂素裂解产物的 D 环修饰

（2）C21 位羟基的引入。与前述方法类似，完成 D 环修饰的产物（**13-52**）可通过 C21 位的溴化、取代成酯得到 16α-甲基-3β，17α，21-三羟基-5α-孕甾-20-酮-21-乙酸酯（**13-54**），实现 C21 位羟基的引入（图 13-15）。

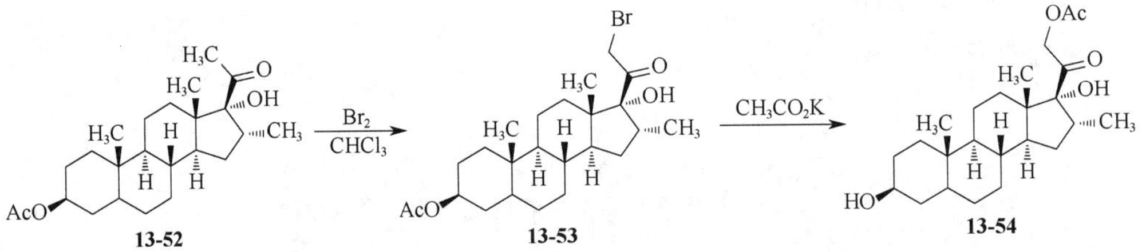

图 13-15　剑麻皂素裂解产物的 C21 位羟基的引入

（3）A 环的修饰。A 环的修饰最初采用的是化学方法，但在构建 $\Delta^{1,4}$ 双键时收率较低，且采用二氧化硒脱氢时难以除净产品中残留的硒。此后，在中国科学院微生物研究所等研究机构的不断努力和改进下，A 环的修饰可通过微生物转化一次完成，大大提高了合成效率（图 13-16）。

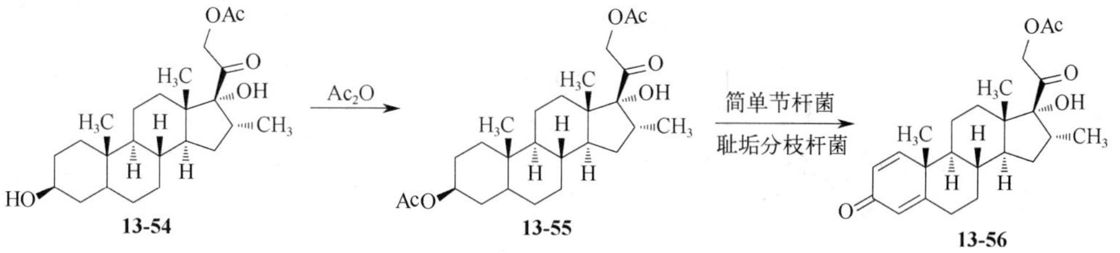

图 13-16 剑麻皂素裂解产物的 A 环修饰

（4）地塞米松（**13-7**）的合成。套用前述方法，将所得 A、D 环完成修饰的中间体（**13-56**）采用蓝色犁头酶（*Absidia coerulea*）转化得到 11β-羟基化合物（**13-57**）后，将其消去得到含 C9，C11 双键的中间体（**13-25**）。该中间体（**13-25**）再通过双键加成、环氧化、氟代开环和水解等步骤，完成地塞米松（**13-7**）的制备（图 13-17）。

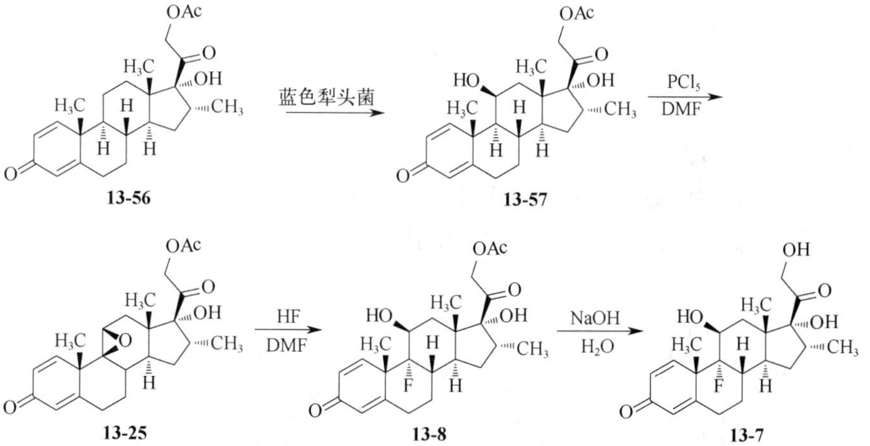

图 13-17 剑麻皂素裂解产物 A、D 环修饰后进行的地塞米松合成

目前，以薯蓣皂素（**13-3**）为原料生产地塞米松（**13-7**）的工艺最成熟，技术改进也比较透彻。因此，下节将以国内采用的合成工艺路线为例，以 16α,17α-环氧孕甾-4-烯-3,20-二酮（**13-27**）为原料、四烯（**13-31**）为关键中间体对地塞米松（**13-7**）的工艺原理和具体过程进行详细介绍。

第三节 地塞米松的生产工艺原理及其过程

一、11β-羟基-16α,17α-环氧孕甾-4-烯-3,20-二酮的制备

1. 工艺原理

利用蓝色犁头霉菌，底物 16α,17α-环氧孕甾-4-烯-3,20-二酮（**13-27**）通过微生物转化，完成 C11 位羟基的引入（图 13-18）。

2. 工艺过程

在土豆斜面培养基上接种蓝色犁头霉菌，并于 28℃下培养 4～5 天。待孢子成熟后，用无菌生理盐水将其制成孢子悬浮液，并以一定比例接入种子罐（种子培养基成分包括葡萄糖、玉米浆和硫酸铵，pH 值调节至 5.8～6.4），28℃下培养 28～32h。待培养液 pH 值达到

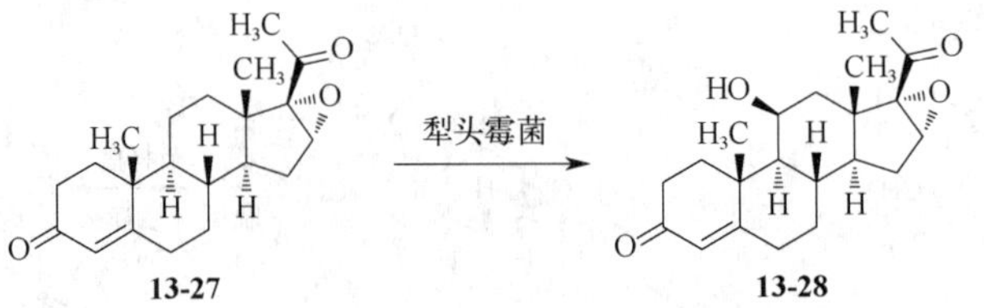

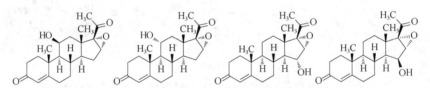

图 13-18　11β-羟基-16α,17α-环氧孕甾-4-烯-3,20-二酮的制备

4.2～4.4、菌体浓度达 35% 以上时，若镜检无杂菌且菌丝粗壮，便可转入发酵罐（发酵培养基成分同种子培养基），28℃下搅拌通气培养约 10h。在菌体生长末期，发酵液 pH 值下降至 3.5～3.8，菌体浓度达 17%～35%，无杂菌。用 20% 氢氧化钠溶液将 pH 值调至 5.5～6.0，然后投入 16α,17α-环氧孕甾-4-烯-3,20-二酮（**13-27**）溶液（其体积与发酵液体积比为 0.25%:1）进行生物转化，并定期取样做比色分析。大约 24h 后，反应接近终点并达到放罐要求后，放料，料液经过滤或离心除去菌丝体，滤液用乙酸丁酯提取数次。将提取液合并、浓缩、冷却、过滤、干燥后，可得 11β-羟基-16α,17α-环氧孕甾-4-烯-3,20-二酮（**13-28**）。

3. 工艺条件及影响因素

（1）目前，国内一般选用蓝色犁头霉菌 AS 3.65 作为工业生产菌株，但由于其 C11-β-羟化酶活力以及氧化专一性不强，转化过程中伴有不少副产物生成，如 C11-α-羟化物和其他羟化物（图 13-19）。

图 13-19　16α,17α-环氧孕甾-4-烯-3,20-二酮微生物转化产物

（2）蓝色犁头霉菌发酵工序影响因素较多，如 pH 值控制、培养基组成、杂菌污染、通气量等。我国所采用的工艺转化率在 45% 左右，而国际先进水平在 80% 以上。此外，我国的发酵工艺中投料浓度偏低，致使生产效率不高。

（3）底物 16α,17α-环氧孕甾-4-烯-3,20-二酮（**13-27**）是一种疏水性甾体化合物，水溶性较差，且与微生物细胞的接触不好，导致转化率偏低，发酵时间较长。若采用加入丙二醇、乙醇等传统方法，则会产生对微生物细胞的毒害，故用量有限。因此，通常在生产中将底物微粒化后增加比表面积，以增加其在发酵液中的溶解度。

二、11β-羟基-16α,17α-环氧孕甾-1,4-二烯-3,20-二酮的制备

1. 工艺原理

利用简单节杆菌，11β-羟基-16α,17α-环氧孕甾-4-烯-3,20-二酮（**13-28**）继续通过微生物转化，完成 A 环 $\Delta^{1,4}$-3-酮骨架的构筑（图 13-20）。

最初，人们认为 Δ^1 脱氢酶的机制是先生成含羟基的中间体，再脱水形成双键。但通过假单胞菌对 Δ^4-3-酮类甾体及 1-羟基-Δ^4-3-酮类甾体化合物的 C1，C2 位脱氢过程的比较，发现微生物并非经历如上所述的脱氢转化，而是直接脱去 C1，C2 位的氢原子，且有黄素酶参

与甾体 A 环 C1，C2 位的脱氢过程（图 13-21）。

图 13-20　11β-羟基-16α,17α-环氧孕甾-1,4-二烯-3,20-二酮的制备

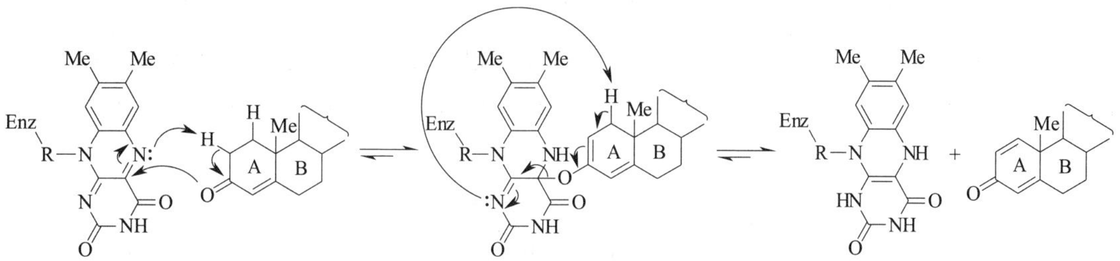

图 13-21　甾体化合物 A 环 C1，C2 位的微生物脱氢反应机制

2. 工艺过程

将简单节杆菌接入发酵罐内进行二级培养（培养基配比为：葡萄糖 3%、玉米浆 2%、磷酸氢二钾 0.2%、硝酸钠 0.2%、磷酸二氢钾 0.5%、硫酸镁 0.05%、氯化钾 0.02%、硫酸亚铁 0.02%）。20h 后，测定菌量、pH 值和酶活力等，如均属正常，称取 11β-羟基-16α,17α-环氧孕甾-4-烯-3,20-二酮（**13-28**），用乙醇溶解后投入发酵罐内。48h 后，取样分析，若反应完全，即可放料，并用乙酸丁酯提取发酵液数次。将提取液合并、浓缩、冷却、过滤、干燥后，可得 11β-羟基-16α,17α-环氧孕甾-1,4-二烯-3,20-二酮（**13-29**）。

3. 工艺条件及影响因素

（1）与上一步微生物转化类似，影响微生物发酵的因素较多，如 pH 值控制、培养基组成、杂菌污染、通气量等。简单节杆菌的种子培养阶段不可染菌，在发酵前期亦应保证无杂菌。当转化开始（即脱氢阶段）时若染菌，可视情况继续运转。此外，用于投料的基质颗粒应细，从而增加其表面积，提高溶解度。

（2）经简单节杆菌转化时，Co^{2+} 的加入对产物的积累起决定性作用，因其是简单节杆菌 $\Delta^{1,4}$ 脱氢反应的有效甾核降解酶（9α-羟化酶）的抑制剂。若不加 Co^{2+}，转化需较长的时间，原料及底物也会被全部破坏。Co^{2+} 加入的时间和用量对生物转化也有影响，在诱导时加入比投料时加入所积累的产物更多。此外，Co^{2+} 加入的量少，产物积累的量相应也少；但 Co^{2+} 加入过多，底物转化很慢，从而导致周期延长，有时甚至转化不进行。

（3）甾体的微生物转化与一般的氨基酸和抗生素发酵不同，其产物不是微生物的代谢物，而是利用微生物的酶对甾体底物的某一部位进行的特定转化。甾体化合物的微生物转化是在固-液两相中进行的，若采用溶剂法，则可能对菌种产生毒害作用。

三、16α,17α-环氧孕甾-1,4,9(11)-三烯-3,20-二酮的制备

1. 工艺原理

本步转化利用的是维尔斯迈尔-哈克-阿诺德反应（Vilsmeier-Haack-Arnold 反应）进行

的羟基消除，形成 C9，C11 位双键（图 13-22）。

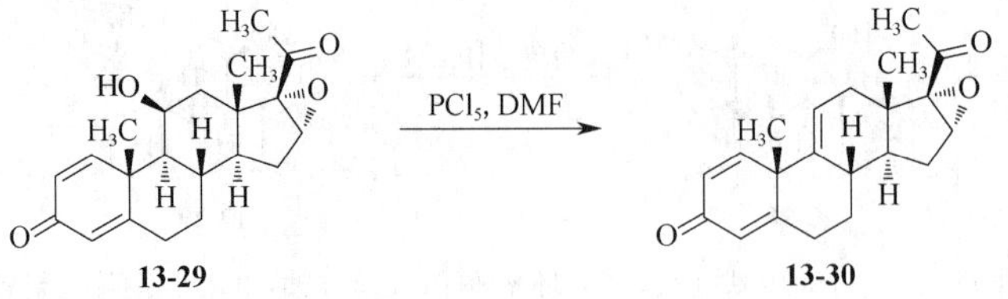

图 13-22　16α,17α-环氧孕甾-1,4,9(11)-三烯-3,20-二酮的制备

反应过程中，五氯化磷和 N,N-二甲基甲酰胺相互作用后生成氯代亚胺盐（VHA 试剂，**13-58**），随后甾环 C11 位羟基与之反应，并选择性脱氢消除，得到目标化合物（**13-30**，图 13-23）。

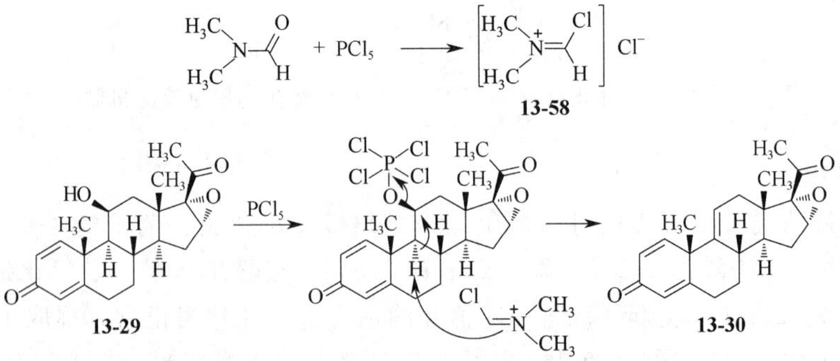

图 13-23　16α,17α-环氧孕甾-1,4,9(11)-三烯-3,20-二酮的反应机理

2. 工艺过程

反应罐内加入 11β-羟基-16α,17α-环氧孕甾-1,4-二烯-3,20-二酮（**13-29**）和 N,N-二甲基甲酰胺，冷却至 -80～-70℃，30min 内加入五氯化磷。加入完毕后，升温至 -50～-45℃，反应 3～4h。加水，控制体系温度为 -20～-15℃，加碱调节 pH 值至 7～8，并控制温度不高于 60℃。浓缩、过滤、干燥后可得 16α,17α-环氧孕甾-1,4,9(11)-三烯-3,20-二酮（**13-30**）。

3. 工艺条件及影响因素

（1）由于 VHA 试剂的制备过程是一个放热过程，故 N,N-二甲基甲酰胺与五氯化磷混合时需进行冷却。

（2）通常情况下，VHA 试剂的使用当量是底物的数倍至数十倍不等。若使用等当量的 VHA 试剂，所需的反应时间较长。维尔斯迈尔-哈克-阿诺德反应通常是在形成相应的 VHA 试剂后，在低温或常温下加入底物，有时也可将分离后的 VHA 试剂与底物反应。

（3）反应结束后，加入碱性水溶液进行水解消除时有大量的热量放出，故首先需将反应体系冷却。

（4）维尔斯迈尔-哈克-阿诺德反应在工业化生产中所产生的含磷副产物会对环境造成严重的污染，故应尽量控制 VHA 试剂中无机酸性卤化剂的用量，并做好酸性废气的吸收工作。

四、孕甾-1,4,9(11),16-四烯-3,20-二酮的制备

1. 工艺原理

孕甾-1,4,9(11),16-四烯-3,20-二酮（**13-31**）的制备是通过亚铬盐破坏 C16，C17 位的氧桥，并发生消去而完成（图 13-24）。

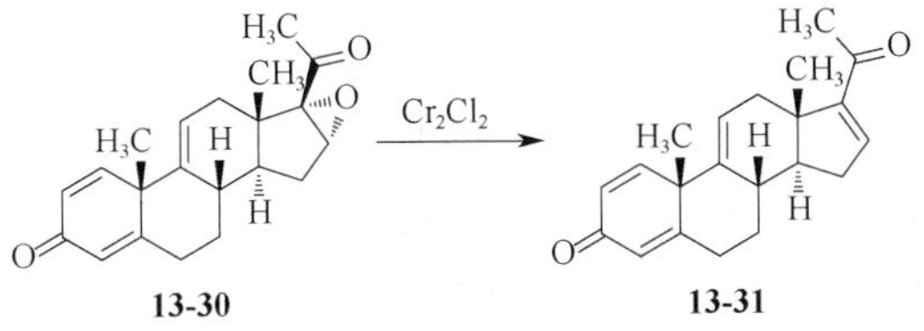

图 13-24 孕甾-1,4,9(11),16-四烯-3,20-二酮的制备

2. 工艺过程

将 16α,17α-环氧孕甾-1,4,9(11)-三烯-3,20-二酮（**13-30**）和乙醇加入反应罐中，并升温至 50℃至固体全部溶解。氮气保护下，加入氯化亚铬水溶液，并于 50～60℃下反应 20min。反应完全后，加水稀释，抽滤，滤饼用水洗至中性后干燥，可得孕甾-1,4,9(11),16-四烯-3,20-二酮（**13-31**）。

3. 工艺条件及影响因素

（1）氯化亚铬易被空气氧化，故应在氮气保护下新鲜制备后立即使用。

（2）反应完全后，需用水破坏未反应完全的亚铬盐。

（3）作为生产地塞米松（**13-7**）的一种关键中间体，该工艺所得产品四烯物（**13-31**）含有约 10% 杂质，极难分离。改用体积比为 1∶1 的氯仿/甲醇混合溶剂进行溶解、浓缩，再加入 70%～100% 的四氢呋喃/丙酮混合溶剂进行重结晶，最终过滤、干燥后可得精品。

五、17α-羟基-16α-甲基孕甾-1,4,9(11)-三烯-3,20-二酮的制备

1. 工艺原理

通过格氏反应，可将孕甾-1,4,9(11),16-四烯-3,20-二酮（**13-31**）中 C16，C17 位双键打开，并加成得到产物（**13-32**，图 13-25）。

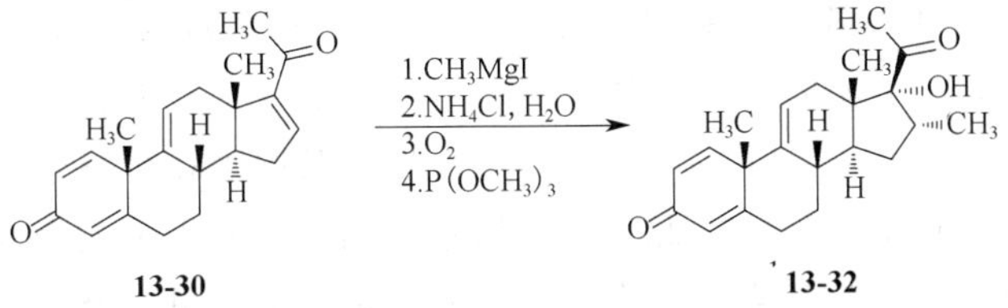

图 13-25 17α-羟基-16α-甲基孕甾-1,4,9(11)-三烯-3,20-二酮的制备

反应过程中，格氏试剂从底物 C16，C17 位双键发生亲核加成，并从位阻较小的背面进攻，形成 C16α 甲基化合物（**13-59**）。随后，C16α 甲基化合物（**13-59**）通过空气中的氧气进行甾体的过氧羟基化反应。目前，该过氧羟基化的反应机制尚未完全明晰，推测其可能是一个链式过程。其中，亚磷酸三甲酯的作用是作为还原剂将甾体（**13-62**）D 环 C17 位过氧

化羟基还原为羟基（图 13-26）。

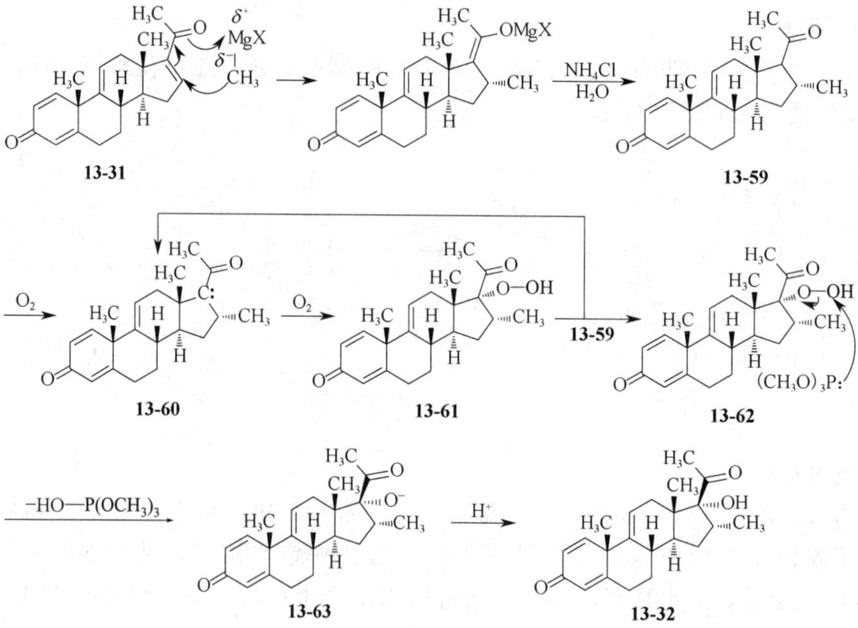

图 13-26　17α-羟基-16α-甲基孕甾-1,4,9(11)-三烯-3,20-二酮的制备机理

2. 工艺过程

在反应罐中依次加入四氢呋喃、镁片和碘，将温度升至 50℃±5℃ 后，滴加溴甲烷的四氢呋喃溶液，并控制温度在 40℃±5℃。滴加完毕后，保温 1h，制得格氏试剂。

在另一反应罐中加入孕甾-1,4,9(11),16-四烯-3,20-二酮（**13-31**）和含氯化亚铜的四氢呋喃溶液，降温至 -30℃±5℃，滴加已制备的格式试剂。取样检测反应合格后，加入氯化铵、双氧水，并于 0℃±5℃ 反应 2h。

水解反应经取样检测合格后，反应罐内通入空气，低温下氧化 1h 左右，再加入亚磷酸三甲酯，并低温继续反应 2h。分层，有机相在 60℃±5℃ 下浓缩，并降温至 0℃±5℃，过滤、干燥后，可得 17α-羟基-16α-甲基孕甾-1,4,9(11)-三烯-3,20-二酮（**13-32**）。

3. 工艺条件及影响因素

（1）反应过程中，加入氯化亚铜的目的是提高 1,4-加成的区域选择性，并加快反应速度。加入氯化亚铜后，1,4-加成与 1,2-加成的比例会大于 90%，反之则会小于 50%。

（2）制备格氏试剂时，卤代甲烷采用的是溴甲烷，其原因在于反应活性更好的碘甲烷价格昂贵，而氯甲烷的反应活性较差。此外，单质碘的加入有利于引发格式反应。

（3）由于格氏试剂属于有机金属化合物，性质非常活泼，可与空气中的氧、水和二氧化碳发生反应。因此，其制备过程中除应保证体系无水外，还应隔绝空气。

（4）格氏反应结束后，可加入双氧水以淬灭未反应完全的格氏试剂。

（5）由于亚磷酸三甲酯在室温条件下不会迅速自然氧化，故可将过氧羟基化和还原反应进行连续操作。通常，N,N-二甲基甲酰胺/叔丁醇是该反应最适宜的反应媒介，但后来发现四氢呋喃/甲醇体系更利于溶剂中产物的分离纯化，但反应时长需延长一倍。二甲亚砜/叔丁醇混合溶剂也可使用，但反应温度需保持在 0～15℃，故常导致物料析出，而温度升高则造成收率降低。

六、9β,11β-环氧-17α-羟基-16α-甲基孕甾-1,4-二烯-3,20-二酮的制备

1. 工艺原理

通过二溴海因和高氯酸水溶液，C9，C11 位双键发生亲电加成。随后，在碳酸钾的作用下，通过消除溴化氢形成 C9，C11 位环氧桥（图 13-27）。

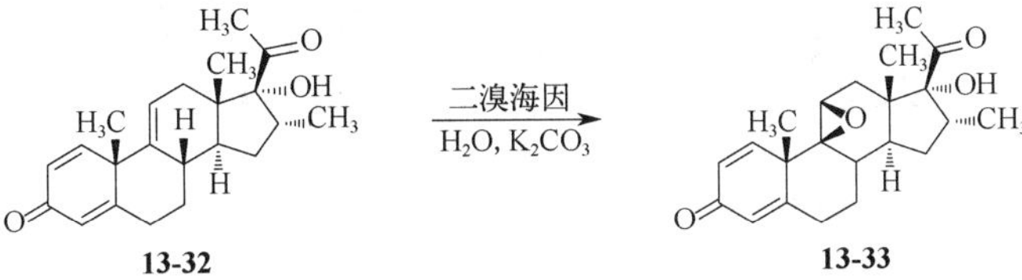

图 13-27　9β,11β-环氧-17α-羟基-16α-甲基孕甾-1,4-二烯-3,20-二酮的制备

反应过程中，底物（**13-32**）的 C9，C11 位双键与二溴海因先发生亲电加成，所得溴鎓离子（**13-64**）再通过水分子进攻开环，形成反式加成产物（**13-65**）。该产物（**13-65**）在碱的作用下，发生分子内亲核取代反应，生成产物（**13-33**）中 C9，C11 位的环氧桥（图 13-28）。

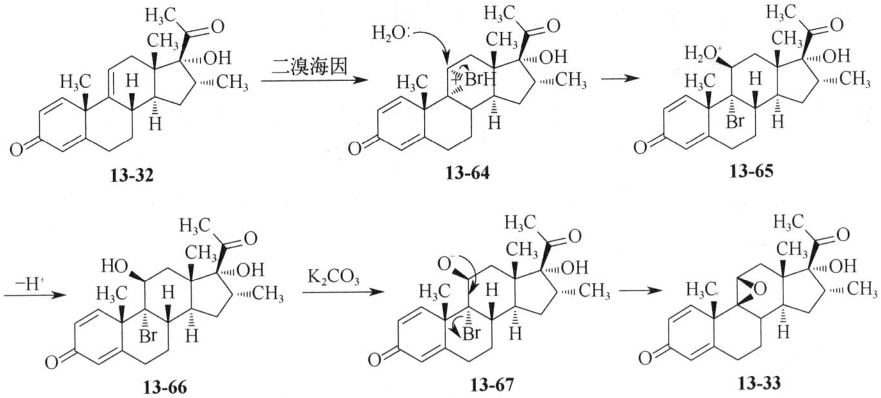

图 13-28　9β,11β-环氧-17α-羟基-16α-甲基孕甾-1,4-二烯-3,20-二酮的制备机理

2. 工艺过程

将 17α-羟基-16α-甲基孕甾-1,4,9(11)-三烯-3,20-二酮（**13-32**）四氢呋喃溶液加入反应罐中，降温至 0℃以下，并加入高氯酸水溶液。0℃下，分批加入二溴海因，并通入空气，保温反应 1.5h。将反应体系温度升至 25～30℃，加入碳酸钾水溶液，继续保温反应 4～5h。待反应结束后，用乙酸将 pH 值调至 7.0，随后过滤、浓缩、干燥，可得 9β,11β-环氧-17α-羟基-16α-甲基孕甾-1,4-二烯-3,20-二酮（**13-33**）。

3. 工艺条件及影响因素

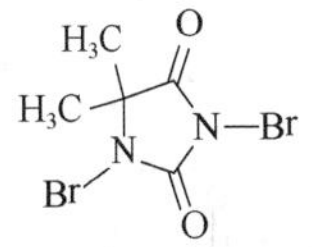

（1）二溴海因（图 13-29）是一种特殊的溴化试剂，具有活性溴含量高、贮存稳定性、使用经济等优点，广泛用于制药工业中烯丙基、苄基及活性芳环的溴化，但须在强酸条件下使用。

图 13-29　二溴海因结构式

（2）由于溴化反应放热，故反应过程应保持低温。

七、9α-氟-11β,17α-二羟基-16α-甲基孕甾-1,4-二烯-3,20-二酮的制备

1. 工艺原理

通过氟离子的亲核进攻，底物（**13-33**）C9，C11位的环氧桥打开，生成反式的9α-氟-11β-羟基产物（**13-34**，图13-30）。

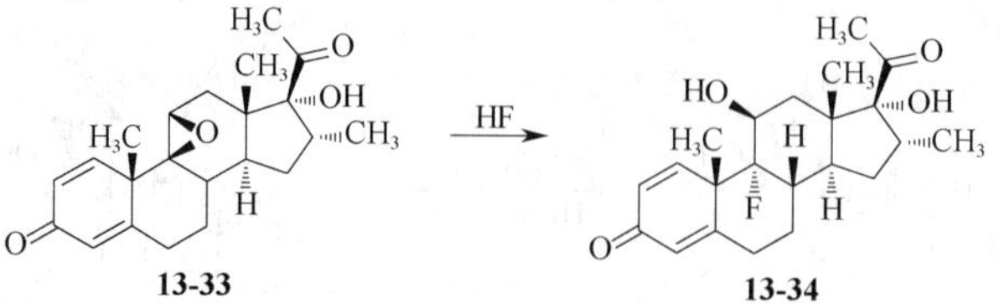

13-33 **13-34**

图13-30　9α-氟-11β,17α-二羟基-16α-甲基孕甾-1,4-二烯-3,20-二酮的制备

2. 工艺过程

反应罐中，加入9β,11β-环氧-17α-羟基-16α-甲基孕甾-1,4-二烯-3,20-二酮（**13-33**）和四氢呋喃，搅拌条件下降温至－5℃。加入47%氟化氢水溶液，并在－5～0℃反应1h。取样分析至原料消失后，稀释于冰水中，用氨水调节pH值至7，随后过滤、干燥，可得9α-氟-11β,17α-二羟基-16α-甲基孕甾-1,4-二烯-3,20-二酮（**13-34**）。

3. 工艺条件及影响因素

氟化氢水溶液的质量浓度对后续醋酸地塞米松（**13-8**）粗品的纯度影响较大。质量浓度偏低，则氟化反应不完全；若质量浓度偏高，则生成的副产物较多，造成粗品纯度降低。9α-氟-11β,17α-二羟基-16α-甲基孕甾-1,4-二烯-3,20-二酮（**13-34**）粗品的纯度高将有利于后续醋酸地塞米松（**13-8**）的精制和产品收率。

八、醋酸地塞米松的制备

1. 工艺原理

本步反应是对C21位甲基的修饰，通过碘代和取代两步反应，实现酮羰基的α-甲基的羟基衍生化（图13-31）。

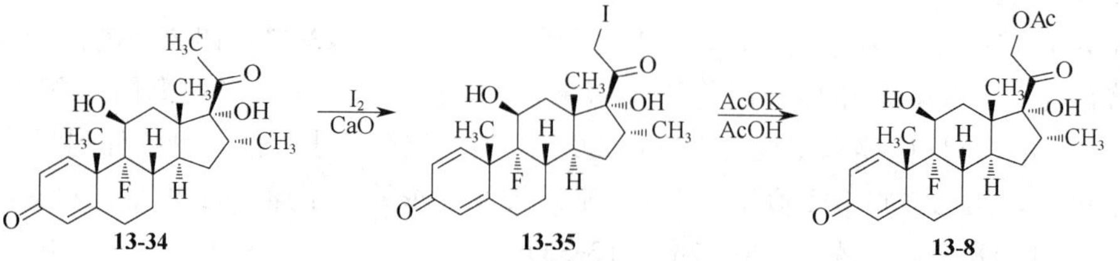

13-34 **13-35** **13-8**

图13-31　醋酸地塞米松的制备

由于C21位属于酮羰基的α-甲基，其质子具有一定的酸性，可在碱作用下离去而形成碳负离子（**13-68**）。该碳负离子（**13-68**）与碘单质发生亲核取代生成碘化物（**13-35**）后，经过乙酸根的亲核进攻，通过失去碘负离子而得到醋酸地塞米松（**13-8**，图13-32）。

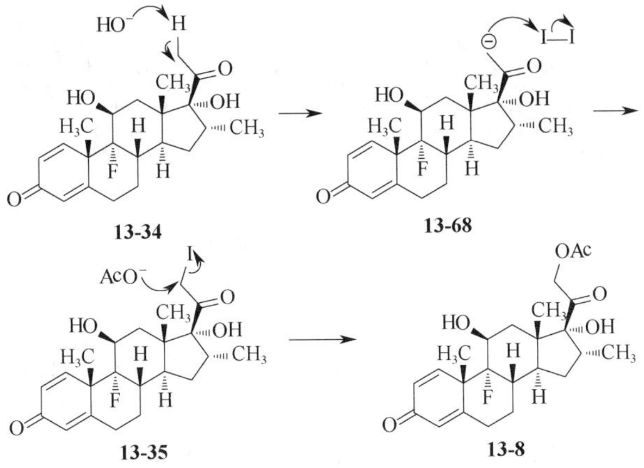

图 13-32　醋酸地塞米松的制备机理

2. 工艺过程

将氯仿和 1/4 量的氧化钙-甲醇溶液加入反应罐中，搅拌条件下，再加入 9α-氟-11β，17α-二羟基-16α-甲基孕甾-1,4-二烯-3,20-二酮（**13-34**），并通入氮气保护。搅拌至固体全溶后，加入氧化钙，并冷却至 10℃。将单质碘溶于剩余 3/4 量的氧化钙-甲醇溶液，并缓慢滴入反应罐，滴加期间保持温度在 10℃±2℃。约 3h 滴加完毕后，继续保温搅拌 1.5h 至取样确定反应原料消失。将反应液稀释于 2%氯化铵水溶液，搅拌 1h，静置后过滤，滤饼用水洗至中性。所得碘化物（**13-35**）性质不稳定，无需干燥，可直接用于下一步。

在反应罐中加入 N,N-二甲基甲酰胺、乙酸、乙酸钾，搅拌条件下加入碘化物（**13-35**）湿品。室温搅拌 1h 后，将反应体系升温至 35℃搅拌 1h、60℃±2℃搅拌 2h。取样确定反应结束后，将反应混合物降至室温，倒入饱和氯化钠水溶液中稀释，并用氯仿萃取三次。将所得有机相合并，水洗至中性后，浓缩近稠。剩余物中加入乙酸，促使固体析出，并于 0℃±2℃下静置 2h，过滤，滤饼用少量乙酸洗涤后干燥，可得醋酸地塞米松（**13-8**）。

3. 工艺条件及影响因素

（1）碘化反应中，起催化作用的是氢氧化钙。但氢氧化钙反应后呈黏稠状，难以过滤，故生产上采用氧化钙代替。通过氧化钙与原料中所含及反应不断生成的微量水作用，氧化钙不断转化为氢氧化钙，以供催化反应之用。但为了使生成的氢氧化钙适量，应控制氧化钙与原料中的水分含量。

（2）为除去反应生成的过量氢氧化钙以减少过滤时的难度，反应结束时可加入氯化铵溶液，使二者生成可溶性钙盐而易于除去，同时氯化铵溶液也可除去反应生成的副产物——碘化钙。

（3）由于碘化物（**13-35**）性质不稳定，遇热易分解，故在加入乙酸钾进行取代反应时应逐步升高反应温度。

九、地塞米松的制备

1. 工艺原理

本步反应是醋酸地塞米松（**13-8**）C21 位羟基所含乙酰基在碱性条件下的水解（图 13-33）。

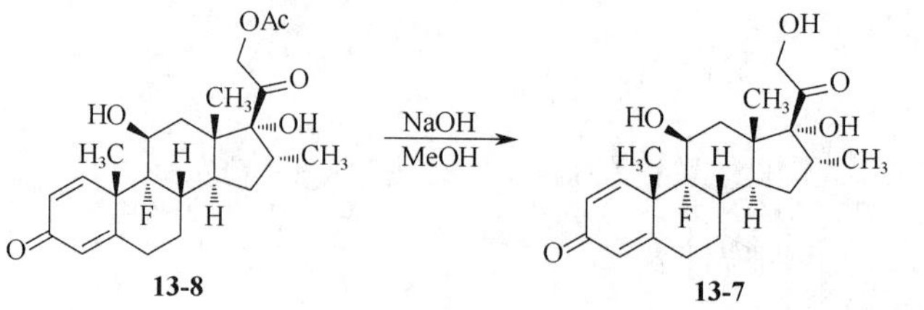

图 13-33　地塞米松的制备

2. 工艺过程

反应罐中加入甲醇和二氯甲烷，搅拌下加入醋酸地塞米松（**13-8**），并通入氮气保护。将反应体系温度降至 10℃ 时，于 1h 内滴入 2％氢氧化钠/甲醇溶液，并保持体系温度为 10℃±5℃。反应 2h 后，经取样确认无原料后，加入乙酸调节 pH 值至 7，减压浓缩，剩余物用乙酸乙酯重结晶，可得地塞米松（**13-7**）精品。

3. 工艺条件及影响因素

传统工艺中，由醋酸地塞米松（**13-8**）制备地塞米松（**13-7**）时将水解操作和精制操作分为两步进行：首先，水解反应结束用乙酸调节 pH 值后，将反应溶液浓缩至适当体积，加入大量水析晶，再继续浓缩至无甲醇残留，剩余物降温、过滤、干燥；随后，用适当体积乙酸乙酯对水解操作所得粗品进行半溶热洗、过滤、干燥，完成进一步精制。传统工艺的缺点在于：水解反应时，醋酸地塞米松（**13-8**）和地塞米松（**13-7**）长时间溶解于碱性溶液中，易造成甾体结构的破坏；此外，甲醇用量过大，导致浓缩时间过长，易产生较多副产物。后经改进，采用以含 0％～10％氯仿的适量甲醇作为反应溶剂，其优点在于可对醋酸地塞米松（**13-8**）进行部分溶解；此外，水解反应结束用乙酸调节 pH 值后，直接将反应溶液进行浓缩、降温、析晶，减少了后处理的时间。

十、地塞米松制备过程中的污染物治理

地塞米松（**13-7**）的生产过程中，主要污染物是含铬废水，其主要产生来源包括由薯蓣皂素（**13-3**）制备双烯（**13-4**）和通过氯化亚铬制备关键中间体——四烯（**13-31**）。由于含铬废水对环境和人体均可产生严重危害，对其必须严格治理。我国颁布的《污水综合排放标准》（GB 8978—1996）和《化学合成类制药工业水污染物排放标准》（GB 21904—2008）中，明确规定总铬和六价铬的最高允许排放浓度分别仅为 1.5mg/L 和 0.5mg/L。对于含铬废水可采用化学还原法、活性炭吸附法、反渗透法和离子交换法等多种方法进行处理。

此外，地塞米松（**13-7**）的生产过程中采用了多步微生物转化，这些发酵液均可采用厌氧生化法进行处理。

📚 阅读材料

黄鸣龙——中国甾体激素药物工业奠基人

有机化学中，有一类特殊的反应——"人名反应"。作为一种荣誉，为表彰和纪念首次发现该反应和研究该反应的化学家们，许多经典的有机反应被冠以相关化学家的名字。在数千个有机人名反应中，"黄鸣龙还原法"（也被称为"Wolff-Kishner-黄鸣龙还原法"）是第

一个以中国人名字命名的反应，并已写入多国基础有机化学教科书。2003年，美国化学会志（*Journal of the American Chemical Society*）在创刊125周年的纪念文中，统计出至当时引用次数最多的125篇论文，"黄鸣龙还原法"的相关论文位列其中。

黄鸣龙教授是我国著名的有机化学家，早年赴瑞士和德国留学，1924年获德国柏林大学博士学位。回国后曾先后在同德医学专科学校、浙江省医药专科学校、中央研究院化学研究所及昆明西南联大任教授和研究员。后又三次出国，先后在德国维尔茨堡大学和先灵药厂研究院、英国的密得塞斯医院医学生物研究所、美国哈佛大学和默克药厂等任研究员。新中国成立后，黄鸣龙教授冲破美国政府的重重阻挠，趁应邀去德国讲学和从事研究工作之机，摆脱跟踪，于1952年绕道欧洲辗转回到了祖国。1955年当选为中国科学院学部委员（院士）。

20世纪50年代，甾体激素制药工业在世界上已经兴起，而在我国仍是空白。为了创立我国甾体激素药物工业，黄鸣龙教授带领一部分青年科技人员，开展了甾体植物的资源调查和甾体激素的合成探索，对中国甾体激素的基础和应用研究做出了重大贡献。早期，世界甾体制药工业依赖于墨西哥供应原料，甾体制药技术则被欧美制药企业垄断。1958年，在黄鸣龙教授的领导下，我国以国产的薯蓣皂素为原料，开创了国际领先的可的松七步合成法，1959年又实现了工业化生产，使我国成为当时能生产甾体激素的少数国家之一。1960年，美国食品药品监督管理局（FDA）批准了一种由异炔诺酮和炔雌醇复配而成的口服避孕药。1964年，黄鸣龙教授出席第三届人大会议期间，听取了周恩来总理在政府工作报告中提到的计划生育工作的重要性。他想到国外关于甾体激素作为口服避孕药的研究，便提议成立了国家科委计划生育专业组进行研究。在他的带领下，研究进展非常迅速，不到一年的时间里，许多重要的甾体激素，如黄体素、睾丸素、强的松和地塞米松等，先后被生产出来。同时，他还首先发现了甲地孕酮的避孕作用，而将甲地孕酮用作口服避孕药是中国的首创。黄鸣龙教授对其合成方法进行了改进，使得成本大大降低。不到十年的时间里，中国的甾体药物从一片空白，到可以生产几乎所有种类的甾体药物，甚至还可以大量出口。因此，黄鸣龙教授被称作"中国甾体口服避孕药之父"。

在领导甾体药物科研的同时，黄鸣龙教授还着力培养甾体化学人才。开始在军事医学科学院化学系，后转至中国科学院有机化学研究所成立了甾体化学的研究组、研究室，给新参加研究工作年轻人亲自授课，系统讲授甾体化学，手把手指导实验，并接受其他研究单位、院校和药厂的老师和技术人员的合作研究。黄鸣龙教授对学生们要求非常严格，既要求他们有扎实的基础理论知识，又要有过硬的实验操作技术。他要求研究生或新参加工作的大学生，必须做三四十个各种类型的化学实验（称为基本操作），要达到或接近文献上的产率和质量，并有专人负责验收，如不合格必须重做。经过半年左右的基本训练后，才能开展科研工作。通过言传身教，黄鸣龙教授为我国培养出一大批甾体化学的专门人才。我国第一次甾体激素会议，也是在他的主持下召开的。

作为我国甾体化学领域的开拓者，黄鸣龙教授引领和发展了我国的甾体化学研究，带领了我国甾体药物的生产发展，无愧为我国甾体激素药物工业的奠基人。

 思考题

1. 甾体激素类药物包括哪几类？分别应用于临床治疗哪些疾病？

2. 甾体药物主要有哪些合成方法？

3. 以薯蓣皂素（**13-3**）为原料制备地塞米松（**13-7**）的方法中，首先修饰 A 环的反应路线（图 13-10）比首先修饰 D 环的反应路线（图 13-9）有哪些优势？

4. 图 13-26 中，为何格氏试剂反应时主要以 1,4-加成产物为主？

5. 以剑麻皂素（**13-48**）为原料制备地塞米松（**13-7**）时，首先采用了格氏反应进行 D 环的甲基化和羟化，为何以薯蓣皂素为原料时不能采用该方法？

参考文献

[1] 谭仁祥. 甾体化学. 北京：化学工业出版社，2009.

[2] 赵临襄. 化学制药工艺学. 4版. 北京：中国医药科技出版社，2015.

[3] 达平馥. 我国利用蕃麻皂素合成生产地塞米松的现状及需研究的重点. 云南林业科技，2003(1)：66-68.

[4] 吴杰群，徐顺清，王鸿，等. 生物转化甾醇制备甾体药物中间体研究进展. 中国医药工业杂志，2020，51(7)：801-814.

[5] 熊亮斌，宋璐，赵云秋，等. 甾体化合物绿色生物制造：从生物转化到微生物从头合成. 合成生物学，2021，2(6)：942-963.

[6] 方从申，陈凯，潘建洪，等. 地塞米松合成工艺研究进展. 化工生产与技术，2020，26(2)：33-37.

[7] 韩广甸，金善炜，吴毓林. 黄鸣龙——我国有机化学的一位先驱. 化学进展，2012，24(7)：1229-1235.